高等院校电子信息及机电类规划教材

电子技术基础

刘映群　赵　杨　郝凤琦　李　胡　主编

内 容 简 介

本书包括 3 部分：第 1 部分为模拟电子技术基础，包括半导体二极管及其应用、半导体三极管及其基本放大电路、功率放大器、放大电路中的负反馈、集成运算放大电路及其应用、正弦波振荡电路、直流稳压电源；第 2 部分为数字电子技术基础，包括数字逻辑基础及逻辑门电路、组合逻辑电路、触发器和时序逻辑电路、脉冲信号的产生与整形、数-模和模-数转换器；第 3 部分安排了 10 个综合实训项目，可作为课程设计或拓展练习。同时在第 1、2 部分每章后面安排了相应的实验，可作为实验教学内容。各章还编有思考与习题。

本书适合作为高等职业学校、高等专科学校、成人高校及本科院校举办的二级职业技术学院和民办高校物联网应用技术、电子信息工程技术、通信技术、应用电子技术、电气自动化、机电一体化等专业的教材，也可供有关工程技术人员参考。

图书在版编目(CIP)数据

电子技术基础/刘映群等主编．—北京：
中国铁道出版社，2017.2（2022.1重印）
高等院校电子信息及机电类规划教材
ISBN 978 - 7 - 113 - 22709 - 8

Ⅰ. ①电…　Ⅱ. ①刘…　Ⅲ. ①电子技术–高等学校–
教材　Ⅳ. ①TN

中国版本图书馆 CIP 数据核字(2016)第 325205 号

书　　名:电子技术基础
作　　者:刘映群　赵　杨　郝凤琦　李　胡

策　　划:韩从付　周海燕　　　　　　　编辑部电话:(010)51873090
责任编辑:周海燕
编辑助理:绳　超
封面设计:刘　颖
封面制作:白　雪
责任校对:张玉华
责任印制:樊启鹏

出版发行:中国铁道出版社有限公司（100054，北京市西城区右安门西街 8 号）
网　　址:http://www.tdpress.com/51eds/
印　　刷:北京建宏印刷有限公司
版　　次:2017 年 2 月第 1 版　　2022 年 1 月第 2 次印刷
开　　本:787 mm×1 092 mm　1/16　印张:22　字数:518 千
书　　号:ISBN 978 - 7 - 113 - 22709 - 8
定　　价:52.00 元

前　言

本课程是高等职业学校电类专业的一门必修的技术基础课,其任务是使学生获得电子技术必要的基础理论、基础知识和基本技能,了解电子技术的应用和发展概况,为学习后续课程,以及从事与专业有关的工程技术工作打下一定的基础。

本书主要的特点如下:

(1)考虑到高职教育的特点,内容以"必需、够用"为度,同时考虑到实训教学是高职教育的重要教学形式,除各章配有验证性实验外,本书还安排了10个综合实训项目,突出实用性。书中有些内容属于加宽、加深内容,可由教师根据专业特点和学时多少取舍。

(2)除门电路和触发器较多涉及内部电路外,其余部分则侧重对集成芯片及系列产品的介绍和应用举例,把侧重点放在对集成电路的认知和使用方面,以培养学生的应用能力,加强学生的工程意识。

(3)结合高职高专学生特点,简化了理论分析,避免过多公式推导和电路分析。

(4)为方便教学与读者自学,本书第1、2部分各章提供了思考与习题,并提供与教材配套的电子教案(下载地址为 http://www.51eds.com)。

本书是广东省高等职业技术教育研究会2015年度一般课题"推动区域产业转型升级的高职物联网应用技术专业课程建设研究,课题编号:GDGZ15Y112,主持人:刘映群"支持的特色改革教材。

本书适合作为高等职业学校、高等专科学校、成人高校及本科院校举办的二级职业技术学院和民办高校物联网应用技术、电子信息工程技术、通信技术、应用电子技术、电气自动化、机电一体化等专业的教材,也可供有关工程技术人员参考。

本书由广东岭南职业技术学院刘映群、广东科技学院赵杨、山东省计算中心(国家超级计算济南中心)郝凤琦、广东省机械技师学院李胡任主编,廊坊师范学院王李雅和广东岭南职业技术学院许露、张保新、穆生涛、解相吾任副主编,刘映群负责统稿、定稿。具体分工如下:第1章由解相吾编写;第2章和第6章、综合实训1~10、附录A~E由刘映群编写;第3章由赵杨编写;第4章由穆生涛编写;第5章由郝凤琦编写;第7章由王李雅编写;第8章由许露编写;第9、11、12章由李胡编写;第10章由张保新编写。

在本书编写过程中,广东岭南职业技术学院高能、余健等副教授给予了很大的帮助,中国铁道出版社的编辑对本书的编写工作也给予了大力支持,在此对他们致以衷心的感谢;在本书编写过程中,编者还参考了许多教材、文献及网络资料,在此一并向这些作者深表感谢。

限于编者水平,加上时间仓促,书中难免存在不足之处,恳请广大读者批评指正。请将建议和意见通过 E-mail(liulaoshi2014@foxmail.com)返给我们,以便再版时进行修订。

编　者

2016 年 10 月

目　　录

第 1 部分　模拟电子技术基础

第 2 部分　数字电子技术基础

第 3 部分　综 合 实 训

第1部分　模拟电子技术基础

第1章　半导体二极管及其应用

电子技术的出现和应用，使人类进入了高新技术时代。电子技术诞生的历史虽短，但深入的领域却是最深、最广的，它不仅是现代化社会的重要标志，而且成为人类探索宇宙宏观世界和微观世界的物质技术基础。随着新型电子材料的出现，电子器件发生了深刻变革。自1906年第一只电子器件发明以来，世界电子技术经历了电子管、三极管和集成电路等重要发展阶段。

1.1　半　导　体

1.1.1　半导体概述

在自然界中，导电性能介于导体与绝缘体之间的物质称为半导体。纯净晶体结构的半导体称为本征半导体。

最常用的半导体材料是硅（Si）和锗（Ge）。硅原子结构示意图及简化模型如图1-1所示。这种结构的原子利用共价键构成了本征半导体结构。

（a）硅原子结构示意图　　　（b）简化模型

图1-1　硅原子结构示意图及简化模型

1.1.2　PN结及其单向导电性

在本征半导体的不同区域分别掺入五价和三价杂质元素可以制作出N型区与P型区，在P型区与N型区的结合部（交界地方）就形成了PN结。

1. 本征半导体

本征半导体就是完全纯净的半导体，其结构如图1-2所示。这种稳定的结构使得本征半导体常温下不能导电，呈现绝缘体性质。

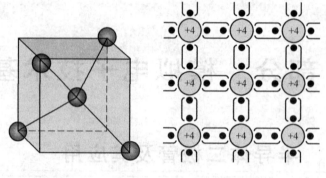

（a）立体结构　　　　　　　　（b）平面结构

图 1-2　本征半导体结构示意图

　　本征半导体在受热或光照（本征激发）的情况下，将产生电子和空穴。本征激发使空穴和自由电子成对产生。相遇复合时，又成对消失，如图 1-3 所示。

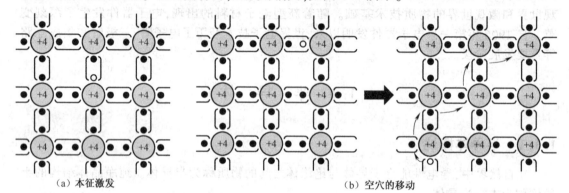

（a）本征激发　　　　　　　　　　　（b）空穴的移动

图 1-3　空穴和自由电子成对产生与复合消失

　　在外电场作用下，电子运动形成电子电流，价电子填补空穴而使空穴移动，形成空穴电流。

　　因此，在半导体中存在两种载流子：带负电的自由电子和带正电的空穴。这就是半导体和金属导电原理的本质区别。

　　本征半导体的特点如下：

　　（1）电阻率大；

　　（2）导电性能随温度变化大。

　　本征半导体不能在半导体器件中直接使用。

2. 掺杂半导体

　　在本征半导体硅或锗中掺入微量的其他适当元素后所形成的半导体称为掺杂半导体。根据掺杂的不同，杂质半导体分为 N 型半导体和 P 型半导体。

　　1）N 型半导体

　　在本征半导体中掺入五价杂质元素（如磷、砷）后，每掺入一个磷原子就相当于向半导体内部注入一个自由电子，于是半导体中产生了大量的自由电子和正离子，如图 1-4 所示。这种以自由电子为多数载流子的半导体称为 N 型半导体。

　　由此可见：

（1）N 型半导体是在本征半导体中掺入少量的五价杂质元素形成的。

（2）N 型半导体产生大量的(自由)电子和正离子。

（3）电子是多数载流子，简称多子；空穴是少数载流子，简称少子。

（4）因电子带负电，称这种半导体为 N(negative)型或电子型半导体。

（5）因掺入的杂质给出电子，又称施主杂质。

2）P 型半导体

在本征半导体中掺入三价杂质元素(如硼)后，每掺入一个硼原子就相当于向半导体内部注入一个空穴，于是半导体中产生了大量的空穴和负离子，如图 1-5 所示。这种以空穴为多数载流子的半导体称为 P 型半导体。

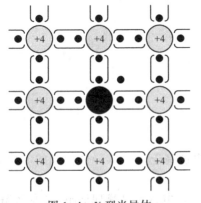

图 1-4　N 型半导体

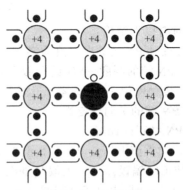

图 1-5　P 型半导体

由此可见：

（1）P 型半导体是在本征半导体中掺入少量的三价杂质元素形成的。

（2）P 型半导体产生大量的空穴和负离子。

（3）空穴是多数载流子，电子是少数载流子。

（4）因空穴带正电，称这种半导体为 P(positive)型或空穴型半导体。

（5）因掺入的杂质接受电子，又称受主杂质。

3. PN 结的形成

以 N 型半导体为基片，通过半导体扩散工艺，使半导体的一边形成 N 型区，另一边形成 P 型区，如图 1-6 所示。

在浓度差的作用下，两边多子互相扩散。电子从 N 型区向 P 型区扩散，空穴从 P 型区向 N 型区扩散。于是，在 P 型区和 N 型区交界面上，留下了一层不能移动的正、负离子，产生空间电荷层，这样就形成了 PN 结，如图 1-7 所示。

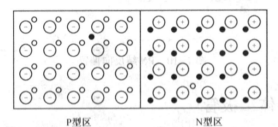

图 1-6　PN 结的形成

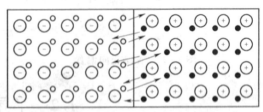

图 1-7　PN 结的产生

PN结一方面阻碍多子的扩散,另一方面加速少子的漂移。当扩散与漂移作用平衡时,形成内电场,内电场的方向如图1-8所示。

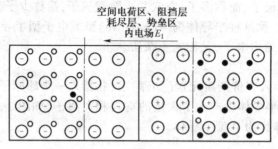

图1-8　内电场的方向

此时有以下结论:

(1)流过PN结的净电流为零;

(2)PN结的厚度一定(约几微米);

(3)接触电位一定(约零点几伏)。

4. PN结的单向导电性

1)PN结正向偏置

当外加直流电压使PN结P型半导体的一端的电位高于N型半导体一端的电位时,称为PN结正向偏置,简称"正偏",如图1-9所示。

正向偏置时,内电场被削弱,PN结变窄,多子进行扩散,PN结呈现低阻、导通状态。

2)PN结反向偏置

当外加直流电压使PN结N型半导体的一端的电位高于P型半导体一端的电位时,称为PN结反向偏置,简称"反偏",如图1-10所示。

此时,内电场增强,PN结变宽,PN结呈现高阻、截止状态。不利多子扩散,有利少子漂移。

因少子浓度主要与温度有关,反向电流与反向电压几乎无关。此电流称为反向饱和电流,记为I_s。

当外电压作用于PN结,只有当外电场使内电场减弱时(即P为正极、N为负极时),电流才能从P型区流向N型区。可见,PN结具有单向导电性。

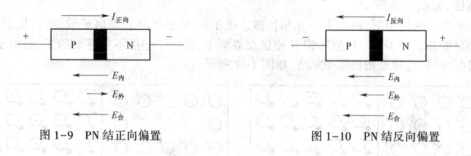

图1-9　PN结正向偏置　　　　　图1-10　PN结反向偏置

1.2　半导体二极管

将PN结进行封装,就成为半导体器件,这种半导体器件就是半导体二极管。半导体二极管简称二极管。它有两个电极,分别称为阳极(又称正极)和阴极(又称负极)。

1.2.1　二极管的结构和分类

按照使用的半导体材料不同,二极管可分为硅管、锗管两种;按照结构形式的不同,二极管可分为点接触型、面接触型和平面型,如图 1-11 所示。按照外壳封装形式的不同有塑料封装二极管、玻璃封装二极管、金属封装二极管、表面封装二极管。

常用二极管的种类,如表 1-1 所示。

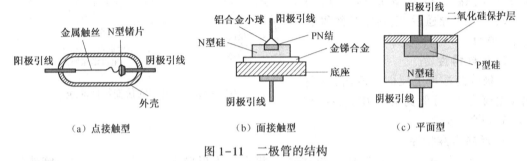

（a）点接触型　　　　　（b）面接触型　　　　　（c）平面型

图 1-11　二极管的结构

表 1-1　常用二极管的种类

种　类	图 形 符 号	用 途 说 明
普通(检波)二极管	▷|	常用的二极管,可用于检波
整流二极管	▷|	专用于整流
发光二极管	▷|	多用于指示信号
稳压二极管	▷|	用于直流稳压
光电二极管	▷|	把光的变化转换为电的变化
变容二极管	▷|⊢	二极管的结电容随偏压大小而改变

二极管的极性可通过外观进行判别:大功率管的螺栓端为负极;塑封管、玻封管及贴片二极管在管体一端上有白色或黑色色环的一端为负极(如果是用色点表示,则有色点的一端是正极);同向引脚的二极管(如发光二极管和光电二极管),其引脚较长的那端为正极。

如果二极管外观标识不清,则应通过万用表进行测量区分正负极。

1.2.2　二极管的伏安特性

二极管的伏安特性是指在二极管两端加电压时,通过二极管的电流与所加电压之间的关系。把这种关系用曲线表示,称为伏安特性曲线。二极管的伏安特性曲线如图 1-12 所示。

1. 正向特性

给二极管两端加上正向电压后,当 $u_{VD} > U_{TH}$(U_{TH} 是二极管的门限电压,又称死区电压,在室温条件下,硅二极管的 U_{TH} 约为 0.5 V,锗二极管的 U_{TH} 约为 0.1 V)时,二极管才能导通。二极管处于正向导通时,硅二极管的导通电压约为 0.7 V,锗二极管导通电压约为 0.3 V,二极管导通后,极间电阻约等于 0,$r_{VD} = 0\ \Omega$。

2. 反向特性

二极管两端加上反向电压时,反向饱和电流为 I_S,近似为 $I_S \approx 0$,$r_{VD} \approx \infty$,二极管相当于开路。

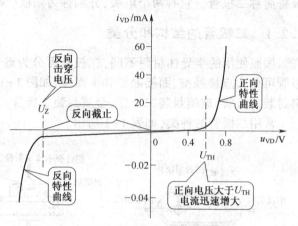

图 1-12　二极管的伏安特性曲线

3. 反向击穿特性

当反向电压达到图 1-12 中 U_Z 的值时,二极管进入反向击穿状态。稳压二极管就是利用反向击穿特性工作的。普通二极管如果工作在反向击穿状态,极易因击穿而损坏。

备注:单向导电性是二极管最为重要的特性。

1.2.3　二极管的主要参数

二极管的主要参数如下:

(1)正向工作电流 I_F:在额定功率条件下,允许通过二极管的电流值。

(2)正向电压降 U_F:二极管通过额定正向电流时,在两极间所产生的电压降。

(3)最大整流电流(平均值)I_{OM}:在半波整流连续工作的情况下,允许的最大半波电流的平均值。

(4)反向击穿电压 U_B:二极管反向电流急剧增大到出现击穿现象时的反向电压值。

(5)最高反向工作电压 U_{RM}:二极管正常工作时所允许的反向电压峰值,通常 U_{RM} 为 U_P(峰点电压)的 2/3 或略小一些。

(6)反向电流 I_R:在规定的反向电压条件下流过二极管的反向电流值。

(7)结电容 C:结电容包括势垒电容和扩散电容,在高频场合下使用时,要求结电容小于某一规定数值。

(8)最高工作频率 f_M:二极管具有单向导电性的最高交流信号的频率。

1.2.4　二极管的等效电路及其应用

由于二极管具有非线性特性,当电路中加入二极管时,便组成了非线性电路,严格分析这种电路非常困难,实际应用中通常根据二极管应用条件做合理近似等效。即理想二极管在导通时相当于短路,管压降为 0 V;在截止时相当于开路,没有电流通过。

二极管的工作状态有导通、截止两种。二极管的导通和截止状态如表 1-2 所示。

1. 整流

整流就是把交流电变为脉动直流电。利用二极管的单向导电特性,可以实现整流。整流后得到的直流电再经滤波和稳压,就可以得到平稳的直流电了。

表 1-2　二极管的导通和截止状态

项目	工 作 电 路	等 效 电 路	工 作 条 件
二极管导通	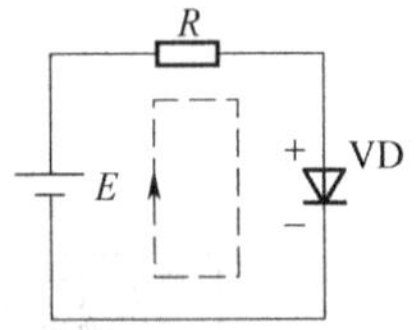 R E　+ VD 电流从二极管正极流向负极	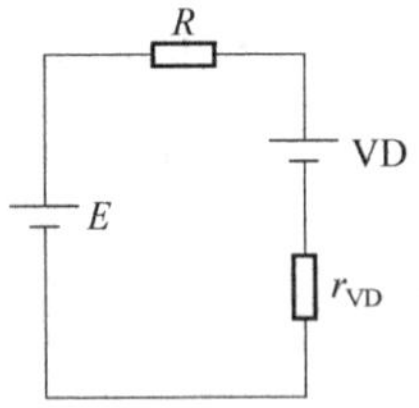 R E　VD r_{VD} 二极管可等效为电压源 VD,硅管约为 0.7 V,锗管约为 0.3 V,串联近似为 0 Ω 的导通电阻 r_{VD}	二极管正向偏压,要求偏压值大于或等于门限电压,硅管门限电压为 0.5 V,锗管为 0.1 V
二极管截止	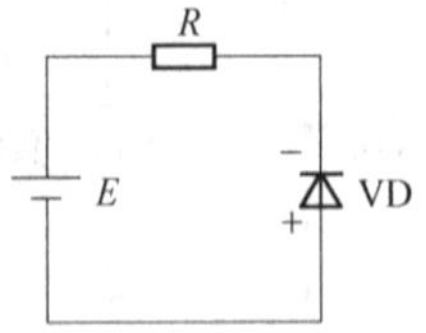 R E　+ VD 二极管处于反偏状态,无电流通过	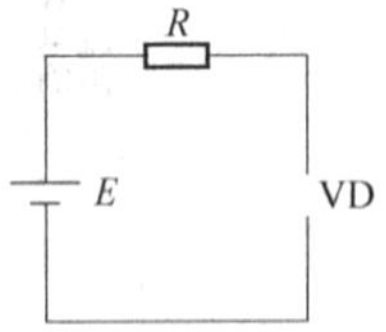 R E　VD 二极管两引脚之间的电阻值非常大,相当于开路	二极管反向偏压,或正向偏压值硅管小于 0.5 V,锗管小于 0.1 V

说明:硅二极管导通电压通常在 0.5~0.8 V 之间,一般认为是 0.7 V。锗二极管导通电压通常在 0.1~0.3 V 之间,一般认为是 0.3 V

一般情况下,用于整流的二极管比较多,它是将交流电流整流成为直流电流的,这种二极管称为整流二极管,它是面接触型的功率器件,因结电容大,故工作频率低。

通常,I_F 在 1 A 以上的二极管采用金属壳封装,以利于散热;I_F 在 1 A 以下的二极管采用全塑料封装。由于近代工艺技术不断提高,国外出现了不少较大功率的二极管,也采用塑封形式。

2. 限幅

利用二极管导通后压降很小且基本不变的特性,可以构成限幅电路,使输出电压幅度限制在某一范围以内。

3. 保护

在电子电路中,常利用二极管来保护其他元器件免受过高电压的损害。

1.3　特殊二极管

1.3.1　稳压管

稳压二极管是由硅材料制成的面接触型二极管,它是利用 PN 结反向击穿时的电压基本上不随电流的变化而变化的特点,来达到稳压的目的。因为它能在电路中起稳压作用,故称为稳压二极管,简称稳压管。

稳压管的伏安特性曲线如图 1-13 所示,当反向电压达到 U_Z 时,即使电压有一微小的增加,反向电流亦会猛增(反向击穿曲线很陡直),这时,二极管处于击穿状态,如果把击穿电流限制在一定的范围内,二极管就可以长时间在反向击穿状态下稳定工作。

稳压管的典型应用电路如图 1-14 所示。假设某种原因(如输入电源电压升高)使输出电压 U_O 增大,则稳压管的 U_{VD} 增大,通过稳压管的电流 I_{VD} 快速增大,I_{VD} 是通过限流电阻 R 上的电流 I 的一部分,则 I 增大,R 两端电压 U_R 增大,使 U_O 趋于稳定,即

$$U_O\uparrow \rightarrow I_{VD}\uparrow \rightarrow I\uparrow \rightarrow U_R\uparrow \rightarrow (U_I - U_R) \rightarrow U_O\downarrow$$

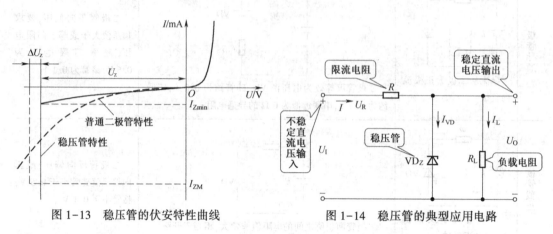

图 1-13　稳压管的伏安特性曲线　　　　图 1-14　稳压管的典型应用电路

稳压二极管稳压值的标识一般标注在管体上,若小功率稳压二极管体积小,在管体上标注型号较困难时,有些国外产品采用色环来表示它的标称稳定电压值。

1.3.2　发光二极管

发光二极管简称 LED,是用特殊的半导体材料制成的。材料不同,所发出的光的颜色也就不同。

发光二极管的正向工作电压比普通二极管的要高,在 1.5~3.0 V 之间。不同颜色的发光二极管,正向电压不同。通过发光二极管的电流越大发光越强,但电流不得超过最大值,以免烧毁。发光二极管的工作电流一般为 10~30 mA,反向击穿电压约为 5 V,使用中不应使发光二极管承受超过 5 V 的电压。

使用时应注意:理想情况是采用恒流驱动,当采用电压驱动时必须注意限流!

发光二极管应用很广,除单色发光二极管外,还有变色发光二极管(三端引脚),还可以根据需要制成各种字符,这就是常用的发光数码管。

1.3.3　光电二极管

光电二极管又称光敏二极管,是一种能将接收的光信号转换为电信号输出的二极管。其基本特性是在光照的条件下产生电流。

为便于接收入射光线,光电二极管在管壳顶部留有透明的窗口,为提高光电转换效率,其 PN 结的面积做得较大。

光电二极管应工作在反向偏置状态。光电二极管无光照时,其反向电阻很大,只有极小的反向漏电流(<0.3 μA),称为暗电流;当有光照时,产生与光强成正比的电流,称为光电流,该电流流经负载,产生输出电压 u_o,这样就实现了光信号到电信号的转换,如图 1-15 所示。

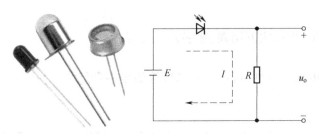

图 1-15　光电二极管及其应用电路

1.3.4　变容二极管

　　变容二极管是利用 PN 结的电容随外加偏压而变化这一特性制成的非线性电容元件，被广泛地用于参量放大器,电子调谐及倍频器等微波电路中,变容二极管主要是通过结构设计及工艺等一系列途径来突出电容与电压的非线性关系,并提高 Q 值[电容器的 Q 值实质上就是代表该电容器的品质因数。我们知道,任何一个电容器都不会是理想的电容器,在电容器通过交流信号时都会或多或少地产生功率损耗,这个损耗主要消耗在电容器本身的等效串联电阻和两极间的绝缘介质上。通常为了表示该电容器品质的好坏,可用某一频率下电容器损耗功率与电容器存储功率(无功功率)之比来表示,这个比值就是该电容器的 Q 值]以适合应用。

　　变容二极管的结构与普通二极管相似,几种常用变容二极管的型号参数如表 1-3 所示。

表 1-3　几种常用变容二极管的型号参数

型　号	产地	反向电压/V		电容/pF		电容比	使用波段
		最小值	最大值	最小值	最大值		
2CB11	中国	3	25	2.5	12	4.8	UHF(特高频)
2CB14	中国	3	30	3	18	6	VHF(甚高频)
BB125	欧洲	2	28	2	12	6	UHF
BB139	欧洲	1	28	5	45	9	VHF
MA325	日本	3	25	2	10.3	5.2	UHF
ISV50	日本	3	25	4.9	28	5.7	VHF
ISV97	日本	3	25	2.4	18	7.5	VHF
ISV59、OSV70/IS2208	日本	3	25	2	11	5.5	UHF

　　变容二极管工作在反偏状态,其 PN 结相当一个小电容。由 $C = S/d$ 可知,在电容极板面积(S)不变的情况下,两极板间的距离(d)与电容值成反比,所以通过改变所加反偏电压的大小,就改变了结电场之间的距离,从而改变了电容值的大小,如图 1-16 所示。

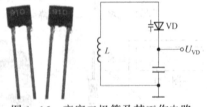

图 1-16　变容二极管及其工作电路

实验一　常用半导体二极管的识别与检测

1. 实验目的

掌握二极管的检测方法。

2. 实验设备

模拟电路实验箱、指针式万用表、数字万用表等。

3. 实验原理

利用二极管的单向导电性,可以判别二极管的极性和好坏。

4. 实验内容

1)普通二极管的检测

二极管的极性通常在管壳上注有标记,如无标记,可用万用表电阻挡测量其正反向电阻来判断(一般用 R×100 Ω 或 R×1 kΩ 挡)具体方法如表 1-4、表 1-5 所示。

表 1-4　用指针式万用表判别二极管的极性

接线示意图	指　针	说　明
R×1 kΩ 挡　红表笔 −　黑表笔 +	R×1 kΩ	如果指针指示只有几千欧,说明黑表笔所接引脚为正极
R×1 kΩ 挡　黑表笔 −　红表笔 +	R×1 kΩ	如果指针指示接近无穷大,即指针几乎不动,说明黑表笔所接引脚为负极

表 1-5　用数字万用表检测二极管的方法

接线示意图	显示内容	说　明
▷⊢挡　黑表笔 −　红表笔 +　COM	5 3 0 . 显示的数字为二极管正向导通压降	硅二极管正向偏置导通时,万用表上显示 500~800 的数字,此数字是二极管正向导通的压降,数值单位为 mV。锗二极管的显示数值在 200 mV 左右,这时红表笔所接引脚是二极管的正极
▷⊢挡　红表笔 −　黑表笔 +　COM	1 二极管反偏时显示数字"1"	指示为"1",说明二极管处于反向偏置状态,红表笔所接引脚是二极管的负极

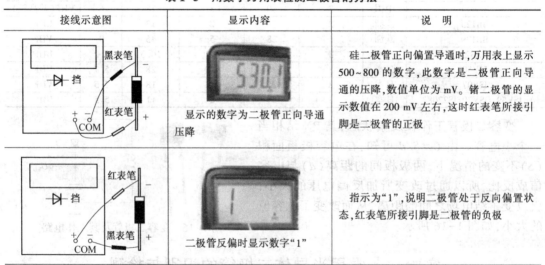

说明:(1)将转换开关拨到有二极管图形符号所指示的挡位上。

(2)若二极管正、反向测量都不符合要求,则说明二极管已损坏。

(3)数字万用表的内部结构与指针式万用表不同,红表笔接表内电池的正极,而黑表笔接表内电池的负极

2）普通发光二极管的检测

（1）用万用表检测。利用具有 R×10 kΩ 挡的指针式万用表可以大致判断发光二极管的好坏。正常时，二极管正向电阻阻值为几十欧至 200 kΩ，反向电阻的值为∞。如果正向电阻值为 0 或为∞，反向电阻阻值很小或为 0，则易损坏。这种检测方法，不能实时看到发光二极管的发光情况，因为 R×10 kΩ 挡不能向 LED 提供较大正向电流。

如果有两块指针式万用表（最好同型号），可以较好地检查发光二极管的发光情况。用一根导线将其中一块万用表的"+"接线柱与另一块表的"−"接线柱连接。余下的"−"笔接被测发光二极管的正极（P 型区），余下的"+"笔接被测发光二极管的负极（N 型区）。两块万用表均置 R×10 Ω 挡。正常情况下，接通后就能正常发光。若亮度很低，甚至不发光，可将两块万用表均拨至 R×1 Ω 挡，若仍很暗，甚至不发光，则说明该发光二极管性能不良或损坏。应注意，不能一开始测量就将两块万用表置于 R×1 Ω 挡，以免电流过大，损坏发光二极管。

（2）外接电源测量。用 3 V 稳压源或两节串联的干电池及万用表（指针式或数字式皆可）可以较准确地测量发光二极管的光、电特性。为此可按图 1–17 所示连接电路。如果测得 U_F 在 1.4~3 V 之间，且发光亮度正常，可以说明发光二极管正常。如果测得 $U_F = 0$ 或 $U_F \approx 3$ V，且不发光，说明发光二极管已坏。

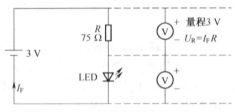

图 1–17　外接电源测量电路

5. 实验报告

（1）反复练习，熟练掌握半导体二极管的判别方法。

（2）列出所测半导体二极管的类别、型号、主要参数、测量数据及质量好坏的判别结果等。

（3）写出重要的实验收获或心得体会等。

小　结

（1）二极管是由 PN 结构成的，PN 结的单向导电性决定了二极管的单向导电性。给二极管外加正向电压且等于或大于导通电压 U_{TH} 时，二极管导通；当给二极管外加反向电压时，二极管截止。

（2）二极管的伏安特性是二极管的电流与电压关系的曲线，总体上反映了二极管的特性。正向特性区域的非线性和近似线性关系是很重要的，不同用途的二极管所使用的线段不同。反向特性区域分为反向截止段和反向击穿段。稳压二极管工作在反向击穿段。

（3）二极管的主要参数在整流电路中最主要的有：最大整流电流（I_F）和最高反向工作电压（U_{RM}）。

（4）特殊二极管指的是具有特殊用途的二极管：稳压二极管用于稳压电路，发光二极管用于指示电路，二极管数码管是数字电路中常用的显示器件，光电二极管是重要的光电转换器件，变容二极管是利用 PN 结的电容量随外加电压变化的特性制成的二极管，常用于高频调谐电路等场合。

（5）简单的直流稳压电路是由变压器、整流电路、滤波电路和稳压管稳压电路构成的。

思考与习题

1. 判断题

（1）单向导电是二极管的重要特性。　　　　　　　　　　　　　　　　　　　　（　）

（2）PN 结正向电阻小，反向电阻大。　　　　　　　　　　　　　　　　　　　　（　）

（3）P 型半导体具有多数自由电子。　　　　　　　　　　　　　　　　　　　　（　）

2. 选择题

（1）稳压二极管工作在稳压状态时，其工作区是伏安特性的（　　）。

　　A. 正向特性区　　　　　B. 反向击穿区　　　　　C. 反向特性区

（2）半导体二极管具有（　　）。

　　A. 导通特性　　　　　　B. 双向导通特性　　　　　C. 单向导通特性

3. 填空题

（1）二极管有_____和_____两种工作状态。

（2）稳压管具有稳定_____的作用，工作于_____状态。

（3）所谓理想二极管，就是当其正偏时，结电阻为_____，等效成一条直线；当其反偏时，结电阻为_____，等效成断开。

（4）PN 结正偏时_____，反偏时_____，所以 PN 结具有单向导电性。

4. 问答题

（1）半导体中的载流子浓度主要与哪些因素有关？

（2）扩散电流与漂移电流的主要区别是什么？

（3）在什么条件下，半导体二极管的管压降近似为常数？

（4）根据二极管的伏安特性，给出几种二极管的电路分析模型。

第2章 | 半导体三极管及其基本放大电路

半导体三极管是一种重要的半导体器件。它的放大作用和开关作用促使电子技术飞跃发展。场效应管是一种较新型的半导体器件,现在已被广泛应用于放大电路和数字电路中。本章介绍半导体三极管、绝缘栅型场效应管以及由它们组成的基本放大电路。

2.1　双极型半导体三极管

双极型半导体三极管简称三极管,又称晶体管。它由两个 PN 结组成。由于内部结构的特点,使三极管表现出电流放大作用和开关作用,这就促使电子技术有了质的飞跃。本节围绕三极管的电流放大作用这个核心问题来讨论它的基本结构、工作原理、特性曲线及主要参数。三极管的种类很多,按功率大小可分为大功率管和小功率管;按电路中的工作频率可分为高频管和低频管;按半导体材料不同可分为硅管和锗管;按结构不同可分为 NPN 型管和 PNP 型管。

2.1.1　半导体三极管的结构

无论是 NPN 型还是 PNP 型的三极管都分为三个区,分别称为发射区、基区和集电区,由三个区各引出一个电极,分别称为发射极(E)、基极(B)和集电极(C),发射区和基区之间的 PN 结称为发射结,集电区和基区之间的 PN 结称为集电结。其结构和图形符号如图 2-1 所示。其中发射极箭头所示方向表示发射极电流的流向。在电路中,三极管用字母 VT 表示。具有电流放大作用的三极管,在内部结构上具有其特殊性,这就是:其一是发射区掺杂浓度大于集电区掺杂浓度,集电区掺杂浓度远大于基区掺杂浓度;其二是基区很薄,一般只有几微米。这些结构上的特点是三极管具有电流放大作用的内在依据。

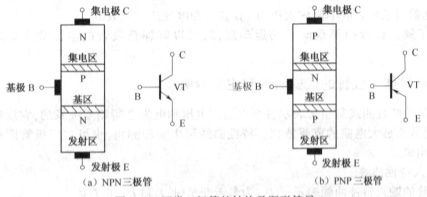

(a) NPN 三极管　　　　　　　(b) PNP 三极管

图 2-1　两类三极管的结构及图形符号

2.1.2　半导体三极管的放大原理

现以 NPN 型管为例来说明三极管各极间电流分配关系及其电流放大作用,上面介绍了三极管具有电流放大作用的内部条件。为实现三极管的电流放大作用还必须具有一定的外部条件,这就是要给三极管的发射结加上正向电压,集电结加上反向电压。如图 2-2 所示电路,V_{BB} 为基极电源,与基极电阻 R_B 及三极管的基极(B)、发射极(E)组成基极-发射极回路(称为输入回路),V_{BB} 使发射结正偏,V_{CC} 为集电极电源,与集电极电阻 R_C 及三极管的集电极(C)、发射极(E)组成集电极-发射极回路(称为输出回路),V_{CC}

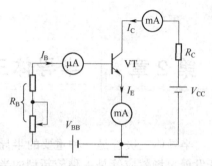

图 2-2　共发射极放大电路

使集电结反偏。图 2-2 中,发射极(E)是输入/输出回路的公共端,因此称这种接法为共发射极放大电路,改变可调电阻 R_B,测基极电流 I_B、集电极电流 I_C 和发射极电流 I_E,结果如表 2-1 所示。

表 2-1　三极管电流测试数据

$I_B/\mu A$	0	20	40	60	80	100
I_C/mA	0.005	0.99	2.08	3.17	4.26	5.40
I_E/mA	0.005	10.01	2.12	3.23	4.34	5.50

从实验结果可得如下结论:

(1)$I_E = I_B + I_C$。此关系就是三极管的电流分配关系,它符合基尔霍夫电流定律。

(2)I_E 和 I_C 几乎相等,但远远大于基极电流 I_B,从第三列和第四列的实验数据可知 I_C 与 I_B 的比值分别为

$$\overline{\beta} = \frac{I_C}{I_B} = \frac{2.08}{0.04} = 52, \quad \overline{\beta} = \frac{I_C}{I_B} = \frac{3.17}{0.06} = 52.8$$

I_B 的微小变化会引起 I_C 较大的变化,计算可得

$$\beta = \frac{\Delta I_C}{\Delta I_B} = \frac{I_{C4} - I_{C3}}{I_{B4} - I_{B3}} = \frac{3.17 - 2.08}{0.06 - 0.04} = \frac{1.09}{0.02} = 54.5$$

计算结果表明,微小的基极电流变化,可以控制比之大数十倍至数百倍的集电极电流的变化,这就是三极管的电流放大作用。$\overline{\beta}$、β 称为电流放大系数。

通过了解三极管内部载流子的运动规律,可以解释三极管的电流放大原理。本书从略。

2.1.3　半导体三极管的伏安特性和主要参数

三极管的特性曲线是用来表示各个电极间电压和电流之间相互关系的,它反映三极管的性能,是分析放大电路的重要依据。特性曲线可由实验测得,也可在三极管图示仪上直观地显示出来。

1. 输入特性曲线

三极管的输入特性曲线表示了 U_{CE} 为参考变量时,I_B 和 U_{BE} 的关系。

$$I_{B} = f(U_{BE})\,|_{U_{CE}=常数} \tag{2-1}$$

图 2-3 所示是三极管的输入特性曲线,由图 2-3 可见,输入特性曲线有以下几个特点:

(1)输入特性也有一个"死区"。在"死区"内,U_{BE} 虽已大于零,但 I_{B} 几乎仍为零。当 U_{BE} 大于某一值后,I_{B} 才随 U_{BE} 增加而明显增大。和二极管一样,硅三极管的死区电压 U_{T}(又称门槛电压)约为 0.5 V,发射结导通电压 U_{BE} 为 0.6~0.7 V;锗三极管的死区电压 U_{T} 约为 0.2 V,导通电压为 0.2~0.3 V。若为 PNP 型三极管,则发射结导通电压 U_{BE} 分别为-0.7~-0.6 V 和-0.3~-0.2 V。

(2)一般情况下,当 $U_{CE}>1$ V 以后,输入特性几乎与 $U_{CE}=1$ V 时的特性重合,因为 $U_{CE}>1$ V 后,I_{B} 无明显改变。三极管工作在放大状态时,U_{CE} 总是大于 1 V(集电结反偏),因此常用 $U_{CE}\geqslant 1$ V 的一条曲线来代表所有输入特性曲线。

2. 输出特性曲线

三极管的输出特性曲线表示以 I_{B} 为参考变量时,I_{C} 和 U_{CE} 的关系,即

$$I_{C} = f(U_{CE})\,|_{I_{B}=常数} \tag{2-2}$$

图 2-4 是三极管的输出特性曲线,当 I_{B} 改变时,可得一组曲线族,由图 2-4 可见,输出特性曲线可分截止区和放大区、饱和区三个区域。

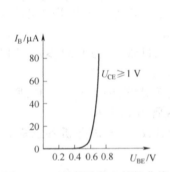

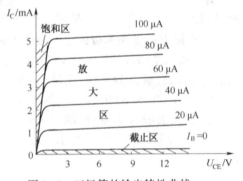

图 2-3　三极管的输入特性曲线　　　　图 2-4　三极管的输出特性曲线

(1)截止区:$I_{B}=0$ 的特性曲线以下区域称为截止区。在这个区域中,集电结处于反偏,$U_{BE}\leqslant 0$,发射结反偏或零偏,即 $V_{C}>V_{E}\geqslant V_{B}$。电流 I_{C} 很小(等于反向穿透电流 I_{CEO}),工作在截止区时,三极管在电路中如同一个断开的开关。

(2)饱和区:特性曲线靠近纵轴的区域称为饱和区。当 $U_{CE}<U_{BE}$ 时,发射结、集电结均处于正偏,即 $V_{B}>V_{C}>V_{E}$。在饱和区,I_{B} 增大,I_{C} 几乎不再增大,三极管失去放大作用。规定 $U_{CE}=U_{BE}$ 时的状态称为临界饱和状态,用 U_{CES} 表示,此时集电极临界饱和电流为

$$I_{CS} = \frac{V_{CC}-U_{CES}}{R_{C}} \approx \frac{V_{CC}}{R_{C}} \tag{2-3}$$

基极临界饱和电流为

$$I_{BS} = \frac{I_{CS}}{\beta} \tag{2-4}$$

当集电极电流 $I_{C}>I_{CS}$ 时,三极管处于饱和状态;$I_{C}<I_{CS}$ 时,三极管处于放大状态。

三极管深度饱和时,硅管的 U_{CE} 约为 0.3 V,锗管的 U_{CE} 约为 0.1 V,由于深度饱和时 U_{CE} 约等于 0,三极管在电路中如同一个闭合的开关。

(3)放大区:特性曲线近似水平直线的区域称为放大区。在这个区域里发射结正偏,集

电结反偏，即 $V_C > V_B > V_E$。其特点是 I_C 的大小受 I_B 的控制，$\Delta I_C = \beta \Delta I_B$，三极管具有电流放大作用。在放大区，$\beta$ 约等于常数，I_C 几乎按一定比例等距离平行变化。I_C 只受 I_B 的控制，几乎与 U_{CE} 的大小无关。特性曲线反映出恒流源的特点，即三极管可看作受基极电流控制的受控恒流源。

【例 2-1】 用直流电压表测得放大电路中三极管 VT_1 各电极的对地电位分别为 $V_x = +10\ V, V_y = 0\ V, V_z = +0.7\ V$，如图 2-5（a）所示，$VT_2$ 各电极电位分别为 $V_x = +0\ V, V_y = -0.3\ V, V_z = -5\ V$，如图 2-5（b）所示，试判断 VT_1 和 VT_2 各是何类型、何材料的三极管？x、y、z 各是何电极？

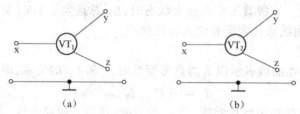

图 2-5　例 2-1 图

解：工作在放大区的 NPN 型管应满足 $V_C > V_B > V_E$，PNP 型管应满足 $V_C < V_B < V_E$，因此分析时，先找出三电极的最高或最低电位，确定为集电极，而电位差为导通电压的就是发射极和基极。根据发射极和基极的电位差值判断三极管的材质。

（1）在图 2-5（a）中，z 与 y 的电压为 0.7 V，可确定为硅管，因为 $V_x > V_z > V_y$，所以 x 为集电极，y 为发射极，z 为基极，满足 $V_C > V_B > V_E$ 的关系，三极管为 NPN 型。

（2）在图 2-5（b）中，x 与 y 的电压为 0.3 V，可确定为锗管，因为 $V_z < V_y < V_x$，所以 z 为集电极，x 为发射极，y 为基极，满足 $V_C < V_B < V_E$ 的关系，三极管为 PNP 型。

【例 2-2】 如图 2-6 所示的电路，三极管均为硅管，$\beta = 30$，试分析各三极管的工作状态。

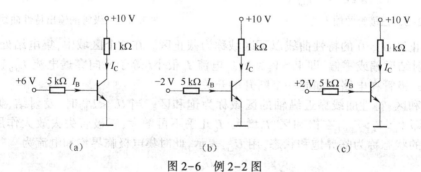

图 2-6　例 2-2 图

解：（1）因为基极偏置电源 +6 V 大于三极管的导通电压，故三极管的发射结正偏，三极管导通，基极电流为

$$I_B = \frac{6 - 0.7}{5}\ mA = \frac{5.3}{5}\ mA = 1.06\ mA$$

$$I_C = \beta I_B = (30 \times 1.06)\ mA = 31.8\ mA$$

临界饱和电流为

$$I_{CS} = \frac{10 - U_{CES}}{1} = （10 - 0.7）\text{mA} = 9.3 \text{ mA}$$

因为 $I_C > I_{CS}$，所以三极管工作在饱和区。

（2）因为基极偏置电源 -2 V 小于三极管的导通电压，故三极管的发射结反偏，三极管截止，所以三极管工作在截止区。

（3）因为基极偏置电源 $+2$ V 大于三极管的导通电压，故三极管的发射结正偏，三极管导通，基极电流为

$$I_B = \frac{2 - 0.7}{5} \text{ mA} = \frac{1.3}{5} \text{ mA} = 0.26 \text{ mA}$$

$$I_C = \beta I_B = （30 \times 0.26）\text{mA} = 7.8 \text{ mA}$$

临界饱和电流为

$$I_{CS} = \frac{10 - U_{CES}}{1} = （10 - 0.7）\text{mA} = 9.3 \text{ mA}$$

因为 $I_C < I_{CS}$，所以三极管工作在放大区。

3. 三极管的主要参数

三极管的参数是用来表示三极管的各种性能指标的，是评价三极管的优劣和选用三极管的依据，也是计算和调整三极管电路时必不可少的根据。主要参数有以下几个。

1）电流放大系数

（1）共射直流电流放大系数 $\bar{\beta}$。它表示集电极电压一定时，集电极电流和基极电流之间的关系，即

$$\bar{\beta} = \frac{I_C - I_{CEO}}{I_B} \approx \frac{I_C}{I_B} \tag{2-5}$$

（2）共射交流电流放大系数 β。它表示在 U_{CE} 保持不变的条件下，集电极电流的变化量与相应的基极电流变化量之比，即

$$\beta = \left. \frac{\Delta I_C}{\Delta I_B} \right|_{U_{CE}=常数} \tag{2-6}$$

上述两个电流放大系数 $\bar{\beta}$ 和 β 的含义虽不同，但工作于输出特性曲线的放大区域的平坦部分时，两着差异极小，故在今后估算时常认为 $\bar{\beta}=\beta$。

由于制造工艺上的分散性，同一类型三极管的 β 值差异很大。常用的小功率三极管，β 值一般为 $20\sim200$。β 过小，三极管电流放大作用小；β 过大，三极管工作稳定性差。一般选用 β 为 $40\sim100$ 的三极管较为合适。

2）极间电流

（1）集电极反向饱和电流 I_{CBO}。I_{CBO} 是指发射极开路，集电极与基极之间加反向电压时产生的电流，也是集电结的反向饱和电流。可以用图 2-7 所示的电路测出。手册上给出的 I_{CBO} 都是在规定的反向电压之下测出的。反向电压大小改变时，I_{CBO} 的数值可能稍有改变。另外，I_{CBO} 是少数载流子电流，随温度升高而指数上升，

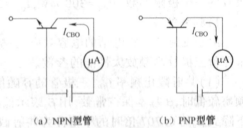

(a) NPN型管　　(b) PNP型管

图 2-7　I_{CBO} 的测量电路

影响三极管工作的稳定性。作为三极管的性能指标，I_{CBO}越小越好，硅管的I_{CBO}比锗管的I_{CBO}小得多，大功率管的I_{CBO}值较大，使用时应予以注意。

（2）穿透电流I_{CEO}。I_{CEO}是基极开路，集电极与发射极间加电压时的集电极电流。由于这个电流由集电极穿过基区流到发射极，故称为穿透电流。测量I_{CEO}的电路如图2-8所示。根据三极管的电流分配关系可知，$I_{CEO} = (1+\beta)I_{CBO}$。故$I_{CEO}$也要受温度影响而改变，且$\beta$大的三极管的温度稳定性较差。

3）极限参数

三极管的极限参数规定了使用时不许超过的限度。主要极限参数如下：

（1）集电极最大允许耗散功率P_{CM}。三极管电流I_C与电压U_{CE}的乘积称为集电极耗散功率，这个功率导致集电结发热，温度升高。而三极管的结温是有一定限度的，一般硅管的最高结温为$100\sim150\ ℃$，锗管的最高结温为$70\sim100\ ℃$，超过这个限度，三极管的性能就要变坏，甚至烧毁。因此，根据三极管的允许结温定出了集电极最大允许耗散功率P_{CM}，工作时三极管消耗功率必须小于P_{CM}。可以在输出特性的坐标系上画出$P_{CM} = I_C U_{CE}$的曲线，称为集电极最大功率损耗线，如图2-9所示。曲线的左下方均满足$P_C < P_{CM}$的条件，为安全区，右上方为过损耗区。

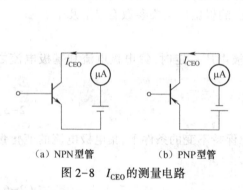

（a）NPN型管　　　　　（b）PNP型管

图2-8　I_{CEO}的测量电路

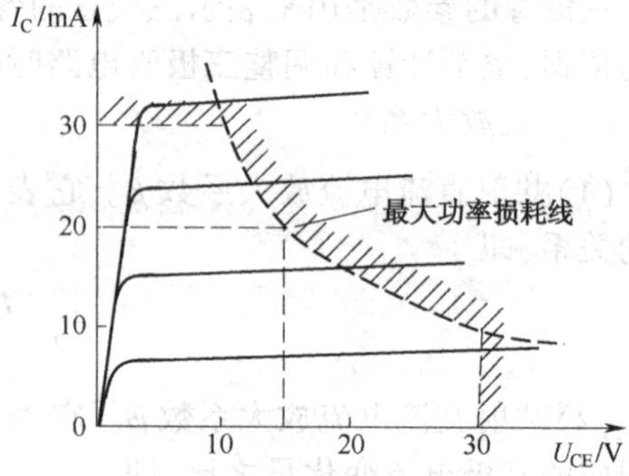

图2-9　集电极最大功率损耗线

（2）反向击穿电压$U_{(BR)CEO}$。反向击穿电压$U_{(BR)CEO}$是指基极开路时，加于集电极-发射极之间的最大允许电压。使用时如果超出这个电压将导致集电极电流I_C急剧增大，这种现象称为击穿，从而造成三极管永久性损坏。一般取电源$V_{CC} < U_{(BR)CEO}$。

（3）集电极最大允许电流I_{CM}。由于结面积和引出线的关系，还要限制三极管的集电极最大电流，如果超过这个电流使用，三极管的β就要显著下降，甚至可能损坏。I_{CM}表示β值下降到正常值2/3时的集电极电流。通常I_C不应超过I_{CM}。

P_{CM}、$U_{(BR)CEO}$和I_{CM}这三个极限参数决定了三极管的安全工作区。图2-9根据3DG4三极管的三个极限参数：$P_{CM} = 300\ mW$，$I_{CM} = 30\ mA$，$U_{(BR)CEO} = 30\ V$，画出了它的安全工作区。

4）频率参数

由于发射结和集电结的电容效应，三极管在高频工作时放大性能下降。频率参数是用来评价三极管高频放大性能的参数。

（1）共射截止频率f_β。三极管的β随信号频率升高而下降的特性曲线如图2-10所示。频率较低时，β基本保持常数，用β_0表示低频时的β值。当频率升到较高值时，β开始下降，下降到β_0的0.707倍时的频率称为共射截止频率，又称β的截止频率。应当说明，对于频率为f_β或高于f_β的信号，三极管仍然有放大作用。

（2）特征频率。β 下降到等于 1 时的频率称为特征频率 f_T。频率大于 f_T 之后，β 与 f 近似满足：$f_T = \beta f$。

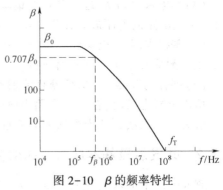

图 2-10　β 的频率特性

因此，知道了 f_T 就可以近似确定一个 $f(f>f_\beta)$ 时的 β 值。通常高频三极管都用 f_T 表征它的高频放大特性。

5）温度对三极管参数的影响

几乎所有三极管参数都与温度有关，因此不容忽视。温度对下列三个参数的影响最大：

（1）温度对 I_{CBO} 的影响：I_{CBO} 是少数载流子形成的，与 PN 结的反向饱和电流一样，受温度影很大。无论硅管或锗管，作为工程上的估算，一般都按温度每升高 10 ℃，I_{CBO} 增大一倍来考虑。

（2）温度对 β 的影响：温度升高时 β 随之增大。实验表明，对于不同类型的三极管，β 随温度增长的情况是不同的，一般认为，以 25 ℃时测得的 β 值为基数，温度每升高 10 ℃，β 增加 0.5% ~ 1%。

（3）温度对发射结电压 U_{BE} 的影响：和二极管的正向特性一样，温度每升高 10 ℃，$|U_{BE}|$ 减小 2~2.5 mV。

因为，$I_{CEO} = (1+\beta)I_{CBO}$，而 $I_C = \beta I_B + (1+\beta)I_{CBO}$，所以温度升高使集电极电流 I_C 升高。换言之，集电极电流 I_C 随温度变化而变化。

2.2　共发射极基本放大电路

模拟信号是时间的连续函数，处理模拟信号的电路称为模拟电子电路。

模拟电子电路中的三极管通常都工作在放大状态，它和电路中的其他元件构成各种用途的放大电路。而基本放大电路又是构成各种复杂放大电路和线性集成电路的基本单元。三极管基本放大电路按结构有共发射极、共集电极和共基极三种。

2.2.1　共发射极基本放大电路的组成

共发射极基本放大电路如图 2-11 所示。在图 2-11 所示的共发射极基本放大电路中，输入端接低频交流电压信号 u_i（如音频信号，频率为 20 Hz~20 kHz）。输出端接负载电阻 R_L（可能是小功率的扬声器、微型继电器，或者接下一级放大电路等），输出电压用 u_o 表示。电路中各元件作用如下：

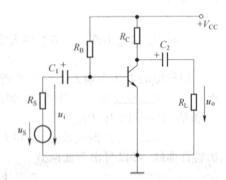

图 2-11　共发射极基本放大电路

（1）集电极电源 V_{CC} 是放大电路的能源，为输出信号提供能量，并保证发射结处于正向偏置、集电结处于反向偏置，使三极管工作在放大区。V_{CC} 取值一般为几伏到几十伏。

（2）三极管 VT 是放大电路的核心元件。利用三极管在放大区的电流控制作用，即 $i_c = \beta i_b$ 的电流放大作用，将微弱的电信号进行放大。

（3）集电极电阻 R_C 是三极管的集电极负载电阻,它将集电极电流的变化转换为电压的变化,实现电路的电压放大作用。R_C 一般为几千欧到几十千欧。

（4）基极电阻 R_B 以保证三极管工作在放大状态。改变 R_B 使三极管有合适的静态工作点。R_B 一般为几十千欧到几百千欧。

（5）耦合电容器 C_1、C_2 起隔直流通交流的作用。在信号频率范围内,认为容抗近似为零。所以分析电路时,在直流通路中电容器视为开路,在交流通路中电容器视为短路。C_1、C_2 一般为十几微法到几十微法的有极性的电解电容器。

2.2.2　共发射极基本放大电路的静态分析

放大电路未接入 u_i 前称静态。动态则指加入 u_i 后的工作状态。静态分析就是确定静态值,即直流电量,由电路中的 I_B、I_C 和 U_{CE} 一组数据来表示。这组数据是三极管输入、输出特性曲线上的某个工作点,习惯上称为静态工作点,用 $Q(I_{BQ}、I_{CQ}、U_{CEQ})$ 表示。

放大电路的质量与静态工作点的合适与否关系甚大。动态分析则是在已设置了合适的静态工作点的前提下,讨论放大电路的电压放大倍数、输入电阻、输出电阻等技术指标。

1. 由放大电路的直流通路确定静态工作点

将耦合电容器 C_1、C_2 视为开路,画出图 2-11 所示的共发射极基本放大电路的直流通路,如图 2-12 所示,由电路得

$$\begin{cases} I_{BQ} = \dfrac{V_{CC} - U_{BEQ}}{R_B} \approx \dfrac{V_{CC}}{R_B} \\ I_{CQ} = \beta I_{BQ} \\ U_{CEQ} = V_{CC} - I_{CQ}R_C \end{cases} \qquad (2-7)$$

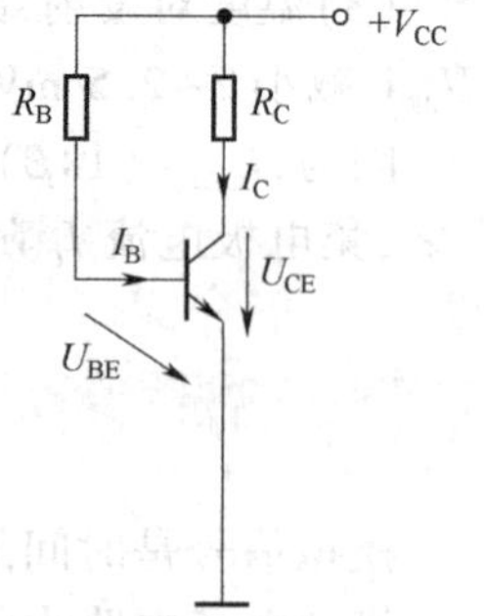

用式（2-7）可以近似估算此放大电路的静态作点。三极管导通后,硅管 U_{BEQ} 的大小在 $0.6 \sim 0.7\ V$ 之间（锗管 U_{BEQ} 的大小在 $0.2 \sim 0.3\ V$ 之间）。而当 V_{CC} 较大时,U_{BEQ} 可以忽略不计。

图 2-12　共发射极基本放大电路的直流通路

2. 由图解法求静态工作点 Q

（1）用输入特性曲线确定 I_{BQ} 和 U_{BEQ}。根据图 2-12 中的输入回路,可列出输入回路电压方程,即

$$V_{CC} = I_{BQ}R_B + U_{BEQ} \qquad (2-8)$$

同时 U_{BE} 和 I_B 还符合三极管输入特性曲线所描述的关系,输入特性曲线用函数式表示为

$$I_B = f(U_{BEQ}) \big|_{U_{CEQ}=常数} \qquad (2-9)$$

用作图的方法在输入特性曲线所在的 U_{BE}-I_B 平面上做出式（2-8）对应的直线,那么求得两线的交点就是静态工作点 Q,如图 2-13（a）所示,Q 点的坐标就是静态时的基极电流 I_{BQ} 和基-射极间电压 U_{BEQ}。

（2）用输出特性曲线确定 I_{CQ} 和 U_{CEQ}。由图 2-12 电路中的输出回路,以及三极管的输出特性曲线,可以写出下面两式:

$$V_{CC} = I_{CQ}R_C + U_{CEQ} \qquad (2-10)$$

$$I_C = f(U_{CEQ}) \big|_{I_{BQ}=常数} \qquad (2-11)$$

三极管的输出特性可由已选定三极管型号在手册上查找,或从图示仪上描绘,而式（2-10）为一直线方程,其斜率为 $\tan \alpha = -1/R_C$,在横轴上的截距为 V_{CC},在纵轴上的截距

为 V_{CC}/R_C。这一条直线很容易在图 2-13(b) 上做出。因为它是由直流通路得出的,且与集电极负载电阻有关,故称为直流负载线。由于已确定了 I_{BQ} 的值,因此直流负载线与 $I_B=I_{BQ}$ 所对应的那条输出特性曲线的交点就是静态工作点 Q。如图 2-13(b) 所示,Q 点的坐标就是静态时三极管的集电极电流 I_{CQ} 和集-射极间电压 U_{CEQ}。由图 2-13 可见,基极电流的大小影响静态工作点的位置。若 I_{BQ} 偏低,则 Q 靠近截止区;若 I_{BQ} 偏高,则 Q 靠近饱和区。因此,在已确定直流电源 V_{CC} 集电极电阻 R_C 的情况下,静态工作点设置的合适与否取决于 I_B 的大小,调节基极电阻 R_B,改变电流 I_B,可以调整静态工作点。

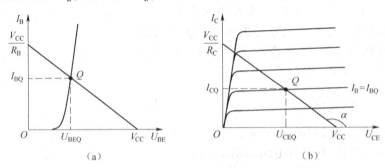

图 2-13　图解法求静态工作点

2.2.3　共发射极基本放大电路的动态分析

静态工作点确定以后,放大电路在输入电压信号 u_i 的作用下,若三极管能始终工作在特性曲线的放大区,则放大电路输出端就能获得基本上不失真的放大的输出电压信号 u_o。放大电路的动态分析,就是要对放大电路中信号的传输过程、放大电路的性能指标等问题进行分析讨论,这也是模拟电子电路所要讨论的主要问题。微变等效电路法和图解法是动态分析的基本方法。

1. 信号在放大电路中的传输与放大

以图 2-14(a) 为例来讨论,图中 I_B、I_C、U_{CE} 表示直流分量(静态值),i_b、i_c、u_{ce} 表示输入信号作用下的交流分量(有效值用 I_b、I_c、U_{ce} 表示),i_B、i_C、u_{CE} 表示总电流或总电压,这点务必搞清。

设输入信号 u_i 为正弦信号,通过耦合电容器 C_1 加到三极管的基-射极,产生电流 i_b,因而基极电流 $i_B=I_B+i_b$。集电极电流受基极电流的控制,$i_C=I_C+i_c=\beta(I_B+i_b)$。电阻器 R_C 上的压降为 $i_C R_C$,它随 i_C 成比例地变化。而集-射极的管压降 $u_{CE}=V_{CC}-i_C R_C=V_{CC}-(I_C+i_c)R_C=U_{CE}-i_c R_C$,它却随 $i_C R_C$ 的增大而减小。耦合电容器 C_2 阻隔直流分量 U_{CE},将交流分量 $u_{ce}=-i_c R_C$ 送至输出端,这就是放大后的信号电压 $u_o=u_{ce}=-i_c R_C$。u_o 为负,说明 u_i、i_b、i_c 为正半周时,u_o 为负半周,它与输入信号电压 u_i 反相。图 2-14(b)~图 2-14(f) 为放大电路中各有关电压和电流的信号波形。

综上所述,可归纳以下几点:

(1)无输入信号时,三极管的电压、电流都是直流分量。有输入信号后,i_B、i_C、u_{CE} 都在原来静态值的基础上叠加了一个交流分量。虽然 i_B、i_C、u_{CE} 的瞬时值是变化的,但它们的方向始终不变,即均是脉动直流量。

(2)输出 u_o 与输入 u_i 频率相同,且 u_o 幅度比 u_i 大得多。

（3）电流 i_b、i_e 与输入 u_i 同相，输出电压 u_o 与输入 u_i 反相，即共发射极放大电路具有"倒相"作用。

2. 微变等效电路法

1）三极管的微变等效电路

所谓三极管的微变等效电路，就是三极管在小信号（微变量）的情况下工作在特性曲线直线段时，将三极管（非线性元件）用一个线性电路代替。

由图 2-15（a）所示三极管的输入特性曲线可知，在小信号作用下的静态工作点 Q 邻近的 $Q_1 \sim Q_2$ 工作范围内的曲线可视为直线，其斜率不变。两变量的比值称为三极管的输入电阻，即

$$r_{be} = \frac{\Delta U_{BEQ}}{\Delta I_{BQ}}\bigg|_{U_{CEQ}=常数} = \frac{u_{be}}{i_b} \qquad (2-12)$$

式（2-12）表示三极管的输入回路可用三极管的输入电阻 r_{be} 来等效代替，其等效电路如图 2-16（b）所示。根据半导体理论及文献资料，工程中低频小信号下的 r_{be} 可用式（2-13）估算

$$r_{be} = 300 + (1+\beta)\frac{26(\text{mV})}{I_{EQ}(\text{mA})} \qquad (2-13)$$

小信号低频下工作时的三极管的 r_{be} 一般为几百欧到几千欧。

由图 2-15（b）所示三极管的输出特性曲线可知，在小信号作用下的静态工作点 Q 邻近的 $Q_1 \sim Q_2$ 工作范围内，放大区的曲线是一组近似等距的水平线，它反映了集电极电流 I_C 只受基极电流 I_B 控制而与三极管两端电压 U_{CE} 基本无关，因而三极管的输出回路可等效为一个受控的恒流源，即

$$\Delta I_C = \Delta\beta I_B \text{ 及 } i_c = \beta i_b \qquad (2-14)$$

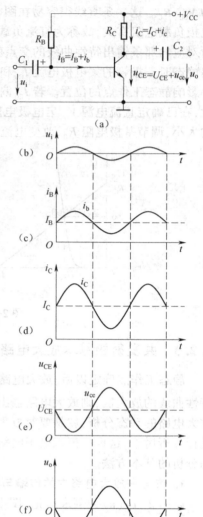

图 2-14　放大电路中电压、电流的波形

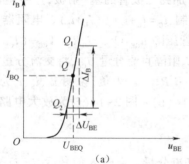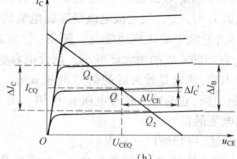

图 2-15　从三极管的特性曲线求 r_{be}、β 和 r_{ce}

实际三极管的输出特性并非与横轴绝对平行。当 I_B 为常数时，ΔU_{ce} 变化会引起 $\Delta I_C'$ 变化这个线性关系就是三极管的输出电阻 r_{ce}，即

$$r_{ce} = \left.\frac{\Delta U_{CE}}{\Delta I'_C}\right|_{I_B = \text{常数}} = \frac{u_{ce}}{i_c} \qquad (2-15)$$

r_{ce} 和受控恒流源 βi_b 并联。由于输出特性近似为水平线，r_{ce} 又高达几十千欧到几百千欧，在微变等效电路中可视为开路而不予考虑。图 2-16(b) 所示为简化了的微变等效电路。

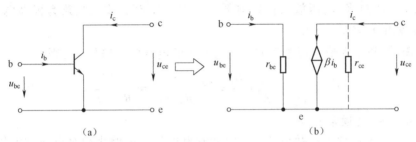

图 2-16　三极管的微变等效电路

2) 共发射极放大电路的微变等效电路

放大电路的直流通路确定了静态工作点。交流通路则反映了信号的传输过程，通过它可以分析、计算放大电路的性能指标。图 2-17(a) 是图 2-11 所示电路的交流通路。

C_1、C_2 的容抗对交流信号而言可忽略不计，在交流通路中视作短路，直流电源 V_{CC} 为恒压源，两端无交流电压降也可视作短路。据此画出图 2-17(a) 所示的交流通路。将交流通路中的三极管用微变等效电路来取代，可得图 2-17(b) 所示共发射极放大电路的微变等效电路。

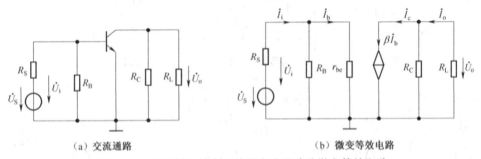

（a）交流通路　　　　　　　　　　　　（b）微变等效电路

图 2-17　共发射极放大电路的交流通路及微变等效电路

3. 动态性能指标的计算

1) 电压放大倍数 A_u

电压放大倍数是小信号电压放大电路的主要技术指标。设输入为正弦信号，图 2-17(b) 中的电压和电流都可用相量表示。

由图 2-17(b) 可列出

$$\dot{U}_o = -\beta \dot{I}_b (R_C /\!/ R_L)$$

$$\dot{U}_i = \dot{I}_b r_{be}$$

$$A_u = \frac{\dot{U}_o}{\dot{U}_i} = \frac{-\beta \dot{I}_b (R_C /\!/ R_L)}{\dot{I}_b r_{be}} = -\beta \frac{R'_L}{r_{be}} \qquad (2-16)$$

式中，$R'_L = R_C /\!/ R_L$；A_u 为复数，它反映了输出与输入电压之间大小和相位的关系。式(2-16)

中的负号表示共发射极放大电路的输出电压与输入电压的相位反相。

当放大电路输出端开路时(未接负载电阻 R_L),可得空载时的电压放大倍数 A_{uo},即

$$A_{uo} = -\beta\frac{R_C}{r_{be}} \tag{2-17}$$

比较式(2-16)和式(2-17),可得出:放大电路接有负载电阻 R_L 时的电压放大倍数比空载时降低了。R_L 愈小,电压放大倍数愈低。一般共发射极放大电路为提高电压放大倍数,总希望负载电阻 R_L 大一些。

输出电压 $\dot{U}_o$ 与输入信号源电压 $\dot{U}_S$ 之比,称为源电压放大倍数 A_{u_s},则

$$A_{u_s} = \frac{\dot{U}_o}{\dot{U}_S} = \frac{\dot{U}_o}{\dot{U}_i} \cdot \frac{\dot{U}_i}{\dot{U}_S} = A_u\frac{r_i}{R_S + r_i} \approx \frac{-\beta R'_L}{R_S + r_{be}} \tag{2-18}$$

式中,$r_i = R_B /\!/ r_{be} \approx r_{be}$(通常 $R_B \gg r_{be}$)。

可见 R_S 愈大,电压放大倍数愈低。一般共发射极放大电路为提高电压放大倍数,总希望信号源内阻 R_S 小一些。

2)输入电阻 r_i

一个放大电路的输入端总是与信号源(或前一级放大电路)相连的,其输出端总是与负载(或后一级放大电路)相连的。因此,放大电路与信号源和负载(或前级放大电路与后级放大电路)之间,都是互相联系,互相影响的。图2-18所示为它们之间的联系。

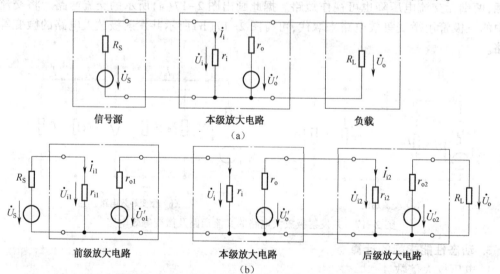

图 2-18　放大电路与信号源及前后级放大电路的联系

输入电阻 r_i 也是放大电路的一个主要的性能指标。

放大电路是信号源(或前一级放大电路)的负载,其输入端的等效电阻就是信号源(或前一级放大电路)的负载电阻,也就是放大电路的输入电阻 r_i。其定义为输入电压与输入电流之比,即

$$r_i = \frac{U_i}{I_i} \tag{2-19}$$

图2-11(a)所示的共发射极放大电路的输入电阻可由图2-19所示的等效电路计算得

出。由图可知

$$\dot{I}_\mathrm{i} = \frac{\dot{U}_\mathrm{i}}{R_\mathrm{B}} + \frac{\dot{U}_\mathrm{i}}{r_\mathrm{be}}$$

$$r_\mathrm{i} = \frac{\dot{U}_\mathrm{i}}{\dot{I}_\mathrm{i}} = R_\mathrm{B} \mathbin{/\!/} r_\mathrm{be} \approx r_\mathrm{be} \qquad (2\text{-}20)$$

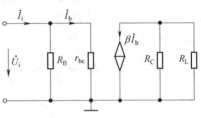

一般输入电阻越大越好。原因是：第一，较小的 r_i 从信号源取用较大的电流而增加信号源的负担；第二，电压信号源内阻 R_S 和放大电路的输入电阻 r_i 分压后，r_i 上得到的电压才是放大电路的输入电压 $\dot{U}_\mathrm{i}$，如图 2-19 所示，r_i 越小，相同的 $\dot{U}_\mathrm{S}$ 使放大电路的有效输入 $\dot{U}_\mathrm{i}$ 减小，那么放大后的输出也减小；第三，若与前级放大电路相连，则本级的

图 2-19　放大电路的输入电阻

r_i 就是前级的负载电阻 R_L，若 r_i 较小，则前级放大电路的电压放大倍数也较小。总之，要求放大电路有较高的输入电阻。

3）输出电阻 r_o

放大电路是负载（或后级放大电路）的等效信号源，其等效内阻就是放大电路的输出电阻 r_o，它是放大电路的性能参数。它的大小影响本级和后级的工作情况。放大电路的输出电阻 r_o，即从放大电路输出端看进去的戴维南等效电路的等效内阻，实际中采用如下方法计算输出电阻：

将输入信号源短路，但保留信号源内阻，在输出端加一信号 U_o'，以产生一个电流 I_o'，则放大电路的输出电阻为

$$r_\mathrm{o} = \frac{U_\mathrm{o}'}{I_\mathrm{o}'} \Big|_{U_\mathrm{s}=0} \qquad (2\text{-}21)$$

图 2-11 所示共发射极放大电路的输出电阻可由图 2-20 所示的等效电路计算得出。由图 2-20 可知，当 $U_\mathrm{S} = 0$ 时，$I_\mathrm{b} = 0$，$\beta I_\mathrm{b} = 0$，而在输出端加一信号 U_o'，产生的电流 I_o' 就是电阻器 R_C 中的电流，取电压与电流之比为输出电阻，即

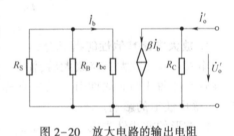

$$r_\mathrm{o} = \frac{\dot{U}_\mathrm{o}'}{\dot{I}_\mathrm{o}'} \Big|_{U_\mathrm{S}=0,R_\mathrm{L}=\infty} = R_\mathrm{C} \qquad (2\text{-}22)$$

图 2-20　放大电路的输出电阻

计算输出电阻的另一种方法是，假设放大电路负载开路（空载）时输出电压为 U_o'，接上负载后输出端电压为 U_o，则

$$U_\mathrm{o} = \frac{R_\mathrm{L}}{r_\mathrm{o} + R_\mathrm{L}} U_\mathrm{o}'$$

$$r_\mathrm{o} = \left(\frac{U_\mathrm{o}'}{U_\mathrm{o}} - 1 \right) R_\mathrm{L} \qquad (2\text{-}23)$$

由此可见，输出电阻越小，负载得到的输出电压越接近于输出信号，或者说输出电阻越小，负载大小变化对输出电压的影响越小，带负载能力就越强。

一般输出电阻越小越好。原因是：第一，放大电路对后一级放大电路来说，相当于信号源的内阻，若 r_o 较高，则使后一级放大电路的有效输入信号降低，使后一级放大电路的 A_u 降低；第二，放大电路的负载发生变动，若 r_o 较高，必然引起放大电路输出电压有较大的变动，也即放大电路带负载能力较差。总之，希望放大电路的输出电阻 r_o 越小越好。

【例2-3】 图2-11所示的共发射极放大电路，已知 $V_{CC} = 12$ V，$R_B = 300$ kΩ，$R_C = 4$ kΩ，$R_L = 4$ kΩ，$R_S = 100$ Ω，三极管的 $β=40$。试求：(1)估算静态工作点；(2)电压放大倍数；(3)输入电阻和输出电阻。

解：(1)估算静态工作点。由图2-12所示直流通路得

$$I_{BQ} \approx \frac{V_{CC}}{R_B} = \frac{12}{300} \text{ mA} = 0.04 \text{ mA}$$

$$I_{CQ} = \beta I_{BQ} = (40 \times 0.04) \text{ mA} = 1.6 \text{ mA}$$

$$U_{CEQ} = V_{CC} - I_{CQ} R_C = (12 - 1.6 \times 4)\text{V} = 5.6 \text{ V}$$

(2)计算电压放大倍数。首先画出图2-16(a)所示的交流通路，然后画出图2-16(b)所示的微变等效电路，可得

$$r_{be} = 300 + (1 + \beta)\frac{26}{I_{EQ}} = \left(300 + 41 \times \frac{26}{1.6}\right)\Omega = 0.966 \text{ k}\Omega$$

$$\dot{U}_o = -\beta \dot{i}_b (R_C /\!/ R_L)$$

$$\dot{U}_i = \dot{i}_b r_{be}$$

$$A_u = \frac{\dot{U}_o}{\dot{U}_i} = \frac{-\beta \dot{i}_b (R_C /\!/ R_L)}{\dot{i}_b r_{be}} = -40 \times \frac{2}{0.966} = -82.8$$

(3)计算输入电阻和输出电阻。根据式(2-20)和式(2-23)得

$$r_i = \frac{U_i}{I_i} = R_B /\!/ r_{be} \approx 0.966 \text{ k}\Omega$$

$$r_o = R_C = 4 \text{ k}\Omega$$

4. 放大电路其他性能指标介绍

输入信号经放大电路放大后，输出波形与输入波形不完全一致，称为波形失真，而由于三极管特性曲线的非线性引起的失真称为非线性失真。下面分析当静态工作点位置不同时，对输出波形的影响。

1)波形的非线性失真

如果静态工作点太低，如图2-21所示 Q' 点，从输出特性可以看到，当输入信号 u_i 在负半周时，三极管的工作范围进入了截止区。这样就使 i'_c 的负半周波形和 u'_o 的正半周波形都严重失真(输入信号 u_i 为正弦波)，如图2-21所示，这种失真称为截止失真，消除截止失真的方法是提高静态工作点的位置，适当减小输入信号 u_i 的幅值。对于图2-11所示的共发射极放大电路，可以减小 R_B 阻值，增大 I_{BQ}，使静态工作点上移来消除截止失真。

如果静态工作点太高，如图2-21所示 Q'' 点，从输出特性可以看到，当输入信号 u_i 在正半周时，三极管的工作范围进入了饱和区。这样就使 i''_c 的正半周波形和 u''_o 的负半周波形都严重失真，如图2-21所示，这种失真称为饱和失真，消除饱和失真的方法是降低静态工作点的位置，适当减小输入信号 u_i 的幅值。对于图2-11所示的共发射极放大电路，可以

增大 R_B 阻值,减小 I_{BQ},使静态工作点下移来消除饱和失真。

总之,设置合适的静态工作点,可避免放大电路产生非线性失真。如图 2-21 所示 Q 点选在放大区的中间,相应的 i_c 和 u_o 都没有失真。但是,还应注意到即使 Q 点设置合适,若输入 u_i 的信号幅度过大,则可能既产生饱和失真又产生截止失真。

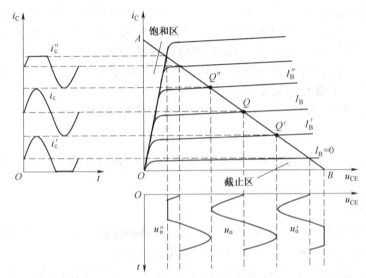

图 2-21　静态工作点与非线性失真的关系

2) 通频带

由于放大电路含有电容元件(耦合电容器 C_1、C_2 及布线电容、PN 结的结电容),当频率太高或太低时,微变等效电路不再是电阻性电路,输出电压与输入电压的相位发生了变化,电压放大倍数也将降低,所以交流放大电路只能在中间某一频率范围(简称"中频段")内工作。通频带就是反映放大电路对信号频率的适应能力的性能指标。

图 2-22(a)所示为电压放大倍数 A_u 与频率 f 的关系曲线,称为幅频特性。由图 2-22 可见,在低频段 A_u 有所下降,这是因为当频率低时,耦合电容器的容抗不可忽略,信号在耦合电容器上的电压降增加,因此造成 A_u 下降。在高频段 A_u 下降的原因,是由于高频时三极管的 β 值下降和电路的布线电容、PN 结的结电容的影响。

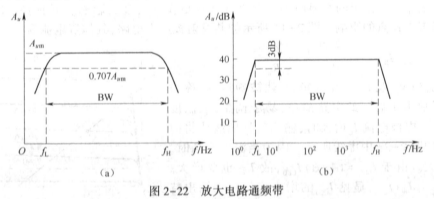

图 2-22　放大电路通频带

图 2-22(a)所示的幅频特性中,其中频段的电压放大倍数为 A_{um}。当电压放大倍数下

降到 $\frac{1}{\sqrt{2}}A_{um} = 0.707A_{um}$ 时,所对应的两个频率分别称为上限频率 f_H 和下限频率 f_L,f_H-f_L 的频率范围称为放大电路的通频带(或称"带宽")BW,即

$$BW = f_H - f_L$$

由于一般 $f_L \ll f_H$,故 BW $\approx f_H$。通频带越宽,表示放大电路的工作频率范围越大。

对于频带的放大电路,如果幅频特性的频率坐标用十进制坐标,可能难以表达完整。在这种情况下,可用对数坐标来扩大视野,对数幅频特性如图 2-22(b)所示。其横轴表示信号频率,用的是对数坐标;其纵轴表示放大电路的增益分贝值。这种画法首先由伯德(H. W. Bode)提出,故常称为伯德图。

在工程上,为了便于计算,常用分贝(dB)表示放大倍数(增益)。

$$A_u(dB) = 20\lg A_u$$

而 $20\lg\left(\frac{1}{\sqrt{2}}\right) = -3(dB)$,因此,在工程上通常把 f_H-f_L 的频率范围称为放大电路的"-3dB"通频带(简称 3dB 带宽)。

3)最大输出幅度

最大输出幅度是指输出波形的非线性失真在允许限度内,放大电路所能供给的最大输出电压(或输出电流),一般指有效值,以 U_{omax}(或 I_{omax})表示。

图解法能直观地分析放大电路的工作过程、估算电压放大倍数、清晰地观察波形失真情况、估算不失真时最大限度的输出幅度。但图解法也有局限性,作图过程烦琐,误差大,且不能计算输入、输出电阻,同时也不能计算多级放大电路及反馈放大电路等电路的各种参数。图解法适合于分析大信号下工作的放大电路(功率放大电路),对小信号放大电路用微变等效电路则简便得多。

2.2.4 静态工作点的稳定

前面的讨论已明确:放大必须有个合适的静态工作点,以保证较好的放大效果,并不引起非线性失真。下面讨论影响静态工作点变动的主要原因及能够稳定静态工作点的偏置电路。

1. 温度对静态工作点的影响

静态工作点不稳定的主要原因是温度变化和更换三极管的影响。下面着重讨论温度变化对静态工作点的影响。图 2-11 所示的共发射极放大电路,其偏置电流为

$$I_B = \frac{V_{CC} - U_{BEQ}}{R_B} \approx \frac{V_{CC}}{R_B}$$

可见,当 V_{CC} 及 R_B 一经选定,I_B 就被确定,故称为固定偏置放大电路。此电路简单,易于调整,但温度变化导致集电极电流 I_C 增大时,输出特性曲线族将向上平移,如图 2-23 中虚线所示。因为当温度升高时,I_{CBO} 要增大。由于 $I_{CEO} = (1+\beta)I_{CBO}$,故 I_{CEO} 也要增大。又因为 $I_C = \beta I_B + I_{CEO}$,显见 I_{CEO} 的增大将使整个输出特性曲线族向上平移。如图 2-23 所示,这时静态工作点将从 Q 点移到 Q_2 点。I_{CQ} 增大,U_{CEQ} 减小,工作点向

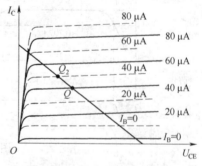

图 2-23 温度对 Q 点的影响

饱和区移动。这是造成静态工作点随温度变化的主要原因。

2. 分压式偏置放大电路

1）稳定原理

通过前面的分析可知，三极管的参数 I_{CEO} 随温度升高对工作点的影响，最终都表现在使静态工作点电流 I_{CQ} 的增加上，流过 R_C 后静态工作点电压 U_{CEQ} 下降。所以设法使 I_{CQ} 在温度变化时能维持恒定，则静态工作点就可以得到稳定了。

图 2-24（a）所示的分压式偏置放大电路，正是基于这一思想，首先利用 R_{B1}、R_{B2} 的分压为基极提供一个固定电压。当 $I_1 \gg I_B$（5 倍以上），则认为 I_B 不影响 V_B，基极电位为

$$V_B = \frac{R_{B2}}{R_{B1} + R_{B2}} V_{CC} \tag{2-24}$$

其次，在发射极串联一个电阻器 R_E，使得

温度 $T \uparrow \rightarrow I_C \uparrow \rightarrow I_E \uparrow \rightarrow V_E \uparrow \rightarrow U_{BE} \downarrow \rightarrow I_B \downarrow \rightarrow I_C \downarrow$

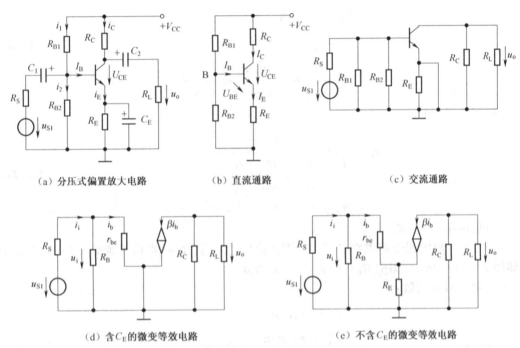

（a）分压式偏置放大电路　　（b）直流通路　　（c）交流通路

（d）含 C_E 的微变等效电路　　　　　（e）不含 C_E 的微变等效电路

图 2-24　分压式偏置放大电路及分析

当温度升高使 I_C 增加，电阻器 R_E 上的压降 $I_E R_E$ 增加，也即发射极电位 V_E 升高，而基极电位 V_B 固定，所以净输入电压 $U_{BE} = V_B - V_E$ 减小，从而使输入电流 I_B 减小，最终导致集电极电流 I_C 也减小，这样在温度变化时静态工作点便得到了稳定，但是由于 R_E 的存在使得输入电压 u_i 不能全部加在 B、E 两端，使 u_o 减小，造成了 A_u 减小，为了克服这一不足，在 R_E 两端再并联一个旁路电容器 C_E，使得对于直流 C_E 相当于开路，仍能稳定静态工作点，而对于交流信号，C_E 相当于短路，这使输入信号不受损失，电路的放大倍数不至于因为稳定了静态工作点而下降。一般旁路电容器 C_E 取几十微法到几百微法。图 2-24 中 R_E 越大，稳定性越好。但过大的 R_E 会使 U_{CE} 下降，影响输出 u_o 的幅度，通常小信号放大电路中 R_E 取几百欧到几千欧。

下面对此电路的性能进行具体分析。

2)静态工作点分析

图 2-24(b)为分压式偏置放大电路的直流通路,由直流通路可得

$$U_{BQ} = \frac{R_{B2}}{R_{B1} + R_{B2}} V_{CC}$$

$$I_{CQ} \approx I_{EQ} = \frac{U_{BQ} - U_{BEQ}}{R_E} \approx \frac{U_{BQ}}{R_E}$$

$$U_{CEQ} = V_{CC} - I_{CQ}R_C - I_{EQ}R_E \approx V_{CC} - I_{CQ}(R_C + R_E) \qquad (2-25)$$

3)动态分析

首先,画出微变等效电路,如图 2-24(d)所示,电路中的电容器对于交流信号可视为短路,R_E 被 C_E 交流旁路掉了。图 2-24(d)中 $R_B = R_{B1} /\!/ R_{B2}$。

(1)电压放大倍数:

$$\dot{U}_o = -\beta \dot{I}_b R'_L$$

$$R'_L = R_C /\!/ R_L$$

$$\dot{U}_i = \dot{I}_b r_{be} \qquad (2-26)$$

$$A_u = \frac{\dot{U}_o}{\dot{U}_i} = \frac{-\beta \dot{I}_b R'_L}{\dot{I}_b r_{be}} = \frac{-\beta R'_L}{r_{be}}$$

(2)输入电阻:

$$r_i = \frac{\dot{U}_i}{\dot{I}_i} = \frac{\dot{U}_i}{\dfrac{\dot{U}_i}{R_{B1}} + \dfrac{\dot{U}_i}{R_{B2}} + \dfrac{\dot{U}_i}{r_{be}}} \qquad (2-27)$$

$$r_i = R_B /\!/ r_{be} = R_{B1} /\!/ R_{B2} /\!/ r_{be} \approx r_{be}$$

(3)输出电阻 $r_o = R_C$。

其次,若电路中无旁路电容器 C_E,对于交流信号而言,R_E 未被 C_E 交流旁路掉,其等效电路如图 2-24(e)所示,图中 $R_B = R_{B1} /\!/ R_{B2}$。分析如下:

(1)电压放大倍数:

$$\dot{U}_o = -\beta \dot{I}_b R'_L$$

$$R'_L = R_C /\!/ R_L$$

$$\dot{U}_i = \dot{I}_b r_{be} + (1 + \beta) \dot{I}_b R_E$$

$$A_u = \frac{\dot{U}_o}{\dot{U}_i} = \frac{-\beta \dot{I}_b R'_L}{\dot{I}_b r_{be} + (1 + \beta) \dot{I}_b R_E} = \frac{-\beta R'_L}{r_{be} + (1 + \beta) R_E} \qquad (2-28)$$

(2)输入电阻:

$$\dot{U}_i = \dot{I}_b r_{be} + (1 + \beta) \dot{I}_b R_E$$

$$r_i = \frac{\dot{U}_i}{\dot{I}_i} = \frac{\dot{U}_i}{\dfrac{\dot{U}_i}{R_B} + \dfrac{\dot{U}_i}{r_{be} + (1 + \beta) R_E}} = \frac{\dot{U}_i}{\dfrac{\dot{U}_i}{R_{B2}} + \dfrac{\dot{U}_i}{R_{B2}} + \dfrac{\dot{U}_i}{r_{be} + (1 + \beta) R_E}} \qquad (2-29)$$

$$r_i = R_{B1} /\!/ R_{B2} /\!/ [r_{be} + (1 + \beta) R_E]$$

（3）输出电阻 $r_o = R_C$。

【例 2-4】　在图 2-24 所示的分压式偏置放大电路中，已知 $V_{CC} = 24$ V，$R_{B1} = 33$ kΩ，$R_{B2} = 10$ kΩ，$R_C = 3.3$ kΩ，$R_E = 1.5$ kΩ，$R_L = 5.1$ kΩ，三极管的 $\beta = 66$，设 $R_S = 0$。试求：（1）估算静态工作点；（2）画微变等效电路；（3）计算电压放大倍数；（4）计算输入、输出电阻；（5）当 R_E 两端未并联旁路电容器时，画其微变等效电路，计算电压放大倍数，输入、输出电阻。

解：（1）估算静态工作点

$$U_{BEQ} = 0.7 \text{ V}$$

$$U_{BQ} = \frac{R_{B2}}{R_{B1} + R_{B2}} V_{CC} = \left(\frac{10}{33 + 10} \times 24 \right) \text{V} = 5.6 \text{ V}$$

$$I_{CQ} \approx I_{EQ} = \frac{U_{BQ} - U_{BEQ}}{R_E} \approx \frac{U_B}{R_E} = \frac{5.6}{1.5} \text{ mA} = 3.8 \text{ mA}$$

$$U_{CEQ} \approx V_{CC} - I_{CQ}(R_C + R_E) = [24 - 3.8 \times (3.3 + 1.5)]\text{V} = 5.76 \text{ V}$$

（2）画微变等效电路如图 2-24（d）所示。

（3）计算电压放大倍数：

由微变等效电路得

$$A_u = \frac{\dot{U}_o}{\dot{U}_i} = \frac{-\beta(R_L /\!/ R_C)}{r_{be}} = \frac{-66 \times (5.1 /\!/ 3.3)}{300 + (1 + 66) \times \dfrac{26}{3.8}} = -174$$

（4）计算输入、输出电阻：

$$r_i = R_{B1} /\!/ R_{B2} /\!/ r_{be} = 33 /\!/ 10 /\!/ 0.758 \text{ kΩ} = 0.69 \text{ kΩ}$$

$$r_o = R_C = 3.3 \text{ kΩ}$$

（5）当 R_E 两端未并联旁路电容器时其微变等效电路如图 2-24（e）所示。

电压放大倍数：

$$r_{be} = \left[300 + (1 + 66) \times \frac{26}{3.8} \right] \text{kΩ} = 0.758 \text{ kΩ}$$

$$A_u = \frac{\dot{U}_o}{\dot{U}_i} = \frac{-\beta(R_L /\!/ R_C)}{r_{be} + (1 + \beta)R_E} = \frac{-66 \times (5.1 /\!/ 3.3)}{0.758 + (1 + 66) \times 1.5} = -1.3$$

输入、输出电阻：

$$r_i = R_{B1} /\!/ R_{B2} /\!/ [r_{be} + (1 + \beta)R_E] = 33 /\!/ 10 /\!/ [0.758 + (1 + 66) \times 1.5]\text{kΩ} = 7.66 \text{ kΩ}$$

$$r_o = R_C = 3.3 \text{ kΩ}$$

从计算结果可知，去掉旁路电容器后，电压放大倍数降低了，输入电阻提高了。这是因为电路引入了串联负反馈，负反馈内容将在第 4 章进行讨论。

2.3　其他放大电路

2.3.1　共集电极放大电路

图 2-25（a）所示为阻容耦合共集电极放大电路。由图 2-25 可见，放大电路的交流信号由三极管的发射极经耦合电容器 C_2 输出，故称为射极输出器。

由图 2-25(c)射极输出器的交流通路可见,集电极是输入回路和输出回路的公共端。输入回路为基极到集电极的回路,输出回路为发射极到集电极的回路。所以,射极输出器从电路连接特点而言,为共集电极放大电路。射极输出器与已讨论过的共射放大电路相比,有着明显的区别,学习时务必注意。

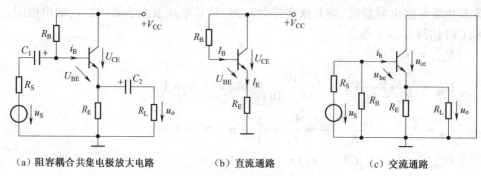

(a)阻容耦合共集电极放大电路　　(b)直流通路　　(c)交流通路

图 2-25　共集电极放大电路

1. 静态分析

图 2-25(b)所示为射极输出器的直流通路。由此确定静态值。

$$V_{CC} = I_{BQ}R_B + U_{BEQ} + I_{EQ}R_E, I_{EQ} = I_{BQ} + I_{CQ} = (1 + \beta)I_{BQ}$$

$$\begin{cases} I_{BQ} = \dfrac{V_{CC} - U_{BEQ}}{R_B + (1 + \beta)R_E} \\[3mm] I_{EQ} = \dfrac{V_{CC} - U_{BEQ}}{\dfrac{R_B}{1 + \beta} + R_E} \\[3mm] U_{CEQ} = V_{CC} - I_{EQ}R_E - (1 + \beta)R_E \end{cases} \tag{2-30}$$

2. 动态分析

由图 2-25(c)所示的交流通路画出微变等效电路,如图 2-26 所示。

1)电压放大倍数

由微变等效电路及电压放大倍数的定义可得

$$\dot{U}_o = (1 + \beta)\dot{I}_b(R_E \parallel R_L)$$

$$\dot{U}_i = \dot{I}_b r_{be} + \dot{U}_o$$

$$= \dot{I}_b r_{be} + (1 + \beta)\dot{I}_b(R_E \parallel R_L)$$

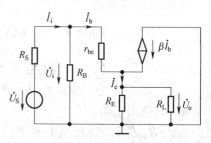

图 2-26　射极输出器的微变等效电路

$$\dot{A}_u = \frac{\dot{U}_o}{\dot{U}_i} = \frac{(1 + \beta)\dot{I}_b(R_E \parallel R_L)}{\dot{I}_b r_{be} + (1 + \beta)\dot{I}_b(R_E \parallel R_L)} \\ = \frac{(1 + \beta)(R_E \parallel R_L)}{r_{be} + (1 + \beta)(R_E \parallel R_L)} \tag{2-31}$$

由式(2-31)可以看出:射极输出器的电压放大倍数恒小于 1,但接近于 1。

若$(1+\beta)(R_E \parallel R_L) \gg r_{be}$,则 $A_u \approx 1$,输出电压 $\dot{U}_o \approx \dot{U}_i$,$A_u$ 为正数,说明 $\dot{U}_o$ 与 $\dot{U}_i$ 不但大小基本相等并且相位相同,即输出电压紧紧跟随输入电压的变化而变化。因此,射极输出

器又称电压跟随器。

值得指出的是：尽管射极输出器无电压放大作用，但射极电流 I_e 是基极电流 I_b 的 $(1+\beta)$ 倍，输出功率也近似是输入功率的 $(1+\beta)$ 倍，所以射极输出器具有一定的电流放大作用和功率放大作用。

2）输入电阻

由图 2-26 所示的微变等效电路及输入电阻的定义可得

$$r_i = \frac{\dot{U}_i}{\dot{I}_i} = \frac{\dot{U}_i}{\dfrac{\dot{U}_i}{R_B} + \dfrac{\dot{U}_i}{r_{be} + (1+\beta)(R_E /\!/ R_L)}} = \frac{1}{\dfrac{1}{R_B} + \dfrac{1}{r_{be} + (1+\beta)(R_E /\!/ R_L)}}$$

$$= R_B /\!/ [r_{be} + (1+\beta)(R_E /\!/ R_L)] \tag{2-32}$$

一般 R_B 和 $[r_{be}+(1+\beta)(R_E /\!/ R_L)]$ 都要比 r_{be} 大得多，因此射极输出器的输入电阻比共射放大电路的输入电阻要高。射极输出器的输入电阻高达几十千欧到几百千欧。

3）输出电阻

根据输出电阻的定义，可以通过在输出端加上电压而使电路产生电流的方法计算输出电阻，其等效电路如图 2-27 所示。图 2-27 中已去掉独立源（信号源 $\dot{U}_S$ ）。在输出端上加上电压 $\dot{U}'_o$ 。产生电流 $\dot{I}'_o$ ，由图 2-27 可得

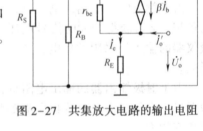

图 2-27　共集放大电路的输出电阻

$$\dot{I}'_o = -\dot{I}_b - \beta\dot{I}_b + \dot{I}_e = -(1+\beta)\dot{I}_b + \dot{I}_e$$

$$= (1+\beta)\frac{\dot{U}'_o}{r_{be} + (R_B /\!/ R_S)} + \frac{\dot{U}'_o}{R_E}$$

$$r_o = \frac{\dot{U}'_o}{\dot{I}'_o} = \frac{\dot{U}'_o}{\dfrac{\dot{U}'_o}{r_{be} + (R_B + R_E)} + \dfrac{\dot{U}'_o}{R_E}} = R_E /\!/ \frac{r_{be} + (R_B /\!/ R_S)}{1+\beta} \tag{2-33}$$

在一般情况下，$R_B \gg R_S$，所以 $r_o \approx R_E /\!/ \dfrac{r_{be} + R_S}{1+\beta}$。而通常，$R_E \gg \dfrac{r_{be}+R_S}{1+\beta}$，因此输出电阻又可近似为 $r_o \approx \dfrac{r_{be} + R_S}{\beta}$。若 $r_{be} \gg R_S$，则 $r_o \approx \dfrac{r_{be}}{\beta}$。

射极输出器的输出电阻与共射放大电路相比是较低的，一般在几欧到几十欧。当 r_o 较低时，射极输出器的输出电压几乎具有恒压性。

综上所述，射极输出器具有电压放大倍数恒小于 1，接近于 1，输入、输出电压同相，输入电阻高，输出电阻低的特点；尤其是输入电阻高，输出电阻低的特点，使射极输出器获得了广泛的应用。

【例 2-5】　图 2-25(a) 所示的射极输出器。已知 $V_{CC}=12\text{ V}$，$R_B=120\text{ k}\Omega$，$R_E=4\text{ k}\Omega$，$R_L=4\text{ k}\Omega$，$R_S=100\ \Omega$，三极管的 $\beta=40$。试求：(1)估算静态工作点；(2)画微变等电路；(3)电压放大倍数；(4)输入、输出电阻。

解：(1)估算静态工作点

$$I_{BQ} = \frac{V_{CC} - U_{BEQ}}{R_B + (1 + \beta)R_E} = \frac{12 - 0.6}{120 + (1 + 40) \times 4} \text{mA} = 0.04 \text{ mA}$$

$$I_{CQ} = \beta I_{BQ} = (40 \times 0.04) \text{ mA} = 1.6 \text{ mA}$$

$$U_{CEQ} = V_{CC} - I_{EQ}R_E \approx (12 - 1.6 \times 4) \text{ V} = 5.6 \text{ V}$$

（2）画微变等效电路,如图 2-26 所示。

（3）计算电压放大倍数:

$$A_u = \frac{(1 + \beta)(R_E /\!/ R_L)}{r_{be} + (1 + \beta)(R_E /\!/ R_L)} = \frac{(1 + 40) \times (4 /\!/ 4)}{0.95 + (1 + 40) \times (4 /\!/ 4)} = 0.99$$

其中, $r_{be} = 300 + (1 + \beta)\dfrac{26}{I_{EQ}} = \left[300 + (1 + 40)\dfrac{26}{1.64}\right]\Omega = 0.95 \text{ k}\Omega$。

（4）计算输入、输出电阻:

$$r_i = R_B /\!/ [r_{be} + (1 + \beta)(R_E /\!/ R_L)] = 120 /\!/ [0.95 + 41 \times (4 /\!/ 4)] \text{k}\Omega = 49 \text{ k}\Omega$$

$$r_o = R_E /\!/ \frac{r_{be} + (R_B /\!/ R_S)}{1 + \beta} = \left[4 /\!/ \frac{0.95 + (120 /\!/ 0.1)}{1 + 40}\right] \text{k}\Omega = 25.3 \text{ }\Omega$$

3. 射极输出器的作用

由于射极输出器输入电阻高,常被用于多级放大电路的输入级。这样,可减轻信号源的负担,又可获得较大的信号电压。这对内阻较高的电压信号来讲更有意义。在电子测量仪器的输入级采用共集电极放大电路作为输入级,较高的输入电阻可减小对测量电路的影响。

由于射极输出器的输出电阻低,常被用于多级放大电路的输出级。当负载变动时,因为射极输出器具有几乎为恒压源的特性,输出电压不随负载变动而保持稳定,具有较强的带负载能力。

射极输出器也常作为多级放大电路的中间级。射极输出器的输入电阻大,即前一级的负载电阻大,可提高前一级的电压放大倍数;射极输出器的输出电阻小,即后一级的信号源内阻小,可提高后一级的电压放大倍数。这对于多级共射放大电路来讲,射极输出器起了阻抗变换的作用,提高了多级共射放大电路的总的电压放大倍数,改善了多级共射放大电路的工作性能。

2.3.2 共基极放大电路

共基极放大电路的主要作用是高频信号放大,具有频带宽的特点,其电路图如图 2-28 所示。图 2-28 中 R_{B1}、R_{B2} 为发射结提供正向偏置,三极管的基极通过一个电容器接地,不能直接接地,否则基极上得不到直流偏置电压。输入端发射极可以通过一个电阻器或一个绕组与电源的负极连接,输入信号加在发射极与基极之间(输入信号也可以通过电感器耦合接入放大电路)。集电极为输出端,输出信号从集电极和基极之间取出。

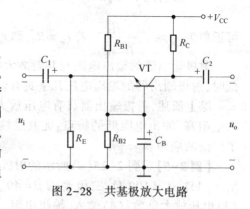

图 2-28 共基极放大电路

1. 静态分析

由图 2-28 不难看出,共基极放大电路的直流通路与共射极分压式偏置电路的直流通路一样,所以与共射极放大电路的静态工作点的计算相同。

2. 动态分析

共基极放大电路的微变等效电路如图 2-29 所示,由图 2-29 可知

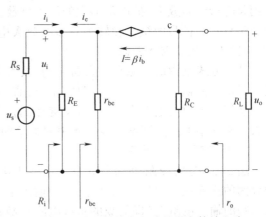

$$A_u = \frac{U_o}{U_i} = \frac{-I_c(R_e /\!/ R_L)}{-I_b r_{be}} = \beta \frac{R'_L}{r_{be}}$$

说明:共基极放大电路的输出电压与输入电压同相位,这是与共射极放大电路的不同之处;它也具有电压放大作用,A_u 的数值与固定偏置共射极放大电路相同。

由图 2-29 可得

$$r_{eb} = \frac{U_i}{-I_e} = \frac{-I_b r_{be}}{-(1+\beta)} = \frac{r_{be}}{(1+\beta)}$$

图 2-29　共基极放大电路的微变等效电路

它是共射极接法时三极管输入电阻的 $\dfrac{1}{1+\beta}$,这是因为在相同的 U_i 作用下,共基极接法三极管的输入电流 $I = (1+\beta)I_b$,比共射极接法三极管的输入电流大 $(1+\beta)$ 倍,这里体现了折算的概念,即将 r_{be} 从基极回路折算到射极电路的输入电阻

$$R_e /\!/ r_{be} = R_e /\!/ \frac{r_{be}}{(1+\beta)}$$

可见,共射极放大电路的输入电阻很小,一般为几欧到几十欧。

由于在求输出电阻 R_o 时令 $u_s = 0$,则有 $I_b = 0$,$\beta I_b = 0$,受控电流源作开路处理,故输出电阻为

$$R_o \approx R_C$$

由上式可知,共基极放大电路的电压倍数较大,输出和输入电压相位相同;输入电阻较小,输出电阻较大。由于共基极放大电路的输入电流为发射极电流,输出电流为集电极电流,电流放大倍数为 $\dfrac{\beta}{1+\beta}$,小于 1 且近似为 1,因此共基极放大电路又称电流跟随器。共基极放大电路主要应用于高频电子电路中。

2.3.3　多级放大电路

小信号放大电路的输入信号一般为毫伏量级甚至微伏量级,功率在 1 mW 以下。为了推动负载工作,输入信号必须经多级放大后,使其在输出端能获得一定幅度的电压和足够的功率。多级放大电路的框图如图 2-30 所示。它通常包括输入级、中间级、推动级和输出级几个部分。

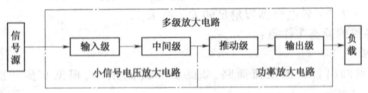

图 2-30　多级放大电路的框图

多级放大电路的第一级称为输入级,对输入级的要求往往与输入信号有关;中间级的作用是进行信号放大,提供足够大的放大倍数,常由几级放大电路组成;推动级的作用是实现小信号到大信号的缓冲和转换。多级放大电路的最后一级是输出级,它与负载相接,因此,对输出级的要求要考虑负载的性质。

耦合方式是指信号源和放大器之间,放大器中各级之间,放大器与负载之间的连接方式。最常用的耦合方式有三种:阻容耦合、直接耦合和变压器耦合。阻容耦合应用于分立元件多级交流放大电路中;放大缓慢变化的信号或直流信号则采用直接耦合;变压器耦合在放大电路中的应用逐渐减少。本书只讨论前两种级间耦合方式。

1. 阻容耦合放大电路

图 2-31 是两级阻容耦合共发射极放大电路。两级间的连接通过电容器 C_2 将前级的输出电压加在后级的输入电阻上(即前级的负载电阻),故称为阻容耦合放大电路。

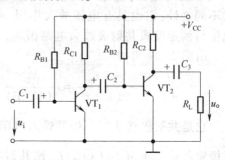

由于电容器有隔直作用,因此两级放大电路的直流通路互不相通,即每一级的静态工作点各自独立。耦合电容器的选择应使信号频率在中频段时容抗视为零。多级放大电路的静态和动态分析与单级放大电路时一样。两级阻容耦合放大电路的微变等效电路如图 2-32 所示。

图 2-31　两级阻容耦合共发射极放大电路

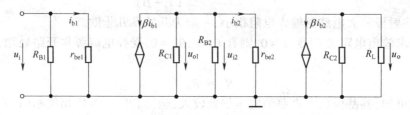

图 2-32　两级阻容耦合放大电路的微变等效电路

多级放大电路的电压放大倍数为各级电压放大倍数的乘积。计算各级电压放大倍数时必须考虑到后级的输入电阻对前级的负载效应,因为后级的输入电阻就是前级放大电路的负载电阻,若不计其负载效应,各级的放大倍数仅是空载的放大倍数,它与实际耦合电路不符,这样得出的总电压放大倍数是错误的。

耦合电容器的存在,使阻容耦合放大电路只能放大交流信号,只对低频信号的中频段才近似为电压放大倍数与输入信号的频率无关,并且阻容耦合多级放大电路比单级放大电路的通频带要窄。

【例 2-6】 图 2-33(a)为一两级阻容耦合放大电路,其中 $R_{B1} = 300$ kΩ,$R_{E1} = 3$ kΩ,$R_{B2} = 40$ kΩ,$R_{C2} = 2$ kΩ,$R_{B3} = 20$ kΩ,$R_{E2} = 3.3$ kΩ,$R_L = 2$ kΩ,$V_{CC} = 12$ V。三极管 VT$_1$ 和 VT$_2$ 的 $\beta = 50$,$U_{BEQ} = 0.7$ V。各电容器容量足够大。试求:

(1)估算各级的静态工作点;

(2)A_u、r_i 和 r_o。

解:(1)分别画出各级的直流通路,如图 2-33(b)所示,根据直流通路估算静态工作点。

第一级:

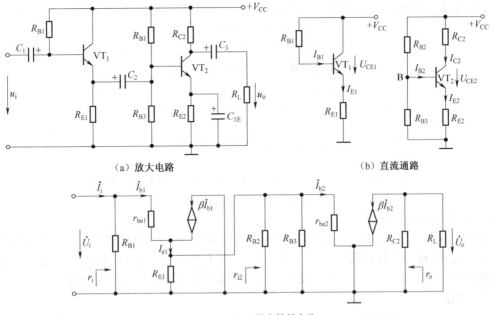

（a）放大电路　　　　　　　　　　　　　（b）直流通路

（c）微变等效电路

图 2-33　例 2-6 的图

$$I_{BQ1} = \frac{V_{CC} - U_{BEQ}}{R_{B1} + (1 + \beta)R_{E1}} = \frac{12 - 0.7}{300 + 51 \times 3} \text{ mA} = 0.025 \text{ mA}$$

$$I_{CQ1} = \beta I_{BQ1} = 1.25 \text{ mA}$$

$$I_{EQ1} = (1 + \beta)I_{BQ1} = 1.275 \text{ mA}$$

$$U_{CEQ1} = V_{CC} - I_{EQ1}R_{E1} = (12 - 1.275 \times 3)\text{V} = 8.175 \text{ V}$$

第二级：

$$U_{BQ2} = \frac{R_{B3}V_{CC}}{R_{B2} + R_{B3}} = \frac{20 \times 12}{40 + 20} \text{V} = 4 \text{ V}$$

$$I_{EQ2} = \frac{U_{BQ2} - U_{BEQ}}{R_{E2}} = \frac{4 - 0.7}{3.3} \text{ mA} = 1 \text{ mA}$$

$$I_{BQ2} = \frac{I_{EQ2}}{1 + \beta} = \frac{1}{51} \text{ mA} = 0.019 6 \text{ mA}$$

$$I_{CQ2} = \beta I_{BQ2} = (50 \times 0.019 6) \text{ mA} = 0.98 \text{ mA}$$

$$U_{CEQ2} = V_{CC} - I_{CQ2}(R_{C2} + R_{E2}) = [12 - 0.98 \times (2 + 3.3)] \text{ V} = 6.806 \text{ V}$$

（2）画出这个两级放大电路的微变等效电路，如图 2-33（c）所示。图 2-33（c）中

$$r_{be1} = 300 + (1 + \beta)\frac{26}{I_{EQ1}} = \left(300 + \frac{51 \times 26}{1.27}\right)\Omega = 1.34 \text{ k}\Omega$$

$$r_{be2} = 30 + (1 + \beta)\frac{26}{I_{EQ2}} = \left(300 + \frac{51 \times 26}{1}\right)\Omega = 1.63 \text{ k}\Omega$$

$$A_{u1} = \frac{\dot{U}_{o1}}{\dot{U}_i} = \frac{(1 + \beta)(R_{E1} /\!/ r_{i2})}{r_{be1} + (1 + \beta)(R_{E1} /\!/ r_{i2})}$$

式中，$r_{i2} = R_{B2} /\!/ R_{B3} /\!/ r_{be2} = (40 /\!/ 20 /\!/ 1.63)\,\mathrm{k\Omega} = 1.45\,\mathrm{k\Omega}$。

所以
$$A_{u1} = \frac{51 \times (3 /\!/ 1.45)}{1.34 + 51 \times (3 /\!/ 1.45)} = 0.974$$

$$A_{u2} = \frac{-\beta(R_{C2} /\!/ R_L)}{r_{be2}} = \frac{-50 \times (2 /\!/ 2)}{1.63} = -30.7$$

$$A_u = A_{u1} \cdot A_{u2} = 0.974 \times (-30.7) = -29.9$$

$$r_i = \frac{\dot{U}_i}{\dot{I}_i} = R_{B1} /\!/ [r_{be1} + (1 + \beta)(R_{E1} /\!/ r_{i2})]$$

$$= 300 /\!/ [1.34 + 51 \times (3 /\!/ 1.45)]\,\mathrm{k\Omega} = 43.8\,\mathrm{k\Omega}$$

$$r_o = R_{C2} = 2\,\mathrm{k\Omega}$$

2. 直接耦合放大电路

放大器各级之间，放大器与信号源或负载直接连起来，或者经电阻器等能通过直流的元件连接起来，称为直接耦合。直接耦合不但能放大交流信号，而且能放大变化极其缓慢的超低频信号及直流信号。现代集成放大电路都采用直接耦合，这种耦合方式得到越来越广泛的应用。

然而，直接耦合有其特殊的问题，其中主要是前、后级静态工作点的相互影响与零点漂移两个问题。

1）前、后级静态工作点的相互影响

由图 2-34 可见，在静态时，输入信号 $u_i = 0$，由于 $\mathrm{VT_1}$ 的集电极和 $\mathrm{VT_2}$ 的基极直接相连，使得两点电位相等，即 $U_{CE1} = U_{C1} = U_{B2} = U_{BE2} = 0.7\,\mathrm{V}$，则三极管 $\mathrm{VT_1}$ 处于临界饱和状态；另外，第一级的集电极电阻也是第二级的基极偏置电阻，因阻值偏小，必定 I_{B2} 过大使 $\mathrm{VT_2}$ 处于饱和状态，电路无法正常工作。为了克服这个缺点，通常采用抬高 $\mathrm{VT_2}$ 发射极电位的方法。有两种常用的改进方案，如图 2-35 所示。

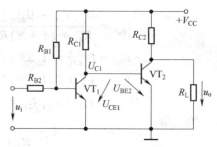

图 2-34 直接耦合两级放大电路

图 2-35(a) 是利用 R_{E2} 的压降来提高 $\mathrm{VT_2}$ 发射极电位及 $\mathrm{VT_1}$ 的集电极电位，增大 $\mathrm{VT_1}$ 的输出幅度及减小电流 I_{B2}。但 R_{E2} 的接入使第二级电路的电压放大倍数大为降低，R_{E2} 越大，R_{E2} 上的信号电压降越大，电压放大倍数降低越多，因此要进一步改进电路。

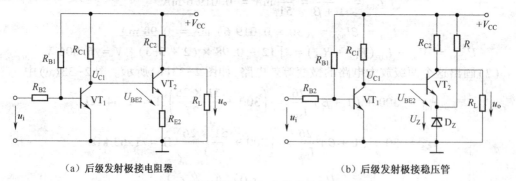

（a）后级发射极接电阻器 　　　　　　　　（b）后级发射极接稳压管

图 2-35 提高后级发射极电位的直接耦合电路

图 2-35(b)是利用稳压管 D_Z(也可以用二极管 VD)的端电压 U_Z 来提高 VT_2 发射极电位的。但对信号而言,稳压管(或二极管)的动态电阻都比较很小,信号电流在动态电阻上产生的压降也小,因此不会引起放大倍数的明显下降。

2)零点漂移

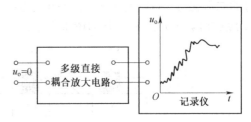

图 2-36　零点漂移现象

在直接耦合放大电路中,若将输入端短接(让输入信号为零),在输出端接上记录仪,可发现输出端随时间仍有缓慢的、无规则的信号输出,如图 2-36 所示,这种现象称为零点漂移(简称"零漂")。零点漂移现象严重时,能够淹没真正的输出信号,使电路无法正常工作。所以,零点漂移的大小是衡量直接耦合放大器性能的一个重要指标。

衡量放大器零点漂移的大小不能单纯看输出零漂电压的大小,还要看它的放大倍数。因为放大倍数越高,输出零漂电压就越大,所以零漂一般都用输出零漂电压折合到输入端来衡量,称为输入等效零漂电压。

引起零漂的原因很多,最主要的是温度对三极管参数的影响所造成的静态工作点波动,而在多级直接耦合放大器中,前级静态工作点的微小波动都能像信号一样被后面逐级放大并且输出。因而,整个放大电路的零漂指标主要由第一级电路的零漂决定,所以,为了提高放大器放大微弱信号的能力,在提高放大倍数的同时,必须减小输入级的零点漂移。因温度变化对零漂影响最大,故常称零漂为温漂。

减小零点漂移的措施很多,但第一级采用差分放大电路是多级直接耦合放大电路的主要电路形式。

2.4　单极型半导体三极管

场效应管是一种电压控制型的半导体器件,它具有输入电阻高(可达 $10^9 \sim 10^{15}\ \Omega$,而三极管的输入电阻仅有 $10^2 \sim 10^4\ \Omega$),噪声低、受温度、辐射等外界条件的影响较小,耗电省、便于集成等优点,因此得到广泛应用。

场效应管按结构的不同,可分为结型和绝缘栅型;按工作性能的不同,可分为耗尽型和增强型;按所用基片(衬底)材料不同,又可分为 P 沟道和 N 沟道两种导电沟道。因此,有结型 P 沟道和 N 沟道,绝缘栅耗尽型 P 沟道和 N 沟道及增强型 P 沟道和 N 沟道六种类型的场效应管。它们都是以半导体的某一种多数载流子(电子或空穴)来实现导电的,所以又称单极型半导体三极管。在本书中只简单介绍绝缘栅型场效应管。

2.4.1　MOS 场效应管

目前应用最广泛的绝缘栅型场效应管是一种金属(M)-氧化物(O)-半导体(S)结构的场效应管,简称 MOS(Metal Oxide Semiconductor)管。本节以 N 沟道增强型、耗尽型 MOS 管为主进行介绍。

1. N 沟道增强型 MOS 管

1)结构

图 2-37(a)是 N 沟道增强型 MOS 管的结构示意图。用一块 P 型半导体为衬底,在衬

底上面的左、右两边制成两个高掺杂浓度的 N 型区,用 N+表示,在这两个 N+区各引出一个电极,分别称为源极(S)和漏极(D),MOS 管的衬底也引出一个电极,称为衬底引线(b)。MOS 管在工作时,b 通常与 S 相连接。在这两个 N+区之间的 P 型半导体表面做出一层很薄的二氧化硅(SiO₂)绝缘层,再在绝缘层上面喷一层金属铝电极,称为栅极(G)。图 2-37(b)是 N 沟增强型 MOS 管的图形符号。

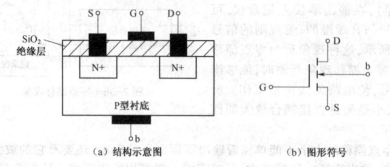

（a）结构示意图　　　　　　　　（b）图形符号

图 2-37　N 沟道增强型 MOS 管的结构示意图和图形符号

2）工作原理

如图 2-38 所示,当 $U_{GS}=0$ 时,由于漏-源之间有两个背向的 PN 结,不存在导电沟道,所以即使漏-源间电压 $U_{DS}\neq0$,但 $I_D=0$,只有 U_{GS} 增大到某一值时,由栅极指向 P 型衬底的电场的作用下,衬底中的电子被吸引到两个 N+区之间构成了漏-源极之间的导电沟道,电路中才有电流 I_D。对应此时的 U_{GS} 称为开启电压,$U_{GS(th)}=U_T$。在一定 U_{DS} 下,U_{GS} 值越大,电场作用越强,导电的沟道越宽,沟道电阻越小,I_D 就越大,这就是增强型 MOS 管的含义。

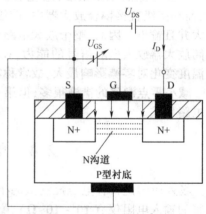

图 2-38　U_{GS} 对沟道的影响

3）输出特性

输出特性是指 U_{GS} 为一固定值时,I_D 与 U_{DS} 之间的关系,即

$$I_D = f(U_{DS})\big|_{U_{GS}=常数} \tag{2-34}$$

同三极管一样,输出特性可分为三个区,即可变电阻区、恒流区和截止区。

（1）可变电阻区:图 2-39(a)所示的 I 区。该区对应 $U_{GS}>U_T$,U_{DS} 很小,$U_{GD}=U_{GS}-U_{DS}>U_T$ 的情况。该区的特点是,若 U_{GS} 不变,I_D 随着 U_{DS} 的增大而线性增加,可以看成是一个电阻,对应不同的 U_{GS} 值,各条特性曲线直线部分的斜率不同,即阻值发生改变。因此该区是一个受 U_{GS} 控制的可变电阻区,工作在这个区的场效应管相当于一个压控电阻。

（2）恒流区(亦称饱和区、放大区):图 2-39(a)所示的 II 区。该区对应 $U_{GS}>U_T$,U_{DS} 较大。该区的特点是,若 U_{GS} 固定为某个值时,随 U_{DS} 的增大,I_D 不变,特性曲线近似为水平线,因此称为恒流区。而对应同一个 U_{DS} 值,不同的 U_{GS} 值可感应出不同宽度的导电沟道,产生不同大小的漏极电流 I_D,可以用一个参数,跨导 g_m 来表示 U_{GS} 对 I_D 的控制作用。g_m 定义为

$$g_m = \frac{\Delta I_D}{\Delta U_{GS}}\bigg|_{U_{DS}=常数} \tag{2-35}$$

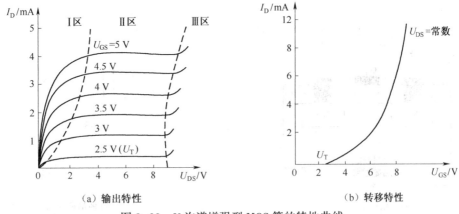

（a）输出特性　　　　　　　　　　　　（b）转移特性

图 2-39　N 沟道增强型 MOS 管的特性曲线

（3）截止区（夹断区）：该区对应于 $U_{GS} \leqslant U_T$ 的情况。该区的特点是，由于没有感生出沟道，故电流 $I_D = 0$，MOS 管处于截止状态。

图 2-39（a）的 Ⅲ 区为击穿区，当 U_{DS} 增大到某一值时，栅-漏间的 PN 结会反向击穿，使 I_D 急剧增加。如不加限制，会造成 MOS 管损坏。

4）转移特性

转移特性是指 U_{DS} 为固定值时，I_D 与 U_{GS} 之间的关系，表示了 U_{GS} 对 I_D 的控制作用，即

$$I_D = f(U_{GS}) \big|_{U_{DS} = 常数} \tag{2-36}$$

由于 U_{DS} 对 I_D 的影响较小，所以不同的 U_{DS} 所对应的转移特性曲线基本上是重合在一起的，如图 2-39（b）所示。这时 I_D 可以近似地表示为

$$I_D = I_{DSS}\left(1 - \frac{U_{GS}}{U_{GS(th)}}\right)^2 \tag{2-37}$$

式中，I_{DSS} 是 $U_{GS} = 2U_{GS(th)}$ 时的 I_D。

2. N 沟道耗尽型 MOS 管

N 沟道耗尽型 MOS 管的结构与增强型一样，所不同的是，在制造过程中，在 SiO$_2$ 绝缘层中掺入大量的正离子。当 $U_{GS} = 0$ 时，由正离子产生的电场就能吸收足够的电子产生原始沟道，如果加上正向电压 U_{DS}，就可在原始沟道中产生电流。其结构示意图及图形符号分别如图 2-40（a）、（b）所示。

当 U_{GS} 正向增加时，将增强由绝缘层中正离子产生的电场，感生的沟道加宽，I_D 将增大；当 U_{GS} 加反向电压时，削弱由绝缘层中正离子产生的电场，感生的沟道变窄，I_D 将减小，当 U_{GS} 达到某一负电压值 $U_{GS(off)} = U_P$ 时，完全抵消了由正离子产生的电场，则导电沟道消失，使 $I_D \approx 0$，U_P 称为夹断电压。

在 $U_{GS} > U_P$ 后，漏-源电压 U_{DS} 对 I_D 的影响较小。它的特性曲线形状与增强型 MOS 管类似，如图 2-40（c）、（d）所示。

由特性曲线可见，耗尽型 MOS 管的 U_{GS} 值在正、负的一定范围内都可控制 MOS 管的 I_D，因此，此类 MOS 管使用较灵活，在模拟电子技术中得到广泛应用。增强型 MOS 管在集成数字电路中被广泛采用，可利用 $U_{GS} > U_T$ 和 $U_{GS} < U_T$ 来控制场效应管的导通和截止，使 MOS 管工作在开关状态，数字电路中的半导体器件正是工作在此种状态。

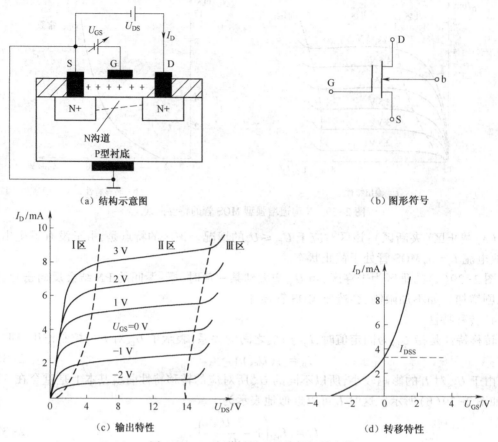

图 2-40　N 沟道耗尽型绝缘栅场效应管

2.4.2　场效应管的主要参数

1. 场效应管与双极型三极管的比较

（1）场效应管的沟道中只有一种极性的载流子（电子或空穴）参与导电，故称为单极型三极管；而在双极型三极管里有两种不同极性的载流子（电子和空穴）参与导电。

（2）场效应管是通过栅-源电压 U_{GS} 来控制漏极电流 I_D 的，称为电压控制器件；双极型三极管是利用基极电流 I_B 来控制集电极电流 I_C 的，称为电流控制器件。

（3）场效应管的输入电阻很大，有较高的热稳定性，抗辐射及噪声能力较低；而双极型三极管的输入电阻较小，温度稳定性差，抗辐射及噪声能力也较低。

（4）场效应管跨导 g_m 的值较小，而双极型三极管 β 的值很大。在同样的条件下，场效应管的放大能力不如双极型三极管高。

（5）场效应管在制造时，如衬底没有和源极接在一起时，也可将 D、S 互换使用；而双极型三极管的 C 和 E 互换使用，称为倒置工作状态，此时 β 将变得非常小。

（6）工作在可变电阻区的场效应管，可作为压控电阻来使用。

另外，由于 MOS 管的输入电阻很高，使得栅极间感应电荷不易泄放，而且绝缘层做得很薄，容易在栅-源间感应产生很高的电压，超过 $U_{(BR)GS}$ 而造成 MOS 管击穿。因此 MOS 管在使用时避免使栅极悬空。保存不用时,必须将 MOS 管各极间短接。焊接时,电烙铁外壳要可靠接地。

2. 场效应管的主要参数

(1)直流参数。直流参数是指耗尽型 MOS 管的夹断点电位 U_P($U_{GS(off)}$)、增强型 MOS 管的开启电压 U_T($U_{GS(on)}$)及漏极饱和电流 I_{DSS}、直流输入电阻 R_{GS}。

(2)交流参数:

①低频跨导 g_m:g_m 的定义是当 U_{DS} 为常数时,i_D 的微小变量与引起这个变化的 U_{GS} 的微小变量之比,即

$$g_m = \frac{di_D}{dU_{GS}}\bigg|_{U_{DS} = 常数} \tag{2-38}$$

它是表征栅-源电压对漏极电流控制作用大小的一个参数,单位为西[门子](S)或毫西[门子](mS)。

②极间电容:场效应管三个电极间存在极间电容。栅-源电容 C_{GS} 和栅-漏电容 C_{GD},一般为 1~3 pF,漏-源电容 C_{DS} 在 0.1~1 pF 之间。极间电容的存在决定了场效应管的最高工作频率和工作速度。

(3)极限参数:

①最大漏极电流 I_{DM}:场效应管工作时允许的最大漏极电流。

②最大耗散功率 P_{DM}:由场效应管工作时允许的最高温升所决定的参数。

③漏-源击穿电压 $U_{(BR)DS}$:U_{DS} 增大时,使 I_D 急剧上升时的 U_{DS} 值。

④栅-源击穿电压 $U_{(BR)GS}$:在 MOS 管中使绝缘层击穿的电压。

3. 各种场效应管特性的比较

表 2-2 总结列举了六种类型场效应管在电路中的图形符号、工作时偏置电压的极性和特性曲线。读者可以通过比较予以区别。

表 2-2　各种场效应管的图形符号、工作时偏置电压的极性和特性曲线

结构类型	工作方式	图形符号	工作时偏置电压的极性		转 移 特 性	输 出 特 性
			U_{DS}	U_{GS}		
结型	N沟道 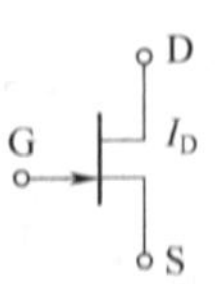 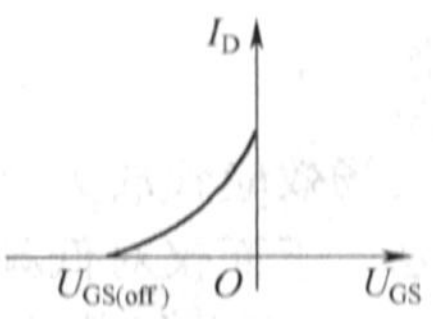 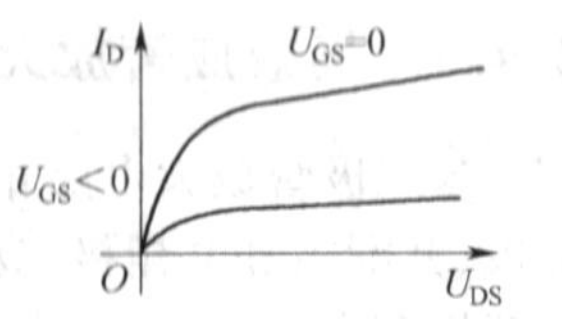	—	+	−		
	P沟道 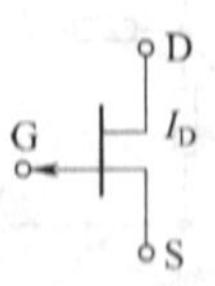 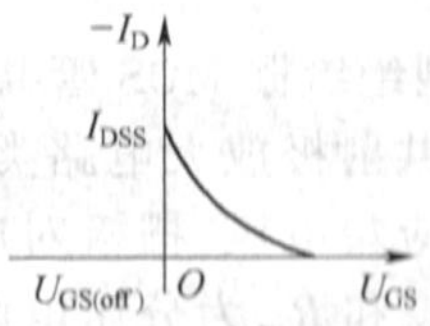 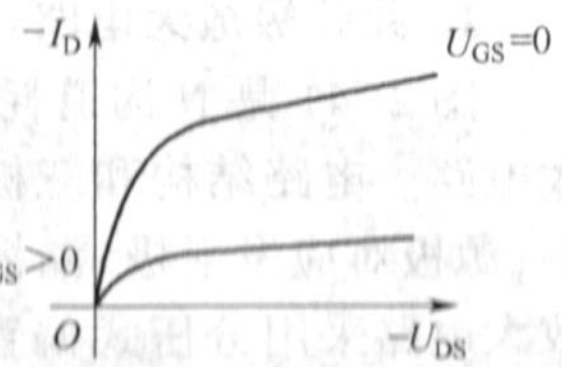	—	−	+		

结构类型	工作方式	图形符号	工作时偏置电压的极性 U_{DS}	U_{GS}	转移特性	输出特性
绝缘栅型	增强型	N沟道	+	+		
		P沟道	−	−		
	耗尽型	N沟道	+	−,+		
		P沟道	−	+,−		

2.4.3 场效应管放大电路

与三极管放大电路相对应,场效应管放大电路有共源极、共漏极和共栅极三种接法。下面仅对低频小信号共源极和共漏极场效应管放大电路进行静态和动态分析。

1. 共源极放大电路

图 2-41 是 N 沟道耗尽型绝缘栅 MOS 管共源极放大电路。电路结构和三极管共射极放大电路类似。其中,源极对应发射极、漏极对应集电极、栅极对应基极。放大电路采用分压式偏置,R_{G1} 和 R_{G2} 为分压电阻;R_S 为源极电阻,作用是稳定静态工作点;C_S 为旁路电容器;

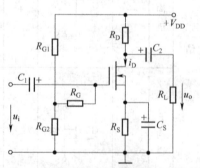

图 2-41 N 沟道耗尽型绝缘栅 MOS 管共源极放大电路

R_G 远小于场效应管的输入电阻,它与静态工作点无关,却提高了放大电路的输入电阻;C_1 和 C_2 为耦合电容器。

1)静态分析

由于场效应管的栅极电流为零,所以 R_G 中无电流通过,两端压降为零。因此,按图 2-41 可求得栅极电位为

$$V_G = \frac{R_{G2}}{R_{G1} + R_{G2}} V_{DD} \tag{2-39}$$

$$U_{GS} = V_G - V_S = V_G - I_D R_S$$

只要参数选取得当,可使 U_{GS} 为负值。在 $U_{GS(off)} \leqslant U_{GS} \leqslant 0$ 范围内,可用式(2-40)计算 I_D,即

$$I_D = I_{DSS}\left(1 - \frac{U_{GS}}{U_{GS(off)}}\right)^2 \tag{2-40}$$

联立式(2-39)和式(2-40),解方程,就可求得直流工作点 I_D,U_{GS},而

$$U_{DS} = V_{DD} - I_D(R_D + R_S) \tag{2-41}$$

2)动态分析

小信号场效应管放大电路的动态分析也可用微变等效电路法,和三极管放大电路一样,先画出场效应管的近似微变等效电路如图 2-42(a)所示。图 2-42(b)则是图 2-41 放大电路的微变等效电路。

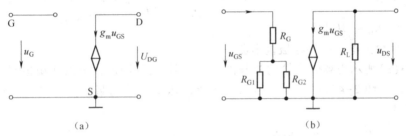

图 2-42　场效应管放大电路的微变等效电路

(1)放大倍数 A_u(设输入为正弦量):

$$A_u = \frac{\dot{U}_o}{\dot{U}_i} = -\frac{\dot{I}_d R'_L}{\dot{U}_{GS}} = -\frac{g_m \dot{U}_{GS} R'_L}{\dot{U}_{GS}} = -g_m R'_L \tag{2-42}$$

式中,负号表示输出电压与输入电压反相;$R'_L = R_D /\!/ R_L$。

(2)输入电阻 r_i:

$$r_i = \frac{\dot{U}_i}{\dot{I}_i} = R_G + (R_{G1} + R_{G2}) \approx R_G \tag{2-43}$$

可见,R_G 的接入不影响静态工作点和电压放大倍数,却提高了放大电路的输入电阻(如无 R_G,则 $r_i = R_{G1} /\!/ R_{G2}$)。

(3)输出电阻 r_o。显然,场效应管的输出电阻在忽略场效应管输出电阻 r_{DS} 时,为

$$r_o \approx R_D \tag{2-44}$$

【例 2-7】　计算图 2-41 所示放大电路的静态工作点、电压放大倍数、输入电阻和输出电阻。已知场效应管的参数为 $I_{DSS} = 1$ mA。$U_{GS(off)} = -5$ V,$g_m = 0.312$ mS,图 2-41 中 $R_{G1} =$

$150 \text{ k}\Omega, R_{G2} = 50 \text{ k}\Omega, R_{G} = 1 \text{ M}\Omega, R_{S} = 10 \text{ k}\Omega, R_{D} = 10 \text{ k}\Omega, R_{L} = 10 \text{ k}\Omega, V_{DD} = +20 \text{ V}_{\circ}$

解：(1)求静态工作点。

$$U_{GS} = V_{G} - V_{S} = \frac{R_{G2}}{R_{G1} + R_{G2}} V_{DD} - I_{D}R_{S} = \frac{50}{150 + 50} \times 20 - 10I_{D} = 5 - 10I_{D}$$

放大电路中的场效应管为结型场效应管,它也用下述公式求 I_{D}：

$$I_{D} = I_{DSS}\left(1 - \frac{U_{GS}}{U_{GS(off)}}\right)^{2} = 1 \times \left(1 + \frac{U_{GS}}{5}\right)^{2}$$

联立上述方程 $\begin{cases} U_{GS} = 5 - 10I_{D} \\ I_{D} = \left(1 + \dfrac{U_{GS}}{5}\right)^{2} \end{cases}$

解得两组解为：(I) $U_{GS} = -11.4 \text{ V}, I_{D} = 1.64 \text{ mA}$；(II) $U_{GS} = -1.1 \text{ V}, I_{D} = 0.61 \text{ mA}$。
第(I)组解因为 $U_{GS} < U_{GS(off)}$，场效应管已截止,应舍去。故静态工作点为

$$U_{GS} = -1.1 \text{ V}, I_{D} = 0.61 \text{ mA}$$

$$U_{DS} = V_{DD} - I_{D}(R_{D} + R_{S}) = [20 - 0.61 \times (10 + 10)] \text{V} = 7.8 \text{ V}$$

(2)动态性能计算。微变等效电路如图2-42(b)所示。

$$A_{u} = -g_{m}R'_{L} = -g_{m}(R_{D} /\!/ R_{L}) = -0.312 \times \frac{10 \times 10}{10 + 10} = -1.56 \text{ (输出与输入反相)}$$

$$r_{i} = R_{G} + (R_{G1} /\!/ R_{G2}) = \left(1\,000 + \frac{150 \times 50}{150 + 50}\right) \text{k}\Omega = 1.04 \text{ M}\Omega \approx R_{G}$$

$$r_{o} \approx R_{D} = 10 \text{ k}\Omega$$

2. 共漏极放大电路——源极输出器

图2-43(a)所示为场效应管的共漏极放大电路,又称源极输出器或源极跟随器。现讨论其动态性能。图2-43(b)所示为源极输出器的微变等效电路。图2-43(c)所示为改画的微变等效电路。

图2-43中, $R'_{L} = R_{S} /\!/ R_{L}$。

由图2-43中 $\dot{U}_{o} = \dot{I}_{d}R'_{L} = g_{m}\dot{U}_{GS}R'_{L}$,

而 $\dot{U}_{GS} = \dot{U}_{i} - \dot{U}_{o}$,

所以 $$\dot{U}_{o} = g_{m}(\dot{U}_{i} - \dot{U}_{o})R'_{L}$$

则电压放大倍数为

$$A_{u} = \frac{\dot{U}_{o}}{\dot{U}_{i}} = \frac{g_{m}R'_{L}}{1 + g_{m}R'_{L}} \tag{2-45}$$

由图2-43(b)得输入电阻

$$r_{i} = R_{G1} /\!/ R_{G2} \tag{2-46}$$

通过在输出端加上电压而使电路产生电流的方法或开路电压短路电流法可求出源极输出器的输出电阻。

$$r_{o} = \frac{R_{S}}{1 + g_{m}R_{S}} = R_{S} /\!/ \frac{1}{g_{m}} \tag{2-47}$$

分析结果可见,共漏极放大电路的电压放大倍数小于1,但接近1;输出电压与输入电压同相。具有输入电阻高、输出电阻低等特点。由于它与三极管共集电极放大电路的特点

相同,所以可用作多级放大电路的输入级、输出级和中间阻抗变换级。

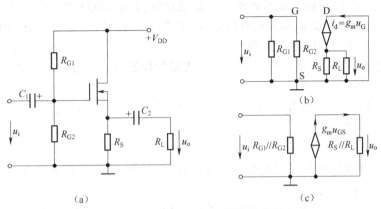

图 2-43　共漏极放大电路及其微变等效电路

实验二　电子仪器仪表使用

1. 实验目的

(1)学习电子技术实验中常用电子仪器的主要技术指标、性能和正确使用方法。

(2)初步掌握用示波器观察正弦信号波形和读取波形参数的方法。

(3)了解电子技术实验箱的结构、基本功能和使用方法。

2. 实验设备

信号发生器、交流毫伏表、双踪示波器、万用表。

3. 实验原理

在模拟电子电路实验中,要对各种电子仪器进行综合使用,可按照信号流向,以接线简洁,调节顺手,观察与读数方便等原则进行合理布局。接线时应注意,为防止外界干扰,各仪器的公共接地端应连接在一起,称为共地。

1)信号发生器

信号发生器可以根据需要输出正弦波、方波、三角波三种信号波形。输出信号电压频率可以通过频率分挡开关、频率粗调和细调旋钮进行调节。输出信号电压幅度可由输出幅度调节旋钮进行连续调节。

操作要领:

(1)按下电源开关。

(2)根据需要选定一个波形输出开关并按下。

(3)根据所需频率,选择频率范围(选定一个频率分挡开关并按下),分别调节频率粗调和细调旋钮,在频率显示屏上显示所需频率即可。

(4)调节幅度调节旋钮,用交流毫伏表测出所需信号电压值。

注意:信号发生器的输出端不允许短路。

2)交流毫伏表

交流毫伏表只能在其工作频率范围内,用来测量 300 V 以下正弦交流电压的有效值。

操作要领:

（1）为了防止过载损坏仪表，在开机前和测量前（即在输入端开路情况下）应先将量程开关置于较大量程处，待输入端接入电路开始测量时，再逐挡减小量程到适当位置。

（2）读数：当量程开关旋到左边首位数为"1"的任一挡位时，应读取 0~10 标度尺上的示数；当量程开关旋到左边首位数为"3"的任一挡位时，应读取 0~3 标度尺上的示数。

（3）仪表使用完后，先将量程开关置于较大量程位置后，才能拆线或关机。

3）双踪示波器

示波器是用来观察和测量信号的波形及参数的设备。双踪示波器可以同时对两个输入信号进行观测和比较。

操作要领：

（1）时基线位置的调节。开机数秒后，适当调节垂直（↑↓）和水平（←→）位移旋钮，将时基线移至适当的位置。

（2）清晰度的调节。适当调节亮度和聚焦旋钮，使时基线越细越好（亮度不能太亮，一般能看清楚即可）。

（3）示波器的显示方式。示波器主要有单踪和双踪两种显示方式，属单踪显示的有 Y1、Y2、Y1+Y2，作单踪显示时，可选择 Y1 或 Y2 其中一个按钮按下。属双踪显示的有"交替"和"断续"，作双踪显示时，为了在一次扫描过程中同时显示两个波形，采用"交替"显示方式；当被观察信号频率很低时（几十赫以下），可采用"断续"显示方式。

（4）波形的稳定。为了显示稳定的波形，应注意示波器面板上控制按钮的位置：

①"扫描速率"（t／div）开关：根据被观察信号的周期而定（一般信号频率低时，开关应向左旋；反之向右旋）。

②"触发源选择"开关：选内触发。

③"内触发源选择"开关：应根据示波器的显示方式来定。当显示方式为单踪时，应选择相应通道的内触发源开关按下（如使用 Y1 通道应选择 Y1 内触发源）；当显示方式为双踪时，可适当选择三个内触发源中的一个开关按下。

④"触发方式"开关：常置于"自动"位置。当波形稳定情况较差时，再置于"高频"或"常态"位置，此时必须要调节电平旋钮来稳定波形。

（5）在测量波形的幅值和周期时，应分别将 Y 轴灵敏度"微调"旋钮和扫描速率"微调"旋钮置于"校准"位置（顺时针旋到底）。

4. 实验内容

1）示波器内的校准信号

用机内校准信号（方波：$f=1\ kHz$，$V_{P-P}=1\ V$）对示波器进行自检。

（1）输入并调出校准信号波形：

①校准信号输出端通过专用电缆与 Y1（或 Y2）输入通道接通，根据实验原理中有关示波器的描述，正确设置和调节示波器各控制按钮及有关旋钮，将校准信号波形显示在荧光屏上。

②分别将触发方式开关置于"高频"和"常态"位置，然后调节电平旋钮，使波形稳定。

（2）校准"校准信号"幅度。将 Y 轴灵敏度"微调"旋钮置于"校准"位置（即顺时针旋到底），Y 轴灵敏度开关置于适当位置，读取信号幅度，记入表 2-3 中。

（3）校准"校准信号"频率。将扫速开关"微调"旋钮置于"校准"位置，扫速开关置于适当位置，读取校准信号周期，记入表 2-3 中。

表 2-3　校准信号幅度数据记录

项　目	标　准　值	实　测　值
幅度	0.5 V	
频率	1 kHz	

2) 示波器和毫伏表测量信号参数

令信号发生器输出频率分别为 500 Hz、1 kHz、5 kHz、10 kHz,有效值均为 1 V(交流毫伏表测量值)的正弦波信号。

调节示波器扫速开关和 Y 轴灵敏度开关,测量信号源输出电压周期及峰-峰值,计算信号频率及有效值,并记入表 2-4 中。

表 2-4　示波器和毫伏表测量信号参数

信号 电压值/V	信号 频率值	示波器测量值			
		周期/ms	频率/Hz	峰-峰值/V	有效值/V
1	500 Hz				
1	1 kHz				
1	5 kHz				
1	10 kHz				

3) 交流电压、直流电压及电阻的测量

(1) 打开模拟电路实验箱的箱盖,熟悉实验箱的结构、功能和使用方法。

(2) 将万用表水平放置,使用前应检查指针是否在标尺的起点上,如果偏移了,可调节"机械调零"旋钮,使它回到标尺的起点上。测量时注意量程选择应尽可能接近于被测量,但不能小于被测量。测电阻时每换一次量程,必须要重新电气调零。

(3) 用交流电压挡测量实验箱上的交流电源电压 6 V、10 V、14 V;用直流电压挡测量实验箱上的直流电源电压±5 V、±12 V;用电阻挡测量实验箱上的 10 Ω、1 kΩ、10 kΩ、100 kΩ 电阻,将测量结果记入表 2-5 中。

表 2-5　交流电压、直流电压及电阻的测量

项目	交流电压/V			直流电压/V				电阻/Ω			
标称值	6	10	14	+12	-12	+5	-5	10 Ω	1 kΩ	10 kΩ	100 kΩ
实测值											
测量仪表	万用表 V(交流电压挡)			万用表 V(直流电压挡)				万用表 Ω(电阻挡)			
挡位(量程)	10 V	50 V		50 V		10 V		×1	×100 Ω	×1 kΩ	×10 kΩ

5. 实验报告

(1) 画出各仪器的接线图。

(2) 列表整理实验数据,并进行分析总结。

(3) 表 2-3 的实验数据与标准值完全相同,表 2-4 的实验数据中与示波器测得的有效值(1.03 V)与毫伏表的数据(1 V)略有出入(相对误差为 3%)。产生误差的原因可能是什么?

(4) 某实验需要一个 $f=1$ kHz、$u_i=10$ mV 的正弦波信号,请写出操作步骤。

(5) 为了仪器设备的安全,在使用信号发生器和交流毫伏表时,应该注意什么?

（6）一次实验中,有位同学用一台正常的示波器去观察一个电子电路的输出波形,当他把线路及电源都接通后,在示波器屏幕上没有波形显示,请问可能是什么原因？应该如何操作才能调出波形来?

实验三　三极管的识别与检测

1. 实验目的

（1）熟悉三极管的外形及引脚的识别方法。

（2）学习查阅半导体器件手册的方法,熟悉三极管的类型、型号及主要参数。

（3）掌握用万用表检测三极管性能的方法。

2. 实验设备

万用表,半导体器件手册或有关器件资料,常用的不同规格、类型的三极管若干。

3. 实验原理

用万用表判别引脚的依据是:NPN 型三极管基极到发射极和基极到集电极均为 PN 结的正向,而 PNP 型三极管基极到发射极和基极到集电极均为 PN 结的反向。

（1）判断三极管的基极。对于功率在 1 W 以下的中小功率管,可用万用表的 R×100 Ω 或 R×1 kΩ 挡测量,对于功率在 1 W 以上的大功率管,可用万用表的 R×1 Ω 或 R×10 Ω 挡测量。

用黑表笔接触某一引脚,红表笔分别接触另外两个引脚,如表头读数都很小,则与黑表笔接触的那一引脚是基极,同时可知此三极管为 NPN 型。若用红表笔接触某一引脚,黑表笔分别接触另外两个引脚,如表头读数都很小,则与红表笔接触的那一引脚是基极,同时可知此三极管为 PNP 型。用上述方法既判定了三极管的基极,又判定了三极管的类型。

（2）判断三极管发射极和集电极。以 NPN 型三极管为例,确定基极后,假定其余的两只引脚中的一只是集电极,将黑表笔接到此引脚上,红表笔则接到假定的发射极上。用手指把假设的集电极和已测出的基极捏起来(但不要相碰),看指针指示,并记下此阻值的读数。然后再做相反假设,即把原来假设为集电极的引脚假设为发射极,做同样的测试并记下此阻值。比较两次的读数的大小,若前者阻值较小,则说明前者的假设是对的,那么黑表笔接的一只引脚就是集电极,剩下的一只引脚便是发射极。若需要判别的是 PNP 型三极管,仍用上述方法,但必须把表笔极性对调一下。

4. 实验内容

（1）认识各种半导体三极管的外形。

（2）查阅半导体器件手册或有关资料,将所给三极管的型号及主要参数记录于表 2-6 中。

表 2-6　三极管的型号及主要参数

型号＼主要参数	P_{CM}	I_{CM}	$U_{(BR)CEO}$	$H_{FE}(\beta)$

（3）用万用表判别三极管的引脚、类型和电流放大倍数 β。

①基极的判别。将万用表置于 R×1 kΩ 挡，用两支表笔去搭接三极管的任意两只引脚，如果测得的阻值很大（几百千欧以上），则将表笔对调再测一次；如果测得的阻值还很大，则剩下的那只引脚必是基极（B）。

②类型的判别。基极确定以后，可用万用表黑表笔接基极，红表笔分别接另两个引脚之一，如果两次测得的阻值均在几百千欧以上，则该管为 PNP 型三极管；如果两次测得的阻值均在几千欧以下，则该管为 NPN 型三极管。

③材料的判别。硅管、锗管的判别方法同二极管，即硅管 PN 结的正向电阻约为几千欧，锗管 PN 结的正向电阻约为几百欧。

④集电极的判别。测量 NPN 型三极管的集电极时，先在除基极以外的两个电极中任设一个为集电极，并将万用表的黑表笔搭接在假设的集电极上，红表笔搭接在假设的发射极上，将一大电阻 R 跨接在基极与假设的集电极之间，如果万用表指针有较大的偏转，则以上假设正确；反之，则假设不正确。

⑤电流放大能力的估测。将万用表置于 R×1 kΩ 挡，红、黑表笔分别与三极管的集电极、发射极相接，测 C-E 之间的阻值。当用一电阻器接 B-C 两引脚间时，阻值会减小，即万用表指针右偏。三极管的电流放大能力越强，则指针右偏的角度也越大；否则，说明被测三极管的电流放大能力弱，甚至是劣质管。

将以上测量结果记入表 2-7 中。

表 2-7　三极管好坏的判别结果（电阻单位：kΩ）

型号　　结果	发射结		集电结		材料	类型	结果
	正向电阻	反向电阻	正向电阻	反向电阻			

5. 实验报告

（1）反复练习，熟练掌握三极管的判别方法。

（2）查阅并记录主要参数。

（3）写出主要的实验收获及心得体会等。

（4）对下述思考题做出回答：

①能否用 R×10 kΩ 挡判别三极管？为什么？

②能否用双手分别将万用表的表笔与引脚捏住进行测量？捏住测量将会发生什么问题？

实验四　共发射极单管放大电路测试

1. 实验目的

（1）学会放大器静态工作点的调试方法和测量方法。

（2）掌握放大器电压放大倍数的测试方法及放大器参数对放大倍数的影响。

（3）熟悉常用电子仪器及模拟电路实验设备的使用。

2. 实验设备

+12 V 直流电源,函数信号发生器,双踪示波器,交流毫伏表,直流电压表,直流毫安表,频率计,万用表,三极管 3DG6×1（$\beta = 50 \sim 100$）或 9011 × 1,电阻器、电容器若干。

3. 实验原理

图 2-44 为共射极单管放大器实验电路图。偏置电阻 R_{B1}、R_{B2} 组成分压电路,并在发射极中接有电阻器 R_E,以稳定放大器的静态工作点。当在放大器的输入端加入输入信号后,在放大器的输出端便可得到一个与输入信号相位相反、幅值被放大了的输出信号,从而实现电压放大。

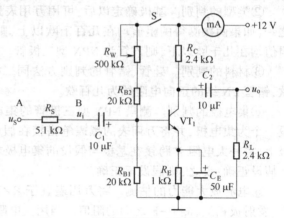

图 2-44 共射极单管放大器实验电路图

4. 实验内容

1）测量静态工作点

实验电路如图 2-44 所示,它的静态工作点估算方法为

$$U_{BQ} \approx \frac{R_{B1} V_{CC}}{R_{B1} + R_{B2}}$$

$$I_{EQ} = \frac{U_B - U_{BEQ}}{R_E} \approx I_{CQ}$$

$$U_{CEQ} = V_{CC} - I_{CQ}(R_C + R_E)$$

实验中测量放大器的静态工作点,应在输入信号为零的情况下进行。

通直流电源前,先将 R_W 调至最大,函数信号发生器输出旋钮旋至零。接通 +12 V 电源、调节 R_W,使 $I_C = 2.0$ mA,用直流电压表测量 U_B、U_E、U_C,用万用表测量 R_{B2}。

（1）关掉电源,断开开关 S,用万用表的欧姆挡（R×1 kΩ）测量 R_{B2}。将所有测量结果记入表 2-8 中。

表 2-8 测量放大器的静态工作点

测量值				计算值		
U_B/V	U_E/V	U_C/V	R_{B2}/kΩ	U_{BE}/V	U_{CE}/V	I_C/mA

（2）根据实验结果可用:

$$I_C \approx I_E = \frac{U_E}{R_E} \quad \text{或} \quad I_C = \frac{V_{CC} - U_C}{R_C}$$

$$U_{BE} = U_B - U_E$$

$$U_{CE} = U_C - U_E$$

计算出放大器的静态工作点。

2）测量电压放大倍数

关掉电源,各电子仪器可按图 2-44 连接。为防止干扰,各仪器的公共端必须连在一起后,接在公共接地端上。

（1）检查线路无误后，接通电源。从信号发生器输出一个频率为 1 kHz、幅值为 10 mV（用毫伏表测量 u_i）的正弦信号，加入到放大器的输入端。

（2）用示波器观察放大器输出电压的波形，在波形不失真的条件下用交流毫伏表测量表 2-9 中三种情况下的输出电压，并将结果记入表 2-9 中。

表 2-9　输出电压

$R_C/k\Omega$	$R_L/k\Omega$	u_o/V	A_u
2.4	∞		
1.2	∞		
2.4	2.4		

$$A_u = u_o / u_i$$

（3）用双踪示波器观察输入和输出波形的相位关系，并描绘它们的波形。

3）观察静态工作点对电压放大倍数的影响

置 $R_C = 2.4$ kΩ，$R_L = \infty$，u_i 适量，调节 R_W，用示波器监视输出电压波形。在 u_o 不失真的条件下，测量 I_C 和 u_o 值，并记入表 2-10 中。

表 2-10　测量 I_C 和 u_o 值

I_C/mA				
u_o/V				
A_u				

4）观察静态工作点对输出波形失真的影响

置 $R_C = 2.4$ kΩ，$R_L = 2.4$ kΩ，$u_i = 0$，调节 R_W 使 $I_C = 2.0$ mA，测出 U_{CE} 值，再逐步加大输入信号，使输出电压 u_o 足够大但不失真。然后保持输入信号不变，分别增大和减小 R_W，使波形出现失真，绘出 u_o 的波形，并测出失真情况下的 I_C 和 U_{CE} 值，并记入表 2-11 中，每次测 I_C 和 U_{CE} 值时都要将信号源的输出旋钮旋至零。

表 2-11　测量 I_C 和 U_{CE} 值

I_C/mA	U_{CE}/V	失真情况	三极管工作状态

5）测量输入电阻和输出电阻

根据定义，输入电阻　　　　　$r_i = \dfrac{u_i}{i_i} = \dfrac{u_i}{u_s - u_i} R_S$

输出电阻　　　　　　　　　　$r_o = \left(\dfrac{u_o}{u_L} - 1 \right) R_L$

置 $R_C = 2.4$ kΩ，$R_L = 2.4$ kΩ，$I_C = 2.0$ mA，输入 $f = 1$ kHz，$u_i = 10$ mV 的正弦信号，在输出电压波形不失真的情况下，用交流毫伏表测量 u_s、u_i 和 u_L 值并记入表 2-3 中。断开负载电阻 R_L，保持 u_s 不变，测量输出电压 u_o，并记入表 2-12 中。

表 2-12　测量 u_S、u_i 和 u_L 值

u_S/mV	u_i/mV	r_i/kΩ		u_L/V	u_o/V	r_o/kΩ	
		测量值	计算值			测量值	计算值

5. 实验报告

（1）列表整理实验结果，把实测的静态工作点与理论值进行比较、分析。

（2）分析静态工作点对放大器性能的影响。

（3）怎样测量 R_{B2} 的值？

（4）总结放大器的参数对电压放大倍数的影响及输入/输出波形的相位情况。

小　结

（1）半导体三极管是由两个 PN 结构成的，它具有放大作用需要两个条件：内部条件（其一是发射区掺杂浓度大于集电区掺杂浓度，集电区掺杂浓度远大于基区掺杂浓度；其二是基区很薄，一般只有几微米。）和外部条件（发射结加上正向电压，集电结加上反向电压）。所谓的放大作用，实际是一种能量控制作用。三极管是一种电流控制型器件，它工作在放大状态时具有受控特性和恒流特性。三极管的特性受温度影响比较大。

（2）三极管放大电路由三极管、偏置电源及有关元件组成。放大电路存在两种状态：无输入信号时的静态和有输入信号时的动态。静态值在特性曲线上对应的点为静态工作点，动态时的交流信号叠加在静态值上，$u_{BE}=U_{BE}+u_i$，$i_B=I_B+i_b$，$i_C=I_C+i_c$，$u_{CE}=U_{CE}+u_{ce}$，其静态工作点不能超出三极管的放大区，否则会产生明显的非线性失真。

（3）对放大器的定量分析，一是确定静态工作点；二是求出动态时的性能指标，方法是等效电路法，此方法只适用于分析放大器的动态工作情况。

（4）放大器的静态工作点的稳定十分重要，它关系到放大器增益高低及失真大小。其主要措施之一是采用合理的偏置电路。

（5）放大器的三种组态电路有着各自的特点，在不同场合各有应用。共发射极组态电路应用最多，因为它的放大能力较强，输入电压和输出电压反相关系是其另一特点。共集电极组态电路较高的输入电阻，较低的输出电阻和电压放大倍数近似为 1 的特点，使其常用于"隔离"和"缓冲"场合。共基极组态电路虽放大能力有限，但其良好的高频特性使其在高频电路中有用武之地。

（6）多级放大电路的耦合方式有三种：阻容耦合、变压器耦合和直接耦合。多级放大电路的电压放大倍数 A_u 等于各级电压放大倍数的乘积，输入电阻 r_i 为第一级放大电路的输入电阻，输出电阻 r_o 为末级的输出电阻。估算时应注意耦合时前后级之间的相互影响。

（7）场效应管是电压控制器件，用栅-源电压 u_{GS} 控制漏极电流 i_D，栅极的电流基本为零，这是它与三极管最大的差别。场效应管由于输入阻抗高，极易被静电击穿，使用时要特别注意防静电。

（8）场效应管仅靠半导体中的一种载流子导电，它又称单极型三极管，分为结型场效应管（JFET）和绝缘栅型场效应管（MOS 管），每一种按材料又分为 N 沟道和 P 沟道两种类型，绝缘栅型场效应管又有增强型和耗尽型两种，它们的特性均不相同，在测试或使用时要特别注意分清楚。

（9）场效应管与三极管一样,可以构成放大电路和开关电路。构成放大电路的基本条件是场效应管的工作点位于特性曲线的恒流区,通过 u_{GS} 变化控制 i_D 的变化来实现。场效应管放大电路首先保证直流偏置正常才能工作于恒流状态。

（10）场效应管组成的放大电路与三极管放大电路类似,同样有三种组态,分别是共源极组态、共漏极组态和共栅极组态。其分析方法也类似,分为直流分析和交流分析。

思考与习题

1. 判断题

（1）只有电路既放大电流又放大电压,才称其有放大作用。　　　　　　　　　　（　）

（2）放大电路中输出的电流和电压都是由有源元件提供的。　　　　　　　　　　（　）

（3）放大电路必须加上合适的直流电源才能正常工作。　　　　　　　　　　　　（　）

（4）由于放大的对象是变化量,所以当输入信号为直流信号时,任何放大电路的输出都毫无变化。　　　　　　　　　　　　　　　　　　　　　　　　　　　　　　　　　　（　）

（5）只要是共发射极放大电路,输出电压的底部失真都是饱和失真。　　　　　　（　）

2. 选择题

（1）整流的目的是(　　)。

　　A. 将交流变为直流　　　　　　　　　　　　B. 将高频变为低频

　　C. 将正弦波变为方波　　　　　　　　　　　D. 将三相电变为单相电

（2）三极管能够放大的外部条件是(　　)。

　　A. 发射结正偏,集电结正偏

　　B. 发射结反偏,集电结反偏

　　C. 发射结正偏,集电结反偏

（3）当三极管工作于饱和状态时,其(　　)。

　　A. 发射结正偏,集电结正偏

　　B. 发射结反偏,集电结反偏

　　C. 发射结正偏,集电结反偏

（4）对于硅三极管来说,其死区电压约为(　　)。

　　A. 0.1 V　　　　　　　　　B. 0.5 V　　　　　　　　　C. 0.7 V

（5）锗三极管的导通压降 $|U_{BE}|$ 约为(　　)。

　　A. 0.1 V　　　　　　　　　B. 0.3 V　　　　　　　　　C. 0.5 V

（6）测得三极管三个电极的静态电流分别为 0.06 mA、3.66 mA 和 3.6 mA,则该管的 β 为(　　)。

　　A. 40　　　　　　　　　　　B. 50　　　　　　　　　　　C. 60

3. 填空题

（1）放大电路的两种失真分别为_____、_____失真。

（2）在三极管组成的三种基本放大电路中,_____放大电路的高频特性最好。

（3）在多级放大电路中,不能抑制零点漂移的是_____多级放大电路。

（4）在多级放大电路中,既能放大直流信号,又能放大交流信号的是_____多级放大电路。

（5）射极输出器无放大_____的能力。

4. 计算题

（1）电路如图 2-45 所示，三极管的 $\beta=60$，$r_{bb'}=100\ \Omega$。

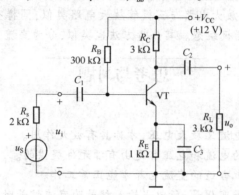

图 2-45　题 4-(1)图

（2）电路如图 2-46(a) 所示，图 2-46(b) 是三极管的输出特性，静态时 $U_{BEQ}=0.7\ V$。利用图解法分别求出 $R_L=\infty$ 和 $R_L=3\ k\Omega$ 时的静态工作点和最大不失真输出电压 U_{om}（有效值）。

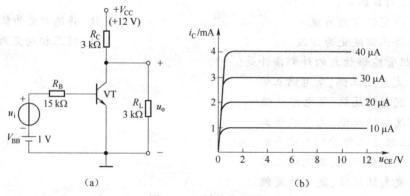

（a）　　　　　　　　　　（b）

图 2-46　题 4-(2)图

（3）如图 2-47 所示电路，已知 $V_{CC}=12\ V$，$R_B=300\ k\Omega$，$R_C=3\ k\Omega$，$R_L=3\ k\Omega$，$R_S=3\ k\Omega$，$\beta=50$，试求：

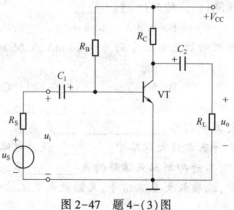

图 2-47　题 4-(3)图

①R_L 接入和断开两种情况下电路的电压放大倍数 A_u；

②输入电阻 R_i 和输出电阻 R_o；

③输出端开路时的电源电压放大倍数 $\dot{A}_{us}$。

（4）电路如图 2-48 所示，已知三极管 $\beta=50$，在下列情况下，用直流电压表测三极管的集电极电位，应分别为多少？设 $V_{CC}=12$ V，三极管饱和管压降 $U_{CES}=0.5$ V。

①正常情况；②R_{B1} 短路；③R_{B1} 开路；④R_{B2} 开路；⑤R_C 短路。

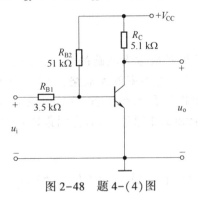

图 2-48　题 4-（4）图

（5）固定偏流电路如图 2-49（a）所示。已知 $V_{CC}=12$ V，$R_B=280$ kΩ，$R_C=3$ kΩ，$R_L=3$ kΩ，三极管 $\beta=50$，取 $r_{bb'}=200$ Ω，$U_{BEQ}=0.7$ V。试求：

①静态工作点 Q；

②电压增益 A_u；

③假如该电路的输出波形出现如图 2-49（b）所示的失真，属于截止失真还是饱和失真？调整电路中的哪个元件可以消除这种失真？如何调整？

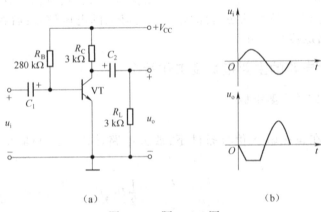

（a）　　　　　　　　　　（b）

图 2-49　题 4-（5）图

第3章 | 功率放大器

在实际工作中常要求电子设备或放大电路的最后一级能向负载提供足够大的输出功率,通常将这最后一级放大电路称为功率放大电路,功率放大电路又称功率放大器。本章首先介绍功率放大电路的主要指标及工作状态,然后讨论 OCL、OTL 互补对称功率放大电路及 BTL 功率放大电路的组成和工作原理,最后介绍集成功率放大电路的几种典型产品及其应用。

3.1 功率放大器概述

前面讲的交流电压放大器,它的主要任务是把微弱的输入电压放大成变化幅度较大的输出电压。而多级放大器的最终目的是要推动负载工作,例如,使扬声器发声,使电动机旋转、使继电器动作、使仪表指针偏转等。这就需要放大电路不仅有电压放大能力,也要有电流放大能力,即要有一定的功率放大能力。所以,多级放大电路的末级一般都是功率放大电路。

电压放大电路和功率放大电路都是利用三极管的放大作用将信号放大的,但两者也有显著区别。前者工作在小信号状态,目的是输出足够大的电压信号;后者则是工作在大信号状态,目的是输出足够大的功率。

3.1.1 功率放大电路的主要指标及工作状态

1. 功率放大电路的主要指标

1) 输出功率

输出功率是指在正弦输入信号条件下,放大电路输出电压和输出电流有效值的乘积,即

$$P_o = \frac{U_{cem}}{\sqrt{2}} \cdot \frac{I_{cm}}{\sqrt{2}} = \frac{1}{2} U_{cem} I_{cm} \tag{3-1}$$

式中,U_{cem} 是三极管集-射极间电压的振幅值;I_{cm} 是三极管集电极电流的振幅值。

为了使负载获得尽可能大的功率,要求功率管应有足够大的电压和电流输出幅度。因此功率管往往在接近极限状态下工作,这就要求在选择功率管时,必须考虑使它的工作状态不超过其本身的极限参数 I_{CM}、P_{CM} 和 $U_{(BR)CEO}$。

在功率放大器中,三极管的集电结消耗较大的功率,使结温和管壳温度升高。为了充分利用允许的管耗而使三极管输出足够大的功率,放大器的散热就成为一个重要的问题。此外,三极管承受的电压高,通过的电流大,所以还必须考虑三极管的保护问题。通常采取

的措施是对三极管加装一定面积的散热片和增加电流保护环节。

2）效率

效率是指放大电路的交流输出功率与直流电源提供给放大电路的平均功率之比，即

$$\eta = \frac{P_o}{P_{av}} \tag{3-2}$$

式中，P_{av} 是直流电源提供给放大电路的平均功率。

由于输出功率大，因此直流电源消耗的功率也大，这就存在一个效率问题。人们总是希望尽量减小三极管的损耗功率，以提高能量转换的效率。

3）非线性失真

功率放大器是在大信号下工作的，输出电压和电流的幅值都很大，所以不可避免地会产生非线性失真，而且同一功放管输出功率越大，非线性失真往往越严重，这就使输出功率和非线性失真成为一对主要矛盾。但是，在不同场合下，对非线性失真的要求不同，例如，在测量系统和电声设备中，这个问题显得很严重，而在工业控制系统等领域中，则以输出功率为主要目的，对非线性失真的要求就降为次要问题了。需要指出的是，分析大信号工作状态已不能用微变等效电路分析法，而普遍采用图解法及近似估算法。

2. 功率放大电路工作状态

根据功率放大电路中三极管静态工作点设置的不同，可分成甲类、乙类和甲乙类三种。

甲类放大电路的工作点设置在放大区的中间，这种电路的优点是在输入信号的整个周期内三极管都处于导通状态，输出信号失真小（前面讨论的电压放大电路都工作在这种状态），如图 3-1(a) 所示；缺点是三极管有较大的静态电流 I_{CQ}，这时管耗大，而且甲类放大时，不管有无输入信号，电源供给的功率是不变的。可以证明，即使在理想条件下，甲类放大电路的效率最高也只有 50%，那些对于输出功率及效率要求不高的功率放大电路可以采用甲类放大。

从甲类放大电路中可以看出，效率低的主要原因是静态电流 I_{CQ} 太大。在没有

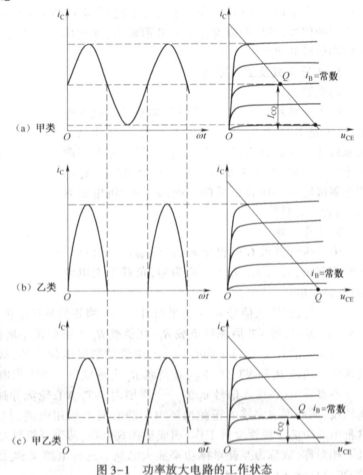

图 3-1 功率放大电路的工作状态

信号输入时,电源仍然输送功率。由此可见,提高效率的办法是减小静态电流 I_{CQ}。

如果把静态工作点 Q 向下移动,使静态电流 I_{CQ} 等于零,则输入信号等于零时电源供给的功率也等于零,输入信号增大时电源供给的功率也随之增大,这样电源供给的功率及管耗都随着输出功率的大小而变,这样就能改变甲类放大时效率低的状况,这种工作方式下的电路称为乙类放大电路。可见,乙类放大电路的工作点设置在截止区,如图 3-1(b) 所示。乙类放大电路提高了能量的转换效率,在理想情况下效率可达 78.5%,但此时却出现了严重的波形失真,在输入信号的整个周期,仅在半个周期内三极管导通,有电流流过,只能对半个周期的输入信号进行放大。

如果将图 3-1(b) 所示输出特性曲线中的工作点 Q 上移一些,设在放大区但接近截止区,使三极管的导通时间大于信号的半个周期,且小于一个周期,这类工作方式下的电路称为甲乙类放大电路,如图 3-1(c) 所示。目前常用的音频功率放大电路中,功放管多数是工作在甲乙类放大状态。这种电路的效率略低于乙类放大电路,但它克服了乙类放大电路产生的失真问题,目前使用较广泛。

3.1.2 乙类双电源互补对称功率放大电路(OCL 电路)

乙类放大电路具有能量转换效率高的特点,常用它作为功率放大器。但乙类放大电路只能放大半个周期的信号,为了解决这个问题,常用两个对称的乙类放大电路分别放大正、负半周的信号,然后合成为完整的波形输出,即利用两个乙类放大电路的互补特性完成整个周期信号的放大。

1. 电路组成及工作原理

1)电路组成

图 3-2 所示是乙类双电源互补对称功率放大电路。VT_1 是 NPN 型管,VT_2 是 PNP 型管。VT_1 和 VT_2 的基极连在一起作为信号输入端,发射极连在一起作为信号输出端,R_L 为负载。这个电路实际上是由两个射极输出器组合而成的。电路中正、负电源对称,两管参数对称。

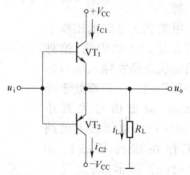

图 3-2 乙类双电源互补
对称功率放大电路

2)工作原理

由于两管都没有偏置电阻,故静态($u_i = 0$)时,两管都截止,此时 I_{BQ}、I_{CQ}、I_{EQ} 均为零,负载上无电流通过,输出电压 $u_o = 0$。

动态时,当输入信号 u_i 为正半周时,$u_i > 0$,两管的基极电位为正,故 VT_1 导通,VT_2 截止,i_{C1} 从 $+V_{CC}$ 流出,经 VT_1 后流过负载 R_L,在负载 R_L 上形成正半周输出电压 $u_o > 0$。

当输入信号 u_i 为负半周时,$u_i < 0$,两管的基极电位为负,故 VT_2 导通,VT_1 截止,i_{C2} 由公共端流经负载 R_L 和 VT_2 到 $-V_{CC}$,在负载 R_L 上形成负半周输出电压 $u_o < 0$。

不难看出,在输入信号 u_i 的一个周期内,VT_1、VT_2 轮流导通,而且 i_{C1}、i_{C2} 流过负载的方向相反,从而形成完整的正弦波。由于静态时不取用电流,故两管都处在乙类工作状态。这种电路中的三极管交替工作,组成推挽式电路,两个三极管互补对方缺少的另一个半周,且互相对称,故称为互补对称功率放大电路。这种电路又称无输出电容的功率放大电路,即 OCL(Output Capacitorless)。

2. 功率和效率的估算

1）输出功率 P_o

在输入正弦信号作用下，忽略电路失真时，在输出端获得的电压和电流均为正弦信号，由功率的定义得

$$P_o = U_o I_o = \frac{1}{2} U_{om} I_{om} = \frac{1}{2} \cdot \frac{U_{om}^2}{R_L} \tag{3-3}$$

可见，输出电压 U_{om} 越大，输出功率 P_o 越高，当三极管进入饱和区时，输出电压 U_{om} 最大，其大小为

$$U_{omax} = V_{CC} - U_{CES}$$

若忽略 U_{CES}，则最大不失真输出功率为

$$P_{om} = \frac{1}{2R_L} (V_{CC} - U_{CES})^2 \approx \frac{1}{2} \cdot \frac{V_{CC}^2}{R_L} \tag{3-4}$$

2）直流电源提供的平均功率 P_{av}

两个电源各提供半个周期的电流，故每个电源提供的平均电流为

$$I_{av} = \frac{1}{2\pi} \int_0^\pi I_{om} \sin\omega t \, d(\omega t) = \frac{I_{om}}{\pi} = \frac{U_{om}}{\pi R_L}$$

因此两个电源提供的平均功率为

$$P_{av} = 2 I_{av} V_{CC} = \frac{2}{\pi R_L} U_{om} V_{CC} \tag{3-5}$$

输出功率最大时，电源提供的平均功率也最大，即

$$P_{avmax} = \frac{2}{\pi} \cdot \frac{V_{CC}^2}{R_L} \tag{3-6}$$

3）效率

输出功率与直流电源提供给放大电路的平均功率之比称为电路的效率。在理想情况下，电路的最大效率为

$$\eta = \frac{P_{om}}{P_{av}} \times 100\% \approx 78.5\% \tag{3-7}$$

如果考虑三极管的饱和管压降，该功率放大电路实际上能够达到的效率将低于此值。

4）管耗 P_T

直流电源提供的功率与输出功率之差就是消耗在三极管上的功率，即管耗 P_T

$$P_T = P_{av} - P_o = \frac{2}{\pi R_L} U_{om} V_{CC} - \frac{1}{2R_L} V_{CC}^2 \tag{3-8}$$

所以，最大输出功率时的总管耗为

$$P_T' = \frac{2V_{CC}^2}{\pi R_L} - \frac{V_{CC}^2}{2R_L} = \frac{4-\pi}{2\pi} \cdot \frac{V_{CC}^2}{R_L} \tag{3-9}$$

可求得当 $U_{om} = \frac{2}{\pi} V_{CC} \approx 0.63 V_{CC}$ 时，三极管消耗的功率最大，其值为

$$P_{Tmax} = \frac{2V_{CC}^2}{\pi^2 R_L} = \frac{4}{\pi^2} P_{omax} \approx 0.4 P_{omax} \tag{3-10}$$

每个三极管的最大管耗为

$$P_{T1max} = P_{T2max} = \frac{1}{2}P_{Tmax} \approx 0.2P_{omax} \tag{3-11}$$

式(3-11)就是每个三极管最大管耗与最大不失真输出功率的关系,可用作设计乙类互补对称功率放大电路时选择三极管的依据之一。例如,要求输出功率为 10 W,则应选择两个集电极最大功耗为 2 W 的三极管。

由以上分析可知,若想得到预期的最大输出功率,三极管有关参数的选择,应满足以下条件:

(1)每个三极管的最大管耗 $P_{Tmax} \geqslant \dfrac{V_{CC}^2}{\pi^2 R_L} \approx 0.2P_{omax}$。

(2)由图 3-2 可知,当导通管饱和时,截止管承受的反压为 $2V_{CC}$,所以三极管的反向击穿电压应满足 $|U_{(BR)CEO}| > 2V_{CC}$。

(3)三极管的最大集电极电流为 $\dfrac{V_{CC}}{R_L}$,因此三极管的 $I_{CM} \geqslant \dfrac{V_{CC}}{R_L}$。

3.1.3　OCL 甲乙类互补对称功率放大电路

1. 交越失真及其消除

图 3-2 所示的电路中,由于 VT_1 和 VT_2 的基极直接连在一起,没有直流偏置,则在输入电压 u_i 正半周与负半周的交界处,当 u_i 的幅度小于 VT_1、VT_2 输入特性曲线上的死区电压时,两管都不导通。也就是说,在 VT_1、VT_2 交替导通的过程中,将有一段时间两个三极管均截止。这种情况将导致 i_L 和 u_o 的波形发生失真,由于这种失真出现在波形正、负交越处,故称为交越失真,如图 3-3 所示。

为了消除交越失真,必须建立一定的直流偏置,偏置电压只要大于三极管的死区电压即可,这时的 VT_1、VT_2 工作在甲乙类放大状态。

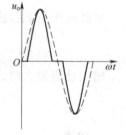

图 3-3　交越失真

图 3-4 所示为甲乙类互补对称功率放大电路。它是在图 3-2 的基础上,接入了两个基极偏置电阻器 R_1、R_2 以及 VT_1、VT_2 基极之间的导电支路,该导电支路由可调电阻器 R 和二极管 VD_1、VD_2 组成,这样就使得静态时存在一个较小的电流从 $+V_{CC}$ 流经 R_1、R、VD_1、VD_2、R_2 到 $-V_{CC}$,在 VT_1 和 VT_2 的基极之间产生一个电位差,故静态时两只三极管已有较小的基极电流,因而两管也各有一个较小的集电极电流。当输入正弦电压 u_i 时,在正、负半周两管分别导通的过程中,将有一段短暂的时间 VT_1、VT_2 同时导通,避免了两管同时截止,因此交替过程比较平滑,消除了交越失真。

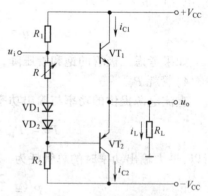

图 3-4　甲乙类互补对称功率放大电路

2. 由复合管组成的 OCL 互补对称功率放大电路

如果功率放大电路输出端的负载电流比较大,必须要求互补对称管 VT_1 和 VT_2 是能输出大电流的三极管。但是,大电流的三极管一般 β 值较低,因此就需要中间级输出大的推动电流提供给输出级。在集成运放电路中,中间级一般是电压放大,很难输出大的电流。

为了解决这一矛盾,一般输出级采用由复合管构成的互补对称功率放大电路,如图 3-5 所示。这种互补对称功率放大电路有一个缺点,大功率三极管 VT_3 是 NPN 型,而 VT_4 是 PNP 型,它们类型不同,很难做到特性互补对称。为了克服这个缺点,可使 VT_3 和 VT_4 采用同一类型甚至同一型号的三极管,例如二者均为 NPN 型,而 VT_2 则用另一类型的三极管,如 PNP 型,如图 3-6 所示。此时 VT_2 与 VT_4 组成的复合管为 PNP 型,可与 VT_1、VT_3 组成的 NPN 型复合管实现互补。这种电路称为准互补对称功率放大电路。图 3-6 中接入电阻 R_{e1} 和 R_{e2} 是为了调整三极管 VT_3 和 VT_4 的静态工作点的。

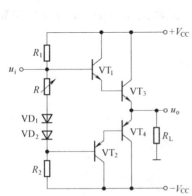

图 3-5　由复合管组成的 OCL 甲乙类互补对称功率放大电路

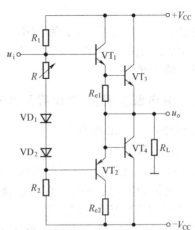

图 3-6　由复合管组成的 OCL 甲乙类准互补对称功率放大电路

这里提到了复合管,下面进行简要介绍。复合管可由两个或两个以上三极管组合而成。复合管的接法有多种,它们可以由相同类型的三极管组成,也可以由不同类型的三极管组成。例如在图 3-7 中,图 3-7(a) 和图 3-7(b) 分别由两个同为 NPN 型或同为 PNP 型的三极管组成,但图 3-7(c) 和图 3-7(d) 中的复合管却由不同类型的三极管组成。

无论是由相同或不同类型的三极管组成复合管,首先,在前后两个三极管的连接关系上,应保证前级三极管的输出电流与后级三极管的输入电流的实际方向一致,以便形成适当的电流通路,否则电路不能形成通路,复合管无法正常工作;其次,外加电压的极性应保证前后两个三极管均为发射结正向偏置,集电结反向偏置,使两管都工作在放大区。

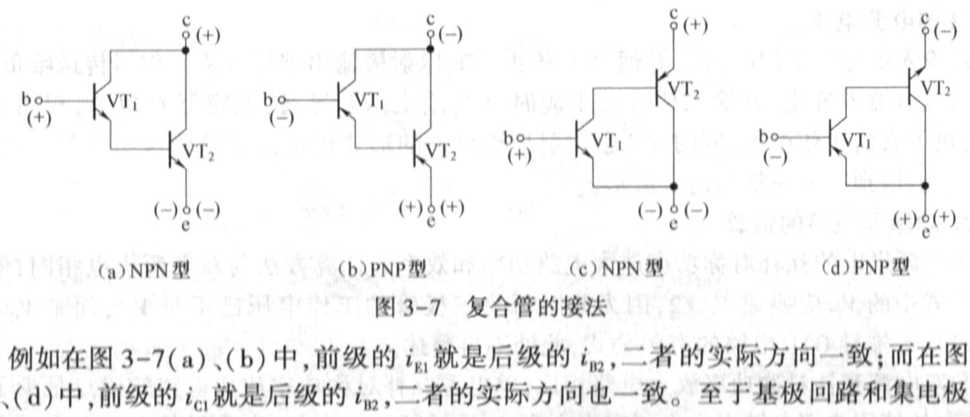

| (a)NPN 型 | (b)PNP 型 | (c)NPN 型 | (d)PNP 型 |

图 3-7　复合管的接法

例如在图 3-7(a)、(b) 中,前级的 i_{E1} 就是后级的 i_{B2},二者的实际方向一致;而在图 3-7(c)、(d) 中,前级的 i_{C1} 就是后级的 i_{B2},二者的实际方向也一致。至于基极回路和集电极回路的外加电压,应为如图 3-7 中括号中所示的正负极性,则前后两个三极管均工作在放大区。

图 3-7(c)、(d)所示由不同类型三极管所组成的复合管,其 β 和 r_{be} 分别为

$$\beta = \beta_1(1 + \beta_2) \approx \beta_1\beta_2$$

$$r_{be} = r_{be1}$$

综合图 3-7 所示的几种复合管,还可以得出以下结论:

(1)由两个相同类型的三极管组成的复合管,其类型与原来相同。复合管的 $\beta \approx \beta_1\beta_2$,复合管的 $r_{be} = r_{be1} + (1 + \beta_1)\ r_{be2}$。

(2)由两个不同类型的三极管组成的复合管,其类型与前级三极管相同。复合管的 $\beta \approx \beta_1\beta_2$,复合管的 $r_{be} = r_{be1}$。

通过介绍可以看出,复合管与单个三极管相比,其电流放大系数 β 大大提高,因此,复合管常用于运放的中间级,以提高整个电路的电压放大倍数,不仅如此,复合管也常常用于输入级和输出级。

3.1.4　单电源互补对称功率放大电路(OTL 电路)

1. 电路组成及工作原理

1)电路组成

图 3-4 所示电路中,由于静态时 VT$_1$、VT$_2$ 两管的发射极电位为零,故负载可直接连接到发射极,而不必采用耦合电容器,因此称为 OCL 电路。其特点是低频效应好,便于集成。但需要两个独立电源,使用很不方便。为了简化电路,可采用单电源供电的互补对称功率放大电路,如图 3-8 所示。与图 3-4 相比省去了一个负电源($-V_{CC}$),在两管的发射极与负载之间增加了电容器 C,这种电路通常称为无输出变压器的功率放大电路,即 OTL(Output Transformless)功率放大电路。

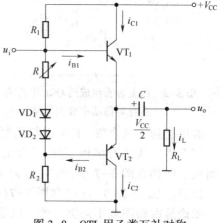

图 3-8　OTL 甲乙类互补对称功率放大电路

2)工作原理

图 3-8 电路中 R_1、R_2 为偏置电阻,适当选择 R_1、R_2 阻值,可使两管静态时发射极电位为 $V_{CC}/2$,电容两端电压也稳定在 $V_{CC}/2$,这样 VT$_1$、VT$_2$ 两管的集-射极之间如同分别加上了 $+V_{CC}/2$ 和 $-V_{CC}/2$ 的电源电压。

在输入信号正半周时,VT$_1$ 导通,VT$_2$ 截止,VT$_1$ 以射极输出器形式将正信号传送给负载,同时对电容器 C 充电;在输入信号负半周时,VT$_1$ 截止,VT$_2$ 导通,电容器 C 放电,相当于给 VT$_2$ 提供了直流工作电源,同时 VT$_2$ 也以射极输出器的形式将负向信号传送给负载。这样,负载 R_L 上得到一个完整的信号波形。

2. 功率和效率的估算

单电源供电的互补对称功率放大电路功率和效率的计算方法与双电源供电相同,但要注意公式中的 V_{CC} 应换成 $V_{CC}/2$,因为此时每个三极管的工作电压已不是 V_{CC},而是 $V_{CC}/2$。请读者自行推导 OTL 电路的有关公式,此处不再赘述。

与双电源互补对称功率放大电路相比,单电源互补对称功率放大电路的优点是少了一个电源,故使用方便。缺点是由于有大电容 C,故低频响应变差;大容量的电解电容具有电

感效应,在高频时将产生相移。另外,大容量的电解电容无法集成化,必须外接。

3.1.5　乙类 BTL 功率放大电路

BTL 功率放大电路由两组 OTL(或 OCL)电路组成。图 3-9 所示是由两组 OTL 电路组成的乙类 BTL 功率放大原理电路。VT_1 与 VT_2 构成一对推挽功率放大,VT_3 与 VT_4 构成另一对推挽功率放大,由于电路对称,VT_1 和 VT_2 的发射极电位与 VT_3 和 VT_4 的发射极电位相等,因而当负载 R_L 接在 VT_1 和 VT_2 的发射极与 VT_3 和 VT_4 的发射极之间时,负载 R_L 中无直流电流流过。电路设置了一个倒相器,使加在 VT_1 和 VT_2 基极的交流信号与加在 VT_3 和 VT_4 基极的交流信号大小相等、极性相反。因此,VT_1 和 VT_2 发射极输出的信号与 VT_3 和 VT_4 发射极输出的信号也大小相等、极性相反。

BTL 功率放大的工作原理是:若输入信号为正半周,则 VT_1 与 VT_4 导通,VT_2 与 VT_3 截止,负载 R_L 中流过如图 3-9 实线所示的电流;若输入信号为负半周,则 VT_2 与 VT_3 导通,VT_1 与 VT_4 截止,负载 R_L 中流过如图 3-9 虚线所示的电流。

由此可见,负载 R_L 获得的信号电压为两对推挽管输出电压之和,负载 R_L 获得的功率为单个 OTL(或 OCL)功率放大的 4 倍。但受器件实际参数的影响,BTL 功率放大电路的最大输出功率是 OTL(或 OCL)的 2~3 倍。

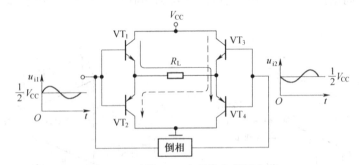

图 3-9　乙类 BTL 功率放大原理电路

3.2　集成功放典型产品及其应用

集成功率放大器简称集成功放,它是模拟集成电路中的一大类型,与集成运放相比,其主要区别是:第一,电压放大倍数较小,突出了功率放大作用;第二,为了提高使用的安全性,通常在芯片内部附加了一些保护电路,如过电流保护、过电压保护、过热保护等。必须注意,在使用功率较大的集成功放时,为了防止烧坏器件,通常还要求其外壳安装散热片。

集成功率放大器的种类很多,按芯片内部的结构分,有单声道集成功放和双声道集成功放,前者用于一般的音响设备,后者用于立体声响设备;按输出功率分,有小功率集成功放和大功率集成功放等,有的输出功率在 1 W 以下,有的输出功率可高达几十瓦甚至上百瓦。下面介绍几种集成功放的典型产品及其应用电路。

3.2.1　单声道集成功放

1. LM386

1)LM386 概述

LM386 是美国国家半导体公司生产的音频功率放大器,主要应用于低电压消费类产品。为使外围元件最少,电压增益内置为20。但在1引脚和8引脚之间增加一只外接电阻和电容,便可将电压增益调为任意值,直至200。输入端以地位参考,同时输出端被自动偏置到电源电压的一半,在6 V电源电压下,它的静态功耗仅为24 mW,使得LM386特别适用于电池供电的场合。

LM386的封装形式有塑封8引脚双列直插式和贴片式。其引脚图如图3-10所示。

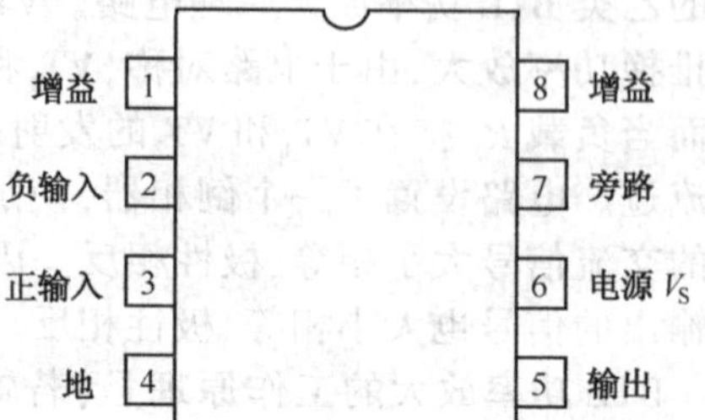

LM386的特点如下:

(1)静态功耗低,静态电流约为4 mA,可用于电池供电。

(2)工作电压范围宽,4~12 V或者5~18 V。

(3)外围元件少。

(4)电压增益可调,20~200。

(5)低失真度。

2)LM386典型应用电路

如图3-11所示电路,其外围元件最少,电压增益内置为20;如图3-12所示电路,在1引脚和8引脚之间增加一只外接电容,电压增益为200。

图 3-10 LM386引脚图

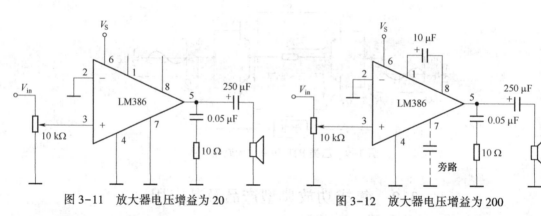

图 3-11 放大器电压增益为20 　　　　　图 3-12 放大器电压增益为200

2. TDA2030

1)TDA2030 概述

TDA2030是德律风根生产的音频功放电路,采用V型5引脚单列直插式塑料封装结构,如图3-13所示。按引脚的形状可分为H型和V型。该集成电路广泛应用于汽车立体声收录音机、中功率音响设备,具有体积小、输出功率大、谐波失真和交越失真小等特点。并设有短路和过热保护电路等,多用于高级收录机及高传真立体声扩音装置。意大利SGS公司、美国RCA公司、日本日立公司、NEC公司等均有同类产品生产,虽然其内部电路略有差异,但引脚位置及功能均相同,可以互换。

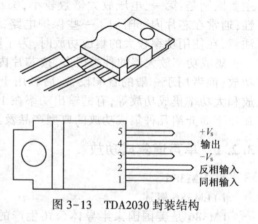

图 3-13 TDA2030 封装结构

TDA2030 的特点如下：

（1）外接元件非常少。

（2）输出功率大，$P_{\text{o}} = 18\ \text{W}(R_{\text{L}} = 4\ \Omega)$。

（3）采用超小型封装（TO-220），可提高组装密度。

（4）开机冲击极小。

（5）内含各种保护电路，因此工作安全可靠。主要保护电路有：短路、过热、地线偶然开路、电源极性反接（$V_{\text{smax}} = 12\ \text{V}$）、负载泄放电压反冲等。

2）TDA2030 典型应用电路

图 3-14 所示为工作在双电源供电时的应用电路，图 3-15 所示为工作在单电源供电时的应用电路。

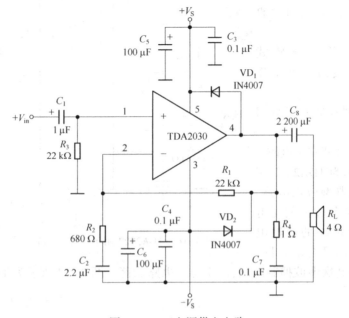

图 3-14　双电源供电电路

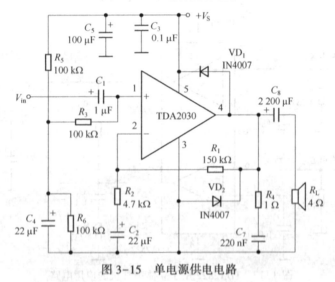

图 3-15　单电源供电电路

3.2.2 双声道集成功放

1）TDA2822概述

TDA2822是双声道音频功率放大电路,其集成度高、外围元件少、音质好。适用于在袖珍式盒式放音机、收录机和多媒体音箱中作音频放大器。

TDA2822的特点如下:

（1）电源电压范围宽（1.8～15 V）,电源电压可低至1.8 V仍能工作,因此,该电路适合在低电源电压下工作。

（2）静态电流小,交越失真也小。

（3）适用于单声道桥式（BTL）或立体声线路两种工作状态。

（4）采用双列直插八引脚塑料封装（DIP8）。

2）TDA2822典型应用电路

图3-16所示为TDA2822用于立体声功放的典型应用电路。图3-16中,R_1、R_2是输入偏置电阻,C_1、C_2是负反馈端的接地电容器,C_6、C_7是输出耦合电容器,

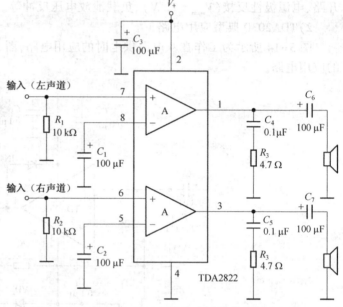

图3-16　TDA2822用于立体声功放的典型应用电路

R_3、C_4和R_4、C_5是高次谐波抑制电路,用于防止电路振荡。图3-17所示为TDA2822用于立体声耳机的应用电路。

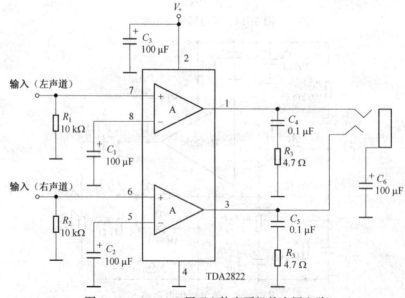

图3-17　TDA2822用于立体声耳机的应用电路

实验五 集成功率放大器的应用

1. 实验目的

（1）熟悉集成功率放大器的工作原理。

（2）掌握集成功率放大器性能指标的测试方法。

2. 实验设备

双踪示波器、数字毫伏表、模拟实验台、数字万用表。

3. 实验原理

实验电路由集成电路 LM386 加外围元件组成，图 3-18 所示为 LM386 功率放大器原理图，图中 R_W 为输入衰减电位器（音量控制），信号由 3 引脚同相端输入，2 引脚反相端接地。C_1、C_2 为接在直流电源 V_{CC} 端（6 引脚）的退耦电容器，C_4 为输出（5 引脚）耦合电容器，C_5 为旁路电容器（7 引脚），C_3 为跨接在 1 引脚与 8 引脚之间的增益控制电容器。当 1 引脚和 8 引脚之间开路时，电压增益为 26 dB；若在 1 引脚和 8 引脚之间接阻容串联元件，则增益最高可达 46 dB，改变阻容值则增益可在 26~46 dB 之间任意选取，阻值越小增益越大（点画线框测数据时不接入）。

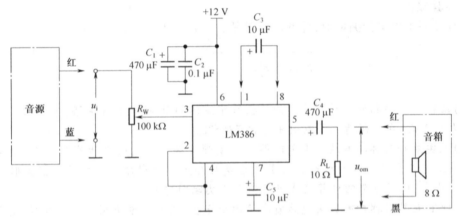

图 3-18 LM386 功率放大器原理图

4. 实验内容

（1）按图 3-18 连接好电路，C_3 接入。C_1、C_2 尽量靠近集成电路，u_i、R_W、R_L、u_{om} 地线均由 4 引脚引出。点画线框暂不接入。

（2）将数字直流电流表放到 20 mA 挡，串入+12 V 电源，输入端短路接地，测出静态工作电流 $I_{静}$。

（3）把信号源衰减调到 20 dB，幅度调到最小，输出频率调到 1 kHz，接在功率放大器的输入 u_i 端，R_W 调至最上端，示波器接输出端。

（4）逐渐增加信号发生器输出电压幅度，用示波器监视输出波形，直到最大不失真为止。用毫伏表测量并记下此时的输入电压 u_i、输出电压 u_{om} 有效值。将数字直流电流表放到 200 mA 挡，串入+12 V 电源，测出动态工作电流 $I_{c动}$ 后，调整 R_W 观察输出波形的变化。

（5）（选作）去掉 C_3，按步骤（4）再次测量出输入电压 u_i、输出电压 u_{om} 的有效值及动态工作电流 $I_{c动}$ 并调整 R_W 观察输出波形的变化。

（6）将以上测量数据填入表 3-1 中。

表 3-1　测量数据记录

数据	u_i/mV	u_{om}/mV	V_{CC}/V	$I_{c静}$/mA	$I_{c动}$/mA	输出功率（$R_L = 10\ \Omega$ 时）P_{om}/mW	电源供给功率 P_c/mW	效率 η
C_3 接入时								
C_3 不接入时（选作）								

测量计算方法：

（1）输出功率 P_{om} 的测试：当 R_L 为已知时，只要用毫伏表测出 R_L 两端的电压 u_{om}，则 $P_{om} = u_{om}^2/R_L$。

（2）电源供给功率 P_c 的测试：用万用表测出动态电流 $I_{c动}$，电源电压 V_{CC}，则 $P_c = I_{c动} V_{CC}$。

（3）效率 η 的计算：$\eta = P_{om}/P_c$。

（4）P_V：电源输出电流平均值与其电压之积，是直流功率。

上述测量完成后，将音箱、音源按图 3-18 所示接入，试听音响效果，调整 R_W 感觉声音的变化。

5. 实验报告

根据表 3-1 中实验测量值，计算各种情况下的 P_{om}、P_c、P_V、η。

小　结

（1）用两个特性相同而类型不同的三极管组成的 OCL 功率放大电路，当三极管工作在乙类放大状态时，在理想情况下其效率可达 78.5%。

（2）乙类互补对称功率放大电路的两个三极管交替工作时会产生交越失真，消除的方法是使其工作在甲乙类放大状态。由于甲乙类互补对称功率放大电路设置偏置时接近于乙类放大状态，所以电路的计算公式可近似于乙类功放电路。

（3）OTL 互补对称功率放大电路省去输出变压器，但输出端需用一个大电容，电路中只需一路直流电源，利用一个 NPN 型三极管和一个 PNP 型三极管接成对称形式。当输入电压为正弦波时，两管轮流导通，二者互补，使负载上的电压基本上是一个正弦波。

（4）由于大功率反型管（NPN 型三极管和 PNP 型三极管）难以做到特性相同，故常采用复合互补方式，即准互补方式。

（5）由于集成功率放大器体积小、成本低、外接元件少、调试简单、使用方便，而且性能上也十分优越，因此其应用日益广泛。

思考与习题

1. 判断题

（1）功率放大电路比电流放大电路的电流放大倍数大。（　　）

（2）由于功率放大器中的三极管处于大信号工作状态，所以微变等效电路方法不再适用。（　　）

(3) 顾名思义,功率放大电路有功率放大作用,电压放大电路只有电压放大作用而没有功率放大作用。　　　　　　　　　　　　　　　　　　　　　　　　　　（　　）

(4) 功率放大电路与电流放大电路的区别是前者比后者效率高。　　　　　　　（　　）

(5) 在功率放大电路中,输出功率愈大,功率管的功耗愈大。　　　　　　　　（　　）

2. 选择题

(1) 乙类互补对称功率放大电路存在着(　　)。

　　A. 截止失真　　　　　　　　　　　B. 交越失真

　　C. 饱和失真　　　　　　　　　　　D. 频率失真

(2) 与甲类功率放大方式比较,乙类 OCL 互补对称功率放大的主要优点是(　　)。

　　A. 不用输出变压器　　　　　　　　B. 不用大容量的输出电容

　　C. 效率高　　　　　　　　　　　　D. 无交越失真

(3) 功率放大器和电压放大器相比较(　　)。

　　A. 二者本质上都是能量转换电路　　B. 输出功率都很大

　　C. 通常均工作在大信号状态下　　　D. 都可以用等效电路法来分析

(4) 功率放大电路的效率为(　　)。

　　A. 输出的直流功率与电源提供的直流功率之比

　　B. 输出的交流功率与电源提供的直流功率之比

　　C. 输出的平均功率与电源提供的直流功率之比

　　D. 以上各项都不是

(5) 对甲乙类功率放大器,其静态工作点一般设置在特性曲线的(　　)。

　　A. 放大区中部　　　　　　　　　　B. 截止区

　　C. 放大区但接近截止区　　　　　　D. 放大区但接近饱和区

3. 填空题

(1) 在乙类互补对称功率放大电路中,因三极管输入特性的非线性而引起的失真称为_____。

(2) 在功率放大电路中,甲类放大电路是指放大管的导通角等于_____,乙类放大电路是指放大管的导通角等于_____,甲乙类放大电路是指放大管的导通角等于_____。

(3) 有一 OTL 电路,其电源电压 $V_{CC} = 16\text{ V}$, $R_L = 8\ \Omega$。在理想情况下,可得到最大输出功率为_____W。

(4) 乙类双电源互补对称功率放大电路的转换效率理论上最高可达到_____。

(5) 功放电路的能量转换效率主要与_____有关。

4. 计算题

(1) 如图 3-19 所示电路中,设三极管的 $\beta = 100$, $U_{BEQ} = 0.7\text{ V}$, $U_{CES} = 0.5\text{ V}$, $I_{CEO} = 0$,电容器 C 对交流可视为短路。输入信号 u_i 为正弦波。

①计算电路可能达到的最大不失真输出功率 P_{om}。

②此时 R_B 应调节到什么数值?

③计算此时电路的效率。

(2) 如图 3-20 所示电路中,已知 $V_{CC} = 15\text{ V}$,VT$_1$ 和 VT$_2$ 的饱和管压降 $|U_{CES}| = 2\text{ V}$,输入电压足够大。

①计算最大不失真输出电压的有效值。

②计算负载电阻 R_L 上电流的最大值。

③计算最大输出功率 P_{om} 和效率 η。

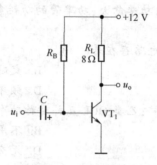

图 3-19　题 4-(1)图

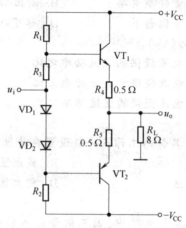

图 3-20　题 4-(2)图

（3）2030 集成功率放大器的一种应用电路如图 3-21 所示,双电源供电,电源电压为 ±15 V,假定其输出级三极管的饱和管压降 U_{CES} 可以忽略不计,u_i 为正弦电压。

①指出该电路属于 OTL 电路还是 OCL 电路?

②计算理想情况下最大输出功率 P_{om}。

③计算电路输出级的效率 η。

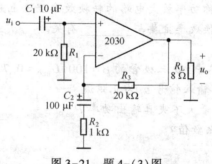

图 3-21　题 4-(3)图

（4）LM1877N-9 为 2 通道低频功率放大电路,单电源供电,最大不失真输出电压的峰-

峰值 $U_{OPP}=(V_{CC}-6)$ V，开环电压增益为 70 dB。图 3-22 所示为 LM1877N-9 中一个通道组成的实用电路，电源电压为 24 V，$C_1 \sim C_3$ 对交流信号可视为短路；R_3 和 C_4 起相位补偿作用，可以认为负载为 8 Ω。

①计算静态时的 u_P、u_N、u_o。

②设输入电压足够大，计算电路的最大输出功率 P_{om} 和效率 η。

（5）一带前置推动级的甲乙类双电源互补对称功放电路如图 3-23 所示，图中 $V_{CC}=$ 20 V，$R_L=8$ Ω，VT_1 和 VT_2 的 $|U_{CES}|=2$ V。

①当 VT_3 输出信号 $U_{o3}=10$ V（有效值）时，计算电路的输出功率、管耗、直流电源供给的功率和效率。

②计算该电路的最大不失真输出功率、效率和达到最大不失真输出时所需 U_{o3} 的有效值。

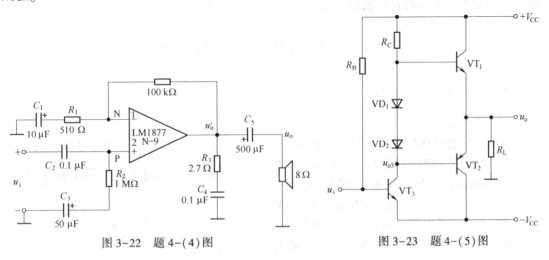

图 3-22　题 4-(4)图　　　　　　　图 3-23　题 4-(5)图

第4章 | 放大电路中的负反馈

负反馈可以改善放大电路多方面的性能,在实用放大电路中,几乎都采用负反馈。本章首先介绍反馈的基本概念、反馈的类型及判断方法、反馈放大电路的一般表达式,然后介绍负反馈的四种组态对及负反馈对放大电路性能的影响。

4.1 反馈的基本概念与分类

4.1.1 反馈的基本概念

1. 反馈的定义

所谓反馈就是将放大电路输出回路的电量(电压或电流)部分或全部通过反馈网络送到放大电路输入回路的过程。带反馈的放大电路组成的框图如图 4-1 所示,可见,它是一个闭合环路。其信号流程为:原输入信号 X_i 与反馈信号 X_f(图中用 ⊕ 表示比较环节)后得到净输入信号 X_i',X_i' 通过基本放大电路放大后得输出信号 X_o,而 X_o 通过反馈网络得到反馈信号 X_f。图 4-1 中 X 表示电压,也可表示电流。

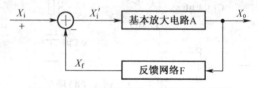

图 4-1 带反馈的放大电路组成的框图

2. 引入反馈的意义

我们知道,放大电路的基本任务是放大变化量。也就是说,要求它的输出变化量唯一取决于输入变化量。如果输入变化量一定,则输出变化量也应该一定,这就是说放大电路的工作是稳定的。但事实上,放大电路的稳定性难免会受到许多内外因素的影响,比如,温度变化、负载变化、电源电压波动、元器件老化等。如果考虑这些因素的影响,当输入变化量一定时,在输出回路中必然会引起不应有的附加变化量,这时就说放大电路的工作是不稳定的。若附加变化量太大,还会使放大电路不能正常工作。

那么,怎样才能保证放大电路能够稳定地工作呢?可以设想,如果将输出量通过某种方式送回到放大电路的输入回路,用输出量去正确地修改输入量,就可以保持输出量的稳定。这就是要引入反馈的原因。在前面讨论的某些电路中,实际上已经采用了反馈来改善放大电路的性能。下面用反馈的概念进行说明。

【例 4-1】 共集电极放大电路如图 4-2 所示,当输入电压 U_i 一定时,若某原因引起输出电压 U_o 减小,试利用反馈概念来分析稳定输出电压 U_o 的过程。

分析:图 4-2 中,U_i 为原输入量,U_o 为输出量,R_E 既在输入回路中,又在输出回路中,所

以 R_E 为反馈网络,它将输出量 U_o 反馈到输入回路与原输入量 U_i 进行比较,得到净输入量 U_{be}。这里反馈量 $U_f = U_e$ $= U_o$,净输入量 $U_i' = U_{be} = U_i - U_f = U_f - U_o$。所以,反馈过程如下:

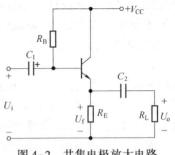

图 4-2　共集电极放大电路

$$U_o\downarrow \longrightarrow U_f\downarrow \longrightarrow (U_i' = U_{be} = U_i - U_f)\uparrow \longrightarrow I_b\uparrow \longrightarrow I_e\uparrow \longrightarrow U_o\uparrow$$

可见,虽然某原因引起 U_o 减小,但通过反馈过程后使 U_o 增大,若增大的量和减小的量近似相等,则保持了 U_o 基本稳定。事实上,也正是由于有了反馈,才使该电路的输出电阻很小,具有近似恒压源的特性。

【例 4-2】　工作点稳定的共发射极放大电路如图 4-3 所示,当交流输入电压 U_i 等于零,且其他条件都不变,只有温度升高引起 I_{CQ} 增大时,试分析稳定静态工作点的反馈过程。

分析:由于交流输入电压 U_i 等于零,因此,直流电压 U_B 就是原输入量,它是 V_{CC} 在 R_{B2} 上的分压,由第 2 章可知,U_B 近似等于常数。而 R_E 既在输入回路,又在输出回路,所以 R_E 为反馈网络,它对静态电流 $I_{EQ} \approx I_{CQ}$ 进行采样,得到反馈电压 $U_E \approx I_{CQ}R_E$,U_E 与 U_B 进行比较得到净输入量 $U_{BEQ} = U_B - U_E$,所以,反馈过程如下:

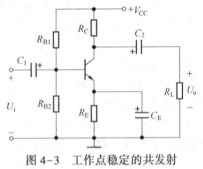

图 4-3　工作点稳定的共发射极放大电路

$$I_{CQ}\uparrow \longrightarrow U_E\uparrow \longrightarrow (U_B 不变)U_{BEQ}\downarrow \longrightarrow I_{BQ}\downarrow \longrightarrow I_{CQ}\downarrow$$

可见,R_E 愈大,则同样的 ΔI_{CQ} 引起的 ΔU_E 愈大,也就是说,反馈愈强,稳定工作点的效果就愈好。

在上两例中,有一个共同特点,就是净输入量 X_i' 等于原输入量 X_i 减去反馈量 X_f,即 $X_i' = X_i - X_f$ 或者说 $X_i' < X_i$。这是提高放大电路工作稳定性的重要判据,也就是后面将要讲到的负反馈,只有负反馈才能提高放大电路工作的稳定性,否则,只能更加恶化其稳定性。

4.1.2　反馈的分类及其判断

反馈的类型有多种,根据反馈量的成分区分,有直流反馈和交流反馈;根据反馈极性区分,有正反馈和负反馈;根据反馈网络与基本放大电路在输出回路的连接方式区分,有电压反馈和电流反馈;根据反馈网络与基本放大电路在输入回路的连接方式区分,有串联反馈和并联反馈。

对于已给定的放大电路,在判断反馈类型之前,应当先判断电路中有无反馈,在有反馈的前提下,再去判断反馈类型。

1. 有无反馈的判断

判断有无反馈,关键是看电路中有无反馈网络,如果存在能够将输出回路的电量送到输入回路的网络,就有反馈,如图 4-2 和图 4-3 中的 R_E 就是反馈网络,反馈网络通常由电阻器、电容器等元件组成。

2. 反馈的分类及其判断

(1)直流反馈和交流反馈。有了反馈网络,不一定在静态和动态情况下都有反馈。这时应该进一步分清是直流反馈还是交流反馈。

通常情况下,利用电容器的"隔直(流)通交(流)"特性来判断放大电路是直流反馈还是交流反馈。如果反馈通路中的电容器一端接地，则该电路为直流反馈放大电路；如果电容器串联在反馈通路中，则该电路为交流反馈放大电路；如果反馈通路中只有电阻器或只有导线，则该电路为交直流反馈放大电路。

若反馈信号中只有直流成分，则称为直流反馈，直流反馈影响放大电路的直流性能，它是用来稳定放大电路静态工作点的；若反馈信号中只有交流成分，则称为交流反馈，交流反馈影响放大电路的交流性能，它是用来改善放大电路动态性能的，如增益、输入电阻、输出电阻及带宽等；若反馈信号中同时有直流和交流成分，则简称交直流反馈。

图 4-3 所示电路中，由于 R_E 上并联了旁路电容器 C_E，它对交流量可视为短路，即 R_E 无交流电压反馈到输入回路，所以该电路无交流反馈。但由于 C_E 对直流量可视为开路，即 R_E 上有直流电压反馈到输入回路，所以具有直流反馈，它是用来稳定静态工作点的。而图 4-2 所示电路中，R_E 上既有直流量，又有交流量，所以它有交直流反馈。

（2）正反馈和负反馈。在反馈放大电路中，反馈信号送回到输入回路与原输入信号共同作用后，对净输入信号的影响有两种结果：

一种是使净输入信号的变化得到增强，这种反馈称为正反馈；另一种是使净输入信号的变化得以削弱，这种反馈称为负反馈。

当反馈信号接入输入节点时，若反馈信号与原输入信号的瞬时极性相同，则为正反馈；若反馈信号与原输入信号的瞬时极性相反，则为负反馈；当反馈信号接入非输入节点时，若反馈信号与原输入信号的瞬时极性相同，则为负反馈，若反馈信号与原输入信号的瞬时极性相反，则为正反馈。要使反馈能起到预期的作用（即输入量一定时，能使输出量稳定，不受其他因素的影响），那么，反馈量与原输入量在输入回路进行比较时，必须具有正确的相位或极性关系。

例如，先假设原输入量 X_i 的瞬时极性为"+"；然后沿着基本放大电路对信号的正向传送路径，判断出输出量 X_o 的瞬时极性；再沿着反馈网络对信号的反向传送路径，判断出反馈量 X_f 的瞬时极性；最后，根据 X_f 和 X_i 的瞬时极性进行比较，如果 X_f 的作用使 $X_i' < X_i$，就是负反馈，否则是正反馈。

前面已经提到，只有负反馈才能提高放大电路工作的稳定性。因此，在放大电路中，通常引入负反馈。

正反馈只能恶化放大电路工作的稳定性。因此，在放大电路中通常不采用正反馈。但是，在振荡电路中却要利用正反馈使电路产生自激振荡。

【例 4-3】　电路如图 4-4 所示，试说明反馈网络，判断是直流反馈还是交流反馈？是正反馈还是负反馈？

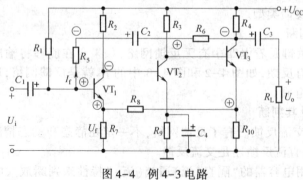

图 4-4　例 4-3 电路

解:该电路有两条反馈支路,第一条反馈支路由 R_7、R_8 和 R_{10} 组成。它将 VT_3 发射极的直流电流和交流电流经 $R_{10} /\!/ (R_8 + R_7)$ 采样后,在 R_7 上得到交直流反馈电压 U_f,因此它是交直流反馈。假设 VT_1 基极电位的瞬时极性为"+",则经 VT_1 反相放大后得 VT_1 集电极电位的瞬时极性为"−",再经 VT_2 反相放大后得 VT_2 集电极电位的瞬时极性为"+",由于三极管发射极电位与基极电位同相,所以 VT_3 发射极电位的瞬时极性为再经 R_8、R_7 分压后,在 R_7 上得到的反馈电压 U_f 的瞬时极性,为上正下负。可见,$U_{be} = U_i - U_f$,U_f"削弱"了原输入电压 U_i 的作用(使 $U_{be} < U_i$),因此,它是负反馈。也就是说,该反馈支路为交直流负反馈。

第二条反馈支路由 R_5、C_2 和 R_6 组成,由于 C_2 的隔直流作用,因此该支路只有交流反馈。假设 VT_3 基极电位的瞬时极性为"+",则 VT_1、VT_2、VT_3 经三级反相放大后得 VT_3 集电极电位的瞬时极性为"−",结果使反馈电流 I_f 的瞬时方向如图 4-4 所示。可见,$I_b = I_i - I_f$,I_f"削弱"了原输入电流 I_i 的作用(使 $I_b < I_i$),因此,该反馈支路为交流负反馈。

(3)电压和电流反馈。根据反馈网络与基本放大电路在输出回路的连接方式区分,有电压反馈和电流反馈,如图 4-5 所示。

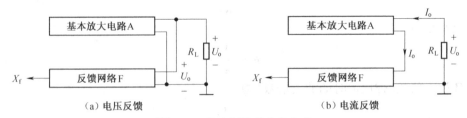

(a)电压反馈　　　　　　　　　　(b)电流反馈

图 4-5　输出回路的连接方式

若反馈网络输入端与负载 R_L 并联,即对输出电压进行采样($X_f \propto U_o$),就是电压反馈,如图 4-5(a)所示;若反馈网络输入端与负载 R_L 串联,即对输出电流进行采样($X_f \propto I_o$),就是电流反馈,如图 4-5(b)所示。

电压和电流反馈的判断方法,可以采用输出级的结构法:就是在闭合环路中的输出级上,若反馈网络的采样点与该级的输出电压接在同一个电极上,则是电压反馈;否则是电流反馈。

例如,在图 4-4 所示电路中,对于 R_5、C_2 和 R_6 支路而言,闭合环路由 VT_1、VT_2、VT_3 及 R_5、C_2 和 R_6 组成,其中 VT_3 为输出级,采样点与该级的输出电压都接在集电极上,因此是电压反馈。对于 R_7、R_8、R_{10} 支路而言,闭合环路由 VT_1、VT_2、VT_3 及 R_7、R_8、R_{10} 组成,其中 VT_3 为输出级,采样点与该级的输出电压分别接在发射极和集电极上,因此是电流反馈。

(4)串联和并联反馈。根据反馈网络与基本放大电路在输入回路的连接方式区分,有串联反馈和并联反馈,如图 4-6 所示。

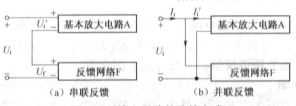

(a)串联反馈　　　　　　　　(b)并联反馈

图 4-6　输入回路的连接方式

若 X_f 与 X_i 串联后接到基本放大电路输入端,就是串联反馈,此时,X_f 与 X_i 必然是以电压形式进行比较的,如图 4-6(a)所示;X_f 与 X_i 并联后接到基本放大电路输入端,就是并联反馈,此时,X_f 与 X_i 必然是以电流形式进行比较的,如图 4-6(b)所示。

串联和并联反馈的判断方法,可以采用输入级的结构法:就是在闭合环路中的输入级上,若 X_f 与 X_i 接在同一个电极,则是并联反馈;否则是串联反馈。

例如,在图 4-4 所示电路中,对于 R_5、C_2 和 R_6 支路而言,闭合环路由 VT_1、VT_2、VT_3 及 R_5、C_2 和 R_6 组成,其中 VT_1 为输入级,X_i 与 X_f 都接在基极,因此是并联反馈。对于 R_7、R_8 和 R_{10} 支路而言,闭合环路由 VT_1、VT_2、VT_3 及 R_7、R_8 和 R_{10} 组成,其中 VT_1 为输入级,X_f 与 X_i 与分别接在发射极和基极,因此是串联反馈。

4.1.3 反馈放大电路的一般表达式

为便于分析反馈放大电路,根据框图 4-1,可写出反馈放大电路的一般表达式如下:

开环放大倍数(不带反馈时的放大倍数)为

$$A = \frac{X_o}{X_i'} \tag{4-1}$$

反馈系数为

$$F = \frac{X_f}{X_o} \tag{4-2}$$

闭环放大倍数(带反馈时的放大倍数)为

$$A_f = \frac{X_o}{X_i} \tag{4-3}$$

由于

$$X_i = X_i' + X_f = X_i' + X_i'AF = (1 + AF)X_i' \tag{4-4}$$

则

$$A_f = \frac{X_o}{X_i'} = \frac{AX_i'}{(1 + AF)X_i'} = \frac{A}{1 + AF} \tag{4-5}$$

为了描述引入反馈后对放大电路性能的影响程度,通常将 A 与 A_f 之比称为反馈深度,即

$$\frac{A}{A_f} = 1 + AF \tag{4-6}$$

在此指出:由于 X_i、X_i'、X_o、X_f 可能表示电压,也可能表示电流,这取决于具体的反馈组态,所以,A、F、A_f 具有不同的量纲。

4.1.4 负反馈放大电路的四种组态

前面已经知道,根据基本放大电路与反馈网络的接法不同,有电压和电流、串联和并联四种反馈类型。所以,负反馈可分为四种组合形式,即电压串联负反馈、电压并联负反馈、电流串联负反馈和电流并联负反馈。下面分别举例介绍。

1. 电压串联负反馈

某反馈放大电路如图 4-7 所示。其中,VT_1、VT_2、VT_3 及相关元件组成基本放大电路,R_{E1}、R_f、C_f 和 R_{E3} 组成反馈网络。

根据反馈类型的判断方法可知,该电路是电压串联负反馈组态。因此,反馈网络是对

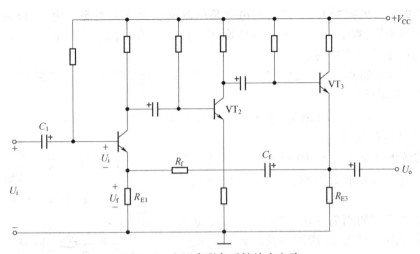

图 4-7　电压串联负反馈放大电路

输出电压进行采样,在输入回路是以电压形式进行比较的,故 X_i、X_i'、X_o、X_f 均以电压形式出现。

　　电压负反馈的特点是稳定输出电压 U_o。例如,在 U_i 一定的条件下,当负载减小,引起 U_o 也减小时,其反馈过程如下:

$$R_L\downarrow \rightarrow U_o\downarrow \rightarrow U_f\downarrow \rightarrow U_i'\uparrow \rightarrow U_o\uparrow$$

2. 电压并联负反馈

　　某反馈放大电路如图 4-8 所示,其中,三极管及相关元件组成基本放大电路,R_B 既是偏置电阻,又是反馈网络。

　　根据反馈类型的判断方法可知,该电路是电压并联负反馈组态。因此,反馈网络是对输出电压进行采样,在输入回路是以电流形式进行比较的,故 X_o 是以电压形式出现的,而 X_i、X_i'、X_f 均以电流形式出现。

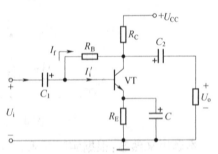

图 4-8　电压并联负反馈放大电路

3. 电流串联负反馈

　　某反馈放大电路如图 4-9 所示,其中,VT_1、VT_2、VT_3 及相关元件组成基本放大电路,R_{E1}、R_f、C_f 和 R_{E3} 组成反馈网络。

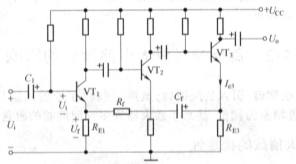

图 4-9　电流串联负反馈放大电路

根据反馈类型的判断方法可知,该电路是电流串联负反馈组态。因此,反馈网络是对输出电流进行采样,在输入回路是以电压形式进行比较的,故 X_o 是以电流形式出现的,而 X_i、X_i'、X_f 均以电压形式出现。

电流负反馈的特点是稳定输出电流 I_o。例如,在 U_i 一定的条件下,当温度升高,引起 I_o (I_{e3})增大时,其反馈过程如下:

$$T(\text{℃})\uparrow \longrightarrow I_o(\text{或}\ I_{e3})\uparrow \longrightarrow U_{R_{E3}}\uparrow \longrightarrow U_f\uparrow \longrightarrow U_i'\downarrow \longrightarrow I_{b1}\downarrow \longrightarrow I_o(\text{或}\ I_{e3})\downarrow$$

4. 电流并联负反馈

某反馈放大电路如图 4-10 所示,其中 VT_1、VT_2 及相关元件组成基本放大电路,R_f、C_3 和 R_2 组成反馈网络。

根据反馈类型的判断方法可知,该电路是电流并联负反馈组态。因此,反馈网络是对输出电流进行采样,在输入回路是以电流形式进行比较的,故 X_i、X_i'、X_f 均以电流形式出现。

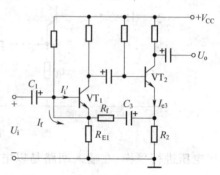

图 4-10　电流并联负反馈放大电路

【例 4-4】 在图 4-11 所示的多级放大器的交流通路中,应如何接入反馈元件,才能分别实现下列要求?(1)电路参数变化时,u_o 变化不大,并希望放大器有较小的输入电阻 R_{if};(2)当负载变化时,i_o 变化不大,并希望放大器有较大的输入电阻 R_{if}。

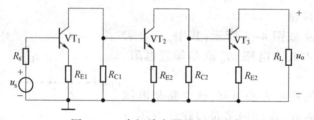

图 4-11　多级放大器的交流通路

本题用来熟悉:根据实际要求在基本放大器中引入负反馈的方法。

(1)若要求电路参数变化时,u_o 变化不大,应引入电压负反馈;希望放大器有较小的输入电阻,应引入并联负反馈。综合起来看,应引入电压并联负反馈,因此,在 VT_3 的集电极与 VT_1 的基极之间接一反馈电阻即可。

(2)当负载变化时,i_o 变化不大,应引入电流负反馈;希望放大器有较大的输入电阻,应引入串联负反馈。综合起来看,应引入电流串联负反馈,因此,在 VT_3 的发射极与 VT_1 的发射极之间接一反馈电阻即可。

4.2　负反馈对放大电路性能的影响

由前面的讨论已经知道,引入负反馈后,虽然"削弱"了原输入信号的作用,但是,下面将看到,负反馈以牺牲增益为代价,换来了放大器许多方面性能的改善。

4.2.1　提高了放大倍数的稳定性

实际应用中,总希望放大电路的放大倍数是稳定的。但是,在输入量一定的情况下,当电源电压、环境温度、器件参数等变化时,输出量必然会跟着变化,因而使放大倍数也产生相应的变化,而负反馈可以大大提高放大倍数的稳定性。

对式(4-5)求微分,得

$$dA_f = \frac{dA}{(1 + AF)^2} \qquad (4-7)$$

式(4-7)两边同除以 A_f,得

$$\frac{dA_f}{A_f} = \frac{1}{1 + AF} \times \frac{dA}{A} \qquad (4-8)$$

式中,dA/A 表示开环放大倍数的相对变化量;dA_f/A_f 表示闭环放大倍数的相对变化量。这表明,闭环放大倍数的相对变化量是开环放大倍数相对变化量的 $1/(1+AF)$。换句话说,闭环放大倍数的稳定性比开环放大倍数的稳定性提高了 $(1+AF)$ 倍。例如,某负反馈放大电路的 $A = 99\,900$,$F = 0.01$,当温度变化引起 A 的相对变化量为 $\pm 10\%$ 时,则由式(4-8)可得 A_f 的相对变化量仅为 $\pm 0.01/\%$。

4.2.2　减小非线性失真

由于构成放大器的核心元件(BJT 或 FET)的特性是非线性的,在放大电路的输出信号中产生了输入信号中没有的谐波,常使输出信号产生非线性失真。引入负反馈后,可减小这种失真,而且,负反馈对非线性失真的改善程度与 $(1+AF)$ 有关。

同理,凡是由电路内部产生的干扰和噪声(可看作与非线性失真类似的谐波),引入负反馈后均可得到抑制。

注意:负反馈只能改善由放大器本身引起的非线性失真,抑制反馈环内的干扰和噪声,而不能改善输入信号本身存在的非线性失真,负反馈也无能为力。

4.2.3　展宽通频带

阻容耦合放大电路的通频带如图 4-12 所示,可见,有反馈时的通频带大于无反馈时的通频带,即 $BW_f > BW$。其原因是,在输入信号一定的条件下,由于中频段开环放大倍数 A_m 大,输出信号大,反馈信号也大,对原输入信号抵消就大,使净输入信号减小得多,输出信号也减小得多,闭环放大倍数也减小得多;对于高、低频段,由于开环放大倍数 A 较小,输出信号较小,反馈信号也小,对原输入信号抵消就小,使净输入信号减小得少,输出信号也减小得少,闭环放大倍数也减小得少。因此,引入负反馈后,虽然整个频率特性曲线下降了,但中频段下降较多,高、低频段下降较少,结果展宽了通频带。

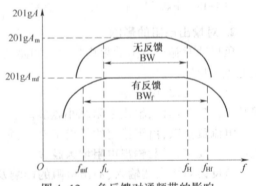

图 4-12　负反馈对通频带的影响

可以证明,引入负反馈后,放大电路的上限频率为

$$f_{Hf} = (1 + A_m F)f_H \qquad (4-9)$$

下限频率为

$$f_{\text{Lf}} = \frac{1}{1 + A_{\text{m}}F} \cdot f_{\text{L}} \tag{4-10}$$

对于直接耦合放大电路,由于 $f_{\text{L}} = 0$,即 $\text{BW} = f_{\text{H}} - f_{\text{L}} = f_{\text{H}}$,所以

$$\text{BW}_{\text{f}} = f_{\text{Hf}} - f_{\text{Lf}} = (1 + A_{\text{m}}F)f_{\text{H}} = (1 + A_{\text{m}}F)\text{BW} \tag{4-11}$$

这表明,加反馈后,直接耦合放大电路的通频带展宽了 $(1 + A_{\text{m}}F)$ 倍。

4.2.4 对输入和输出电阻的影响

根据基本放大电路与反馈网络的接法不同,负反馈对输入和输出电阻的影响有也不相同。

1. 对输入电阻的影响

负反馈对输入电阻的影响与输出回路的接法无关,只取决于输入回路是串联负反馈还是并联负反馈。

(1)串联负反馈使输入电阻增大。放大电路在输入回路是串联负反馈的连接方式如图4-13所示。可见,由于在输入回路中增加了反馈网络的等效电阻与基本放大电路的输入电阻相串联,所以输入电阻增大。反馈越深,输入电阻增大越多。

(2)并联负反馈使输入电阻减小。放大电路在输入回路是并联负反馈的连接方式如图4-14所示。可见,由于在输入回路中增加了反馈网络的等效电阻与基本放大电路的输入电阻相并联,所以输入电阻减小。反馈越深,输入电阻减小越多。

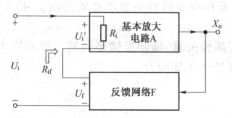

图 4-13　串联负反馈对输入电阻的影响

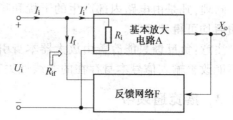

图 4-14　并联负反馈对输入电阻的影响

2. 对输出电阻的影响

负反馈对输出电阻的影响与输入回路的接法无关,只取决于输出回路是电压负反馈还是电流负反馈。

电压负反馈,由于稳定的是输出电压,负反馈放大电路趋于恒压特性,所以闭环输出电阻减小。反馈越深,输出电阻减小越多。

电流负反馈,由于稳定的是输出电流,负反馈放大电路趋于恒流特性,所以闭环输出电阻增大。反馈越深,输出电阻增大越多。

负反馈对放大器输入、输出电阻的影响及效果如表4-1所示。

表 4-1　负反馈对放大器输入、输出电阻的影响及效果

类型	串联负反馈	并联负反馈	电压负反馈	电流负反馈
影响	$R_{\text{if}} = (1 + AF)R_{\text{i}}$	$R_{\text{if}} = \dfrac{R_{\text{i}}}{1 + AF}$	$R_{\text{of}} = \dfrac{R_{\text{o}}}{1 + A_{\text{o}}F}$	$R_{\text{of}} = (1 + A_{\text{o}}F)R_{\text{o}}$
效果	提高输入电阻	降低输入电阻	降低输出电阻,使输出电压稳定	提高输出电阻,使输出电流稳定
注	—	—	A_{o} 为 $R_{\text{L}} = \infty$ 时的开环增益	A_{o} 为 $R_{\text{L}} = 0$ 时的开环增益

【例 4-5】　电路如图 4-15 所示。

(1)分别说明由 R_{f1}、R_{f2} 引入的两路反馈的类型及各自的主要作用;

(2)指出这两路反馈在影响该放大电路性能方面可能出现的矛盾是什么?

(3)为了消除上述可能出现的矛盾,有人提出将 R_{f2} 断开,此办法是否可行?为什么?你认为怎样才能消除这个矛盾?

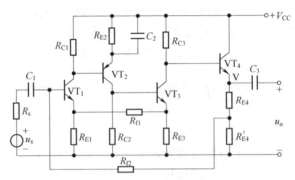

图 4-15　例 4-5 图

本题用来熟悉:负反馈对放大器性能的影响。

(1)R_{f1} 在第一、第三级之间引入了交、直流电流串联负反馈。直流负反馈可稳定静态工作点;电流串联负反馈可提高输入电阻,稳定输出电流。

R_{f2} 在第一、第四级之间引入了交、直流电压并联负反馈。直流负反馈可稳定各级静态工作点,并为输入级 VT$_1$ 提供直流偏置;电压并联负反馈可稳定输出电压,同时也降低了整个电路的输入电阻。

(2)在所引入的两路反馈中,R_{f1} 提高输入电阻,R_{f2} 降低输入电阻。

(3)若将 R_{f2} 断开,输入级 VT$_1$ 将无直流偏置。因此,应保留 R_{f2} 反馈支路的直流负反馈,但应消除其交流负反馈的影响,具体做法是:在 R'_{E4} 两端并联一大电容器。

【例 4-6】　在图 4-16 所示电路中,分别按下列要求接成所需的两级放大器。

(1)具有稳定的源电压增益。

(2)具有低输入电阻和稳定的输出电流。

(3)具有高输出电阻和输入电阻。

(4)具有稳定的输出电压和低输入电阻。

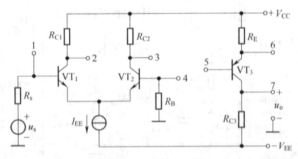

图 4-16　例 4-6 图

本题用来熟悉:根据实际要求在基本放大器中正确引入负反馈的方法。

分析本题时,特别注意 2 端是差分放大器的反相输入端,3 端是其同相输入端。

（1）要求源电压增益稳定，应引入电压负反馈，题目对输入端的反馈类型没有要求，可如下方式连接：2→5,7→R_f→4。构成电压串联负反馈。

（2）要求输入电阻低，应引入并联负反馈；要求输出电流稳定，应引入电流负反馈。综合起来看，应引入电流并联负反馈，因此，电路应做如下连接：2→5,6→R_f→1。

（3）要求输出电阻高，应引入电流负反馈；要求输入电阻高，应引入串联负反馈。综合起来看，应引入电流串联负反馈，因此，电路应做如下连接：3→5,6→R_f→4。

（4）要求输出电压稳定，应引入电压负反馈；要求输入电阻低，应引入并联负反馈。综合起来看，应引入电压并联负反馈，因此，电路应做如下连接：3→5,7→R_f→1。

实验六　负反馈放大器的综合测试

1. 实验目的

（1）加深理解负反馈对放大器性能的影响。

（2）学会测量负反馈放大器的性能指标。

2. 实验设备

模拟电路箱、数字万用表、双踪示波器、信号发生器。

3. 实验原理

负反馈在电子电路中有着非常广泛的应用。虽然它使放大器的放大倍数降低，但能在多方面改善放大器的动态指标，如稳定放大倍数，改变输入、输出电阻，减小非线性失真和展宽通频带等。因此，几乎所有的实用放大器都带有负反馈。

负反馈放大器有四种组态，即电压串联、电压并联、电流串联、电流并联。本实验以电压串联负反馈为例，分析负反馈对放大器各项性能指标的影响。

1）负反馈放大器主要性能指标的测量

图4-17所示为带有负反馈的两级阻容耦合放大电路。在电路中通过 R_f 把输出电压 u_o（C_3 的正极电压）引回到输入端，加在三极管 VT_1 的发射极上，在发射极电阻 R_{F1} 上形成反馈电压 U_f。根据反馈的判断法可知，它属于电压串联负反馈。

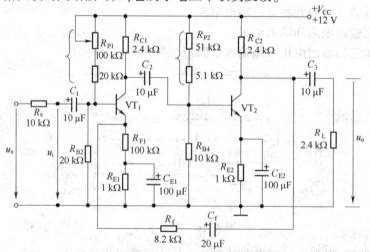

图4-17　电压串联负反馈放大电路

该负反馈放大器的主要性能指标如下：

（1）闭环电压放大倍数：

$$A_{uf} = \frac{A_u}{1 + A_u F_u}$$

式中，$A_u = U_o / U_i$ 为基本放大器（无反馈）的电压放大倍数，即开环电压放大倍数；$1 + A_u F_u$ 为反馈深度，它的大小决定了负反馈对放大器性能改善的程度。

（2）反馈系数：

$$F_u = \frac{R_{F1}}{R_F + R_{F1}}$$

（3）输入电阻：

$$R_{if} = (1 + A_u F_u) R_i$$

式中，R_i 为基本放大器的输入电阻（不包括偏置电阻）。

（4）输出电阻：

$$R_{of} = \frac{R_o}{A_{uo} F_u}$$

式中，R_o 为基本放大器的输出电阻，A_{uo} 为基本放大器当 $R_L = \infty$ 时的电压放大倍数。

2）基本放大器动态参数的测量

本实验还需要测量基本放大器的动态参数。然而，如何实现无反馈而得到基本放大器呢？不能简单地断开反馈支路，而是要去掉反馈作用，但又要把反馈网络的影响（负载效应）考虑到基本放大器中去。为此：

（1）在画基本放大器的输入回路时，因为是电压负反馈，所以可将负反馈放大器的输出端交流短路，即令 $u_o = 0$ V，此时 R_f 相当于并联在 R_{F1} 上。

（2）在画基本放大器的输出回路时，由于输入端是串联负反馈，因此需将反馈放大器的输入端（VT_1 的发射极）开路，此时（$R_f + R_{F1}$）相当于并联在输出端。可近似认为 R_f 并联在输出端。

根据上述规律，就可得到所要求的如图 4-18 所示的基本放大器。

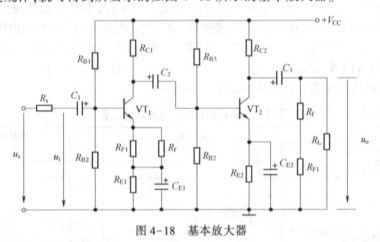

图 4-18　基本放大器

4. 实验内容

1）测量静态工作点

按图 4-17 连接实验电路，取 $V_{CC} = +12$ V，输入端对地短路，即 $U_i = 0$，用直流电压表分别测量第一级、第二级的静态工作点,记入表 4-2 中。

2)测试负反馈放大器的各项性能指标

将实验电路按图 4-17 连接,取 $V_{CC}=12$ V。

表 4-2　测量静态工作点

项　目	U_{BQ}/V	U_{EQ}/V	U_{CQ}/V	I_{CQ}/mA
第一级				
第二级				

(1)测量中频电压放大倍数 A_{uf}、输入电阻 R_{if} 和输出电阻 R_{of}。以 $f=1$ kHz,u_s 约 10 mV 正弦信号输入放大器,用示波器监视输出波形 u_o。在 u_o 不失真的情况下,用示波器测量 u_s、u_i、u_L,记入表 4-3 中。

输入、输出电阻的测量原理参考实验四。

表 4-3　测量中频性能指标

项　目	U_s/mV	U_i/mV	U_L/V	U_o/V	测量值			理论值		
					A_u	R_i	R_o	A_u	R_i	R_o
基本放大器										
负反馈放大器										

(2)测量通频带(选做)。接上 R_L,保持 u_s 不变,增加输入信号的频率,找出上限频率 f_H;减小输入信号的频率,找出下限频率 f_L,记入表 4-4 中。

表 4-4　测量通频带

放大器类型	f_L/kHz	f_H/kHz
基本放大器		
负反馈放大器		

3)观察负反馈对非线性失真的改善

(1)实验电路改接成基本放大器形式,在输入端加入 $f=1$ kHz 的正弦信号,输出端接示波器,逐渐增大输入信号的幅度,使输出波形刚出现失真,记下此时的波形、输入和输出电压的幅度。

(2)保持输入信号不变,将负反馈接入放大器,观察输出信号的失真状况,记下此时的波形。

(3)增大输入信号,使输出电压幅度的大小与(1)相同,记下此时输入信号的大小,比较有无负反馈时的各种变化。将所有结果记入表 4-5 中。

表 4-5　负反馈对非线性失真的改善

项　目	无反馈	有反馈
输入信号大小		
输出信号大小		
输出信号波形		

5. 实验报告

(1)将基本放大器和负反馈放大器动态参数的实测值和理论估算值列表进行比较。

(2)根据实验结果,总结电压串联负反馈对放大器性能的影响。

(3)分析讨论在调试实验过程中出现的问题,并写出实验体会。

小　结

(1)反馈是将输出信号的一部分或全部以一定方式通过反馈网络反送到输入端,有正反馈和负反馈两种形式。判断时,先在放大电路的输出端和输入端之间找到反馈网络或元器件,然后由瞬时极性判断反馈的性质。放大电路中不允许存在正反馈。负反馈放大电路有四种不同类型。

(2)由放大电路的输出端判别电压或电流反馈,电压负反馈放大电路适用于高阻负载,电流负反馈放大电路适用于低阻负载。

(3)由放大电路的输入端判别串联或并联反馈,串联负反馈适用于低内阻的电压信号源,并联负反馈适用于高内阻的电流信号源。负反馈是以牺牲放大倍数为代价来改善和调节放大电路性能指标的。闭环放大倍数下降换得了放大倍数稳定性的提高,非线性失真的改善,通频带展宽,输入和输出电阻改变等。

思考与习题

1. 判断题

(1)所有电子线路,只要其输出端有输出信号,必在输入端有与其对应的输入信号。

　　　　　　　　　　　　　　　　　　　　　　　　　　　　　　　　(　　)

(2)若放大电路的放大倍数为负,则引入的反馈一定是负反馈。　　　　(　　)

(3)只要在放大电路中引入反馈,就一定能使其性能得到改善。　　　　(　　)

(4)放大电路的级数越多,引入的负反馈越强,电路的放大倍数也就越稳定。(　　)

(5)若放大电路引入负反馈,则负载电阻变化时,输出电压基本不变。　(　　)

2. 选择题

(1)对于放大电路,所谓闭环是指(　　)。

　　A. 考虑信号源内阻　　B. 存在反馈通路　　C. 接入电源　　D. 接入负载

(2)在输入量不变的情况下,若引入反馈后(　　),则说明引入的反馈是负反馈。

　　A. 输入电阻增大　　B. 输出量增大　　C. 净输入量增大　D. 净输入量减小

(3)为了提高放大电路的输入电阻并稳定输出电流,应引入(　　)。

　　A. 电压并联负反馈　　　　　　　　　B. 电压串联负反馈

　　C. 电流并联负反馈　　　　　　　　　D. 电流串联负反馈

(4)在下列关于负反馈的说法中,不正确的说法是(　　)。

　　A. 负反馈一定使放大器的放大倍数降低

　　B. 负反馈一定使放大器的输出电阻减小

　　C. 负反馈可减小放大器的非线性失真

　　D. 负反馈可对放大器的输入、输出电阻产生影响

（5）电压反馈是指（　　）。

    A. 反馈信号是电压　　　　　　　　　　B. 反馈信号与输出信号串联

    C. 反馈信号与输入信号串联　　　　　　D. 反馈信号取自输出电压

3. 填空题

（1）要想实现稳定静态电流 I_C，在放大电路中应引入_____反馈。

（2）要稳定输出电流，放大电路中应引入_____反馈。

（3）要提高带负载能力，放大电路中应引入_____反馈。

（4）减小放大电路向信号源索取的电流应引入_____反馈。

（5）在反馈电路中，按反馈网络与输出回路的连接方式不同分为_____反馈和_____反馈。

4. 计算题

（1）某负反馈放大器开环增益等于 10^5，若要获得 100 倍的闭环增益，其反馈系数 B、反馈深度 F 和环路增益 T 分别是多少？

（2）已知 A 放大器的电压增益 $A_u = -1\,000$。当环境温度每变化 1 ℃ 时，A_u 的变化为 0.5%。若要求电压增益相对变化减小至 0.05%，应引入什么反馈？求出所需的反馈系数 B 和闭环增益 A_f。

（3）已知一个电压串联负反馈放大电路的电压放大倍数 $A_{uf} = 20$，其基本放大电路的电压放大倍数 A_u 的相对变化率为 10%，A_{uf} 的相对变化率小于 0.1%，试问 F 和 A_u 各为多少？

（4）电路如图 4-19 所示。

①判断电路的反馈极性及类型；

②求出反馈电路的反馈系数。

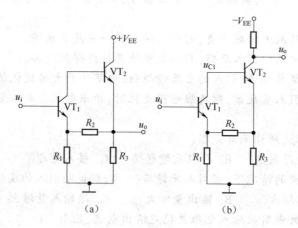

图 4-19　题 4-(4) 图

（5）电路如图 4-20 所示，图 4-20 中耦合电容和射极旁路电容的容量足够大，在中频范围内，它们的容抗近似为零。试判断电路中反馈的极性和类型（说明各电路中的反馈是正、负、直流、交流、电压、电流、串联、并联反馈）。

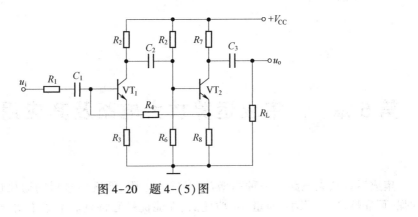

图 4-20　题 4-(5)图

第 5 章 集成运算放大电路及其应用

集成运算放大电路是一种高增益、高输入电阻、低输出电阻的通用性器件,它具有通用性强、可靠性高、体积小、质量小、功耗低、性能优越等特点。本章主要介绍集成运算放大电路的基本工作原理及集成运算放大电路的各类应用。

5.1 集成运算放大电路概述

集成运算放大电路简称"集成运放",是由多级直接耦合放大电路组成的高增益模拟集成电路。它的增益高(可达 $60 \sim 180$ dB),输入电阻大(几十千欧至百万兆欧),输出电阻低(几十欧),共模抑制比高($60 \sim 170$ dB),失调与漂移小,而且还具有输入电压为零时输出电压亦为零的特点,适用于正、负两种极性信号的输入和输出。

模拟集成电路一般是由一块厚 $0.2 \sim 0.25$ mm 的 P 型硅片制成,这种硅片是集成电路的基片。基片上可以做出包含有数十个或更多的 BJT 或 FET、电阻和连接导线的电路。运算放大器除具有 +、−输入端和输出端外,还有 +、−电源供电端、外接补偿电路端、调零端、相位补偿端、公共接地端及其他附加端等。它的放大倍数取决于外接反馈电阻,这给使用带来很大方便。

5.1.1 集成运算放大电路的外形和图形符号

1. 集成运算放大电路的外形
常见的集成运算放大电路有双列直插式、圆壳式和扁平式等,有 8 引脚和 14 引脚等,如图 5-1 所示。

　　(a) 双列直插式　　　　　　　(b) 圆壳式　　　　　　　(c) 扁平式

图 5-1 集成运算放大电路的外形

2. 集成运算放大电路的图形符号
集成运算放大电路的图形符号如图 5-2 所示,其中图 5-2(a)为集成运算放大电路的国家标准图形符号,图 5-2(b)为集成运算放大电路的习惯用图形符号。图 5-2(a)中

"▷"表示信号的传输方向,"∞"表示理想条件,两个输入端中,N 称为反相输入端,用符号
"–"表示,如果输入信号由此端加入,由它产生的输出信号与输入信号反相;P 称为同相输
入端,用符号"+"表示,如果输入信号由此端加入,由它产生的输出信号与输入信号同相。
但是必须注意,所有的信号对相同的地。由图 5-2 可知,集成运算放大电路有三种输入形
式:差模输入 $u_{id}=u_- - u_+$(输入信号是从集成运算放大电路两个输入端引入)、反相输入 $u_i = u_-$(输入信号接集成运算放大电路反相输入端)和同相输入 $u_i = u_+$(输入信号接集成运算放
大电路的同相输入端)。

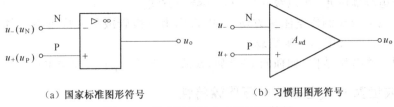

（a）国家标准图形符号　　　　　　　（b）习惯用图形符号

图 5-2　集成运算放大电路图形符号

5.1.2　集成运算放大电路的组成及其各部分的作用

集成运放的类型很多,电路也不一样,但结构具有共同之处,其内部电路组成原理框图
如图 5-3 所示。

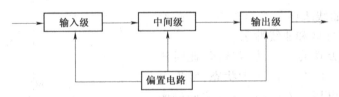

图 5-3　集成运放内部电路组成原理框图

1. 输入级

提高集成运放质量的关键部分。要求:输入电阻高,能减少零漂和抑制干扰信号。

电路形式:采用具有恒流源的差分放大电路,降低零漂,提高共模抑制比 K_{CMR},并且通
常在低电流状态,以获得较高的输入阻抗。

2. 中间级

进行电压放大,获得集成运放的总增益。要求:A_u 高,同时向输出级提供较大的推动
电流。

电路形式:带有恒流源负载的共发射极放大电路。

3. 输出级

与负载相接。要求:输出电阻低,带负载能力强,能输出足够大的电压和电流,并有过
载保护措施。

电路形式:一般由互补对称电路或源极跟随器构成。

4. 偏置电路

为上述各级电路提供稳定和合适的偏置电流,决定各级的静态工作点;为输入级设置
一个电流值低而又十分稳定的偏置电流,也可作为有源负载,提高电压增益。

电路形式:各种恒流源电路。

综上所述,可以将集成运放看成一个具有高差模放大倍数,高共模抑制比,高输入阻抗,低输出阻抗的双端输入、单端输出的差分放大器。它的主要特点是:有很高的输入阻抗,很高的开环增益和很低的输出阻抗。

5.1.3 集成运算放大电路的结构特点及主要参数

(1)元器件参数的精度较差,但误差的一致性好,宜于制成对称性好的电路,如差分放大电路。

(2)制作电容器困难,所以级间采用直接耦合方式。

(3)制作三极管比制作电阻更方便,所以常用由三极管或场效应管组成的恒流源为各级提供偏置电流,或者用作有源负载。

(4)采用一些特殊结构,如横向 PNP 管(β 低、耐压高、f_T 小)、双集电极三极管等。

5.1.4 集成运算放大电路的电压传输特性

集成运算放大电路在开环状态下,输出电压 u_o 与差模输入电压 $u_{id}(u_{id}=u_- - u_+)$ 之间的关系称为开环差模传输特性。理论分析与实验得出的开环差模电压传输特性曲线如图 5-4 所示。

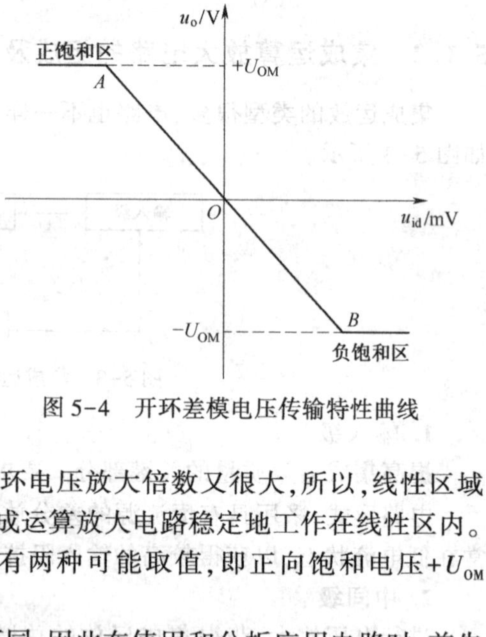

图 5-4 所示曲线表明集成运算放大电路有两个工作区域:线性区和非线性区。

图 5-4 中 A、B 两点之间为线性区,此时集成运算放大电路工作在线性放大状态,输出电压 u_o 与差模输入电压 $u_{id}(u_{id}=u_- - u_+)$ 之间的函数关系为线性的。可表示为

$$u_o = A_{ud}u_{id} = A_{ud}(u_- - u_+) \qquad (5-1)$$

图 5-4 开环差模电压传输特性曲线

由于 U_{OM} 有限,而一般集成运算放大电路的开环电压放大倍数又很大,所以,线性区域很小。应用时,应引入深度负反馈网络,以保证集成运算放大电路稳定地工作在线性区内。

在非线性区(饱和区)内,u_o 与 u_{id} 无关,它只有两种可能取值,即正向饱和电压 $+U_{OM}$($u_+ > u_-$)和负向饱和电压 $-U_{OM}$($u_- > u_+$)。

两种区域内,集成运算放大电路的性质截然不同,因此在使用和分析应用电路时,首先要判明集成运算放大电路的工作区域。

5.1.5 理想集成运算放大电路

1. 集成运算放大电路的理想化条件

为了突出主要特性,简化分析过程,在分析实际电路时,一般将实际集成运算放大电路当作理想集成运算放大电路看待。所谓理想集成运算放大电路是指具有如下理想参数的集成运算放大电路:

(1)开环电压放大倍数 $A_{ud} = \infty$;

(2)差模输入电阻 $R_{id} = \infty$;

(3)输出电阻 $R_o = 0$;

（4）共模抑制比 $K_{\text{CMR}} = \infty$；

（5）输入偏置电流 $I_{B1} = I_{B2} = 0$；

（6）失调电压、失调电流和温漂等均为零。

理想集成运算放大电路是不存在的，然而，随着集成电路工艺的发展，现代集成运算放大电路的参数与理想集成运算放大电路的参数很接近。实验表明，用理想集成运算放大电路作为实际集成运算放大电路的简化模型，分析集成运算放大电路应用电路所得结果与实验结果基本一致，误差在工程允许范围之内。因此，在分析实际电路时，除要求考虑分析误差的电路外，均可把实际集成运算放大电路当作理想集成运算放大电路处理，以使分析过程得到合理简化。本书除特别说明外，集成运算放大电路均按理想集成运算放大电路对待。

2. 理想集成运算放大电路的特点

1）线性区

理想集成运算放大电路工作在线性区时具有两个重要特性：

（1）理想集成运算放大电路两个输入端的电位相等。集成运算放大电路工作在线性区时，输出信号和输入信号之间存在以下关系：

$$u_o = A_{ud}(u_- - u_+)$$

而理想集成运算放大电路，输出电压为有限值，故有

$$u_+ = u_- \tag{5-2}$$

即集成运算放大电路工作在线性区时，两个输入端电位相等，这一特点称为"虚短"。"虚短"是指集成运算放大电路的两个输入端电位近似相等，而不是真正的短路。

（2）理想集成运算放大电路的输入电流为零。对于集成运算放大电路而言，输入电压和输入电流之间存在以下关系：

$$i_+ = i_- = \frac{u_{id}}{R_{id}} \tag{5-3}$$

而理想集成运算放大电路 $R_{id} = \infty$，输入电压 u_{id} 为有限值，故有

$$i_+ = i_- = 0 \tag{5-4}$$

即集成运算放大电路工作在线性区时，两个输入端电流为零，这一特点称为"虚断"。"虚断"是指集成运算放大电路的两个输入端电流趋近于零，而不是真正的断开。

"虚短"和"虚断"这两个特性大大简化了集成运算放大电路应用电路的分析过程，是分析集成运算放大电路工作在线性区时各种电路的基本依据。

2）非线性区

理想集成运算放大电路工作在非线性区时，也有两个基本特性：

（1）输入电流为零，即 $i_+ = i_- = 0$。

（2）输出电压有两种可能取值：

$u_- > u_+$ 时，$u_o = -U_{OM}$。

$u_+ > u_-$ 时，$u_o = +U_{OM}$。

$u_+ = u_-$ 是两个状态的转换点，这时相当于电压比较器。

综上所述，分析集成运算放大电路应用电路时，先将实际集成运算放大电路视为理想集成运算放大电路，然后，判别集成运算放大电路的工作状态，最后，按各个区域的特性结合电路分析理论进行分析计算。

5.2 集成运算放大电路的线性应用

由集成运算放大电路和外接电阻器、电容器可以构成比例、加减、积分和微分的运算电路，称为基本运算电路。此外，还可以构成有源滤波器电路。这时集成运算放大电路必须工作在传输特性曲线的线性区范围内。在分析基本运算电路的输出与输入的运算关系或电压放大倍数时，可将集成运算放大电路看成理想集成运算放大电路，因此可根据"虚短"和"虚断"的特点来进行分析。

5.2.1 比例运算电路

1. 反相比例运算电路

图 5-5 所示为反相比例运算电路。输入信号从反相输入端输入，同相输入端通过电阻器接地。根据"虚短"和"虚断"的特点，即 $u_- = u_+$、$i_- = i_+ = 0$，可得 $u_- = u_+ = 0$。这表明，运算放大器反相输入端与地端等电位，但又不是真正接地，这种情况通常将反相输入端称为"虚地"。因此

$$i_i = \frac{u_i}{R_1} \tag{5-5}$$

$$i_f = \frac{u_- - u_o}{R_f} = -\frac{u_o}{R_f} \tag{5-6}$$

因为 $i_- = 0$，所以 $i_i = i_f$，可得

$$u_o = -\frac{R_f}{R_1}u_i \tag{5-7}$$

式（5-7）表明，u_o 与 u_i 符合比例关系，式中负号表示输出电压与输入电压的相位（或极性）相反。

电压放大倍数为

$$A_{uf} = \frac{u_o}{u_i} = -\frac{R_f}{R_1} \tag{5-8}$$

改变 R_f 和 R_1 的比值，即可改变其电压放大倍数。

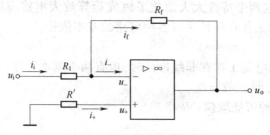

图 5-5 反相比例运算电路

图 5-5 中运算放大器的同相输入端接有电阻器 R'，参数选择时应使两输入端外接直流通路等效电阻平衡，即 $R' = R_1 /\!/ R_f$，静态时使输入级偏置电流平衡，并使输入级的偏置电流在运算放大器两个输入端的外接电阻器上产生相等的电压降，以便消除放大器的偏置电流及漂移对输出端的影响，故 R' 又称平衡电阻。

2. 同相比例运算电路

如果输入信号从同相输入端输入,而反相输入端通过电阻器接地,并引入负反馈,如图 5-6 所示,称为同相比例运算电路。

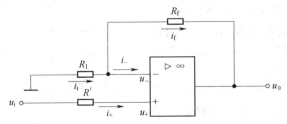

图 5-6　同相比例运算电路

由 $u_- = u_+, i_- = i_+ = 0$ 可得

$$u_+ = u_i = u_-, i_i = i_f = \frac{u_- - u_o}{R_f}$$

故

$$u_o = u_- - i_i R_f = u_+ - i_i R_f = u_+ - \frac{0 - u_-}{R_1} \times R_f = \left(1 + \frac{R_f}{R_1}\right)u_+ \tag{5-9}$$

即

$$u_o = \left(1 + \frac{R_f}{R_1}\right)u_i \tag{5-10}$$

式(5-10)表明,该电路与反相比例运算电路一样,u_o 与 u_i 也符合比例关系,所不同的是,输出电压与输入电压的相位(或极性)相同。电压放大倍数为

$$A_{uf} = \frac{u_o}{u_i} = 1 + \frac{R_f}{R_1} \tag{5-11}$$

图 5-6 中,若去掉 R_f,则电路如图 5-7 所示,这时

$$u_o = u_- = u_+ = u_i$$

上式表明,u_o 与 u_i 大小相等,相位相同,起到电压跟随作用,故该电路称为电压跟随器。其电压放大倍数为

$$A_{uf} = \frac{u_o}{u_i} = 1$$

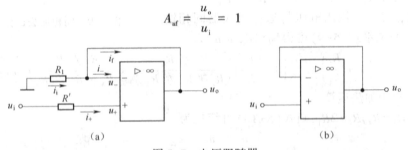

(a)　　　　　　　　　　　　　　(b)

图 5-7　电压跟随器

5.2.2　加法与减法运算电路

1. 加法运算电路

加法运算即对多个输入信号进行求和,根据输出信号与求和信号反相还是同相,可分

为反相加法运算电路和同相加法运算电路两种方式。

1) 反相加法运算电路

图 5-8 所示为反相加法运算电路，它是利用反相比例运算电路实现的。图 5-8 中输入信号 u_{i1}、u_{i2} 通过电阻器 R_1、R_2 由反相输入端引入，同相输入端通过一个直流平衡电阻 R' 接地，且 $R'=R_1 \mathbin{/\mkern-5mu/} R_2 \mathbin{/\mkern-5mu/} R_f$。

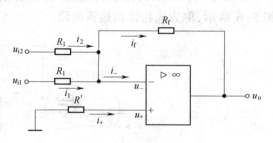

图 5-8　反相加法运算电路

根据运算放大器反相输入端"虚断"，可知 $i_f = i_1 + i_2$，而根据运算放大器反相输入端"虚地"，可得 $u_- = 0$，因此由图 5-8 得

$$-\frac{u_o}{R_f} = \frac{u_{i1}}{R_1} + \frac{u_{i2}}{R_2}$$

故可求得输出电压为

$$u_o = -R_f\left(\frac{u_{i1}}{R_1} + \frac{u_{i2}}{R_2}\right) \tag{5-12}$$

可见，实现了反相加法运算。若 $R_f = R_1 = R_2$，则

$$u_o = -(u_{i1} + u_{i2})$$

由式（5-12）可知，这种电路在调整某一路输入端电阻时并不影响其他路信号产生的输出值，因而调节方便，使用较广泛。

2) 同相加法运算电路

图 5-9 所示为同相加法运算电路，它是利用同相比例运算电路实现的。图 5-9 中的输入信号 u_{i1}、u_{i2} 是通过电阻器 R_2、R_3 由同相输入端引入的。为了使直流电阻平衡，要求 $R_2 \mathbin{/\mkern-5mu/} R_3 \mathbin{/\mkern-5mu/} R_4 = R_1 \mathbin{/\mkern-5mu/} R_f$。

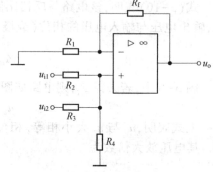

图 5-9　同相加法运算电路

根据运算放大器同相输入端"虚断"，对 u_{i1}、u_{i2} 应用叠加原理可求得 u_+ 为

$$u_+ = \frac{R_3 \mathbin{/\mkern-5mu/} R_4}{R_2 + R_3 \mathbin{/\mkern-5mu/} R_4}u_{i1} + \frac{R_2 \mathbin{/\mkern-5mu/} R_4}{R_3 + R_2 \mathbin{/\mkern-5mu/} R_4}u_{i2}$$

根据同相输入时输出电压与运算放大器同相输入端电压 u_+ 的关系式（5-9）可得输出电压 u_o 为

$$u_o = \left(1 + \frac{R_f}{R_1}\right)u_+ = \left(1 + \frac{R_f}{R_1}\right)\left(\frac{R_3 \mathbin{/\mkern-5mu/} R_4}{R_2 + R_3 \mathbin{/\mkern-5mu/} R_4}u_{i1} + \frac{R_2 \mathbin{/\mkern-5mu/} R_4}{R_3 + R_2 \mathbin{/\mkern-5mu/} R_4}u_{i2}\right) \tag{5-13}$$

可见实现了同相加法运算。

若 $R_2 = R_3 = R_4$，$R_f = 2R_1$，则式（5-13）可简化为

$$u_o = u_{i1} + u_{i2}$$

由式（5-13）可知，这种电路在调整一路输入端电阻时会影响其他路信号产生的输出值，因此调节不方便。

2. 减法运算电路

图 5-10 所示为减法运算电路，图 5-10 中输入信号 u_{i1} 和 u_{i2} 分别加至反相输入端和同相输入端，这种形式的电路又称差分运算电路。对该电路也可用"虚短"和"虚断"来分析。

下面利用叠加原理根据同相比例运算电路和反相比例运算
电路已有的结论进行分析,这样可使分析更简便。

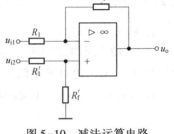

首先,设 u_{i1} 单独作用,而 $u_{i2}=0$,此时电路相当于反相
比例运算电路,可得 u_{i1} 产生的输出电压 u_{o1} 为

$$u_{o1} = -\frac{R_f}{R_1}u_{i1}$$

再设由 u_{i2} 单独作用,而 $u_{i1}=0$,此时电路变为同相比例
运算电路,可求得输出电压 u_{o2} 为

图 5-10　减法运算电路

$$u_{o2} = \left(1+\frac{R_f}{R_1}\right)u_+ = \left(1+\frac{R_f}{R_1}\right)\frac{R_f'}{R_1'+R_f'}u_{i2}$$

由此可求得总输出电压 u_o 为

$$u_o = u_{o1} + u_{o2} = -\frac{R_f}{R_1}u_{i1} + \left(1+\frac{R_f}{R_1}\right)\frac{R_f'}{R_1'+R_f'}u_{i2} \tag{5-14}$$

当 $R_1=R_1'$, $R_f=R_f'$ 时,则

$$u_o = \frac{R_f}{R_1}(u_{i2}-u_{i1}) \tag{5-15}$$

假设式(5-15)中 $R_f=R_1$,则 $u_o=u_{i2}-u_{i1}$。

【例 5-1】　写出图 5-11 所示电路的二级运算电路的输入、输出关系。

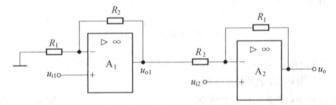

图 5-11　例 5-1 的电路图

解:图 5-11 电路中,运算放大器 A_1 组成同相比例运算电路,故

$$u_{o1} = \left(1+\frac{R_2}{R_1}\right)u_{i1}$$

由于理想集成运算放大电路的输出阻抗 $R_o=0$,故前级运算放大器的输出电压 u_{o1} 即为
后级运算放大器的输入信号,因而运算放大器 A_2 组成的减法运算电路的两个输入信号分
别为 u_{o1} 和 u_{i2}。由叠加原理可得输出电压 u_o 为

$$\begin{aligned}
u_o &= -\frac{R_1}{R_2}u_{o1} + \left(1+\frac{R_1}{R_2}\right)u_{i2} \\
&= -\frac{R_1}{R_2}\left(1+\frac{R_2}{R_1}\right)u_{i1} + \left(1+\frac{R_1}{R_2}\right)u_{i2} \\
&= -\left(1+\frac{R_1}{R_2}\right)u_{i1} + \left(1+\frac{R_1}{R_2}\right)u_{i2} \\
&= \left(1+\frac{R_1}{R_2}\right)(u_{i2}-u_{i1})
\end{aligned}$$

上式表明,图 5-11 电路确实是一个减法运算电路。

5.2.3 积分与微分运算电路

1. 积分运算电路

图 5-12 所示电路为积分运算电路,它和反相比例运算电路的差别是用电容器 C_f 代替电阻器 R_f。为了使直流电阻平衡,要求 $R_1 = R_2$。

根据运算放大器反相输入端"虚地",可得

$$i_1 = \frac{u_i}{R_1}, i_f = -C_f \frac{du_o}{dt}$$

由于 $i_1 = i_f$,因此可得输出电压 u_o 为

$$u_o = -\frac{1}{R_1 C_f} \int u_i dt \qquad (5-16)$$

由式(5-16)可知,输出电压 u_o 正比于输入电压 u_i 对时间 t 的积分,从而实现了积分运算。式(5-16)中 $R_1 C_f$ 为电路的时间常数。

2. 微分运算电路

将积分运算电路中的电阻器和电容器位置互换,即构成微分运算电路,如图 5-13 所示。

根据运算放大器反相输入端"虚地",可得

$$i_1 = C_1 \frac{du_i}{dt}, i_f = -\frac{u_o}{R_f}$$

由于 $i_1 \approx i_f$,因此可得输出电压 u_o 为

$$u_o = -R_f C_1 \frac{du_i}{dt} \qquad (5-17)$$

由式(5-17)可知,输出电压 u_o 正比于输入电压 u_i 对时间 t 的微分,从而实现了微分运算。式(5-17)中 $R_f C_1$ 为电路的时间常数。

积分电路和微分电路常常用以实现波形变换。例如,积分电路可将方波电压变换为三角波电压;微分电路可将方波电压变换为尖脉冲电压,如图 5-14 所示。

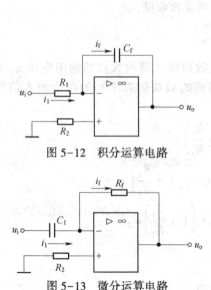

图 5-12 积分运算电路

图 5-13 微分运算电路

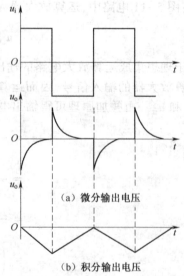

(a) 微分输出电压

(b) 积分输出电压

图 5-14 积分电路和微分电路用于波形变换

5.3 集成运算放大电路的非线性应用

如果集成运算放大电路工作在非线性区,称为非线性应用。非线性应用包括电压比较、波形产生等电路。

5.3.1 电压比较器

电压比较器是一种常见的模拟信号处理电路,它将一个模拟输入电压与一个参考电压进行比较,并将比较的结果输出。比较器的输出只有两种可能的状态:高电平或低电平,为数字量;而输入信号是连续变化的模拟量,因此比较器可作为模拟电路和数字电路的"接口"。

由于比较器的输出只有高、低电平两种状态,故其中的集成运放常工作在非线性区。从电路结构来看,集成运放常处于开环状态或加入正反馈。

根据比较器的传输特性不同,可分为单限比较器、滞回比较器及双限比较器等。下面介绍单限比较器和滞回比较器。

1. 单限比较器

单限比较器是指只有一个门限电压的比较器。图 5-15(a)所示为单限比较器电路,图 5-15(b)所示为其传输特性。

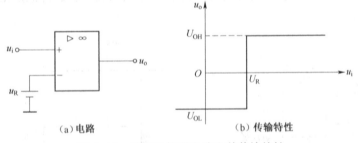

图 5-15 单限比较器电路和其传输特性

比较器输出电压由一种状态跳变为另一种状态时,所对应的输入电压通常称为阈值电压或门限电压,用 U_{TH} 表示。可见,这种单限比较器的阈值电压 $U_{TH} = U_R$。

若 $U_R = 0$,即集成运放同相输入端接地,则比较器的阈值电压 $U_{TH} = 0$。这种单限比较器又称过零比较器。利用过零比较器可以将正弦波变为方波,输入、输出波形如图 5-16 所示。

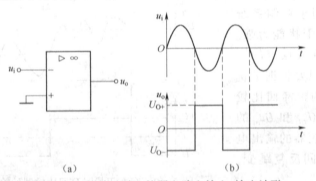

图 5-16 简单过零比较器电路和输入、输出波形

2. 滞回比较器(迟滞比较器)

单限比较器电路简单、灵敏度高,但其抗干扰能力差。如果输入电压受到干扰或噪声的影响,在门限电平上下波动,则输出电压将在高、低两个电平之间反复跳变,如图5-17所示。若用此输出电压控制电动机等设备,将出现误操作。为解决这一问题,常常采用滞回比较器。

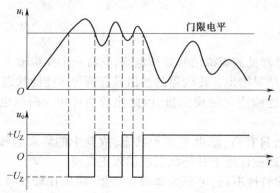

图5-17　存在干扰时单限比较器的输出、输入波形

滞回比较器通过引入上、下两个门限电压,以获得正确、稳定的输出电压。

滞回比较器有两个门限电平,故传输特性呈滞回形状。图5-18(a)所示为反相滞回比较器电路,图5-18(b)所示为其传输特性(图中U_Z表示稳压管通过额定电流时两端产生的稳定电压值)。

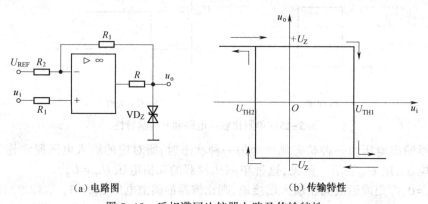

　　(a)电路图　　　　　　　　　　　(b)传输特性

图5-18　反相滞回比较器电路及传输特性

滞回比较器用于控制系统时,主要优点是抗干扰能力强。当输入信号受干扰或噪声的影响而上下波动时,只要根据干扰或噪声电平适当调整滞回比较器两个门限电平 U_{TH1} 和 U_{TH2} 的值,就可以避免比较器的输出电压在高、低电平之间反复跳变,如图5-19所示。

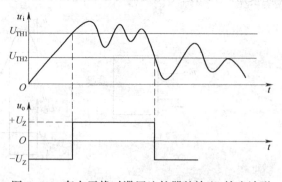

图5-19　存在干扰时滞回比较器的输入、输出波形

5.3.2　非正弦波发生电路

非正弦波发生电路有矩形波发生电路、三角波发生电路及锯齿波发生电路等。它们常在脉冲和数字系统中作信号源。

1. 矩形波发生电路

1）电路组成

如图 5-20 所示,滞回比较器的输出只有两种可能的状态:高电平或低电平。滞回比较器的两种不同输出电平使 RC 电路进行充电或放电,于是电容器上的电压将升高或降低,而电容器上的电压

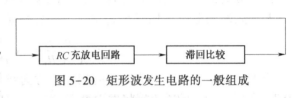

图 5-20　矩形波发生电路的一般组成

又作为滞回比较器的输入电压,控制其输出端状态发生跳变,从而使 RC 电路由充电过程变为放电过程或相反,如图 5-21 所示。

2）工作原理

设 $t=0$ 时,电容器上的电压 $u_C=0$,而滞回比较器的输出端为高电平,即 $u_o=+U_Z$。则集成运放同相输入端的电压为输出电压在电阻器 R_1、R_2 上分压的结果

$$u_+ = \frac{R_1}{R_1+R_2}U_Z$$

此时输出电压 $+U_Z$ 将通过电阻器 R 向电容器 C 充电,使电容器两端的电压 u_C 上升。当电容器上的电压上升到 $u_-=u_+$ 时,滞回比较器的输出端将发生跳变,由高电平跳变为低电平,使 $u_o=-U_Z$,于是集成运放同相输入端的电压也立即变为

$$u_+ = -\frac{R_1}{R_1+R_2}U_Z$$

输出电压变为低电平后,电容器 C 将通过 R 放电,使 u_C 逐渐降低。当电容器上电压下降到 $u_-=u_+$ 时,滞回比较器的输出端将再次发生跳变,由低电平跳变为高电平,即 $u_o=+U_Z$。重复上述过程,于是产生了正负交替的矩形波。电容器两端的电压及滞回比较器输出电压的波形如图 5-22 所示。

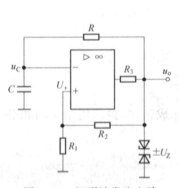

图 5-21　矩形波发生电路

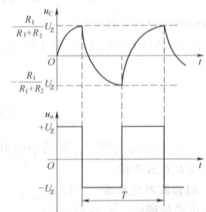

图 5-22　矩形波发生电路的工作波形

3）振荡周期

改变充放电时间常数和电阻 R_1、R_2,可调节振荡周期。U_Z 的大小决定了矩形波的幅度。

2. 三角波发生电路

1）电路组成

图 5-23（a）所示为一个三角波发生电路。图 5-23 中集成运放 A_1 组成滞回比较器，A_2 组成积分电路。

2）工作原理

设 $t=0$ 时滞回比较器输出端为高电平，$u_{o1}=+U_Z$，且积分电容上的初始电压为零。由于 A_1 同相输入端的电压 u_+ 同时与 u_{o1} 和 u_o 有关，根据叠加原理，可得

$$u_+ = \frac{R_1}{R_1+R_2}u_{o1} + \frac{R_2}{R_1+R_2}u_o$$

为高电平。但 $u_{o1}=+U_Z$，u_+ 将随着时间往负方向线性增长，u_+ 也随之减小，当减小至 $u_+=u_-=0$ 时，滞回比较器的输出端将发生跳变，使 $u_{o1}=-U_Z$，同时 u_+ 将跳变成为一个负值。然后，积分电路的输出电压将随着时间往正方向线性增长，u_+ 也随之增大，当增大至 $u_+=u_-=0$ 时，滞回比较器的输出端再次发生跳变，使 $u_{o1}=+U_Z$，同时 u_+ 也跳变成为一个正值。重复以上过程，可得 u_{o1} 为矩形波，u_o 为三角波，工作波形图如图 5-23（b）所示，可见跳变发生在 $u_o = -\frac{R_1}{R_2}u_{o1}$ 处。

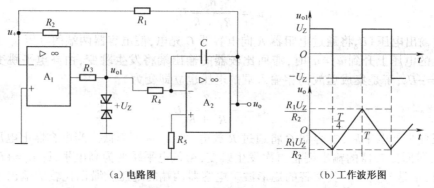

（a）电路图　　　　　（b）工作波形图

图 5-23　三角波发生电路

3）输出幅度和振荡周期

由图 5-23（b）可见，当 u_{o1} 发生跳变时，三角波输出 u_o 达到最大

$$U_{om} = \frac{R_1}{R_2}U_Z$$

$$T = \frac{4R_4CU_{om}}{U_Z} = \frac{4R_1R_4C}{R_2}$$

可见，三角波的幅度与滞回比较器中的阻值之比 R_1/R_2 成正比，振荡周期 T 与积分电路的时间常数 R_4C 成正比。

3. 锯齿波发生电路

1）电路组成

用 D_1、D_2 和 R_W 代替三角波发生器的积分电阻，使电容器的充放电回路分开，即成为锯齿波发生电路，如图 5-24 所示。

调节 R_W 滑动端的位置，使 $R_W' \ll R_W''$，则电容器充电时间常数将比放电时间常数小得多，

于是充电过程很快,而放电过程很慢,工作波形图如图 5-25 所示,u_o 成为锯齿波。

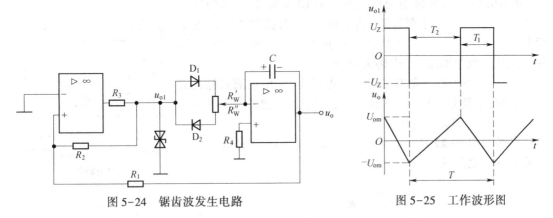

图 5-24　锯齿波发生电路　　　　　　　图 5-25　工作波形图

2)输出幅度和振荡周期

锯齿波的幅度为

$$U_{om} = \frac{R_1}{R_2} U_Z$$

忽略二极管 D_1、D_2 的导通电阻,电容器充电和放电的时间 T_1、T_2 以及锯齿波的振荡周期 T 分别为

$$T_1 = \frac{2R_1 R'_W C}{R_2}$$

$$T_2 = \frac{2R_1 R''_W C}{R_2}$$

$$T = T_1 + T_2 = \frac{2R_1 R_W C}{R_2}$$

实验七　集成运算放大电路的基本应用

1. 实验目的

(1)掌握集成运算放大电路组成的反相比例、反相加法、同相比例电路的特点、性能及基本运算电路的功能。

(2)了解集成运算放大电路在实际应用时应考虑的一些问题,并学会测试和分析的方法。

2. 实验设备

交流毫伏表、示波器、可调稳压电源、信号发生器;电源集成运算放大电路 μA741(或 F007),电位器、电阻器若干。

3. 实验原理

集成运算放大电路是一种具有高电压放大倍数的直接耦合多级放大电路。当外部接入不同的线性或非线性元器件组成输入和负反馈电路时,可以灵活地实现各种特定的函数关系。在线性应用方面,可组成比例、加法、减法、积分、微分、对数等模拟运算电路。

本实验采用的集成运放型号为 μA741(或 F007),引脚排列如图 5-26 所示,它是 8 引脚双列直插式器件。

2 引脚和 3 引脚分别为反相和同相输入端,6 引脚为输出端,7 引脚和 4 引脚分别为正、负电源端,1 引脚和 5 引脚为失调调零端,1、5 引脚之间可接入一只几十千欧的电位器并将滑动触头接到负电源端。8 引脚为空脚。

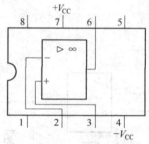

一般 μA741 左下角有黑色一圆点标志,这黑色圆点标志就是 1 引脚,也就是定位脚,根据这 1 引脚逆时针排序到 8 引脚。

图 5-26　μA741(或 F007)
引脚排列图

1)反相比例运算电路

电路如图 5-27 所示。对于理想运放,该电路的输出电压与输入电压之间的关系为

$$U_o = -\frac{R_F}{R_1}U_i$$

为了减小输入级偏置电流引起的运算误差,在同相输入端应接入平衡电阻 $R_2 = R_1 // R_F$。

2)反相加法电路

电路如图 5-28 所示,输出电压与输入电压之间的关系为

$$U_O = -\left(\frac{R_F}{R_1}U_{i1} + \frac{R_F}{R_2}U_{i2}\right)$$

$$R_3 = R_1 // R_2 // R_F$$

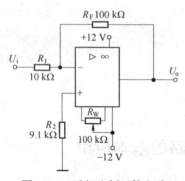

图 5-27　反相比例运算电路

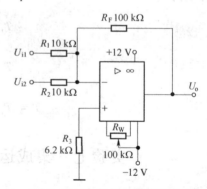

图 5-28　反相加法运算电路

3)同相比例运算电路

图 5-29(a)是同相比例运算电路,它的输出电压与输入电压之间的关系为

$$U_o = \left(1 + \frac{R_F}{R_1}\right)U_i$$

$$R_2 = R_1 // R_F$$

当 $R_1 \rightarrow \infty$ 时,$U_o = U_i$,即得到图 5-29(b)所示的电压跟随器。图中 $R_2 = R_F$,用以减小漂移和起保护作用。一般 R_F 取 10 kΩ,R_F 太小起不到保护作用,太大则影响跟随性。

4. 实验内容

实验前要看清集成运放组件各引脚的位置;切忌正、负电源极性接反和输出端短路,否则将会损坏集成块。

1)反相比例运算电路

(1)按图 5-27 连接实验电路,接通 ±12 V 电源,输入端对地短路,进行调零和消振。

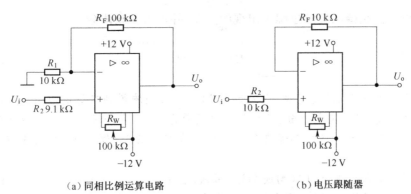

（a）同相比例运算电路　　　　　　　　（b）电压跟随器

图 5-29　同相比例运算电路

（2）输入 $f=100$ Hz，$U_i=0.1$ V 的正弦交流信号，用交流毫伏表测量相应的 U_o，并用示波器观察 u_o 和 u_i 的相位关系，记入表 5-1 中。

表 5-1　反相比例运算电路测量结果

U_i/V	U_o/V	u_i 波形	u_o 波形	A_u	
				实测值	计算值
		u_i $O \qquad t$	u_o $O \qquad t$		

2）反相加法运算电路

按图 5-28 连接实验电路。进行调零和消振。

输入信号采用直流信号，直接使用两组可调 +5 V 和 -5 V 的直流电压作为输入信号 U_{i1}、U_{i2}，实验时要注意选择合适的直流信号幅度以确保集成运放工作在线性区。用直流电压表测量输入电压 U_{i1}、U_{i2} 及输出电压 U_o，记入表 5-2。

表 5-2　反相加法运算电路测量结果

U_{i1}/V	-0.95	-0.8	-0.70	-0.8	-0.95
U_{i2}/V	1.43	1.52	1.70	1.63	1.52
U_o/V					

3）同相比例运算电路

（1）按图 5-29（a）连接实验电路。实验步骤同反相比例运算电路，将结果记入表 5-3 中。

（2）将图 5-29（a）中的 R_1 断开，得图 5-29（b）电路，重复内容 1）。

表 5-3　同相比例运算电路测量结果

U_i/V	U_o/V	u_i 波形	u_o 波形	A_u	
				实测值	计算值
		u_i $O \qquad t$	u_o $O \qquad t$		

5. 实验报告

（1）根据实验结果，分析实验数据初步掌握误差的性质和产生误差的主要原因。

（2）分析讨论在调试实验过程中出现的问题，并写出实验体会。

小 结

（1）集成运算放大电路（简称"集成运放"）在科技领域得到广泛的应用，形成了各种各样的应用电路。从其功能上来分，可分为信号运算电路、信号处理电路和信号产生电路。

（2）集成运算放大电路内部通常包含四个基本组成部分：输入级、中间级、输出级以及偏置电路。

（3）集成运算放大电路可以构成加法、减法、积分、微分等多种运算电路。在这些电路中，均存在深度负反馈。因此，集成运放工作在线性放大状态。这时可以使用理想运放模型对电路进行分析，"虚短"和"虚断"的概念是电路分析的有力工具。

（4）集成运算放大电路的非线性应用包括电压比较、波形产生等电路。根据比较器的传输特性不同，可分为单限比较器、滞回比较器及双限比较器等。非正弦波发生电路有矩形波发生电路、三角波发生电路及锯齿波发生电路等。它们常在脉冲和数字系统中作为信号源。

思考与习题

1. 判断题

（1）如果运算放大器的同相输入端 u_+ 接"地"（即 $u_+ = 0$），那么反相输入端 u_- 的电压一定为零。 （ ）

（2）过零比较器是输入电压和零电平进行比较，是运算放大器工作在线性区的一种应用情况。 （ ）

（3）理想的集成运放电路输入阻抗为无穷大，输出阻抗为零。 （ ）

（4）同相输入比例运算电路的闭环电压放大倍数数值一定大于或等于1。 （ ）

（5）当集成运放工作在非线性区时，输出电压不是高电平，就是低电平。 （ ）

2. 选择题

（1）集成运放电路采用直接耦合方式是因为（ ）。

　　A. 可获得很大的放大倍数　　　　　　B. 可使温漂减小

　　C. 集成工艺难于制造大容量电容器

（2）集成运算放大电路输出级的主要特点是（ ）。

　　A. 输出电阻低，带负载能力强　　　　B. 能抑制零点漂移

　　C. 电压放大倍数非常高

（3）集成运放有（ ）。

　　A. 一个输入端，一个输出端　　　　　B. 一个输入端，两个输出端

　　C. 两个输入端，一个输出端　　　　　D. 二个输入端，两个输出端

（4）若集成运放的最大输出电压幅度为 U_{om}，则在（ ）情况下，集成运放的输出电压为 $-U_{om}$。

　　A. 同相输入信号电压高于反相输入信号

　　B. 同相输入信号电压高于反相输入信号，并引入负反馈

　　C. 反相输入信号电压高于同相输入信号，并引入负反馈

D. 反相输入信号电压高于同相输入信号,并开环

(5)集成运放输入级一般采用的电路是(　　)。

A. 差分放大电路 　　　　　　　B. 射极输出电路

C. 共基极电路 　　　　　　　　D. 电流串联负反馈电路

3. 填空题

(1)对于理想放大器具有如下特性:同相输入端与反相输入端的电位相等,这种特性称为_____;同相输入端和反相输入端的输入电流为零,这种特性称为_____。

(2)_____运算电路可实现 $A_u>1$ 的放大器。

(3)_____运算电路可实现 $A_u<0$ 的放大器。

(4)集成运放有两个输入端,其中,标有"−"号的称为_____输入端,标有"+"号的称为_____输入端,∞表示_____。

(5)反相比例运算放大器当 $R_f=R_1$ 时,称为_____器;同相比例运算放大器当 $R_f=0$ 或 R_1 为无穷大时,称为_____器。

4. 简答与计算题

(1)通用型集成运放一般由几部分电路组成? 每一部分常采用哪种基本电路? 通常对每一部分性能的要求分别是什么?

(2)理想运算放大器有哪些特点? 什么是"虚断"和"虚短"?

(3)设图 5−30 的集成运放为理想器件,试求出图 5−30 所示电路的输出电压。

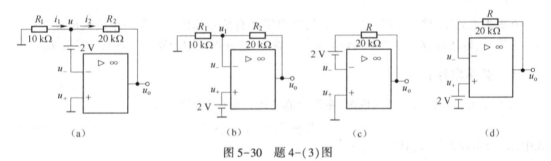

图 5−30　题 4−(3)图

(4)电路如图 5−31 所示,设集成运放是理想的, $u_i=6\ \text{V}$,求电路的输出电压 u_o 和电路中各支路的电流。

(5)加减运算电路如图 5−32 所示,求输出电压 u_o 的表达式。

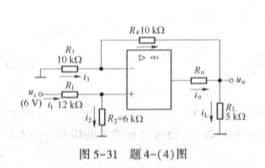

图 5−31　题 4−(4)图

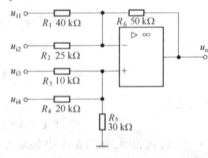

图 5−32　题 4−(5)图

第 6 章 ┃ 正弦波振荡电路

正弦波振荡电路是用来产生一定频率和幅度的正弦交流信号的电子电路。它的频率范围可以从几赫到几百兆赫,输出功率可能从几毫瓦到几十千瓦,广泛用于各种电子电路中。在通信、广播系统中,用它来作高频信号源;在电子测量仪器中用作正弦小信号源;在数字系统中用作时钟信号源。另外,还可作为高频加热设备以及医用电疗仪器中的正弦交流能源。

正弦波振荡电路是利用正反馈原理构成的反馈振荡电路。本章将在反馈放大电路的基础上,先分析振荡电路的自激振荡的条件,然后介绍 *LC* 和 *RC* 振荡电路,并简要介绍石英晶体振荡电路。

6.1 正弦波振荡器的基本工作原理

在放大电路中,输入端接有信号源后,输出端才有信号输出。如果一个放大电路当输入信号为零时,输出端有一定频率和幅值的信号输出,这种现象称为放大电路的自激振荡。

6.1.1 振荡电路框图

图 6-1 为正反馈放大器的框图,在放大器的输入端存在下列关系:

$$X_i = X_s + X_f \tag{6-1}$$

式中,X_i 为净输入信号,且

$$F = \frac{X_f}{X_o} \quad 及 \quad A = \frac{X_o}{X_i}$$

正反馈放大器的闭环增益

$$A_f = \frac{X_o}{X_s} = \frac{AX_i}{X_i - X_f} = \frac{AX_i}{X_i - AFX_i}$$

最后得到

$$A_f = \frac{A}{1 - AF} \tag{6-2}$$

如果满足条件

$$|1 - AF| = 0 \quad 或 \quad AF = 1 \tag{6-3}$$

则 $A_f \rightarrow \infty$,这就表明,在图 6-1 中如果有很小的信号 X_s 输入,便可以有很大的信号 $X_o = A_f X_s$ 输出。如果使反馈信号与净输入信号相等,即

$$X_f = X_i$$

那么可以不外加信号 X_s 而用反馈信号 X_f 取代输入信号 X_s。仍能确保信号的输出,这时整个

电路就成为一个自激振荡电路,自激振荡电路的框图如图 6-2 所示形式。

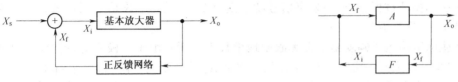

图 6-1　正反馈放大电路的框图　　　　　图 6-2　自激振荡电路的框图

6.1.2　自激振荡的条件

由上述分析可知,当 $AF=1$ 时,自激振荡可维持振荡。$AF=1$ 即为自激振荡的平衡条件,其中 A 和 F 都是频率的函数,可用复数表示,即

$$\dot{A} = |A| \angle \varphi_a \quad \dot{F} = |F| \angle \varphi_f$$

则

$$\dot{A}\dot{F} = |AF| \angle \varphi_a + \varphi_f$$

即

$$|\dot{A}\dot{F}| = AF = 1 \tag{6-4}$$

$$\varphi_a + \varphi_f = 2n\pi \, (n = 0, 1, 2, \cdots) \tag{6-5}$$

式(6-4)称为自激振荡的振幅平衡条件,式(6-5)称为自激振荡的相位平衡条件。

综上所述,振荡器就是一个没有外加输入信号的正反馈放大器,要维持等幅的自激振荡,放大器必须满足振幅平衡条件和相位平衡条件。上述振荡条件如果仅对某一单一频率成立时,则振荡波形为正弦波,称为正弦波振荡器。

6.1.3　正弦波振荡电路的基本构成

正弦波振荡电路一般包含以下几个基本组成部分:

1. 基本放大电路

它的主要作用是提供足够的增益,且增益的值具有随输入电压增大而减小的变化特性。

2. 反馈网络

它的主要作用是形成正反馈,以满足相位平衡条件。

3. 选频网络

它的主要作用是实现单一频率信号的振荡。在构成上,选频网络与反馈网络可以单独构成,也可合二为一。很多正弦波振荡电路中,选频网络与反馈网络在一起,选频网络由 LC 电路组成,称为 LC 正弦波振荡电路;由 RC 电路组成,称为 RC 正弦波振荡电路;由石英晶体组成,称为石英晶体正弦波振荡电路。

4. 稳幅环节

引入稳幅环节可以使波形幅值稳定,而且波形的形状良好。

6.1.4　振荡电路的起振过程

振荡电路刚接通电源时,电路中会出现一个电冲击,从而得到一些频谱很宽的微弱信号,它含有各种频率的谐波分量。经过选频网络的选频作用,使 $f=f_0$ 的单一频率分量满足自激振荡条件,其他频率的分量不满足自激振荡条件,这样就将 $f=f_0$ 的频率信号从最初信号中挑选出来。在起振时,除满足相位条件(即正反馈)外,还要使 $AF>1$,这样,通过放大→输出→正反馈→放大……的循环过程,$f=f_0$ 的频率信号就会由小变大,其他频率信号因不满足自激振荡条件而衰减下去,振荡就建立起来了。

振荡产生的输出电压幅度是否会无限制地增长下去呢?由于三极管的特性曲线是非线性的,当信号幅度增大到一定程度时,电压放大倍数 A_u 就会随之下降,最后达到 $AF=1$,振荡幅度就会自动稳定在某一振幅上。从 $AF>1$ 到 $AF=1$ 的过程中,就是振荡电路自激振荡的建立与稳定的过程。

6.2 典型 LC 和 RC 正弦波振荡电路

6.2.1 LC 正弦波振荡电路

采用 LC 谐振网络作为选频网络的振荡电路称为 LC 正弦波振荡电路。LC 正弦波振荡电路通常采用电压正反馈。按反馈电压取出方式不同,可分为变压器反馈式、电感三点式、电容三点式三种典型电路。三种电路的共同特点是采用 LC 并联谐振回路作为选频网络。

1. LC 回路的频率特性

LC 并联回路如图 6-3 所示,其中 R 表示电感线圈和回路其他损耗总的等效电阻。其幅频特性和相频特性如图 6-4 所示。

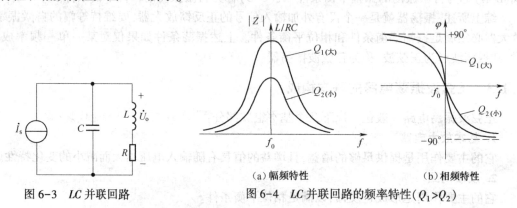

图 6-3　LC 并联回路

(a)幅频特性　　(b)相频特性

图 6-4　LC 并联回路的频率特性($Q_1>Q_2$)

当 LC 并联回路发生谐振时,谐振频率为

$$f_0 = \frac{1}{2\pi\sqrt{LC}} \tag{6-6}$$

电路阻抗 Z 达到最大,其值为

$$Z_0 = \frac{Q}{\omega_0 C} = Q\omega_0 L = \frac{L}{RC} \tag{6-7}$$

式(6-7)中 Q 为回路的品质因数,其值为

$$Q = \frac{\omega_0 L}{R} = \frac{1}{\omega_0 CR} \tag{6-8}$$

由图 6-4 可知,当外加信号频率 f 等于 LC 回路的固有频率 $f_0(f=f_0)$ 时,电路发生并联谐振,阻抗 Z 达到最大值 Z_0,相位角 $\varphi=0$,电路呈纯电阻性。当 f 偏离 f_0 时,由于 Z 将显著减小,

φ 不再为零,当 $f<f_0$ 时,电路呈感性;当 $f>f_0$ 时,电路呈容性,利用 LC 并联谐振时呈高阻抗的特点,来达到选取信号的目的,这就是 LC 并联谐振回路的选频特性。可以证明,品质因数越高,选择性越好,但品质因数过高,传输的信号会失真。

因此,采用 LC 并联谐振回路作为选频网络的振荡电路,只能输出 $f=f_0$ 的正弦波,其振荡频率为

$$f=f_0=\frac{1}{2\pi\sqrt{LC}} \tag{6-9}$$

当改变 LC 并联谐振回路的参数 L 或 C 时,就可改变输出信号的频率。

2. 变压器反馈式振荡电路

在变压器反馈式振荡电路中,其谐振回路接在共发射极电路的集电极的称为共射调集振荡电路,类似的还有共射调基振荡电路和共基调射振荡电路。下面以共射调集变压器反馈式 LC 振荡电路为例进行分析。

1)电路的组成

图 6-5 所示电路就是共射调集变压器反馈式 LC 振荡电路,它由放大电路、LC 选频网络和变压器反馈电路三部分组成。线圈 L 与电容器 C 组成的并联谐振回路作为三极管的集电极负载及选频作用,由变压器二次绕组来实现反馈,所以称为变压器反馈式 LC 正弦波振荡电路,输出的正弦波通过 L_1 耦合给负载,C_B 为基极耦合电容器。

2)振荡的建立与稳定

首先按图 6-5 所示反馈线圈 L_1 的极性标记,根据同名端和用"瞬时极性法"判别可知,符合正反馈要求,满足振荡的相位条件。其次,当电源接通后瞬间,电路中会存在各种电的扰动,这些扰动使得具有谐振回路两端产生较大的电压,通过反馈线圈回路送到放大器的输入端进行放大。经放大和反馈的反复循环,频率为 f_0 的正弦电压的振幅就会不断地增大,于是振荡就建立起来了。

由于三极管的输出特性是非线性的,放大器增益将随输入电压的增大而减小,直到 $AF=1$,振荡趋于稳定,最后电路就稳定在某一幅度下工作,维持等幅振荡。

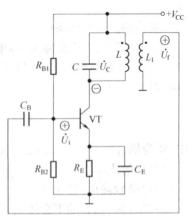

3)振荡频率

$$f=f_0\approx\frac{1}{2\pi\sqrt{LC}} \tag{6-10}$$

图 6-5　变压器反馈式振荡电路

4)电路的优缺点

变压器反馈式振荡电路通过互感实现耦合和反馈,很容易实现阻抗匹配和达到起振要求,所以效率较高,应用很普遍。可以在 LC 回路中装置可调电容器来调节振荡频率,调频范围较宽,一般在几千赫至几百千赫,为了进一步提高振荡频率,选频放大器可改为共基极接法。该电路在安装中要注意的问题是反馈线圈的极性不能接反,否则就变成负反馈而不能起振,若反馈线圈的连接正确仍不能起振,可增加反馈线圈的匝数。

3. 电感三点式振荡电路

三点式振荡电路有电容三点式振荡电路和电感三点式振荡电路,它们的共同点是谐振回路的三个引出端与三极管的三个电极相连接(指交流通路),其中,与发射极相连接的为两个

同性质电抗,与集电极和基极相连接的是异性质电抗。这种规定可作为三点式振荡电路的组成法则,利用这个法则,可以判别三点式振荡电路的连接是否正确。

1)电路的组成

电感三点式振荡电路,又称哈特莱振荡电路,电路如图6-6所示。它由放大电路、选频网络和正反馈回路组成。选频网络是由带中间抽头的电感线圈 L_1、L_2 与电容器 C 组成的,将电感线圈的三个端点——首端、中间抽头和尾端分别与放大电路相连接。对交流通路而言,电感线圈的三个端点分别与三极管的三个极相连接,其中与发射极相连接的是 L_1 和 L_2。线圈 L_2 为反馈元件,通过它将反馈电压送到输入端。C_1、C_B 及 C_E 对交流视为短路。

2)振荡的相位平衡条件

根据"瞬时极性法"和同名端判别可知,当输入信号瞬时极性为"+"时,经过三极管倒相输出为"−",即 $\varphi_f = 180°$,整个闭环相移 $\varphi = \varphi_a + \varphi_f = 360°$,即反馈信号与输入信号同相,电路形成正反馈,满足相位平衡条件。

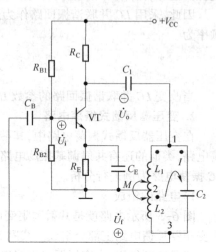

图6-6　电感三点式振荡电路

3)振荡的振幅平衡条件

只要三极管的 β 值足够大,该电路就能满足振荡的振幅平衡条件。L_2 越大,反馈越强,振荡输出越大,电路越容易起振,只要用较小 β 的三极管就能够使振荡电路起振。

4)振荡频率

$$f = \frac{1}{2\pi\sqrt{LC}} = \frac{1}{2\pi\sqrt{(L_1 + L_2 + 2M)C}} \tag{6-11}$$

式中,M 为耦合线圈的互感系数。通过改变电容 C 可改变输出信号频率。

5)电路的优缺点

(1)电路较简单,易连接。

(2)耦合紧,同名端不会接错,易起振。

(3)采用可调电容器,能在较宽范围内调节振荡频率,振荡频率一般为几十赫至几十兆赫。

(4)高次谐波分量大,波形较差。

4. 电容三点式振荡电路

1)电路的组成

电容三点式振荡电路又称考毕兹振荡电路,电路如图6-7所示,反馈电压取自 C_1、C_2 组成的电容分压器。三极管 VT 为放大器件,R_{B1}、R_{B2}、R_C、R_E 用来建立直流通路和合适的工作点电压,C_B 为耦合电容器,C_E 为旁路电容器,L、C_1、C_2 并联回路组成选频反馈网络。与电感三点式振荡电路的情况相似,这样的连接也能保证实现正反馈,产生振荡。

2）振荡频率

$$f_0 \approx \frac{1}{2\pi\sqrt{LC}} \tag{6-12}$$

式中，$C = \dfrac{C_1 C_2}{C_1 + C_2}$。

3）电路的优缺点

（1）反馈电压从电容器 C_2 两端取出，频率越高，容抗越小，反馈越弱，减少了高次谐波分量，从而输出波形好，频率稳定性也较高。

（2）振荡频率较高，可达 100 MHz 以上。

（3）要改变振荡频率，必须同时调节 C_1 和 C_2，调节不方便，并将导致振荡稳定性变差。

4）克莱普振荡电路

为了方便地调节电容三点式振荡电路的振荡频率，通常在线圈 L 上串联一个容量较小的可调电容器 C_3，电路如图 6-8 所示。

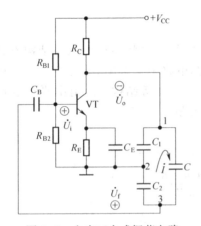

图 6-7 电容三点式振荡电路

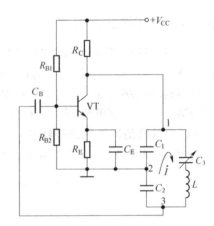

图 6-8 改进型电容三点式振荡电路

【例 6-1】 标出图 6-9 所示电路中变压器的同名端，使之满足产生振荡的相位条件。

解：运用"瞬时极性法"，欲使电路满足相位条件，则应符合图中标识的极性，那么，a 与 d 是同名端，b 与 c 是同名端。

【例 6-2】 电路如图 6-6 所示，$L_1 = 0.3$ mH，$L_2 = 0.2$ mH，$M = 0.1$ mH，电容 C 在 33～330 pF 范围内可调，试求：

（1）画出交流通路。

（2）振荡频率 f 的变化范围。

解：（1）交流通路如图 6-10 所示。

（2）

$$L = L_1 + L_2 + 2M = 0.7 \text{ mH}$$

$$f_H = \frac{1}{2\pi\sqrt{LC}} = \frac{1}{2 \times 3.14\sqrt{0.7 \times 10^{-3} \times 33 \times 10^{-12}}} \text{Hz} = 1.048 \text{ MHz}$$

$$f_L = \frac{1}{2\pi\sqrt{LC}} = \frac{1}{2 \times 3.14\sqrt{0.7 \times 10^{-3} \times 330 \times 10^{-12}}} \text{Hz} = 331.31 \text{ kHz}$$

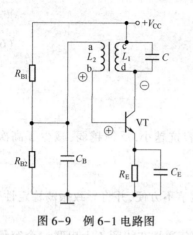

图 6-9　例 6-1 电路图

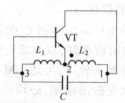

图 6-10　交流通路

振荡频率 f 在 331.31 kHz~1.048 MHz 范围内可调。

6.2.2　RC 正弦波振荡电路

　　LC 振荡电路的振荡频率过低时,所需的 L 和 C 就很大,这将使振荡电路结构不合理,经济不合算,而且性能也变坏,在几百千赫以下的振荡电路中常采用 RC 振荡电路。由 RC 元件组成的选频网络有 RC 移相型、RC 串并联型、RC 双 T 型等结构。这里主要介绍 RC 串并联型网络组成的振荡电路,即 RC 桥式正弦波振荡电路。

　　1. RC 串并联型网络的选频特性

　　RC 串并联型网络如图 6-11 所示,设 $R_1 = R_2 = R$,$C_1 = C_2 = C$,

$$Z_1 = R_1 + \frac{1}{j\omega C_1} = \frac{1 + j\omega CR}{j\omega C}$$

$$Z_2 = \frac{R_2 \dfrac{1}{j\omega C_2}}{R_2 + \dfrac{1}{j\omega C_2}} = \frac{R}{1 + j\omega CR}$$

则反馈系数

$$F = \frac{U_f}{U_o} = \frac{Z_2}{Z_1 + Z_2} = \frac{1}{3 + j\left(\omega CR - \dfrac{1}{\omega CR}\right)} \tag{6-13}$$

令 $\omega_0 = \dfrac{1}{RC}$,即

$$f_0 = \frac{1}{2\pi RC}$$

则式(6-13)可写为

$$F = \frac{1}{3 + j\left(\dfrac{\omega}{\omega_0} - \dfrac{\omega_0}{\omega}\right)} = \frac{1}{3 + j\left(\dfrac{f}{f_0} - \dfrac{f_0}{f}\right)}$$

其频率特性曲线如图 6-12 所示。

从图 6-11 中可看出,当信号频率 $f = f_0$ 时,U_f 与 U_o 同相,且有反馈系数 $F = \dfrac{U_f}{U_o} = \dfrac{1}{3}$ 为最大。

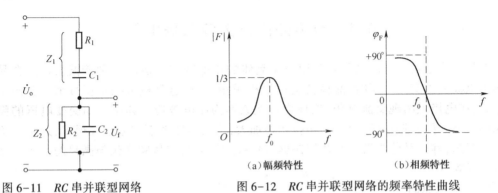

图 6-11　RC 串并联型网络　　图 6-12　RC 串并联型网络的频率特性曲线

2. RC 桥式振荡电路

1）电路组成

图 6-13 所示电路是文氏电桥振荡电路的原理图,它由同相放大器及反馈网络两部分组成。图 6-13 中 RC 串并联电路组成正反馈选频网络,电阻器 R_f、R 是同相放大器中的负反馈回路,由它决定放大器的放大倍数。

2）起振条件

同相放大器的输出电压 U_o 与输入电压 U_i 同相,即 $\varphi_a = 0$,从分析 RC 串并联型网络的选频特性可知,当输入 RC 网络的信号频率 $f = f_0$ 时,U_o 与 U_f 同相,即 $\varphi_f = 0$,整个电路的相移 $\varphi = \varphi_a + \varphi_f = 0$,即为正反馈,满足相位平衡条件。

放大器的放大倍数 $A_u = 1 + \dfrac{R_f}{R}$,从分析 RC 串联网络的选频特性知,在 $R_1 = R_2 = R$,$C_1 = C_2 = C$ 的条件下,当 $f = f_0$ 时,反馈系数 $F = 1/3$ 达到最大,此时,只要放大器的电压放大倍数略大于 3（即 $R_f \geqslant 2R$）,就能满足 $AF > 1$ 的条件,振荡电路能自行建立振荡。

3）稳幅方法

根据振荡幅度的变化来改变负反馈的强弱是常用的自动稳幅措施。图 6-14 所示电路

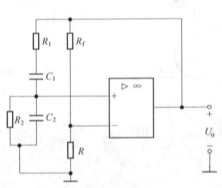

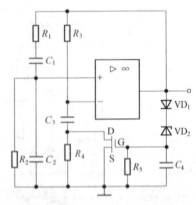

图 6-13　文氏电桥振荡电路的原理图　　图 6-14　稳幅的文氏振荡电路

就是一个稳幅的文氏振荡电路。图 6-14 中 R_1、R_2、C_1、C_2 构成正反馈选频网络，结型场效应管 3DJ6 作可调电阻的稳幅电路，这种电路使场效应管工作在可变电阻区，使其成为压敏电阻器。D 和 S 两端的等效阻抗随栅压而变，以控制反馈通路的反馈系数，从而稳定振幅。

6.3 石英晶体正弦波振荡电路

石英晶体正弦波振荡电路是利用石英晶体的压电效应制成的一种谐振器件。在晶体的两个电极上加交流电压时，晶体就会产生机械振动，而这种机械振动反过来又会产生交变电场，在电极上出现交流电压，这种物理现象称为压电效应。如果外加交变电压的频率与晶体本身的固有振动频率相等，振幅明显加大，比其他频率下的振幅大得多，这种现象称为压电振荡，称该晶体为石英晶体振荡器，简称晶振，它的谐振频率仅与晶片的外形尺寸与切割方式等有关。

1. 石英晶振的频率特性

石英晶振的图形符号和等效电路分别如图 6-15(a)、(b)所示。

从石英晶振的等效电路可知，它有串联谐振频率 f_s 和并联谐振频率 f_p。

(1)当 LCR 支路发生串联谐振时，它的等效阻抗最小(等于 R)，谐振频率为

$$f_s = \frac{1}{2\pi\sqrt{LC}} \tag{6-14}$$

(2)当频率高于 f_s 时，LCR 支路呈感性，可与电容器 C_0 发生并联谐振，谐振频率为

$$f_p = \frac{1}{2\pi\sqrt{L\dfrac{C\,C_0}{C+C_0}}} = f_s\sqrt{1+\frac{C}{C_0}} \tag{6-15}$$

由于 $C \ll C_0$，因此 f_s 和 f_p 非常接近。

通常，石英晶振产品给出的标称频率不是 f_s 也不是 f_p，而是串联一个负载小电容器 C_L 时的校正振荡频率，如图 6-15(c)所示。利用 C_L 可使得石英晶振的谐振频率在一个小范围内(即 $f_s \sim f_p$ 之间)调整。C_L 值应比 C 大。

根据石英晶振的等效电路，可定性地画出它的电抗曲线，如图 6-15(d)所示，当 $f<f_s$ 或 $f>f_p$ 时，石英晶振呈容性；当 $f_s<f<f_p$ 时，石英晶振呈感性。

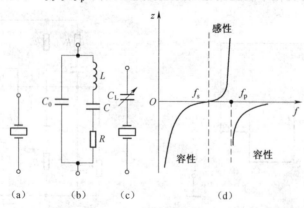

图 6-15 石英晶振的图形符号、等效电路和电抗频率特性

2. 石英晶体振荡电路

石英晶体振荡电路的形式是多种多样的,但其基本电路只有两类,即并联晶体振荡电路和串联晶体振荡电路。现以图 6-16 所示的并联晶体振荡电路为例进行简要介绍。

图 6-16 所示电路是石英晶振以并联谐振电路的形式出现的。从图 6-16 中可看出,该电路是电容三点式 LC 振荡电路,晶振在此起电感的作用。谐振频率 f 在 f_s 与 f_p 之间,由 C_1、C_2、C_3 和石英晶振等效电感 L 决定,由于 $C_1 \gg C_3$ 和 $C_2 \gg C_3$,所以振荡频率主要取决于石英晶振与 C_3 谐振频率。

石英晶振的频率相对偏移率为 $10^{-11} \sim 10^{-9}$,RC 振荡器在 10^{-3} 以上,LC 振荡器在 10^{-4} 左右。晶振的频率稳定度远高于后两者,一般用在对频率稳定要求较高的场合,如用在数字电路和计算机中的时钟脉冲发生器等。

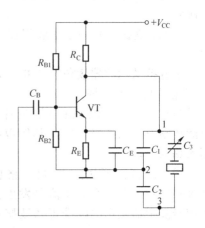

图 6-16　并联晶体振荡电路

实验八　RC 正弦波振荡器测试

1. 实验目的

(1)掌握 RC 串并联型正弦波振荡器的构成和工作原理。

(2)熟悉正弦波振荡电路的调试方法及振荡频率的测试方法。

2. 实验设备

直流稳压电源一台、双踪示波器一台、频率计一台、函数信号发生器一台、万用表一块、面包板一块、模拟集成电路 F741、稳压二极管、电位器、电阻器、电容器。

3. 实验原理

RC 串并联网络正弦波振荡电路用以产生 1 MHz 以下的低频正弦波信号,是一种使用十分广泛的波形发生器电路。RC 串并联网络振荡电路如图 6-17 所示。图中集成运放 A 作为放大电路,R_p 和 R_f 支路引入一个负反馈,闭环电压增益 $A_{uf} = [1 + (R_p/R_f)]$,调节 R_p,可以改变放大环节的增益。由 R_1、C_1、R_2、C_2 组成串并联选频网络兼正反馈网络,振荡频率 f_0

$$= \frac{1}{2\pi\sqrt{R_1 R_2 C_1 C_2}}$$,反馈系数在 $f = f_0$ 时达到最大,即 $F = 1/3$。根据振荡电路的起振条件,

要求 $A_{uf}F \geqslant 1$,则要求调节 R_p,使 $R_p > 2R_f$。图 6-17 中,两只稳压二极管 2CW53 组成稳幅电路。当振荡器输出电压幅值超过其稳压值 $\pm(U_z + U_D)$ 时,稳压二极管导通,U_o 被限幅在 $\pm(U_z + U_D)$ 之间。另外,由图 6-17 可见,串并联网络中的 R_1、C_1 和 R_2、C_2 及负反馈支路中的 R_p 和 R_f 正好组成一个电桥的四个臂,因此这种电路又称文氏电桥振荡电路。

4. 实验内容

(1)按图 6-17 组装电路,取电源电压为 ± 12 V。

(2)用示波器观察输出波形,思考以下问题:

①若元件完好,接线正确,电源电压正常,示波器使用无误,而荧光屏上没有正弦波显示,原因何在? 如何解决?

②有输出,但波形明显失真,应如何解决?

（3）测量振荡频率,可采用以下方法之一:

①直接从示波器读值。直接读取示波器荧光屏上一个周期的正弦波所占格数,将其与时间/格（TIME/DIV）旋钮所指示的时间相乘,得到正弦波周期,其倒数则为被测振荡频率。

②李沙育图形法。将时间/格旋钮旋至 X-Y 挡,用探头将低频信号发生器或函数信号发生器输出的标准正弦波接到示波器的水平输入端,调节其频率使荧光屏显示一个椭圆,这时被测信号与标准信号频率相等。

③用频率计直接读输出正弦波的频率。

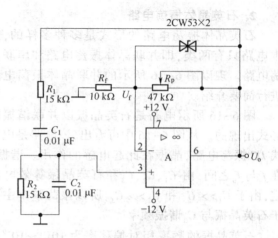

图 6-17　RC 串并联网络振荡电路

（4）测量负反馈放大电路的闭环电压放大倍数 A_{uf} 及反馈系数 F。调节 R_p,使振荡既稳定,波形又基本不失真,记下此时的幅值。断开 RC 串并联选频网络与放大电路输出端之间的连线,输入端加入和振荡频率一致的信号电压,使输出波形的幅值和原来振荡时的幅值相同,将测量结果记入表 6-1 中。完成后断电测量 R_p 值,计算负反馈放大电路的电压放大倍数,并与测量值比较。

表 6-1　测 量 结 果

U_i/V	U_o/V	U_f/V	A_{uf}	F

5. 实验报告

（1）由给定参数计算振荡频率,与实测值进行比较,分析误差产生的原因。

（2）要减少正弦波的失真,电路应进行何改进?

小　结

1. 电路要产生正弦波振荡,必须满足两个条件

（1）相位条件:反馈信号与输入信号的相位要相同,即在放大器中必须引入正反馈。

（2）幅度条件:要有足够的反馈量,即反馈电压要等于所需的输入电压,即 $|AF|=1$。

2. 正弦波振荡器

根据选频网络的不同,正弦波振荡电路分为 RC、LC 和石英晶体振荡电路。改变选频网络的组件参数,可以改变振荡器的输出频率。RC 桥式振荡电路振荡频率 $f_0 = \dfrac{1}{2\pi RC}$,通常作为低频信号发生器;LC 振荡电路有变压器反馈式、电感三点式、电容三点式振荡器等,

振荡频率 $f_0 = \dfrac{1}{2\pi\sqrt{LC}}$，要根据不同的电路来决定 L 和 C 的取值，LC 振荡电路通常作为高频信号发生器。石英晶体振荡电路是利用石英谐振器来选择信号的频率，主要用于频率稳定性要求高的场合。

思考与习题

1. 判断题

(1) 负反馈放大电路不可能产生自激振荡。 （ ）

(2) 正反馈放大电路有可能产生自激振荡。 （ ）

(3) 满足自激振荡条件的反馈放大电路，就一定能产生正弦波振荡。 （ ）

(4) 对于正弦波振荡电路，只要满足相位平衡条件，就有可能产生正弦波振荡。 （ ）

(5) 对于正弦波振荡电路，只要满足自激振荡的平衡条件，就有可能自行起振。 （ ）

2. 选择题

(1) 正弦振荡器中选频网络的作用是（ ）。

    A. 产生单一频率的正弦波

    B. 提高输出信号的振幅

    C. 保证电路起振

(2) 石英晶体谐振于 f_p 时，相当于 LC 回路的（ ）。

    A. 串联谐振现象   B. 并联谐振现象   C. 自激现象   D. 失谐现象

(3) 石英晶体振荡器的主要优点是（ ）。

    A. 容易起振   B. 振幅稳定

    C. 频率稳定度高   D. 减小谐波分量

(4) 石英晶体谐振器，工作在（ ）时的等效阻抗最小。

    A. 串联谐振频率 f_s B. 并联谐振频率 f_p

    C. 串联谐振频率 f_s 与并联谐振频率 f_p 之间   D. 工作频率

(5) 为了保证正弦波振荡幅值稳定且波形较好，通常还需要引入（ ）环节。

    A. 微调   B. 屏蔽   C. 限幅   D. 稳幅

3. 填空题

(1) 石英晶体振荡器是利用石英晶体的_____工作的，其频率稳定度很_____，通常可分为_____和_____两种。

(2) 正弦振荡电路由_____、_____、_____和_____组成。

(3) 要产生较高频率信号应采用_____振荡器，要产生较低频率信号应采用_____振荡器，要产生频率稳定度高的信号应采用_____振荡器。

(4) 常用的 LC 振荡器有_____振荡器、_____振荡器和_____振荡器。

(5) 任何一种正弦波振荡器，对它们的基本要求是，振荡频率及输出幅度要_____，波形失真要_____。

4. 计算题

(1) 振荡电路如图 6-18 所示，$C_1 = C_2 = C_3 = 0.1\ \mu F$，$C_4 = 510\ pF$，$C_5 = 2\ 200\ pF$，问：

①该电路是什么形式的振荡电路？

②若振荡频率 $f_0 = 100$ kHz,求 L。

(2) RC 文氏电桥电路如图 6-19 所示,$R_1 = R_2 = R_4 = 1\ 000$ kΩ,R_3 的最大阻值为 250 kΩ,$C_1 = C_2 = 0.1$ μF,试求:

①电路的振荡频率。

②欲使振荡频率为 10 kHz,电容 C_1、C_2 的数值。

③可调电阻 R_3 的数值。

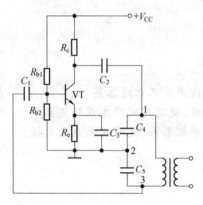

图 6-18 题 4-(1)图

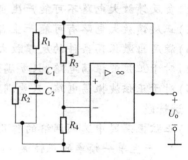

图 6-19 题 4-(2)图

(3) 电路如图 6-20 所示,石英晶振起什么作用(电感器、电容器)?属于何种类型晶体振荡电路?

(4) 电路如图 6-21 所示,①若保证电路振荡,求 R_p 的最小值;②求振荡频率 f_0 的调节范围。

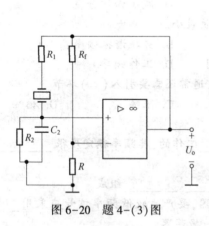

图 6-20 题 4-(3)图

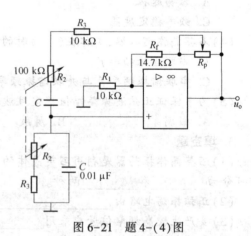

图 6-21 题 4-(4)图

第7章 | 直流稳压电源

电子设备所需的直流电源，一般都是采用由交流电网供电，经整流、滤波、稳压后获得的。所谓"整流"是指把大小、方向都变化的交流电变成单向脉动的直流电，能完成整流任务的设备称为整流器；所谓"滤波"是指滤除脉动直流电中的交流成分，使得输出波形平滑，能完成滤波任务的设备称为滤波器；所谓"稳压"是指输入电压波动或负载变化引起输出电压变化时，能自动调整使输出电压维持在原值。本章将着重介绍单相桥式整流电路、电容滤波电路、串联型稳压电路、开关型稳压电路的原理和应用。

7.1 直流稳压电源概述

7.1.1 直流稳压电源的组成

直流稳压电源一般由电源变压器、整流电路、滤波电路、稳压电路等几部分组成，其原理框图如图 7-1 所示。

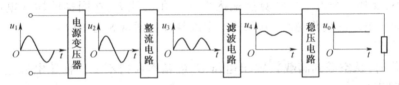

图 7-1 直流稳压电源的原理框图

各部分主要功能如下：

(1) 电源变压器：将交流电网电压 u_1 变为合适的交流电压 u_2。

(2) 整流电路：将交流电压 u_2 变为脉动的直流电压 u_3。

(3) 滤波电路：将脉动直流电压 u_3 转变为平滑的直流电压 u_4。

(4) 稳压电路：清除电网波动及负载变化的影响，保持输出电压 u_o 的稳定。

7.1.2 直流稳压电源的主要性能指标

直流稳压电源的技术指标可以分为两大类：一类是特性指标，反映直流稳压电源的固有特性，如输入电压、输出电压、输出电流、输出电压调节范围；另一类是质量指标，反映直流稳压电源的优劣，包括稳定度、等效内阻（输出电阻）、温度系数及纹波电压等。

1. 特性指标

1) 输出电压范围

符合直流稳压电源工作条件的情况下，能够正常工作的输出电压范围。该指标的上限是由最大输入电压和最小输入−输出电压差所规定的,而其下限由直流稳压电源内部的基准电压值决定。

2)最大输入−输出电压差

该指标表征在保证直流稳压电源正常工作条件下,所允许的最大输入−输出之间的电压差值,其值主要取决于直流稳压电源内部调整三极管的耐压指标。

3)最小输入−输出电压差

该指标表征在保证直流稳压电源正常工作条件下,所需的最小输入−输出之间的电压差值。

4)输出负载电流范围

输出负载电流范围又称输出电流范围,在这一电流范围内,直流稳压电源应能保证符合指标规范所给出的指标。

2. 质量指标

1)稳定度

当输入电压 U_{sr}(整流、滤波的输出电压)在规定范围内变动时,输出电压 U_{sc} 的变化应该很小,一般要求 $\Delta U_{sc}/U_{sc} \leqslant 1\%$。

由于输入电压变化而引起输出电压变化的程度,称为稳定度指标,常用稳压系数 S 来表示,即

$$S = \frac{\dfrac{\Delta U_{sc}}{U_{sc}}}{\dfrac{\Delta U_{sr}}{U_{sr}}} = \frac{\Delta U_{sc}}{\Delta U_{sr}} \cdot \frac{U_{sr}}{U_{sc}} \tag{7-1}$$

S 的大小,反映一个稳压电源克服输入电压变化的能力,在同样的输入电压变化条件下,S 越小,输出电压的变化越小,电源的稳定度越高。通常 S 为 $10^{-2} \sim 10^{-4}$。

2)输出电阻

负载变化时(从空载到满载),输出电压 U_{sc} 应基本保持不变。稳压电源这方面的性能可用输出电阻表征。

输出电阻(又称等效内阻)用 r_n 表示,它等于输出电压变化量和负载电流变化量之比,即

$$r_n = \frac{\Delta U_{sc}}{\Delta I_{fz}} \tag{7-2}$$

r_n 反映负载变动时,输出电压维持恒定的能力,r_n 越小,则 I_{fz} 变化时输出电压的变化也越小。性能优良的稳压电源,输出电阻可小到 $1\ \Omega$,甚至 $0.01\ \Omega$。

3)温度系数

当环境温度变化时,会引起输出电压的漂移。良好的稳压电源,应在环境温度变化时,有效地抑制输出电压的漂移,保持输出电压稳定,输出电压的漂移用温度系数 KT 来表示。

4)纹波电压

所谓纹波电压,是指输出电压中 50 Hz 或 100 Hz 的交流分量,通常用有效值或峰值表示。经过稳压作用可以使整流滤波后的纹波电压大大降低,降低的倍数反比于稳压系数 S。

7.2　整　流　电　路

整流电路的作用是利用二极管的单向导电性将交流电压转变为单向脉动的直流电压。在小功率直流电源中,整流电路常采用单相电源供电,主要分为半波整流、全波整流、桥式整流及倍压整流电路等。下面主要介绍单相半波整流电路和桥式整流电路。

7.2.1　单相半波整流电路

利用二极管组成的单相半波整流电路如图 7-2 所示,图中 u_1、u_2 分别表示变压器的一次[侧]和二次[侧]交流电压;VD 为整流二极管;R_L 为负载电阻。

为分析简单起见,在分析整流电路时把二极管当作理想元件处理,即二极管的正向导通电阻为零,反向电阻为无穷大。

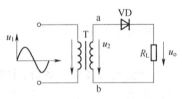

图 7-2　单相半波整流电路

1. 工作原理

(1)当 $u_2 > 0$ 时,二极管 VD 加正向电压,处于导通状态。忽略二极管正向压降,$u_o = u_2$,如图 7-3(a)所示。

(2)当 $u_2 < 0$ 时,二极管 VD 加反向电压,处于截止状态,输出电流为 0。$u_o = 0$,如图 7-3(b)所示。

各波形之间对应关系如图 7-3(c)所示。

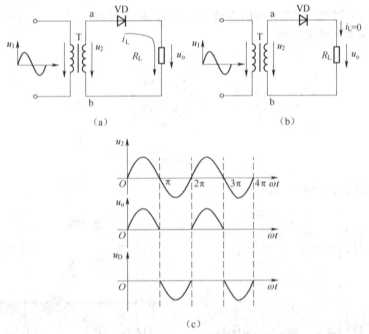

图 7-3　单相半波整流电路工作原理

2. 负载上的直流电压和直流电流的计算

单相半波整流电路输出电压平均值为

$$U_o = \frac{1}{2\pi}\int_0^{2\pi}u_o\mathrm{d}(\omega t) = \frac{1}{2\pi}\int_0^{2\pi}\sqrt{2}\,U_2\sin\omega t\,\mathrm{d}(\omega t) = \frac{\sqrt{2}\,U_2}{\pi} = 0.45U_2 \qquad (7\text{-}3)$$

流过负载电阻的平均电流为

$$I_L = \frac{U_L}{R_L} = \frac{0.45U_2}{R_L} \qquad (7\text{-}4)$$

3. 整流元件参数的计算

二极管上的平均电流等于负载的电流,即

$$I_{VD} = I_L = \frac{0.45U_2}{R_L} \qquad (7\text{-}5)$$

二极管上承受的最高反向电压为

$$U_{RM} = \sqrt{2}\,U_2 \qquad (7\text{-}6)$$

选择整流二极管参数时,主要根据式(7-5)和式(7-6)。为了安全,二极管的最大平均整流电流一般取 $I_F = (1.2\sim2)I_{VD}$;二极管承受的最高反向工作电压 U_R 一般应大于在电路中承受的最高反向电压的1倍。

半波整流电路的输出直流电压小,纹波电压大,特性差。此外,变压器仅工作半周,流入变压器和电网的电流是正弦半波电流,变压器具有直流偏磁(铁芯易磁饱和),对电网造成较大的谐波污染。

7.2.2 桥式整流电路

利用二极管组成的单桥式整流电路如图7-4所示,图中 u_1、u_2 分别表示变压器的一次[侧]和二次[侧]交流电压;$VD_1\sim VD_4$ 为整流二极管;R_L 为负载电阻。由于四个二极管接成电桥形式,故称为桥式整流电路。

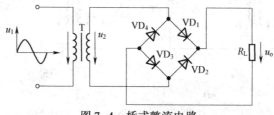

图7-4　桥式整流电路

桥式整流电路的四种画法如图7-5所示。

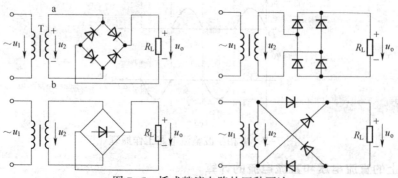

图7-5　桥式整流电路的四种画法

1. 工作原理

（1）u_2 正半周时，二极管 VD_1、VD_3 加正向电压，处于导通状态；VD_2、VD_4 加反向电压，处于截止状态，电流通路如图 7-6 所示。

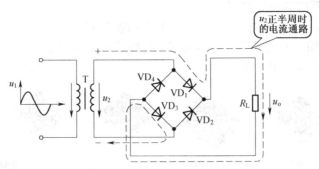

图 7-6　u_2 正半周时的电流通路

（2）u_2 负半周时，二极管 VD_2、VD_4 加正向电压，处于导通状态；VD_1、VD_3 加反向电压，处于截止状态，电流通路如图 7-7 所示。

各波形之间对应关系如图 7-8 所示。

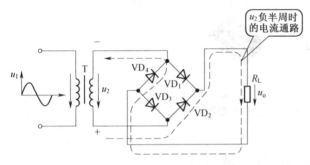

图 7-7　u_2 负半周时的电流通路

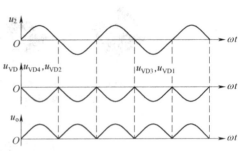

图 7-8　桥式整流电路的整流波形

2. 负载上的直流电压和直流电流的计算

桥式整流电路输出电压平均值为

$$U_o = \frac{1}{\pi} \int_0^\pi u_o d(\omega t) = \frac{1}{\pi} \int_0^\pi \sqrt{2} U_2 \sin\omega t d(\omega t) = 2\frac{\sqrt{2} U_2}{\pi} = 0.9 U_2 \qquad (7-7)$$

流过负载电阻的平均电流为

$$I_L = \frac{U_L}{R_L} = \frac{0.9 U_2}{R_L} \qquad (7-8)$$

3. 整流元件参数的计算

二极管上的平均电流等于负载电流的一半，即

$$I_{VD} = \frac{1}{2} I_L = \frac{0.45 U_2}{R_L} \qquad (7-9)$$

二极管上承受的最高反向电压为

$$U_{RM} = \sqrt{2} U_2 \qquad (7-10)$$

桥式整流电路的优点：

（1）输出直流电压高；

（2）脉动较小；

（3）二极管承受的最大反向电压较低；

（4）电源变压器得到充分利用。

目前，半导体器件厂已将整流二极管封装在一起，制成单相及三相整流桥模块，这些模块只有输入交流和输出直流引线。减少接线，提高了可靠性，使用起来非常方便。图7-9所示为一些常用的硅整流桥实物外形。

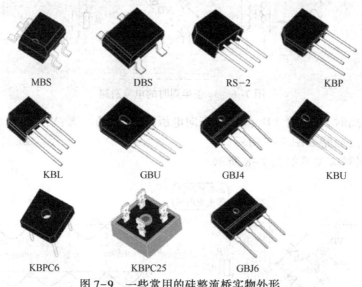

MBS　　　　DBS　　　　RS-2　　　　KBP

KBL　　　　GBU　　　　GBJ4　　　　KBU

KBPC6　　　KBPC25　　　GBJ6

图7-9　一些常用的硅整流桥实物外形

7.3　滤波电路

交流电压经整流电路整流后输出的是脉动直流，其中既有直流成分又有交流成分。滤波电路利用储能元件，如电容器两端的电压（或流过电感器中的电流）不能突变的特性，滤掉整流电路输出电压中的交流成分，保留其直流成分，达到平滑输出电压波形的目的。一般有将电容器与负载 R_L 并联的电容滤波电路，或将电感器与负载 R_L 串联的电感滤波电路，以及电容、电感复合式滤波电路。

7.3.1　电容滤波电路

1. 滤波原理

以单相桥式整流电容滤波电路为例进行分析，其电路如图7-10所示。

1）R_L 未接入时（忽略整流电路内阻）

设电容器无能量储存，当 t_1 时刻接通电源，输出电压从零开始增大，整流电路开始为电容器充电，电容器充电很快达到 u_2 的最大值，即 $u_C = \sqrt{2} u_2$，此后 u_2 下降，由于 $u_2 < u_C$，四只二极管处于反向偏置而截止，电容器无放电回路，所以 u_C 保持不变。工作波形如图7-11所示。

2）R_L 接入（且 $R_L C$ 较大）时（忽略整流电路内阻）

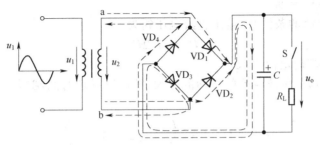

图 7-10　单相桥式整流电容滤波电路

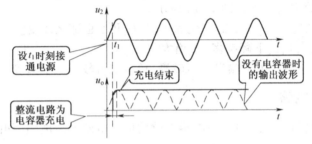

图 7-11　R_L 未接入时的工作波形

当 R_L 接入时,电容器通过 R_L 放电,在整流电路电压小于电容器电压时,二极管截止,整流电路不为电容器充电,u_o 会逐渐下降。放电时间常数 $\tau = R_L C$,若 R_L 较大时,放电时间常数比充电时间常数大,u_o 按指数规律下降。u_o 的值再增大后,电容器再继续充电,同时向负载提供电流,电容器上的电压依然很快地上升,达到 u_2 的最大值后,电容器又通过负载 R_L 放电。这样不断地进行充电和放电,在负载上得到比较平滑的电压波形,如图 7-12 所示。

只有整流电路输出电压大于 u_o 时,才有充电电流 i_D,因此整流电路的输出电流是脉冲波。可见,采用电容滤波时,整流管的导通角较小,如图 7-13 所示。

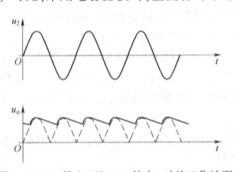

图 7-12　R_L 接入(且 $R_L C$ 较大)时的工作波形

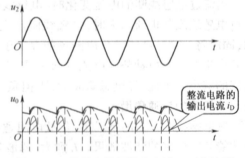

图 7-13　整流电路的输出电流 i_D 工作波形

2. 电容滤波电路的特点

1)输出电压 U_o 与放电时间常数 $R_L C$ 有关

当 $R_L C$ 越大,电容器放电越慢,U_o(平均值)越大,一般取

$$\tau = R_L C \geqslant (3 \sim 5) \frac{T}{2} \tag{7-11}$$

式中，T 为电源电压的周期。

当满足式（7-11）的条件时，输出直流电压约为

$$U_o = 1.2U_2 \qquad (7-12)$$

2）流过二极管瞬时电流很大

$R_L C$ 越大，U_o 越高，负载电流的平均值越大；整流管导通时间越短，i_D 的峰值电流越大，故一般选管时，取

$$I_{DF} = (2 \sim 3)\frac{I_L}{2} = (2 \sim 3)\frac{1}{2}\frac{U_o}{R_L} \qquad (7-13)$$

3）输出特性（外特性）

电容滤波电路的输出特性如图 7-14 所示。

输出波形随负载电阻 R_L 或 C 的变化而改变，U_o 和 S 也随之改变。

如 R_L 越小（I_L 越大），U_o 下降越多，S 增大。

结论：电容滤波电路适用于输出电压较高，负载电流较小且负载变动不大的场合。

7.3.2　电感滤波电路

在桥式整流电路与负载间串入一电感 L 就构成了电感滤波电路，如图 7-15 所示。

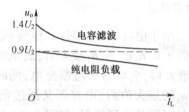

图 7-14　电容滤波电路的输出特性

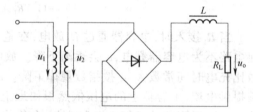

图 7-15　单相桥式整流电感滤波电路

1. 滤波原理

当流过电感线圈的电流变化时，电感线圈中产生的感生电动势将阻止电流的变化。当通过电感线圈的电流增大时，电感线圈产生的自感电动势与电流方向相反，阻止电流的增加，同时将一部分电能转化成磁场能存储于电感之中；当通过电感线圈的电流减小时，电感线圈产生的自感电动势与电流方向相同，阻止电流的减小，同时释放出存储的能量，以补偿电流的减小。因此，经电感滤波后，不但负载电流及电压的脉动减小，波形变得平滑，而且整流二极管的导通角增大。

在电感线圈不变的情况下，负载电阻愈小，输出电压的交流分量愈小。只有在 $\omega L \gg R_L$ 时才能获得较好的滤波效果。L 愈大，滤波效果愈好。

另外，由于滤波电感电动势的作用，可以使二极管的导通角接近 π，减小了二极管的冲击电流，平滑了流过二极管的电流，从而延长了整流二极管的使用寿命。

当忽略电感线圈的直流电阻时，输出平均电压为

$$U_o \approx 0.9U_2 \qquad (7-14)$$

2. 电感滤波电路的特点

整流管导通角较大，峰值电流很小，输出特性比较平坦，适用于低电压、大电流（R_L 较小）的场合。缺点是电感铁芯笨重，体积大，易引起电磁干扰。

7.3.3　复式滤波电路

1. LC 滤波电路

在电感滤波电路后面再接一电容器,组成 LC 滤波电路,如图 7-16 所示。

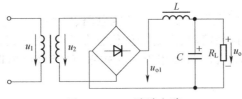

图 7-16　LC 滤波电路

与电容滤波电路比较,LC 滤波电路的优点是:外特性比较好,负载对输出电压影响小,电感元件限制了电流的脉动峰值,减小了对整流二极管的冲击。它主要适用于电流较大,要求电压脉动较小的场合。LC 滤波电路的直流输出电压平均值和电感滤波电路一样,即

$$U_o \approx 0.9U_2 \tag{7-15}$$

2. π型滤波电路

为了进一步减小输出的脉动成分,可在 LC 滤波电路的输入端再增加一个滤波电容就组成 LC-π 型滤波电路,如图 7-17(a)所示。这种滤波电路的输出电流波形更加平滑,适当选择电路参数,输出电压同样可以达到

$$U_o \approx 1.2U_2 \tag{7-16}$$

当负载电阻较大,负载电流较小时,可用电阻器代替电感器,组成 RC-π 型滤波电路,如图 7-17(b)所示。这种滤波电路体积小、质量小,所以得到广泛的应用。

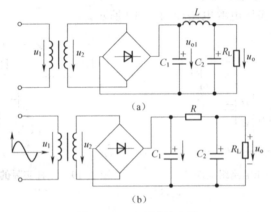

(a)

(b)

图 7-17　π型滤波电路

7.4　稳　压　电　路

虽然整流滤波电路输出电压脉动较小,但输出电压不稳定,它会随电网电压的波动、负载电阻的变化、温度的变化而变化,而电子设备需要恒定的直流电源,因此整流滤波电路输出的电压还需要经过稳压电路进行稳压。

稳压电路的一般分类：

（1）按稳压电路中调节元件与负载的连接方式分，有并联稳压电路和串联稳压电路。

（2）按稳压电路中调节元件的工作状态分，有线性稳压电路和开关型稳压电路。在线性稳压电路中，调节元件工作在线性状态；在开关稳压电路中，调节元件工作在开关状态（饱和或截止）。

小功率设备常用的稳压电路有稳压管稳压电路、线性稳压电路、开关型稳压电路等。稳压管稳压电路的电路结构最简单，但是带负载能力差，一般只提供基准电压，不作为电源使用；开关型稳压电路效率较高，目前用得也比较多，但因学时有限，这里仅简单介绍。以下主要讨论线性稳压电路。

7.4.1　线性串联稳压电路

1. 电路组成、各部分的作用和稳压工作原理

一般串联稳压电路由基准电压、比较放大器、采样电路和调整元件四部分组成，如图 7-18 所示。

（1）基准电压：可由稳压管稳压电路组成。

（2）比较放大器：可以是单管放大电路，差分放大电路，集成运算放大电路。

（3）采样电路：取出输出电压 U_o 的一部分和基准电压相比较。

（4）调整元件：与负载串联，通过全部负载电流。可以是单个功率管、复合管或用几个功率管并联。

因调整管与负载接成射极输出器形式，为深度串联电压负反馈，故称为串联反馈式稳压电路。

2. 一种实际的串联式稳压电源

一种实际的串联式稳压电源电路如图 7-19 所示。

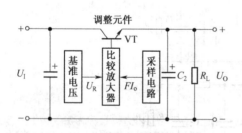

图 7-18　串联式稳压电路组成部分

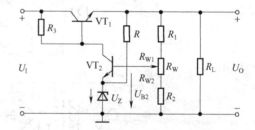

图 7-19　一种实际的串联式稳压电源电路

1）稳压原理

当 U_I 增加或输出电流减小使 U_o 升高时，电路有如下的变化过程：

$U_o\uparrow \rightarrow U_{B2}\uparrow \rightarrow U_{BE2}(=U_{B2}-U_Z)\uparrow \rightarrow U_{C2}\downarrow \rightarrow U_o\downarrow$，从而使得 U_o 保持恒定。

同理，当 U_I 减小或输出电流增大使 U_o 降低时，经过反馈过程，也可使得 U_o 保持恒定。

2）输出电压的确定和调节范围

串联式稳压电源电压输出为

$$U_o = \frac{R_1 + R_2 + R_w}{R_{W2} + R_2}(U_Z + U_{BE2}) \tag{7-17}$$

由式(7-17)可见,改变分压比就可实现输出电压的调节,图 7-19 所示的 U_0 的调节范围为

$$U_{Omax} = \frac{R_1 + R_2 + R_W}{R_2}(U_Z + U_{BE2}) \tag{7-18}$$

$$U_{Omin} = \frac{R_1 + R_2 + R_W}{R_W + R_2}(U_Z + U_{BE2}) \tag{7-19}$$

3)影响稳压特性的主要因素

(1)电路对电网电压的波动抑制能力较差。例如 $U_1\uparrow \longrightarrow U_{C2}\uparrow \longrightarrow U_0\uparrow$。

(2)流过稳压管的电压随 U_1 波动,使 U_Z 不稳定,降低了稳压精度。

(3)温度变化,VT_2 组成的放大电路产生零点漂移时,输出电压的稳定度变差。

7.4.2　三端集成稳压器

随着半导体工艺的发展,现在已生产并广泛应用的单片集成稳压电源具有体积小,可靠性高,使用灵活,价格低廉等优点。

目前,集成稳压器已达百余种,并且成为模拟集成电路的一个重要分支。它具有输出电流大,输出电压高,体积小,安装调试方便,可靠性高等优点,在电子电路中应用十分广泛。

集成稳压器有三端及多端两种外部结构形式。输出电压有可调和固定两种形式:固定式输出电压为标准值,使用时不能再调节;可调式可通过外接元件,在较大范围内调节输出电压。此外,还有输出正电压和输出负电压的集成稳压器。

稳压电源以小功率三端集成稳压器应用最为普遍。常用的型号有 W78×× 系列、W79×× 系列、W317 系列、W337 系列。

1. 固定输出的三端集成稳压器

固定输出的三端集成稳压器的三端指输入端、输出端及公共端三个引出端,其外形及图形符号如图 7-20 所示。固定输出的三端集成稳压器 W78×× 系列和 W79×× 系列各有七个品种,输出电压分别为 ±5 V、±6 V、±9 V、±12 V、±15 V、±18 V、±24 V;最大输出电流可达 1.5 A;公共端的静态电流为 8 mA。型号后两位数字为输出电压值。输出电流以 78/79 最后面的字母区分,L 为 0.1 A、M 为 0.5 A、无字母为 1.5 A。

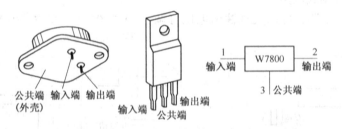

图 7-20　固定输出的三端集成稳压器的外形及图形符号

在根据稳定电压值选择稳压器的型号时,要求经整流滤波后的电压要高于三端集成稳压器的输出电压 2~3 V(输出负电压时要低 2~3 V),但不宜过大。

2. 可调输出的三端集成稳压器

可调输出的三端集成稳压器 W317(正输出)、W337(负输出),其最大输入、输出电压差极限为 40 V,输出电压 1.2 ~ 35 V(或 −1.2 ~ −35 V)连续可调,输出电流为 0.5 ~

1.5 A,最小负载电流为 5 mA,输出端与调整端之间基准电压为 1.25 V,调整端静态电流为 50 μA。其外形及图形符号如图 7-21 所示。

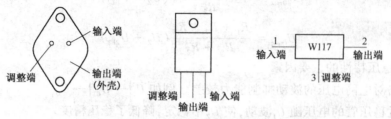

图 7-21　可调输出的三端集成稳压器的外形及图形符号

3. 基本应用电路

1) 输出为固定电压的电路

输出为固定电压时的电路如图 7-22 所示。

2) 输出正负电压的电路

输出为正负电压时的电路如图 7-23 所示。

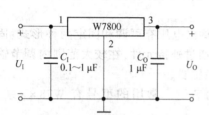

图 7-22　输出为固定电压时的电路

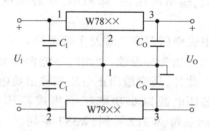

图 7-23　输出为正负电压时的电路

3) 提高输出电压的电路

提高输出电压的电路如图 7-24 所示。

U_{xx} 为 W78×× 固定输出电压,输出电压为

$$U_o = U_{xx} + U_z \qquad (7-20)$$

4) 输出电压可调式电路

用三端集成稳压器也可以实现输出电压可调,用 W7805 组成的 7~30 V 可调式稳压电源如图 7-25 所示。

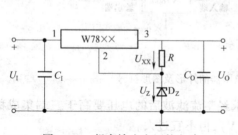

图 7-24　提高输出电压的电路

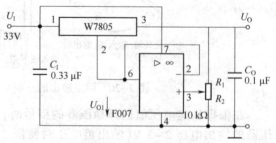

图 7-25　W7805 组成的 7~30 V 可调式稳压电源

运算放大器作为电压跟随器使用,它的电源就借助于稳压器的输入直流电压。由于

集成运放的输入阻抗很高,输出阻抗很低,可以克服稳压器受输出电流变化的影响。电路中有如下关系:

$$U_{O1} = U_- = U_+ = \frac{R_2}{R_1 + R_2}U_O \tag{7-21}$$

$$U_O = U_{O1} + U_{xx} \tag{7-22}$$

$$U_O = U_{xx}\left(1 + \frac{R_2}{R_1}\right) \tag{7-23}$$

式中,$U_{xx} = 5$ V。

5)三端可调输出集成稳压器的应用

三端可调输出集成稳压器的应用电路如图 7-26 所示。

流过调整端 1 的电流 <100 μA,在要求不高的场合,它在 R_2 上的压降可以忽略,CW117 的 2、1 两端电压为 1.25 V,为基准电压,即

$$U_O \approx 1.25\left(1 + \frac{R_2}{R_1}\right) \tag{7-24}$$

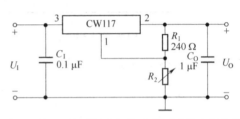

图 7-26 三端可调输出集成稳压器的应用电路

7.4.3 开关型稳压电路

开关型稳压电源与串联调整型稳压电源相比,因具有高效节能,适应市电变化能力强,输出电压可调范围宽,一只开关管可方便地获得多组电压等级不同的电源,体积小,质量小等诸多优点,而得到广泛的应用。

开关稳压电源的缺点是存在较为严重的开关干扰。开关稳压电源中,功率调整开关管工作在开关状态,它产生的交流电压和电流通过电路中的其他元器件产生尖峰干扰和谐振干扰,这些干扰如果不采取一定的措施进行抑制、消除和屏蔽,就会严重地影响整机的正常工作。此外,由于开关稳压电源振荡器没有工频变压器的隔离,这些干扰就会串入工频电网,使附近的其他电子仪器、设备和家用电器受到严重的干扰。

近年来,各种性能优良、成本低廉、内部保护功能完备、外围电路简单的开关稳压电源集成电路大量问世,LM2576 系列就是其中具有代表性的一类。

1. LM2576 系列开关集成稳压器简介

LM2576 系列开关集成稳压器是线性三端稳压器件(如 78×× 系列集成稳压器)的替代品,它具有可靠的工作性能、较高的工作效率和较强的输出电流驱动能力,从而为 MCU(微控制单元)的稳定、可靠工作提供了强有力的保证。

LM2576 系列开关集成稳压器原理框图和封装如图 7-27 所示,LM2576 系列开关集成稳压器内部含有开关管,适用于降压型开关稳压电路(串联开关稳压电路)。输入电压范围为 4.75~40 V。固定输出电压有 3.3 V、5.0 V、12 V、15 V 几种。

可调输出电压品种的电压调节范围是 1.23~37 V。每个品种都能保证输出 3.0 A 的负载电流。

2. LM2576 应用电路

LM2576 基本应用电路如图 7-28 所示。图 7-28 中二极管是肖特基开关二极管。该

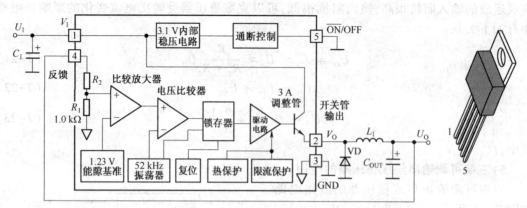

图 7-27　LM2576 系列开关集成稳压器原理框图和封装

电路的输出电压不可调。

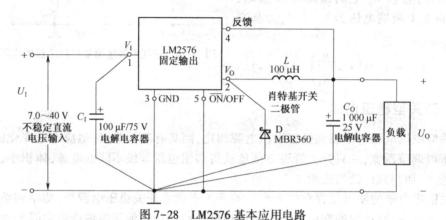

图 7-28　LM2576 基本应用电路

LM2576 可调输出电压器件的应用电路如图 7-29 所示。

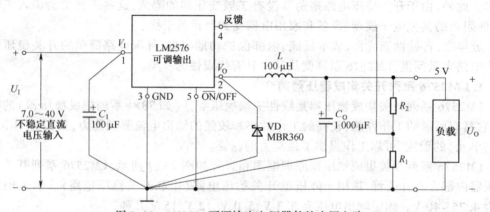

图 7-29　LM2576 可调输出电压器件的应用电路

图 7-29 中,采样电阻 $R_1 = 1\sim5\ \mathrm{k\Omega}$,输出电压为

$$U_0 = \left(1 + \frac{R_2}{R_1}\right) U_{\mathrm{REF}} \tag{7-25}$$

式中，$U_{\mathrm{REF}} = 1.23\ \mathrm{V}$，调节 R_2 可调整输出电压，输出电压的调节范围是 1.23～37 V。

实验九　直流稳压电源测试

1. 实验目的

研究集成稳压器的特点和主要性能指标的测试方法。

2. 实验设备

模拟电路实验箱、数字万用表、双踪示波器等。

3. 实验原理

集成稳压器具有体积小、外接电路简单、使用方便、工作可靠和通用性等优点，因此在各种电子设备中应用十分普遍，基本上取代了由分立元件构成的稳压电路。

用三端式集成稳压器 7806 构成的单电源电压输出串联型稳压电源的实验电路如图 7-30 所示。其中，整流部分采用了全桥（又称桥堆），型号为 ICQ-4B，内部接线和外部引脚如图 7-31 所示。

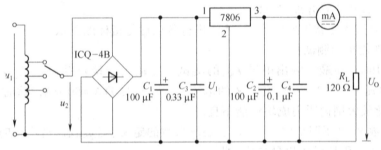

图 7-30　由 7806 构成的串联型稳压电源

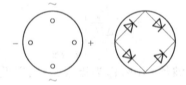

图 7-31　ICQ-4B 引脚图

4. 实验内容

1）整流滤波电路测试

按图 7-32 连接实验电路，取可调工频电源 14 V 电压作为整流电路输入电压 u_2。接通

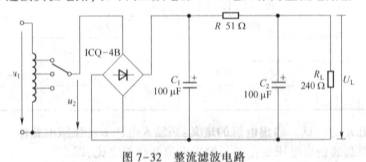

图 7-32　整流滤波电路

工频电源,测量输出端直流电压 U_L 及纹波电压 $\widetilde{U}_L$,用示波器观察 u_2 , U_L 的波形,把数据及波形记录在表 7-1 中。

表 7-1 数据及波形

测试值		波 形	
u_2/V			
U_L/V			
$\widetilde{U}_L/V$			

2)集成稳压器性能测试

断开工频电源,按图 7-30 改接实验电路,取负载电阻 $R_L = 120\ \Omega$ 。

(1)初测。接通工频 14 V 电源,测量 u_2 的值;测量滤波电路输出电压 U_i(稳压器输入电压),集成稳压器输出电压 U_o ,它们的数值应与理论值大致符合,否则说明电路出了故障,因此应设法查找故障并加以排除。

电路经初测进入正常工作状态后,才能进行各项性能指标的测试。

(2)各项性能指标测试:

①输出电压 U_o 和最大输出电流 I_{omax} 的测试。在输出端接负载电阻 $R_L = 120\ \Omega$,由于 7806 的输出电压 $U_o = 6$ V,因此流过 R_L 的电流 $I_{omax} = (6/120)A = 50$ mA。这时 U_o 应基本保持不变,若变化较大则说明集成块性能不良。

②稳压系数 S(电压调整率)的测试。稳压系数的定义:当负载保持不变时输出电压相对变化量与输入电压相对变化量之比,即

$$S = \left.\frac{\dfrac{\Delta U_o}{U_o}}{\dfrac{\Delta U_i}{U_i}}\right|_{R_L = 常数}$$

由于工程上常把电网电压波动±10% 作为极限条件,因此也有将此时输出电压的相对变化 $\Delta U_o/U_o$ 作为衡量指标,称为电压调整率。

取 $R_L = 120\ \Omega$,按表 7-2 改变整流电路输入电压 u_2(模拟电网电压波动),分别测出相应的稳压器输入电压 U_i 及输出直流电压 U_o ,记入表 7-2 中。

表 7-2 测试结果

测 试 值			计 算 值
u_2/V	U_i/V	U_o/V	S
10			$S_{12} =$
14			
17			$S_{23} =$

③输出电阻 R_o 的测试。输出电阻的定义:当输入电压 U_i(稳压电路输入)保持不变,由于负载变化而引起的输出电压变化量与输出电流变化量之比,即

$$R_{\circ} = \frac{\Delta U_{\circ}}{\Delta I_{\circ}}\bigg|_{U_{i}=常数}$$

取 $u_2 = 14$ V，改变负载 R_L，使 R_L 为 ∞、120 Ω 和 240 Ω，测试相应的 $I_{\circ}$、$U_{\circ}$ 值，记入表 7-3 中。

表 7-3　测试结果

测 试 值			计 算 值
R_L /Ω	$I_{\circ} /mA$	$U_{\circ} /V$	$R_{\circ} /\Omega$
∞			$R_{\circ 12} =$
120			
240			$R_{\circ 23} =$

④ 自拟方案和表格，测试电源的纹波系数。取 $u_2 = 14$ V，$U_{\circ} = 6$ V，$R_L = 120$ Ω。

提示：纹波系数是指直流稳压电源的直流输出电压上所叠加的交流分量的总有效值与直流分量的比值。

测量方法：先用直流电压表测量出直流电压 $U_{\circ}$，再用交流毫伏表（或其他仪器）测出纹波电压 $\Delta U_{\circ}$。则纹波系数 r 为

$$r = \frac{\Delta U_{\circ}}{U_{\circ}}$$

5. 实验报告

整理相关数据、分析集成稳压器的特点和影响主要性能指标的因素。

小　　结

（1）直流稳压电源应包含整流、滤波和稳压三个部分。整流元件为二极管，滤波元件有电容和电感，滤波电容应与负载并联，滤波电感应与负载串联。滤波后的直流电压仍受电网波动及负载变化的影响，为此要采取稳压措施。

（2）稳压电路主要有线性稳压电路和开关型稳压电路两种。小功率电源多用线性调整型稳压电路，其中三端集成稳压器由于使用方便，应用越来越广泛。大功率电源多采用开关型稳压电路，一般采用脉宽调制实现稳压。开关型稳压电路又分串联型和并联型，由于并联型开关稳压电路易实现多组电压输出和电源与负载间电气隔离，因而应用较广泛。

思考与习题

1. 判断题

（1）整流电路可将正弦电压变为脉动的直流电压。　　　　　　　　　　　　（　）

（2）电容滤波电路适用于小负载电路，而电感滤波电路适用于大负载电路。　　（　）

（3）在单相桥式整流电容滤波电路中，若有一只整流管断开，输出电压平均值变为原来

的一半。　　　　　　　　　　　　　　　　　　　　　　　　　　　　　　　　（　　）

（4）对于理想的稳压电路，$\Delta U_o / \Delta U_i = 0, R_o = 0$。　　　　　　　　　　（　　）

（5）在桥式整流电路中，流过整流二极管的电流是负载电流的 1/4。　　　　（　　）

（6）全波整流与半波整流的脉动系数是一样的。　　　　　　　　　　　　（　　）

（7）在并联型稳压电源中作调整管的二极管与串联型稳压电源中作基准电压的二极管都工作在反向击穿区。　　　　　　　　　　　　　　　　　　　　　　　　（　　）

（8）一般情况下，开关型稳压电路比线性稳压电路效率高。　　　　　　　（　　）

（9）当输入电压 U_i 和负载电流 I_L 变化时，稳压电路的输出电压是绝对不变的。　（　　）

（10）直流电源是一种能量转换电路，它将交流能量转换为直流能量。　　　（　　）

2. 选择题

（1）整流的目的是（　　）。

　　A. 将交流变为直流　　　　　　　　　　B. 将高频变为低频

　　C. 将正弦波变为方波　　　　　　　　　D. 将三相电变为单相电

（2）在桥式整流电路中，输入电压和输出电压的关系为（　　）。

　　A. 0. 45　　　　　　B. 0. 9　　　　　　C. 1　　　　　　D. $\sqrt{2}$

（3）已知变压器二次电压为 20 V，则桥式整流电容滤波电路接上负载时的输出电压平均值为（　　）。

　　A. 28. 28 V　　　　　B. 20 V　　　　　C. 24 V　　　　　D. 18 V

（4）要得到 −24 ~ −5 V 和 +9 ~ +24 V 的可调电压输出，应该用的三端稳压器分别为（　　）。

　　A. CW117、CW217　　B. CW117、CW137　　C. CW137、CW117　　D. CW137、CW237

（5）已知变压器二次电压为 $u_2 = \sqrt{2}\, U\sin\omega t$ V，负载电阻为 R_L，则桥式整流电路的输出电流为（　　）。

　　A. $0. 9\dfrac{U_2}{R_L}$　　　　　B. $\dfrac{U_2}{R_L}$　　　　　C. $0. 45\dfrac{U_2}{R_L}$　　　　　D. $\sqrt{2}\dfrac{U_2}{R_L}$

（6）在桥式整流电路中，流过每只整流二极管的平均电流 I_D 是负载平均电流的（　　）。

　　A. 0. 45　　　　　　B. 0. 9　　　　　　C. 1　　　　　　D. $\sqrt{2}$

（7）在电容滤波电路中，输出电压平均值 U_o 与时间常数 $R_L C$ 的关系是（　　）。

　　A. $R_L C$ 越大，U_o 越大　　B. $R_L C$ 越大，U_o 越小　　C. 无直接关系

（8）79 系列集成稳压器引脚 1 表示（　　）端。

　　A. 输入　　　　　　B. 输出　　　　　　C. 接地　　　　　　D. 调整

（9）稳压电路中的无极性电容器的主要作用是（　　）。

　　A. 滤除直流中的高频成分　　　　　　　B. 滤除直流中的低频成分

　　C. 存储电能

（10）关于桥式整流电路下列说法不正确的是（　　）。

　　A. 桥式整流与全波整流有相同的脉动系数

　　B. 桥式整流正常工作时，四个二极管同时工作

　　C. 桥式整流负载上的电压有效值与变压器二次[侧]有效值关系是 $U_L = 0. 9U_2$

　　D. 桥式整流在日常生活中用得最多

3. 填空题

(1)整流的目的是_____;滤波的目的是_____;稳压电路的目的是_____
____。在稳压电路中,稳压二极管作基准电压时要_____接。(填正、反)

(2)若要组成输出电压可调、最大输出电流为 3 A 的直流稳压电源,则应采用_____。

(3)开关型直流电源比线性直流电源效率高的原因是_____。

(4)在单相桥式整流电路中,若有一只整流管接反,则_____。

(5)在变压器二次电压和负载电阻相同的情况下,桥式整流电路的输出电流是半波整
流电路输出电流的_____倍。

4. 计算题

(1)单相桥式整流电路,已知交流电网电压为 220 V,负载电阻 $R_L = 50\ \Omega$,负载电压
$U_0 = 100$ V,试求:变压器的变比和容量,并选择二极管。

(2)试分析图 7-33 所示的桥式整流电路中的二极管 VD_2 或 VD_4 断开时负载电压的波
形。如果 VD_2 或 VD_4 接反,后果如何? 如果 VD_2 或 VD_4 因击穿或烧坏而短路,后果又如何?

(3)有一单相桥式整流滤波电路,已知交流电源频率 $f = 50$ Hz,负载电阻 $R_L = 200\ \Omega$,
要求直流输出电压 $U_0 = 30$ V,选择整流二极管及滤波电容。

(4)如图 7-34 所示电路,$R_1 = 240\ \Omega$,$R_2 = 3$ kΩ;W117 输入端和输出端电压允许范围
为 3~40 V,输出端和调整端之间的电压 U_R 为 1.25 V。试求:

①输出电压的调节范围;

②输入电压的允许范围。

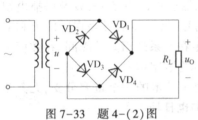

图 7-33 题 4-(2)图

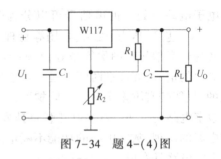

图 7-34 题 4-(4)图

(5)电路如图 7-35 所示。

①分别标出 u_{01} 和 u_{02} 对地的极性。

②u_{01}、u_{02} 分别是半波整流还是全波整流?

③当 $U_{21} = U_{22} = 20$ V 时,$U_{01(AV)}$ 和 $U_{02(AV)}$ 各为多少?

④当 $U_{21} = 18$ V,$U_{22} = 22$ V 时,画出 u_{01}、u_{02} 的波形;求 $U_{01(AV)}$ 和 $U_{02(AV)}$ 各为多少?

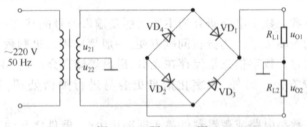

图 7-35 题 4-(5)图

第 2 部分　数字电子技术基础

第 8 章　数字逻辑基础及逻辑门电路

用数字信号完成对数字量进行算术运算和逻辑运算的电路称为数字电路或数字系统。数字电路是以二值数字逻辑为基础的，其工作信号是离散的数字信号。本章主要介绍数制、编码，以及逻辑代数和逻辑规则、逻辑函数化简，并在分立元件逻辑门电路的基础上，介绍了 TTL 和 CMOS 集成逻辑门的电路组成、逻辑原理和功能等。

8.1　数字逻辑电路概述

电子电路所处理的电信号可以分为两类：一类是数值随时间的变化而连续变化的信号，如温度、速度、压力、磁场、电场等物理量通过传感器变成的电信号，以及广播电视中传送的各种语音信号和图像信号等，它们都属于模拟信号；另一类信号是在时间上和数值上都是离散的信号，亦即在时间上是不连续的，总是发生在一系列离散的瞬间，在数值上则是量化的，只能按有限多个增量或阶梯取值，这类信号称为数字信号。

数字电路是自 20 世纪 60 年代迅速发展起来的电子技术的一个重要分支，尤其是随着集成电路的出现，数字电路的功能不断增强，应用范围也日趋扩大。

数字电路具有以下重要特点：

(1) 器件工作在开关状态。数字电路处理的信号只有两个工作状态，其中电压较高的状态称为高电平，电压较低的状态称为低电平，为了分析问题方便。常用"1"和"0"这两个符号来表示数字信号的状态。例如，数字电路中常以三极管的截止状态代表高电平"1"，以饱和导通状态代表低电平"0"。这一点与模拟电路中的三极管工作在放大状态是有本质区别的。

(2) 采用二进制数。数字电路研究的主要问题是输入信号的状态(0 或 1)与输出信号状态(0 或 1)之间的逻辑关系。为分析问题方便，一般都采用二进制数表示这种关系。

(3) 信息便于储存。数字信息常保存在光盘、磁盘等储存介质内，由于数字信号只有两个状态，保存时比较方便。另外，数字化信息更容易进行加密处理，使信息资源不易被窃取。

(4) 通用性强。数字电路或逻辑器件易于标准化生产，器件之间的互换性强。

(5) 抗干扰能力强。由于数字电路处理的是高电平和低电平两个状态，即使有外界干扰，只要输入信号不超出规定电平的范围，电路输出并不受影响，因而抗干扰能力强。

8.2　数制及编码

1. 几种常见的数制

数制就是数的表示方法。把多位数码中每一位的构成方法以及按从低位到高位的进位规则进行计数称为进位计数制。在日常生活中,人们习惯于使用十进制计数;而在数字电路中,常用的是二进制数、八进制数和十六进制计数。

1）十进制（Decimal）

十进制计数制简称十进制,用 0、1、2、3、4、5、6、7、8、9 十个数字符号来描述。计数规律是"逢十进一",即当任何一个数比 9 大 1 时,向相邻的高位进 1,本位复 0。任何一个十进制数都可以用其幂的形式表示,例如:

$$(249.56)_{10} = 2 \times 10^2 + 4 \times 10^1 + 9 \times 10^0 + 5 \times 10^{-1} + 6 \times 10^{-2}$$

任何一个十进制数 $(N)_{10}$ 都可以表示为

$$(N)_{10} = k_{n-1}k_{n-2}\cdots k_0 k_{-1}\cdots k_{-m}$$
$$= k_{n-1} \times 10^{n-1} + \cdots + k_0 \times 10^0 + k_{-1} \times 10^{-1} + \cdots + k_{-m} \times 10^{-m} \tag{8-1}$$

式中, m、n 为正整数, m 表示小数部分位数, n 表示整数部分位数; k_i 为系数,是十进制的十个数字字符中的某一个; 10^i 表示第 i 位的权值,位数越高,位权越大。

虽然十进制是人们最习惯的计数制,但却很难在电路中实现。因为要使一个电路或者一个电子器件具有能严格区分的十个状态来与十进制的十个不同的数字符号一一对应是比较困难的,因此在数字电路中一般不直接使用十进制。

2）二进制（Binary）

二进制计数制简称二进制,只有 0 和 1 两个数字符号。计算 1+1 时,本位复 0,并向相邻的高位进 1,即 1+1=10(读作"壹零"),其计数规律为"逢二进一"。

任何一个二进制数 $(N)_2$ 都可以表示为

$$(N)_2 = k_{n-1}k_{n-2}\cdots k_0 k_{-1}\cdots k_{-m}$$
$$= k_{n-1} \times 2^{n-1} + \cdots + k_0 \times 2^0 + k_{-1} \times 2^{-1} + \cdots + k_{-m} \times 2^{-m} \tag{8-2}$$

式中, m、n 为正整数, m 表示小数部分位数, n 表示整数部分位数, k_i 为系数; 2^i 表示第 i 位的权值,不同位数的位权为 $2^{n-1}, \cdots, 2^1, 2^0, 2^{-1}, \cdots, 2^{-m}$。

任何一个二进制数都可以按位权展开,例如:

$$(1101.101)_2 = 1 \times 2^3 + 1 \times 2^2 + 0 \times 2^1 + 1 \times 2^0 + 1 \times 2^{-1} + 0 \times 2^{-2} + 1 \times 2^{-3}$$

二进制数只有 0 和 1 两个数字符号,因此很容易用电路元件的状态来表示。例如,三极管的饱和与截止、灯泡的亮与灭、继电器的接通与断开、电平的高与低等,都可以将其中的一个状态规定为 0,另一个状态规定为 1。

3）八进制（Octal）

由于多位二进制数不便于识别和记忆,因此在一些计算机的资料中常采用八进制和十六进制来表示二进制,也就是说,八进制和十六进制是二进制的简写形式。

八进制计数制简称八进制,只有 0、1、2、3、4、5、6、7 八个数字符号,其计数规律为"逢八进一"。八进制是以 8 为基数的计数体制。

任何一个八进制数 $(N)_8$ 都可以表示为

$$(N)_8 = k_{n-1}k_{n-2}\cdots k_0 k_{-1}\cdots k_{-m}$$

$$= k_{n-1} \times 8^{n-1} + \cdots + k_0 \times 8^0 + k_{-1} \times 8^{-1} + \cdots + k_{-m} \times 8^{-m} \qquad (8-3)$$

式中，k_i 为系数；8^i 表示第 i 位的权值。

任何一个八进制数都可以按位权展开，例如：

$$(165.2)_8 = 1 \times 8^2 + 6 \times 8^1 + 5 \times 8^0 + 2 \times 8^{-1}$$

4）十六进制（Hexadecimal）

十六进制计数制简称十六进制，有 0、1、2、3、4、5、6、7、8、9、A、B、C、D、E、F 十六个符号，其计数规律为"逢十六进一"。十六进制是以 16 为基数的计数体制。

任何一个十六进制数 $(N)_{16}$ 都可以表示为

$$(N)_{16} = k_{n-1}k_{n-2}\cdots k_0 k_{-1}\cdots k_{-m}$$

$$= k_{n-1} \times 16^{n-1} + \cdots + k_0 \times 16^0 + k_{-1} \times 16^{-1} + \cdots + k_{-m} \times 16^{-m} \qquad (8-4)$$

式中，k_i 为系数；16^i 表示第 i 位的权值。

任何一个十六进制数都可以按位权展开，例如：

$$(6BA)_{16} = 6 \times 16^2 + 11 \times 16^1 + 10 \times 16^0$$

2. 不同数制间的转换

1）二进制数、八进制数、十六进制数转换成十进制数

可分别用式（8-2）、式（8-3）和式（8-4）将任意一个二进制数、八进制数和十六进制数按位权展开，转换成十进制数。

【例 8-1】 将 1101.101 转换成十进制数。

解：$(1101.101)_2 = 1 \times 2^3 + 1 \times 2^2 + 0 \times 2^1 + 1 \times 2^0 + 1 \times 2^{-1} + 0 \times 2^{-2} + 1 \times 2^{-3} = (13.875)_{10}$

【例 8-2】 将 $(165.23)_8$ 转换成十进制数。

解：$(165.2)_8 = 1 \times 8^2 + 6 \times 8^1 + 5 \times 8^0 + 2 \times 8^{-1} = (117.25)_{10}$

【例 8-3】 将 $(6BA)_{16}$ 换成十进制数。

解：$(6BA)_{16} = 6 \times 16^2 + 11 \times 16^1 + 10 \times 16^0 = (1722)_{10}$

2）十进制数转换成二进制数

十进制数换为二进制数，转换时其整数部分和小数部分应分别进行。整数部分可采用连续除 2 取余数法，最后得到的余数为二进制的整数部分的高位；小数部分可采用连续乘 2 取整法，最先得到的整数为二进制的小数部分的高位。

【例 8-4】 将十进制数 11.375 转换成二进制数。

解：

所以，$(11.375)_{10} = (1011.011)_2$。

同理，若将十进制数转换成八进制数或十六进制数，按以上方法，可将整数部分连续除以 8 或 16 取余，小数部分可采用连续乘 8 或 16 取整。

3）二进制数与八进制数、十六进制数之间的转换

八进制数的基数是 8，三位二进制数恰好是八个 0、1 数码的组合，即 $8 = 2^3$；十六进制数的基数 16，四位二进制数恰好是十六个状态，即 $16 = 2^4$，所以，二进制数、八进制数和十六进制数之间具有 2 的幂关系，因而可直接进行转换。

将二进制数转换为八进制数或十六进制数的方法：以小数点为中心，分别向左、右按三位为一组转换为八进制数，或按或四位为一组转换为十六进制数，最后不满三位或不满四位需补 0，将每组以对应等值的八进制数或十六进制数代替。

【例 8-5】　将二进制数 $(11001010.1010)_2$ 分别转换成八进制数和十六进制数。

解：二进制数以小数点为中心，分别向左、右按三位一组转换成八进制数。

$(11001010.1010)_2 = \underline{011}\ \underline{001}\ \underline{010}.\ \underline{101}\ \underline{000}$

$$3\quad 1\quad 2.\quad 5\quad 0$$

转换成十六进制数时以小数点为中心，分别向左、右按每四位为一组进行转换。

$(11001010.1010)_2 = \underline{1100}\ \underline{1010}.\ \underline{1010}$

$$C\quad A.\quad A$$

所以，$(11001010.1010)_2 = (312.50)_8 = (CA.A)_{16}$。

将十六进制数和八进制数转换为二进制数时，其过程相反，即用三位二进制数替换一位八进制数或用四位二进制数替换一位十六进制数。

【例 8-6】　将 $(7E.F)_{16}$ 转换成二进制数。

解：每一位十六进制数转换成对应的四位二进制数。

$(7E.F)_{16} = 7\qquad E.\qquad F$

$$0111\quad 1110.\quad 1111$$

所以，$(7E.F)_{16} = (1111110.1111)_2$。

十进制数转换成八进制数或十六进制数，可以将二进制作为中间桥梁，先将该十进制数转换成二进制数，再通过二进制数、八进制数和十六进制数之间具有 2 的幂关系进行转换。

3. 几种常见的编码

在人们工作中，经常要给某些特定的对象赋予一个代码。例如，在体育竞赛中，用"058"来代表某个运动员的编号，类似的如手机号码、学生学号等都是特定对象的代码。在数字电路中，由于要处理大量的数值、文字、声音、图像等信息，同样也要对这些信息赋予特定的代码。这种建立代码与特定对象之间一一对应关系的过程称为编码。

1）二–十进制码（BCD 码）

在数字电路中常使用二–十进制码，又称 BCD（Binary Coded Decimal）码，就是用四位二进制数的代码来表示一位十进制数。二进制代码的位数（n）与需要编码的事件（或信息）的个数（N）之间应满足 $N \leq 2^n$ 的关系。四位二进制数可编出十六种不同的代码组合，但人们只需要用其中的十种组合。因为从十六种组合中选用十种组合的方案有很多种，所以就有多种对十进制数进行编码的方案，表 8-1 列出了几种常用的二–十进制码，它们的编码规则各不相同。

表 8-1 几种常用的二-十进制码

编码种类 十进制数	8421 码	2421(A)码	2421(B)码	5421 码	余 3 码	格雷码
0	0000	0000	0000	0000	0011	0000
1	0001	0001	0001	0001	0100	0001
2	0010	0010	0010	0010	0101	0011
3	0011	0011	0011	0011	0110	0010
4	0100	0100	0100	0100	0111	0110
5	0101	0101	1011	1000	1000	0111
6	0110	0110	1100	1001	1001	0101
7	0111	0111	1101	1010	1010	0100
8	1000	1110	1110	1011	1011	1100
9	1001	1111	1111	1100	1100	1101
权	8421	2421	2421	5421	无	无

(1)8421 码。8421 码是最常用的二-十进制码,用 0000~1001 来表示十进制的 0~9。在表示十进制的四位二进制代码中,由高到低的权值分别为 8、4、2、1。这种每位二进制有一个固定权值的码称为有权码。

【例 8-7】 $(65)_{10} = (01100101)_{8421BCD}$。

(2)2421 码。2421 码也是一种有权码,其四位二进制由高到低的权值分别为 2、4、2、1。

(3)5421 码。5421 码也是一种有权码,其四位二进制由高到低的权值分别为 5、4、2、1。

【例 8-8】 $(65)_{10} = (10011000)_{5421BCD}$。

(4)余 3 码。余 3 码也有四位,但每位的权不是固定的,故是无权码。它可以由每个 8421 码加上十进制的 3 或者二进制的 11 得到,余 3 码因此而得名。

(5)格雷码。格雷码又称循环码,是在检测和控制系统中常用的一种代码。格雷码最重要的特点是任何两个相邻的代码只有一位状态不同。当模拟量发生微小变化而可能引起数字量发生变化时,格雷码仅改变一位,这样与其他码同时改变两位或多位的情况比较更为可靠,减少出错率。

2) ASCII 码

计算机不仅用于处理数字,而且用于处理字母、符号等文字信息。人们通过键盘上的字母、符号和数值向计算机发送数据指令,每一个键符可用一个二进制码来表示,美国信息交换标准代码(American Standard Code For Information Interchange,ASCII 码),是目前国际上通用的一种字符码。它用七位二进制码($b_7 b_6 b_5 b_4 b_3 b_2 b_1$)来表示 128 个字符,ASCII 码的编码如表 8-2 所示。

表 8-2　ASCII 码的编码

$b_4b_3b_2b_1$	$b_7b_6b_5$							
	000	001	010	011	100	101	110	111
0000	NUL	DLE	SP	0	@	P	\	p
0001	SOH	DC1	!	1	A	Q	a	q
0010	STX	DC2	"	2	B	R	b	r
0011	ETX	DC3	#	3	C	S	c	s
0100	EOT	DC4	$	4	D	T	d	t
0101	ENQ	NAK	%	5	E	U	e	u
0110	ACK	SYN	&	6	F	V	f	v
0111	BEL	ETB	'	7	G	W	g	w
1000	BS	CAN	(	8	H	X	h	x
1001	HT	EM	)	9	I	Y	i	y
1010	LF	SUB	*	:	J	Z	j	x
1011	VT	ESC	+	;	K	[	k	¦
1100	FF	FS	,	<	L	\	l	¦
1101	CR	GS	−	=	M	]	m	¦
1110	SO	RS	.	>	N	^	n	~
1111	SI	US	/	?	O	—	o	DEL

8.3　逻辑代数基本运算

数字电路要研究的是电路的输入与输出之间的逻辑关系,所以数字电路又称逻辑电路。在数字电路中,一位二进制数码"0"和"1"不仅可以表示数量的大小,也可以表示事物的两种不同的逻辑状态,如电平的高低、开关的闭合和断开、电动机的启动和停止、电灯的亮和灭等。这种只有两种对立逻辑状态的逻辑关系,称为二值逻辑。逻辑代数就是由字母表示的逻辑变量、逻辑常量(0 或 1)、基本逻辑运算符(与、或、非)所构成的集合。

1."与"运算

当决定一件事情的全部条件都具备时,该事件才会发生,这种因果关系称为与逻辑关系。如图 8-1(a)所示电路,用"1"表示开关闭合,"0"表示开关断开;"1"表示灯亮,"0"表示灯灭。则可得到如表 8-3 所示的逻辑关系表,称为真值表。与逻辑的表达式为 $Y = A \cdot B$。式中,"·"为与逻辑运算符,有时也可以省略,与运算规则为 $0 \cdot 0 = 0, 0 \cdot 1 = 0, 1 \cdot 0 = 0, 1 \cdot 1 = 1$,即"有 0 出 0,全 1 出 1"。

在数字电路中,实现与逻辑运算的门电路称为"与门",与门的逻辑符号如图 8-1(b)、(c)所示。其中图 8-1(b)是我国国家标准符号,图 8-1(c)为国外常用符号。与运算可推广到多个逻辑变量,其逻辑表达式为 $Y = A \cdot B \cdot C$。

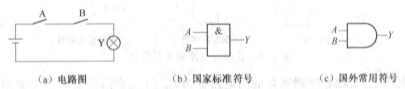

　　　(a)电路图　　　　　　(b)国家标准符号　　　　　(c)国外常用符号

图 8-1　与逻辑电路和逻辑符号

表 8-3 与运算真值表

A	B	Y
0	0	0
0	1	0
1	0	0
1	1	1

2. "或"运算

或运算又称逻辑加或逻辑或,即只要决定一件事情中的一个条件满足时,事件就会发生。如图 8-2(a)所示电路,只要开关 A、B 有一个闭合时,灯就会亮。或逻辑表达式为 $Y = A + B$。式中,"+"为或逻辑运算符,真值表如表 8-4 所示。或运算规则为 $0+0=0, 0+1=1,$ $1+0=1, 1+1=1$,即"有 1 出 1,全 0 出 0"。

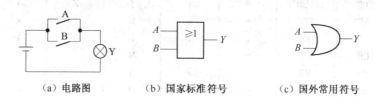

(a) 电路图   (b) 国家标准符号   (c) 国外常用符号

图 8-2 或逻辑电路和逻辑符号

表 8-4 或运算真值表

A	B	Y
0	0	0
0	1	1
1	0	1
1	1	1

在数字电路中,实现或逻辑运算的门电路称为"或门",或门逻辑符号如图 8-2(b)、(c)所示。或运算可推广到多个逻辑变量,其逻辑表达式为 $Y = A + B + C$。

3. "非"运算

当条件具备时,事件不发生;当条件不具备时,事件发生,这种因果关系称为逻辑非,又称逻辑求反。如图 8-3(a)所示电路,一个开关控制一盏灯就是非逻辑事例,当开关 A 闭合时灯不亮,当开关 A 断开时灯亮。非逻辑运算的输出变量是输入变量的相反状态,其逻辑表达式为 $Y = \overline{A}$ 或 $Y = A'$,真值表如表 8-5 所示。

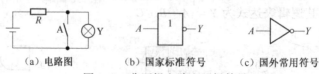

(a) 电路图   (b) 国家标准符号   (c) 国外常用符号

图 8-3 非逻辑电路和逻辑符号

在数字电路中,实现非逻辑运算的门电路称为"非门",非门的逻辑符号如图 8-3(b)、(c)所示。

表 8-5　非运算真值表

A	Y
0	1
1	0

4. 复合逻辑运算

与、或、非是数字电路最基本的三种逻辑关系,利用这三种逻辑关系还可以构成其他各种功能的逻辑电路。

(1)"与非"逻辑运算,逻辑表达式为 $Y = \overline{AB}$,真值表和逻辑符号分别如表 8-6 和图 8-4(a)所示。

表 8-6　与非运算真值表

A	B	Y
0	0	1
0	1	1
1	0	1
1	1	0

(2)"或非"逻辑运算,逻辑表达式为 $Y = \overline{A + B}$ 。真值表和逻辑符号分别如表 8-7 和图 8-4(b)所示。

表 8-7　或非运算真值表

A	B	Y
0	0	1
0	1	0
1	0	0
1	1	0

(3)"与或非"逻辑运算,逻辑表达式为 $Y = \overline{AB + CD}$ 。真值表和逻辑符号分别如表 8-8和如图 8-4(c)所示。

表 8-8　与或非运算真值表

A	B	C	D	Y
0	0	0	0	1
0	0	0	1	1
0	0	1	0	1
0	0	1	1	0
0	1	0	0	1
0	1	0	1	1
0	1	1	0	1
0	1	1	1	0

续表

A	B	C	D	Y
1	0	0	0	1
1	0	0	1	1
1	0	1	0	1
1	0	1	1	0
1	1	0	0	0
1	1	0	1	0
1	1	1	0	0
1	1	1	1	0

（4）"异或"逻辑运算,逻辑表达式为 $Y = A\overline{B} + \overline{A}B = A \oplus B$。式中,"$\oplus$"表示异或运算,异或的关系是两个输入逻辑变量取值不同时输出为 1,否则为 0。真值表和逻辑符号分别如表 8-9 和图 8-4(d)所示。

（5）"同或"逻辑运算,逻辑表达式为 $Y = AB + \overline{AB} = A \odot B$。式中,"$\odot$"表示同或运算,同或的关系是两个输入逻辑变量取值相同时输出为 1,否则为 0。真值表和逻辑符号分别如表 8-10 和图 8-4(e)所示。

表 8-9　同或运算真值表

A	B	Y
0	0	1
0	1	0
1	0	0
1	1	1

表 8-10　异或运算真值表

A	B	Y
0	0	0
0	1	1
1	0	1
1	1	0

同或与异或是对立的,异或取反等于同或,同或取反等于异或,即 $A \odot B = \overline{A \oplus B}$。

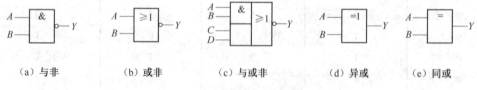

　（a）与非　　　　（b）或非　　　　（c）与或非　　　　（d）异或　　　　（e）同或

图 8-4　几种复合逻辑运算的逻辑符号

8.4　逻辑代数的基本定律和规则

1. 逻辑代数的基本定律和常用公式

根据逻辑代数中与、或、非三种基本运算规则,可推算出逻辑运算的一些基本定律。表 8-11 列出了逻辑代数的一些基本定律和常用公式。

表 8-11　逻辑代数的一些基本定律和常用公式

基本定律	0/1 律	$A+0=A, A+1=1$	$A \cdot 0=0, A \cdot 1=A$
	重叠律	$A+A=A$	$A \cdot A=A$
	互补律	$A+\bar{A}=1$	$A \cdot \bar{A}=0$
	交换律	$A+B=B+A$	$A \cdot B=B \cdot A$
	结合律	$(A+B)+C=A+(B+C)$	$(A \cdot B) \cdot C=A \cdot(B \cdot C)$
	分配律	$A \cdot(B+C)=A \cdot B+A \cdot C$	$A+B \cdot C=(A+B) \cdot(A+C)$
	反演律	$\overline{A+B}=\bar{A} \cdot \bar{B}$	$\overline{A \cdot B}=\bar{A}+\bar{B}$
	还原律	$\bar{\bar{A}}=A$	
常用公式	吸收律	$A+AB=A$	
	并项律	$AB+\bar{A}B=B$	
	消因律	$A+\bar{A}B=A+B$	
	包含律	$AB+\bar{A}C+BC=AB+\bar{A}C$	
	对合律	$(A+B)(A+\bar{B})=A$	

基本定律中反演律又称摩根定律,其规则是变量乘积之反等于反变量之和,变量和之反等于反变量之积。下面用真值表对反演律进行证明,将 A、B 各组取值分别代入公式的两端,若所得的值完全对应相等,则证明原等式成立。证明过程如表 8-12 所示。

表 8-12　反演律证明

A	B	$\overline{A \cdot B}$	$\bar{A}+\bar{B}$	$\overline{A+B}$	$\bar{A} \cdot \bar{B}$
0	0	1	1	1	1
0	1	1	1	0	0
1	0	1	1	0	0
1	1	0	0	0	0

现对几项常用公式进行证明。

1) $A+AB=A$

证明: $A+AB=A \cdot(1+B)=A \cdot 1=A$

2) $AB+\bar{A}B=B$

证明: $AB+\bar{A}B=(A+\bar{A})B=B$

3) $A+\bar{A}B=A+B$

证明: $A+\bar{A}B=(A+\bar{A}) \cdot(A+B)=A+B$

4）$AB + \overline{A}C + BC = AB + \overline{A}C$

证明：$AB + \overline{A}C + BC = AB + \overline{A}C + (A + \overline{A})BC$

$= AB + \overline{A}C + ABC + \overline{A}BC = AB(1 + C) + \overline{A}C(1 + B) = AB + \overline{A}C$

5）$(A + B)(A + \overline{B}) = A$

证明：$(A + B)(A + \overline{B}) = A + A\overline{B} + AB = A(1 + \overline{B} + B) = A$

2. 逻辑代数的基本规则

逻辑代数除上述定律和公式外，在运算时还有一些基本规则：代入规则、反演规则、对偶规则。

1）代入规则

任何一个含有某变量的逻辑等式，如果等式中所有出现此变量的位置均以一个逻辑函数式代之，则此等式依然成立，这个规则称为代入规则。

利用代入规则可以方便地扩展公式，例如，在反演律 $\overline{A \cdot B} = \overline{A} + \overline{B}$ 中，用 BC 代替式中的 B，则等式左边为 $\overline{A \cdot BC} = \overline{A} + \overline{B} + \overline{C}$，等式右边为 $\overline{A} + \overline{BC} = \overline{A} + \overline{B} + \overline{C}$，等式成立。

2）反演规则

反演规则是反演律的推广，如果将函数表达式中的变量和常量分别取反，"与"运算和"或"运算互换，并保持各变量原来的运算顺序不变，所得表达式即为原函数的反函数，该规则称为反演规则。

运用反演规则时，应注意遵守以下两个原则：

（1）注意保持原函数中的运算符号的优先顺序（先括号、再相与，最后或）不变。

（2）不属于单个变量上的非号应保留不变。

【例 8-9】 $F = A\overline{B} + \overline{(A + C)B} + \overline{A} \cdot \overline{B} \cdot \overline{C}$，利用反演规则写出 $\overline{F}$。

解： $\overline{F} = (\overline{A} + B) \cdot \overline{\overline{A} \cdot \overline{C} + \overline{B}} \cdot (A + B + C)$ 或 $\overline{F} = (\overline{A} + B) \cdot (A + C) \cdot B \cdot (A + B + C)$

3）对偶规则

对于任意一个逻辑函数 F，将式中的运算符"·"换成"+"，"+"换成"·"，常量"0"换成"1"，"1"换成"0"，得到新函数式 F' 为原函数式 F 的对偶式。

【例 8-10】 若 $F_1 = A(\overline{B} + C)$，$F_2 = \overline{AB + \overline{A}C} + 1 \cdot B$，求对偶式 F'_1、F'_2。

解：
$$F'_1 = A + \overline{B}C$$

$$F'_2 = \overline{(A + B) \cdot (\overline{A} + C)} \cdot (0 + B)$$

求对偶式时运算顺序不变，且它只变换运算符号和常量，其变量是不变的。如果两个逻辑函数相等，则它们的对偶式也相等。

8.5 逻辑函数的化简

在逻辑电路的设计中，所用的元器件少、器件间相互连线少和工作速度快是中小规模逻辑电路设计的基本要求。为此，在一般情况下，逻辑表达式应该表示成最简的形式，这样就涉及逻辑函数的化简问题。化简的目的就是把逻辑函数化简为"最简与或表达式"，判断最简与或表达式的标准是表达式中与项个数最少；每个与项中变量数最少。

化简逻辑函数的主要方法有公式法和卡诺图法。

8.5.1　逻辑函数的公式化简法

公式法化简逻辑式，就是运用逻辑代数的定律、公式、规则对逻辑式进行变换，以消去一些多余的与项和变量。公式法化简，没有普遍适用的固定步骤，这种方法需要一定的经验和技巧。

1. 并项法

利用公式 $AB + A\bar{B} = A$ ，将两个与项合并为一项，消去互补变量。式中 A 和 B 可以是单个变量，也可以是逻辑式。

【例 8-11】　化简逻辑函数 $F = AB + AC + A\bar{B}\bar{C}$ 。

解：
$$F = AB + AC + A\bar{B}\bar{C} = A(B + C) + A(\overline{B + C}) = A$$

2. 吸收法

利用 $A + AB = A$ ，吸收掉多余的与项。

【例 8-12】　化简逻辑函数 $F = \overline{AB} + \bar{A}CD + \bar{B}CD$ 。

解：　$F = \overline{AB} + \bar{A}CD + \bar{B}CD = \overline{AB} + (\bar{A} + \bar{B})CD = \overline{AB} + \overline{AB}CD = \overline{AB} = \bar{A} + \bar{B}$

3. 消去法

利用公式 $A + \bar{A}B = A + B$ ，消去与项中多余的因子。式中 A 和 B 可以是单个变量，也可以是逻辑式。

【例 8-13】　化简逻辑函数 $F = AB + ACD + \bar{B}CD$ 。

解：　$F = AB + ACD + \bar{B}CD = AB + (\bar{A} + \bar{B})CD = AB + \overline{AB}CD = AB + CD$

4. 配项法

利用 $A + \bar{A} = 1$ 进行配项，将某个与项变为两项，再和其他项合并，以消除更多的与项，从而获得最简与或式。

【例 8-14】　化简逻辑函数 $F = \bar{A}\bar{B} + \bar{B}\bar{C} + BC + AB$ 。

解：利用上述并项法、吸收法、消去法是无法化简此逻辑函数的，因此用配项的方法化简此函数。

$$F = \bar{A}\bar{B} + \bar{B}\bar{C} + BC + AB = \bar{A}\bar{B}(C + \bar{C}) + \bar{B}\bar{C} + BC(A + \bar{A}) + AB$$
$$= \bar{A}\bar{B}C + \bar{A}\bar{B}\bar{C} + \bar{B}\bar{C} + ABC + \bar{A}BC + AB = \bar{B}\bar{C} + AB + \bar{A}C(B + \bar{B})$$
$$= \bar{B}\bar{C} + AB + \bar{A}C$$

下面是综合应用上述方法进行逻辑函数化简的例子。

【例 8-15】　化简逻辑函数 $F = A + AB + \bar{A}C + BD + ACFE + \bar{B}E + EDF$ 。

解：
$$F = A + AB + \bar{A}C + BD + ACFE + \bar{B}E + EDF$$
$$= A + \bar{A}C + BD + \bar{B}E + EDF$$
$$= A + C + BD + \bar{B}E + EDF$$
$$= A + C + BD + \bar{B}E$$

【例 8-16】 化简逻辑函数 $F = \overline{\overline{\overline{\overline{ABC} + ABD} + BE} + \overline{(DE + A\overline{D})} \cdot \overline{B}}$。

解：
$$F = \overline{\overline{\overline{\overline{ABC} + ABD} + BE} + \overline{(DE + A\overline{D})} \cdot \overline{B}}$$
$$= \overline{\overline{B(\overline{AC} + AD + E)} + \overline{DE + A\overline{D}} + B}$$
$$= \overline{B} + \overline{AC} + AD + E + DE + A\overline{D} + B$$
$$= 1$$

8.5.2 逻辑函数的卡诺图化简法

用公式法化简逻辑函数,不仅要熟记逻辑代数的基本定律和常用公式,而且还需要有一定的运算技巧才能得心应手。另外,经过化简后的逻辑函数是否已经是最简或最佳结果,有时也难以确定。

本节介绍一种比公式法更简洁直观、灵活方便,且容易确定是否已得到最简结果的化简逻辑函数的方法。它是一种图形法,是由美国工程师卡诺(Karnaugh)发明的,所以称为卡诺图化简法。但是,当逻辑函数的变量数大于或等于 6 时,由于卡诺图中小方格的相邻性已难以确定,使用不方便。

1. 逻辑函数的最小项及其性质

逻辑函数的最小项是逻辑变量的一个特定的乘积项。i 个变量的逻辑函数最多可有 2^i 个最小项。例如,三变量 A、B、C 的逻辑函数最多可有 8 个最小项,它们是 $\overline{A}\,\overline{B}\,\overline{C}$、$\overline{A}\,\overline{B}C$、$\overline{A}B\overline{C}$、$\overline{A}BC$、$A\,\overline{B}\,\overline{C}$、$A\,\overline{B}C$、$AB\overline{C}$、$ABC$。这些最小项的特点如下:

(1)每个乘积项都只有三个变量;

(2)每个变量在某一乘积项中只能出现一次,不是以原变量的形式出现,就是以反变量的形式出现。

显然,AB、$ACB\overline{C}$、BC 等都不是最小项。

表 8-13 列出了三变量逻辑函数的全部最小项及其相应的取值。从中可以看出,最小项有如下性质:

(1)每个最小项分别对应着输入变量唯一的一组变量值,使得该最小项的值为 1;

(2)所有最小项的逻辑和为 1;

(3)任意两个最小项的逻辑乘为 0。

表 8-13 三变量逻辑函数的全部最小项及其相应的取值

A	B	C	$\overline{A}\,\overline{B}\,\overline{C}$	$\overline{A}\,\overline{B}C$	$\overline{A}B\overline{C}$	$\overline{A}BC$	$A\,\overline{B}\,\overline{C}$	$A\,\overline{B}C$	$AB\overline{C}$	ABC
0	0	0	1	0	0	0	0	0	0	0
0	0	1	0	1	0	0	0	0	0	0
0	1	0	0	0	1	0	0	0	0	0
0	1	1	0	0	0	1	0	0	0	0
1	0	0	0	0	0	0	1	0	0	0
1	0	1	0	0	0	0	0	1	0	0
1	1	0	0	0	0	0	0	0	1	0
1	1	1	0	0	0	0	0	0	0	1

为了便于使用卡诺图,常将最小项编号。例如, $\overline{A}B\overline{C}$ 对应变量的取值为 010,为十进制的 2,故把 $\overline{A}B\overline{C}$ 记为 m_2,其余以此类推,如表 8-14 所示。

表 8-14　最小项编号

A B C	最 小 项	符　号	编　号
0　0　0	$\overline{A}\,\overline{B}\,\overline{C}$	m_0	0
0　0　1	$\overline{A}\,\overline{B}C$	m_1	1
0　1　0	$\overline{A}B\overline{C}$	m_2	2
0　1　1	$\overline{A}BC$	m_3	3
1　0　0	$A\overline{B}\,\overline{C}$	m_4	4
1　0　1	$A\overline{B}C$	m_5	5
1　1　0	$AB\overline{C}$	m_6	6
1　1　1	ABC	m_7	7

有了最小项的概念,就可以利用公式 $\overline{N}+N=1$ 将任何一个逻辑式展开成若干个最小项之和的形式,这一形式为"与或"标准型。

【例 8-17】　将 $F(A,B,C)=AB+\overline{A}\,\overline{B}\,\overline{C}$ 变换成最小项表达式。

解: $F(A,B,C)=AB+\overline{A}\,\overline{B}\,\overline{C}=AB(C+\overline{C})+\overline{A}\,\overline{B}\,\overline{C}=AB\overline{C}+ABC+\overline{A}\,\overline{B}\,\overline{C}=m_0+m_6+m_7$

也可用最小项的编号来表示逻辑函数,即 $F(A,B,C)=\sum m(0,6,7)$ 。

2. 卡诺图的构成方法

卡诺图通过把函数变量分为两组纵横排列,把所有最小项按一定顺序排列起来,每一个小方格由一个最小项占有。设变量数为 i,i 个变量组成 2^i 个方格,每个方格对应一个最小项的编号。最小项的排列要求每个几何相邻方格之间仅有一个变量变化成它的反变量,或仅有一个反变量变化成它的原变量,这样的"相邻"又称逻辑相邻。

由于二变量逻辑函数最多有四个最小项,所以二变量卡诺图就应该由四个相邻的小方格构成,其画法如图 8-5 所示。

如果要建立多于两个变量的卡诺图,则每增加一个变量就以原卡诺图的右边线(或底线)为对称轴作一对称图形,对称轴左面(或上面)原数字前增加一个 0,对称轴右面(或下面)原数字前增加一个 1。图 8-6 和图 8-7 是三变量和四变量的卡诺图,从图中可以看出,每增加一个变量,卡诺图的小方格将成倍增加。

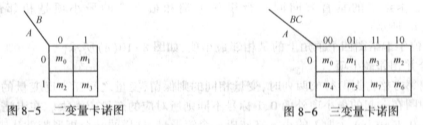

图 8-5　二变量卡诺图　　　　　　　　图 8-6　三变量卡诺图

3. 逻辑函数的卡诺图表示法

用卡诺图表示一个逻辑函数,是将此函数最小项表达式中按最小项编号对应的卡诺图小方格编号填入 1,不包含最小项编号的对应小方格编号填入 0,为了表述清晰也可以不写,这样得到的卡诺图就称为此函数的卡诺图。例如,表达式 $F(A,B,C) = AB\overline{C} + \overline{A}\,\overline{B}C$,它是一个三变量逻辑式,$AB\overline{C}$ 和 $\overline{A}\,\overline{B}C$ 分别对应 110 和 001,那么它在卡诺图中的位置就是 6 和 1,其卡诺图如图 8-8 所示。

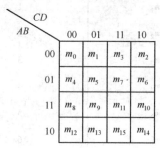

图 8-7　四变量卡诺图

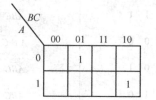

图 8-8　$F = AB\overline{C} + \overline{A}\,\overline{B}C$ 卡诺图

【**例 8-18**】　用卡诺图表示四变量逻辑函数 $F = AB + A\overline{C}D + \overline{A}D + BCD$。

解:(1)先将函数化成最小项表达式,即

$$F = AB + A\overline{C}D + \overline{A}D + BCD$$
$$= AB(C + \overline{C}) + A(B + \overline{B})\overline{C}D + \overline{A}(B + \overline{B})D + (A + \overline{A})BCD$$
$$= ABC + AB\overline{C} + AB\overline{C}D + A\overline{B}\overline{C}D + \overline{A}BD + \overline{A}\,\overline{B}D + ABCD + \overline{A}BCD$$
$$= ABCD + ABC\overline{D} + AB\overline{C}D + AB\overline{C}D + A\overline{B}\overline{C}D + \overline{A}BCD + \overline{A}B\overline{C}D + \overline{A}\,\overline{B}CD + \overline{A}\,\overline{B}\overline{C}D + ABCD + \overline{A}BCD$$

(2)将与最小项对应的方格依次填入"1",如图 8-9 所示。注意,如果有重复的最小项,只允许填入一次。

4. 用卡诺图化简逻辑函数

1)相邻项

在卡诺图中,凡紧邻的小方格或与轴线对称的小方格都称为逻辑相邻,它们之间都只有一个变量不同。相邻项需要注意以下几种形式:

(1)在卡诺图的水平方向同一行里最左端和最右端的最小项是相邻最小项,如图 8-10(a)所示;

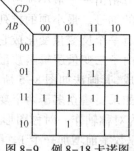

图 8-9　例 8-18 卡诺图

(2)在卡诺图的垂直方向同一行里最上端和最下端的最小项是相邻最小项,如图 8-10(b)所示;

(3)位于卡诺图四个顶角上的是相邻最小项,如图 8-10(c)所示。

2)合并相邻最小项

当相邻方格占据两行或两列时,变量相同的则保留,变量之间互为反变量的则消去,即卡诺图中圈在一起的最小项外面 0、1 标号不同则所对应的变量应消去。在卡诺图中,如果有 $2^i(i = 0,1,\cdots,n)$ 个取 1 的小方格连成一个矩形带,这样的一个矩形带就代表一个"与"

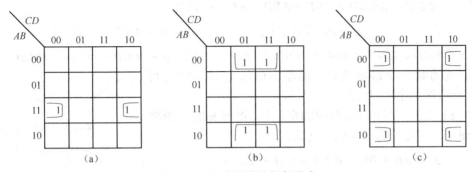

图 8-10　卡诺图特殊相邻形式

项。实际上，一个"与或"型函数式的每个"与"项都是对应一个包含 2^i 个小方格的矩形带。不同的 i 值与最小项小方格数的对应关系如下：

当 $i=0$ 时，对应一个小方格，即最小项，不能化简。

当 $i=1$ 时，一个矩形带含有两个小方格，可消去一个变量，如图 8-11(a)所示。

当 $i=2$ 时，一个矩形带含有四个小方格，可消去两个变量，如图 8-11(b)所示。

当 $i=3$ 时，一个矩形带含有八个小方格，可消去三个变量，如图 8-11(c)所示。

一般来说，一个矩形带中含有 2^i 个小方格时，可消去 i 个变量。

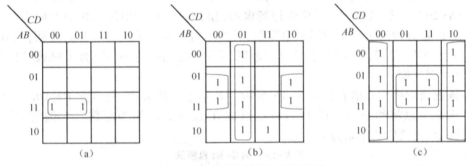

图 8-11　相邻最小项的合并规则

3）卡诺图化简逻辑函数的步骤

（1）画卡诺图。将逻辑函数变换成与或式，凡逻辑函数中包含有的最小项，在卡诺图中与其相应的小方格中填 1，其余的小方格填 0（或省略 0）。

（2）对填"1"的相邻最小项方格画包围圈，画包围圈规则如下：

①包围圈必须包含 2^i 个相邻"1"方格，且必须成方形。先圈小圈再圈大圈，圈越大，消去的变量越多。

②"1"方格可重复圈，但每圈须至少有一个"1"只被圈过一次。

③ 每个"1"方格都须圈到，孤立项也不能漏掉。

（3）将各圈分别化简（保留不变的量，去掉变化的量）。

（4）将各圈化简结果进行逻辑加，便得到化简后的逻辑函数表达式。

【例 8-19】　用卡诺图化简四变量逻辑函数 $F = \overline{A}\,\overline{B}\,\overline{C}\,\overline{D} + A\,\overline{B}\,C\overline{D} + \overline{A}\,\overline{B}\,\overline{C} + AB\,\overline{D} + \overline{A}\,\overline{B}\,C + BCD$ 。

解：（1）将函数 F 化为最小项表达式。

$$F = \overline{A}\,\overline{B}\,\overline{C}\,\overline{D} + A B\,\overline{C} D + \overline{A}\,\overline{B} C + A B \overline{D} + \overline{A} B C + B C D$$

$$= \overline{A}\,\overline{B}\,\overline{C}\,\overline{D} + A B\,\overline{C} D + \overline{A}\,\overline{B} C(D + \overline{D}) + A B(C + \overline{C})\,\overline{D} + \overline{A} B C(D + \overline{D}) + (A + \overline{A}) B C D$$

$$= \overline{A}\,\overline{B}\,\overline{C}\,\overline{D} + A B\,\overline{C} D + \overline{A}\,\overline{B} C D + \overline{A}\,\overline{B} C\overline{D} + A B C\overline{D} + A B\,\overline{C}\,\overline{D} + \overline{A} B C D + \overline{A} B C\overline{D} + A B C D + \overline{A} B C D$$

（2）先将每一个最小项对应的小方格依次填入"1"，再按相邻原则圈最小项，如图 8-12 所示。

（3）根据所画的圈写出对应的乘积项，将所有的乘积项相或，便可得到化简后的与或表达式。

$$F = \overline{A} B + B C + B \overline{D} + \overline{A}\,\overline{C} D + A B\,\overline{C} D$$

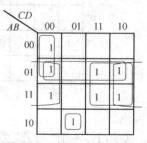

图 8-12　例 8-19 卡诺图

5. 具有约束项的逻辑函数化简

1）约束项

约束项又称无关项或任意项，它表示在一个逻辑关系中不能出现或不应该出现的乘积项。前面所讨论的逻辑函数，其函数值是完全确定的，不是逻辑 0 就是逻辑 1。然而在实际的逻辑命题中，经常会遇到这样一些情况：例如，一个交通信号灯控制系统，在正常情况下，当南北方向为绿灯时，东西方向一定是红灯，反之亦然，绝对不能出现两个方向都是绿灯或都是红灯的情况，这二者之间就存在着一个约束关系。也就是说，这一部分最小项为"1"或为"0"均与逻辑函数的逻辑值无关，称这些最小项为约束项，用 d 来表示，在真值表、卡诺图中用"×"来表示。

【例 8-20】　三八妇女节，某单位包场电影，票只发给在本单位工作的女同志，以示庆贺。设 A、B、C 分别表示单位、性别、电影票，且为 1 时表示是单位、女同志、有票，为 0 时表示非本单位、男同志、无票；用 F 表示能否进场，为 0 时表示不能进场，为 1 时表示能进场。试分析该逻辑问题。

解： 该逻辑问题的真值表如表 8-15 所示。若不考虑约束项，则函数 $F = A B C$。或考虑约束项，则既可以将约束项看成 1，也可以看成 0，以化为最简为原则。本例的卡诺图如图 8-13 所示，化简后的结果为 $F = C$。

表 8-15　例 8-20 真值表

A	B	C	F
0	0	0	0
0	0	1	×
0	1	0	0
0	1	1	×
1	0	0	0
1	0	1	×
1	1	0	0
1	1	1	1

2）含有约束项的逻辑函数的化简

约束项的意义在于，它的值可以取 0 也可以取 1，这样一来，如果在化简时考虑了约束项，可以进一步简化逻辑函数。

【例 8-21】　用卡诺图将逻辑函数 $F(A, B, C, D) = \sum m(0,1,3,5,7,9)$ 化简最简单"与或"式。该函数的无关项

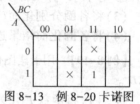

图 8-13　例 8-20 卡诺图

为 $\sum d(10,11,12,13,14,15)$ 。

解： 将给定的逻辑函数用逻辑函数卡诺图表示，如图 8-14(a) 所示。

用图 8-14(b) 包围圈相邻项合并得到 $F(A,B,C,D) = \overline{A}\,\overline{B}\,\overline{C} + D$。

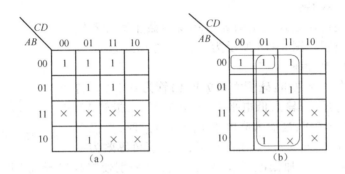

图 8-14　例 8-21 卡诺图

在利用约束项化简逻辑函数过程中，要特别注意，不要把化简中不需要的约束项也画入圈中，否则会得不到应有的最简形式，结果不完全正确。

8.6　逻辑门电路概述

逻辑门电路是能够实现各种基本逻辑关系的电路，简称"门电路"或"逻辑器件"。逻辑门电路是数字电路中最基本的逻辑元件。所谓"门"，就是一种开关，它能按照一定的条件控制信号通过和不通过。最基本的门电路是与门、或门、非门，常用的门电路还有与非门、或非门、与或非门、异或门等。

逻辑门电路是构成复杂数字电路的基础，逻辑门电路可以用电阻器、二极管、三极管等分立元件构成，称为分立元件门电路，但其具有带负载能力差，电平偏移等问题，在工程上很少使用，但掌握各种门电路的逻辑电路功能和电气特性，对于使用逻辑门电路十分重要。

将门电路的所有器件及连接导线制作在同一块半导体基片上，称为集成逻辑门电路。根据一定面积的半导体基片上包含元件数量的多少(即集成度)的不同，集成电路又有小规模(SSI)、中规模(MSI)、大规模(LSI)和超大规模(VLSI)之分。

在数字集成电路中，根据制作工艺的不同，可分为双极型集成电路和单极型集成电路。双极型集成电路的制作工艺复杂，功耗较大，代表集成电路有 TTL、ECL、HTL、LSTTL、STTL 等类型；单极型集成电路的制作工艺简单，功耗较低，易于制成大规模集成电路，代表集成电路有 CMOS、NMOS、PMOS 等类型。

在逻辑电路中，逻辑事件的肯定与否可以用电平的高与低来表示。高电平表示一种状态，低电平表示另一种状态，或分别用"1"和"0"来表示。若用"1"代表高电平，"0"代表低电平，则称为"正逻辑"；若用"0"代表高电平，"1"代表低电平，则称为"负逻辑"。在无特殊说明时，本书采用"正逻辑"。

8.7 基本逻辑门电路

1. 二极管、三极管的开关特性

1）二极管的开关特性

二极管的开关特性表现在正向导通和反向截止两种不同状态之间的转换过程。图 8-15 所示为二极管的开关电路,其中 U_i 为输入信号, U_o 为输出信号。

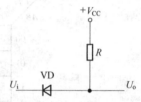

图 8-15　二极管的开关电路

二极管的正向导通电压:硅管为 0.7 V,锗管为 0.3 V。若忽略二极管导通电压,当输入低电平 $U_i = 0$ V 时,二极管 VD 导通,输出电平 $U_o = 0$ V;当输入高电平 $U_i = +V_{CC}$ 时,二极管 VD 截止,输出电平 $U_o = +V_{CC}$。由此可见,二极管可等效为一个开关,在电路的输入端加低电平或高电平时,可分别使二极管导通(开关闭合)或截止(开关断开)。

2）三极管的开关特性

由于三极管共射放大器具有倒相的特性,在基极加入适当的控制电压,可以使三极管工作在饱和与截止状态。三极管的开关电路如图 8-16 所示。

当输入为高电平 $U_i = +V_{CC}$ 时,三极管工作在饱和状态,此时其集电极与发射极间的电压降称为饱和压降 U_{CES},一般 $U_{CES} = 0.1 \sim 0.3$ V,可见,电路输出低电平 $U_o = U_{CES} = 0.3$ V。此时三极管集电极与发射极之间相当于闭合的开关。注意,三极管进入饱和的条件是: $I_B \geqslant I_{BS} = I_{CS} / \beta$, $I_{CS} = (+V_{CC} - U_{CES})/R_C$, I_{CS} 称为集电极饱和电流。

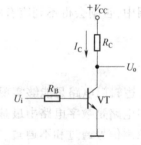

图 8-16　三极管的开关电路

当输入为低电平 $U_i = 0$ V 时, $U_{BE} < 0.5$ V, $I_C \approx 0$,三极管工作在截止状态,此时三极管集电极与发射极之间相当于开关的断开,电路输出高电平 $U_o = +V_{CC}$。

2. 分立元件门电路

用二极管、三极管、电阻器等分立的电子元件组成的逻辑电路称为分立元件门电路。为了方便,在分析分立元件门电路时常将二极管、三极管等效为理想器件。

1）二极管与门

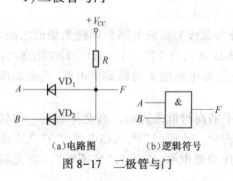

(a)电路图　　(b)逻辑符号

图 8-17　二极管与门

最简单的与门由二极管和电阻器组成,其电路图和逻辑符号如图 8-17 所示。图中 A、B 为输入端,F 为输出端,$+V_{CC} = 5$ V。下面分析当电路的输入信号不同时的情况。

(1)若输入端中有任意一个为 0 时,如 $U_A = 0$ V,而 $U_B = +5$ V 时,VD_1 导通,从而导致电压 U_F 被钳制在 0 V。此时,不管 VD_2 的状态如何,都会有 $U_F = 0$ V(事实上,VD_2 受反向电压作用而截止)。

(2)若输入端都为高电压+5 V,这时,VD_1、VD_2 都截止,所以输出电压 $U_F = +V_{CC}$,即

$U_F = +5\ V$。若用逻辑 1 表示高电平（+5 V），逻辑 0 表示低电平（0 V），其真值表如表 8-16 所示。

表 8-16　二极管与门真值表

A	B	F
0	0	0
0	1	0
1	0	0
1	1	1

2）二极管或门

图 8-18 所示为二极管或门电路图和逻辑符号。假定输入电压分别为 U_A、U_B，输出电压为 U_F，现在对电路进行分析。

（1）若输入端电压都为 0 V 时，VD_1、VD_2 两端的电压值均为 0 V，因此都处于截止状态，从而 $U_F = 0\ V$。

（2）若输入端中有任意一个为 +5 V 时，则 VD_1、VD_2 中有一个必定导通。注意电路中 F 点与接地点之间有一个电阻器，正是该电阻器的分压作用，使得 U_F 处于接近 +5 V 的高电压，其真值表如表 8-17 所示。

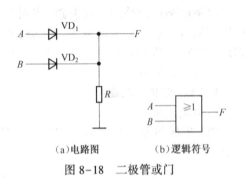

(a)电路图　　(b)逻辑符号

图 8-18　二极管或门

表 8-17　二极管或门真值表

A	B	F
0	0	0
0	1	1
1	0	1
1	1	1

3）三极管非门

非门又称反相器，其电路图和逻辑符号如图 8-19 所示。若输入电压 $U_A = 0\ V$，三极管截止，$I_B = I_c = 0$，$U_F = +V_{CC} = +5\ V$；当输入高电平 $U_A = 5\ V$ 时，三极管饱和导通，$U_F = 0$。其真值表如表 8-18 所示。

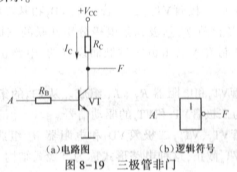

(a)电路图　　(b)逻辑符号

图 8-19　三极管非门

表 8-18　三极管非门真值表

A	Y
0	1
1	0

以上由二极管、三极管分立元件组成的门电路,其优点是结构简单、成本低,但其带负载能力较差且开关特性不理想,因此实际应用中,一般都采用集成门电路。

8.8　TTL 集成逻辑门电路

数字电路广泛采用集成电路,使用最多的是 TTL 和 CMOS 集成逻辑门电路,TTL 集成逻辑门的输入和输出级都采用三极管,所以称为 TTL(Transister-Transister-Logic)门电路。TTL 门电路包括 TTL 与门、或门、非门、与非门、或非门、与或非门、异或门、同或门等,它们的结构有相似之处,现仅以 TTL 与非门为例说明其结构特点和工作原理。

1. TTL 与非门电路

1)电路组成

TTL 集成与非门 CT7400 的基本电路图和逻辑符号如图 8-20 所示,电路内部分为以下三级。

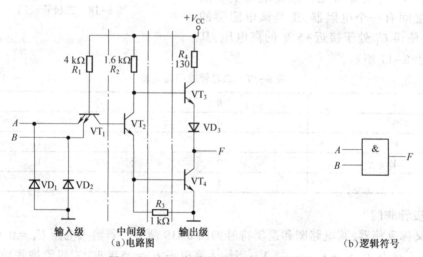

图 8-20　TTL 与非门电路图和逻辑符号

(1)输入级。由多发射极三极管VT_1、二极管VD_1、VD_2和基极电阻 R_1 组成。多发射极三极管可以看成是发射极各自独立,基极和集电极分别并联的三极管。二极管VD_1、VD_2为输入端保护二极管,是为抑制输入电压负向过低而设置的,电路正常工作时它们均处于反向偏置而截止。

(2)中间级。由三极管VT_2和电阻器 R_2、R_3 组成。从VT_2的集电极和发射极输出两个相位相反的信号,分别作为三极管VT_3和VT_4的驱动信号。

(3)输出级。由三极管VT_3、VT_4,二极管VD_3和电阻器 R_4 组成。由于VD_3、VT_3导通时VT_4截止;VT_4导通时VD_3、VT_3截止,这种电路形式称为推挽式结构。

2）工作原理

高电源电压 $V_{CC} = 5$ V，输入信号的高、低电平分别为 $U_{IH} = 3.6$ V，$U_{IL} = 0.3$ V，PN 结的导通电压 $U_{ON} = 0.7$ V，则有以下两种情况：

（1）当输入有一个或两个为低电平时，低电平输入端相应的发射结正偏导通，则VT$_1$基极电位 $U_{B1} = (0.3 + 0.7)$ V $= 1$ V。1 V 的电压无法使 VT$_1$ 的集电结和 VT$_2$、VT$_4$ 的发射结都导通，所以 VT$_2$、VT$_4$ 截止，此时 VT$_2$ 的集电极电位 $U_{C2} \approx V_{CC} = 5$ V，电源 V_{CC} 经 R_2 向 VT$_3$ 提供基极电流，使 VT$_3$、VD$_3$ 导通，若忽略 R_2 上的压降，$U_F \approx V_{CC} - U_{BE1} - U_{D3} = (5 - 0.7 - 0.7)$ V $= 3.6$ V，即电路输出为高电平。

（2）当输入均为高电平，即 $U_A = U_B = 3.6$ V 时，假设暂不考虑 VT$_1$ 的集电极支路，则 VT$_1$ 的所有发射结均导通，使得 VT$_1$ 的基极电位 $U_{B1} = (3.6 + 0.7)$ V $= 4.3$ V。但在 VT$_1$ 的集电极支路上，由于 V_{CC} 经 R_1 作用于 VT$_1$ 的集电结、VT$_2$ 和 VT$_4$ 的发射结，使得三个 PN 结均导通，$U_{B1} = U_{BC1} + U_{BE2} + U_{BE4} = (0.7 + 0.7 + 0.7)$ V $= 2.1$ V，使得 VT$_1$ 的发射结均反偏截止，此时 VT$_1$ 处于倒置工作状态。倒置工作状态相当于将三极管的发射极与集电极对调使用，其电流放大系数 $\beta_反$ 很小（$\beta_反 < 0.02$），$I_{B2} = I_{C1} = (1 + \beta_反) i_{B1} \approx i_{B1}$，由于 $I_{B1}[I_{B1} = (V_{CC} - U_{B1})/R_1 \approx 0.73$ mA] 较大，足以使 VT$_3$ 饱和导通，这时 VT$_2$ 的集电极电位为 $U_{C2} = U_{CE2} + U_{BE4} = (0.3 + 0.7)$ V $= 1$ V，该电压加至基极，VT$_3$ 截止。而 VT$_4$ 与 VT$_2$ 同处于饱和状态，使得 $U_F = U_{CES4} \approx 0.3$ V，即电路输出为低电平。

综上所述，TTL 与非门只要有一个输入端为低电平，输入即为高电平；只有当所有输入端均为高电平时，输出才为低电平，实现了与非逻辑功能。电路输入与输出的电压关系如表 8-19 所示。

表 8-19　与非门输入与输出电压关系

U_A/V	U_B/V	U_F/V
0.3	0.3	3.6
0.3	3.6	3.6
3.6	0.3	3.6
3.6	3.6	0.3

3）电压传输特性

TTL 与非门的输出电压 U_O 随输入电压 U_I 的变化而变化的关系曲线，称为电压传输特性，如图 8-21 所示。特性曲线大致分为以下四个区段：

（1）AB 段，当 $U_I < 0.6$ V 时，设 $U_{CES} = 0.1$ V，则 $U_{C1} < 0.7$ V，使得 VT$_2$、VT$_4$ 截止，VT$_3$ 导通，$U_O \approx 3.6$ V，为高电平，称为特性曲线的截止区。

（2）BC 段，当 0.6 V $\leqslant U_I < 1.3$ V 时，0.7 V $\leqslant U_{C1} < 1.4$ V，由于 VT$_2$ 的发射极电阻 R_3 接地，故 VT$_2$ 导通，且进入放大区，但 VT$_4$ 仍截止，VT$_3$ 处于射极输出状态。随 U_I 的增大，U_{B2} 增大，U_{C2} 减小，并通过 VT$_3$ 使 U_O 也减小。因为 U_O 基本上随着 U_I 的增大而线性减小，故把 BC 段称为特性曲线的线性区。

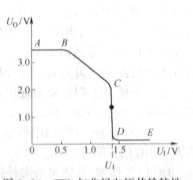

图 8-21　TTL 与非门电压传输特性

（3）CD 段，当 1.3 V $\leqslant U_I < 1.4$ V 时，VT$_4$ 开始导通，输出电压 U_O 急剧下降为低电平，

故把 CD 段称为特性曲线的转折区或过渡区。

（4）DE 段，当 $U_1 > 1.4$ V 时，VT_2 和 VT_4 饱和，VT_3 截止，U_1 继续升高时，U_0 基本不变，为低电平，称为特性曲线的饱和区。

2. TTL 集成逻辑门的主要参数

1）开门电平 U_{ON}

保证与非门输出标准低电平所允许的最高输入低电平，典型值 $U_{ON} \approx 1.8$ V。

2）关门电平 U_{OFF}

保证与非门输出标准高电平所允许的最高输入低电平，典型值 $U_{OFF} \approx 0.8$ V。

3）输出高电平 U_{OH}

当输入端有一个或一个以上接低电平时，输出端得到的电平值称为输出高电平，典型值 $U_{OH} \approx 3.6$ V，最小值为 2.4 V。

4）输出低电平 U_{OL}

当输入端全部接高电平时，输出端得到的电平值称为输出低电平，典型值 $U_{OL} \approx 0.3$ V，最大值为 0.4 V。

5）传输延迟时间 t_{PD}

TTL 与非门工作时，其输出脉冲相对于输入脉冲有一定的时间延迟，如图 8-22 所示。将输入电压波形上升沿的中点与输出电压波形下降沿的中点之间的时间差定义为输出由高电平到低电平的延迟时间，用 t_{PHL} 表示；将输入电压波形下降沿的中点与输出电压波形上升沿的中点之间的时间差定义为由低电平到高电平的延迟时间，用 t_{PLH} 表示。在数字电路中常用平均传输延迟时间 $t_{PD} = (t_{PHL} + t_{PLH})/2$ 来表示门电路的传输延迟时间，t_{PD} 是决定开关速度的重要参数，t_{PD} 越小，电路的开关速度越高。普通 TTL 与非门的 t_{PD} 为 6~15 ns。

6）扇出系数

扇出系数是指一个门电路能驱动同类门的最大数目，扇出系数越大，带负载能力越强，典型值为 8。

3. TTL 集电极开路（OC）门和三态输出（TS）门

1）TTL 集电极开路（OC）门

（1）线与。在实际使用中，有时需要将两个或多个逻辑门的输出端并联，以实现与逻辑的功能，称为线与。然而，前面介绍的 TTL 门电路，其输出端不能并联使用，也无法实现线与功能。这是因为，对于一般的 TTL 门电路，若将两个（或多个）与非门的输出端直接相连，如图 8-23 所示，当门 G_1 输出为高电平，G_2 输出为低电平时，将有一个很大的电流从 V_{CC} 经 G_1 的 VT_3 到 G_2 导通门的 VT_4，如图 8-23 所示。这个电流不仅会使导通门的输出电平抬高而破坏电路的逻辑关系，还会因功耗过大而损坏器件。

为了能使 TTL 门电路的输出端直接相连，实现线与功能，可以采用集电极开路的门电路（Open Collector Gate，OC 门）。

（2）工作原理。OC 门电路结构和逻辑符号如图 8-24（a）、（b）所示，图 8-24（c）所示为几个 OC 门并联在一起。

OC 门工作时，其输出端需外接负载电阻和电源。将 n 个 OC 门的输出端并联后可共用一个集电极负载电阻 R 和电源 $+V_{CC}$，如图 8-24（c）所示。在该电路中，只有当 $F_1 \sim F_n$ 都为高电平时，即所有 OC 门输出端三极管 VT_4 都截止，输出 F 才为高电平；只要其中有一个门输出为低电平，即该门输出端三极管 VT_4 饱和导通，输出 F 就为低电平，显然，该电路实现的是与逻辑的功能,即 $F = F_1 F_2 \cdots F_n$。

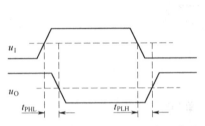

图 8-22　TTL 与非门输入、输出波形

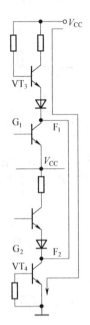

图 8-23　两个与非门线与

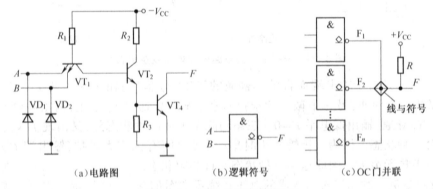

（a）电路图　　　　（b）逻辑符号　　　　（c）OC 门并联

图 8-24　集电极开路（OC）门

（3）应用举例。OC 门除了实现多个门的线与功能外,由于其外接电源的选择范围是 5~30 V,可以实现电平转换和提供驱动电流。

①电平转换。在数字系统的接口部分（与外围设备相连的地方）须有电平转换时,常用 OC 门来完成。如图 8-25 所示,把上拉电阻接到 10 V 电源上,这样在 OC 门输入普通的 TTL 电平时,其输出高电平都可以为 10 V。

②用于驱动器。可用 OC 门驱动发光二极管、指示灯、继电器和脉冲变压器等。图 8-26 是用 OC 门驱动发光二极管的电路。

2）TTL 三态输出（TS）门

（1）电路和工作原理。三态门是指逻辑门的输出除有高低电平两种状态外,还有第三种状态——高阻状态的门电路,高阻状态相当于隔断状态。三态门都有一个控制使能端

EN 来控制门电路的通断。具备这三种状态的器件就称为三态门电路。

图 8-25　实现电平转换　　　　　　图 8-26　驱动发光二极管

图 8-27 为三态输出门电路的电路图及逻辑符号。在图 8-27 中如果将两个反相器和一个二极管剪掉,那么剩下的部分就是典型的 TTL 与非门电路。

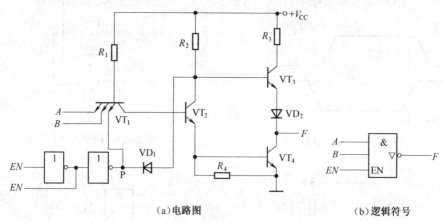

（a）电路图　　　　　　　　　（b）逻辑符号

图 8-27　三态输出门电路的原理图及逻辑符号

所谓"三态"是对于输出端而言的。普通的 TTL"与非"门输出级的两个三极管 VT_3、VT_4 始终保持一个导通,另一个截止的推拉状态。VT_3 导通,VT_4 截止,输出高电平 $F=1$;VT_3 截止,VT_4 导通,输出低电平 $F=0$。三态门除了上述两种状态外,又出现了 VT_3、VT_4 同时截止的第三种状态。因为三极管截止时集-射极之间有无穷大阻抗,输出端 F 对地、对电源(V_{CC})阻抗无穷大。因此这第三种状态又称高阻状态。

（2）应用举例。利用三态门构成的总线系统示意图如图 8-28 所示。它可实现分时有序地使 n 信号相互传输而不致相互干扰。控制信号 $EN_1 \sim EN_n$ 在任意时刻都只能有一个为 1,使一个门能向总线上输出信号,其余的门处于高阻状态。三态门不需要外接负载电阻,门的输出级具有推拉式输出,输出电阻低,因而此 OC 门的开关速度要快。

利用三态门还可以实现数据的双向传输,如图 8-29 所示。当 $EN=1$ 时,G_1 工作,G_2 为高阻状态,数据 D_0 经 G_1 反相后送到总线上去;当 $EN=0$ 时,G_2 工作,G_1 为高阻状态,总线上的数据经 G_2 反相后从 D_1 端输出。

4. TTL 集成逻辑门电路的使用常识与规则

1）TTL 集成逻辑门电路产品的外形封装

TTL 集成逻辑门电路(包括 CMOS 集成逻辑门电路)目前大都采用双列直插式外形封装,其外部引脚的编号识别方法是把标志凹槽置于左边,靠近标记的引脚为第 1 引脚,而后按逆时针方向读出第 2,3,4,…各引脚号。各引脚功能可依据型号查阅集成电路手册。

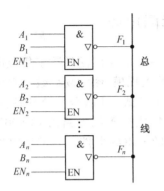

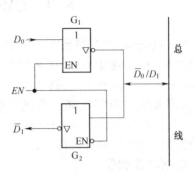

图 8-28　利用三态门构成的总线系统示意图　　　　图 8-29　三态门用于双向传输

2）TTL 集成逻辑门电路系列

TTL 集成逻辑门电路就工作条件而言可分为 54（军用）系列和 74（商用）系列，这两个系列除工作温度和电源不同之外，其他如功能、封装形式等完全相同，54 系列的温度范围为 $-55 \sim 125$ ℃，74 系列的温度范围为 $0 \sim 70$ ℃。54 系列的电源电压范围为 $4.5 \sim 5.5$ V，74 系列的电源电压范围为 $4.75 \sim 5.25$ V。

3）TTL 集成逻辑门电路多余输入端的处理

对 TTL 集成逻辑门电路多余输入端的处理原则：不改变电路逻辑关系，保证电路能稳定可靠工作。对于与门、与非门多余的输入端应接高电平以不影响原逻辑关系，因此与门、与非门多余的输入端有如下几种处理方法：

（1）与门和与非门多余输入端的处理方法：

①通过上拉电阻接电源正端；

②与其他输入端并联使用；

③悬空，相当于逻辑高电平，如图 8-30 所示。

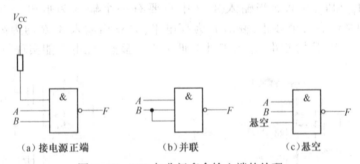

图 8-30　TTL 与非门多余输入端的处理

（2）或门和或非门多余输入端的处理方法：

①接地；

②与其他输入端并联使用，如图 8-31 所示。

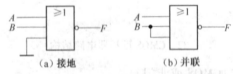

图 8-31　TTL 或非门多余输入端的处理

8.9　CMOS 集成逻辑门电路

MOS 集成逻辑门电路是继 TTL 之后发展起来的另一种应用广泛的数字集成电路。由于它功耗低、抗干扰能力强、工艺简单,所以几乎所有的大规模、超大规模数字集成器件都采用 MOS 工艺。MOS 门电路按照其器件结构的不同形式,可以分为 NMOS、PMOS 和 CMOS 三种集成逻辑门电路。我国早期生产的 CMOS 集成逻辑门电路为 CC4000 系列产品,随后发展为 CC4000B 系列产品。当前与 TTL 兼容的 CMOS 器件,如 CC74HCT 系列等产品,可以与 TTL 器件交换使用。

1. CMOS 反相器

CMOS 反相器是由 NMOS 管和 PMOS 管组成的一种互补型 MOS 集成电路——CMOS (Complementary Metal-Oxide-Semiconductor)电路。

1)CMOS 反相器的电路组成

CMOS 反相器电路结构如图 8-32 所示。它是用一个 N 沟道增强型 MOS 管 T_N 作驱动管,一个 P 沟道增强型 MOS 管 T_P 作负载管,将两管的栅极相连作为反相器的输入端,漏极相连作为输出端,T_N 管的源极接地,T_P 管的源极接电源+V_{DD} 的正端。

2)CMOS 反相器的工作原理

设反相器的电源电压+V_{DD} > U_{TN} +| U_{TP} |(U_{TN} 和 U_{TP} 分别为 T_N 和 T_P 管的开启电压),当输入为低电平 u_I = U_{IL} = 0 V 时,U_{GSN} = 0 V< U_{TN},T_N 管截止;而 U_{GSP} = 0 - V_{DD} = - V_{DD} 时,T_P 管导通,输出为高电平 u_O = U_{OH} ≈ V_{DD}。当输入为高电平 u_I = U_{IH} = V_{DD} 时,U_{GSN} = V_{DD} > U_{TN},使 T_N 管导通,而 U_{GSP} ≈ 0 V,T_P 管截止,输出为低电平 u_O = U_{OL} ≈ 0 V。由以上分析可知,此电路具有非门的逻辑功能,通常称为反相器。

2. CMOS 与非门和或非门

1)CMOS 与非门

基本的 CMOS 与非门电路如图 8-33 所示。两个 N 沟道的驱动管T_{N1} 和T_{N2} 串联,两个 P 沟道的负载管T_{P1} 和T_{P2} 并联。当输入 A、B 中只要有一个输入为低电平时,两个串联的 NMOS 驱动管中必然有一个截止,输出 F 为高电平;只有当输入 A、B 均为高电平时,T_{N1} 和 T_{N2} 管均导通,T_{P1} 和T_{P2} 管均截止,输出 F 才为低电平。显然,此电路能实现与非逻辑功能。

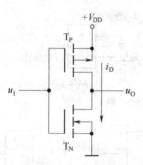

图 8-32　CMOS 反相器电路结构

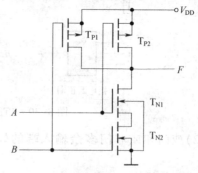

图 8-33　基本的 CMOS 与非门电路

2)CMOS 或非门

基本的 CMOS 或非门电路如图 8-34 所示。两个 N 沟道的驱动管T_{N1} 和T_{N2} 并联,两个 P

沟道的负载管T_{P1}和T_{P2}串联。当输入 A、B 中只要有一个输入为高电平时,相应的驱动管导通,负载管截止,输出 F 为低电平;只有当输入 A、B 均为低电平时,驱动管 T_{N1} 和 T_{N2} 都截止,负载管 T_{P1} 和 T_{P2} 都导通,输出 F 为高电平。由以上分析可见,此电路能实现或非逻辑功能。

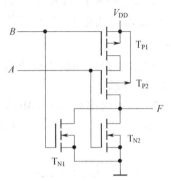

图 8-34　基本的 CMOS 或非门电路

除以上介绍的电路外,CMOS 集成逻辑门电路还包括 CMOS 三态门、漏极开路门(OD 门)、CMOS 传输门等,其电路结构及工作原理不再赘述。

3. CMOS 集成逻辑门电路的使用常识与规则

1)组装与焊接

组装调试 CMOS 集成逻辑门电路时,所用仪器仪表、电路板等都必须有可靠的接地线,还要注意输入端的静电防护和过电流保护。焊接 CMOS 集成逻辑门电路时,电烙铁必须有外接地线,以屏蔽交流电场击穿损毁 CMOS 集成逻辑门电路,最好断电后利用电烙铁余热焊接。

2)对电源的要求

CMOS 集成逻辑门电路可以在很宽的电源电压范围内提供正常的逻辑功能,如 CC4000 系列为 3~18 V,HC 系列为 2~6 V。

3)对输入端的处理

由于 CMOS 管具有很高的输入阻抗,更容易接收干扰信号,在外接有静电干扰时,还会在悬空的输入端积累成高电压,造成栅极击穿。所以,CMOS 集成逻辑门电路的多余输入端是绝对不允许悬空的。

(1)与门和与非门的多余输入端接高电平;

(2)或门和或非门的多余输入端接高电平。

4)对输出端的要求

除漏极开路门和三态门外,不同的输出端不能并联在一起,也不能将输出端与电源短路,否则容易造成输出级的 MOS 管因过电流或器件因过损耗而损坏。

集成 CMOS 电路与集成 TTL 电路相比,CMOS 电路比 TTL 电路功耗低,抗干扰能力强,电源电压适用范围宽;TTL 电路比 CMOS 电路延迟时间短,工作频率高。在使用时,可根据电路的要求及门电路的特点进行选用。

实验十　集成逻辑门电路逻辑功能测试

1. 实验目的

(1)熟悉集成逻辑门电路逻辑功能。

(2)熟悉数字电路实验仪及示波器的使用方法。

2. 实验设备

数字万用表、双踪示波器、稳压电源、信号发生器;74LS20(四输入端双与非门)一片、74LS00(二输入端四与非门)两片;74LS04(六反相器)一片。

3. 实验原理

74LS00 共 14 个引脚,在一块集成块内含有四个互相独立的与非门,每个与非门有两个输入端,如图 8-35 所示。与非门的逻辑功能是:当输入端中有一个或一个以上是低电平时,输出端为高电平;只有当输入端全部为高电平时,输出端才是低电平,其逻辑表达式为 $Y = \overline{AB}$。

74LS20 是在一块集成块内含有两个互相独立的与非门,每个与非门有四个输入端,如图 8-36 所示。

74LS04 内部有六个 CMOS 反相器,如图 8-37 所示,其作用是把 1 变成 0,把 0 变成 1。以上集成逻辑门电路使用时必须在 14 引脚上加+5 V 电压,7 引脚接地。

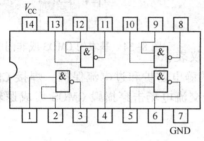

图 8-35　74LS00 内部结构

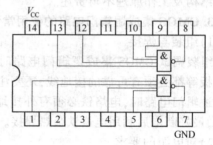

图 8-36　74LS20 内部结构

4. 实验内容

1)测试门电路逻辑功能

(1)在 74LS20 门电路与非门的四个输入端加固定的高(H)、低(L)电平,如图 8-38 所示,用示波器或万用表测门电路的输出电压,测试结果记入表 8-20 中。

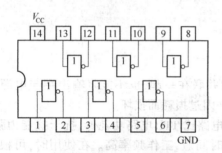

图 8-37　74LS04 内部结构

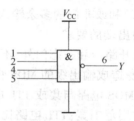

图 8-38　74LS20 门电路

表 8-20　测 试 结 果

输　入				输　出	
1(引脚)	2(引脚)	4(引脚)	5(引脚)	Y	电压/V
H	H	H	H		
L	H	H	H		
L	L	H	H		
L	L	L	H		
L	L	L	L		

(2)用两片 74LS00 按图 8-39 连线,将测试结果记入表 8-21 中。

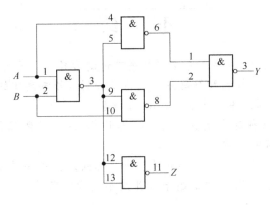

图 8-39

表 8-21 测 试 结 果

输 入		输 出	
A	B	Y	Z
0	0		
0	1		
1	0		
1	1		

2）传输延时时间测量

将 74LS04 六个反相器按图 8-40 级联，信号发生器输出 4 V，200 kHz 方波，作为门电路的输入信号，然后用双踪示波器测量级联门电路的输入/输出端信号波形，读出前、后延迟时间，代入 $t_{PD} = (t_{PHL} + t_{PLH})/2$，计算传输延迟时间 t_{PD}。

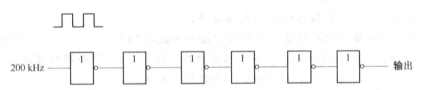

图 8-40 74LS04 六个反相器级联

计算出级联反相器个数 n 不一样时，电源传输延迟时间 t_{PD} 的值，记入表 8-22。

表 8-22 电源传输延迟时间

级联个数	$n=6$	$n=5$	$n=4$	$n=3$	$n=2$	$n=1$
t_{PD} /ns	34	48				

5. 实验报告

（1）记录、整理实验结果，并对结果进行分析。

（2）按各步骤要求填表并画逻辑图。

小　结

（1）为了简化电路结构，数字信号主要采用二进制形式。常见的数制包括二进制、八进制、十进制和十六进制。计数制和编码方案是将二进制信号与具体的物理概念联系起来的纽带，常用的编码方案包括二-十进制码（BCD）码等。

（2）逻辑运算中的三种基本运算是与、或、非运算，这三种逻辑关系还可以构成与非、或非、与或非、同或、异或等运算。

（3）逻辑函数的化简方法主要有公式法和卡诺图法。公式法要求熟记基本定律和规则并有一定的技巧和经验；卡诺图法是基于合并最小项的原理进行的，特点是简单、直观，有一定的步骤和方法可循。

（4）门电路是构成复杂数字电路的基本单元，最简单的门电路是由二极管组成的与门、或门和用三极管组成的与非门电路。它们是集成逻辑门电路的基础。普遍使用的集成逻辑门电路有两大类：一类是由三极管组成的 TTL 电路，另一类是由 MOS 管组成的 MOS 门电路。集成逻辑门电路除了有实现各种基本逻辑关系的产品外，还有集电极开路门（OC门）、三态门等。

思考与习题

1. 判断题

（1）8421 码 1001 比 0001 大。　　　　　　　　　　　　　　　　　　　　　（　）

（2）逻辑代数中的"0"和"1"代表两种不同的逻辑状态，并不表示数量的大小。（　）

（3）由三个开关并联起来控制一盏电灯时，电灯的亮与不亮同三个开关的闭合或断开之间的对应关系属于"与"的逻辑关系。　　　　　　　　　　　　　　　　（　）

（4）TTL 与非门的多余输入端可以接高电平。　　　　　　　　　　　　　　　（　）

（5）CMOS 门电路的输入端悬空时相当于输入为逻辑"1"。　　　　　　　　　（　）

（6）普通的逻辑门电路的输出端不可以并联在一起，否则可能会损坏器件。　（　）

（7）CMOS 或非门与 TTL 或非门的逻辑功能完全相同。　　　　　　　　　　（　）

（8）三态门的三种状态分别为高电平、低电平、不高不低的电压。　　　　　　（　）

（9）TTL 集电极开路门输出为 1 时由外接电源和电阻器提供输出电流。　　　（　）

（10）OD 门（漏极开路门）的输出端可以直接相连，实现线与。　　　　　　　（　）

2. 选择题

（1）属于 8421BCD 码的是（　　）。

　　A. 1010　　　　　　B. 0101　　　　　　C. 1100　　　　　　D. 1101

（2）和逻辑式 $A + A\overline{B}\,\overline{C}$ 相等的是（　　）。

　　A. ABC　　　　　　B. 1+BC　　　　　　C. A　　　　　　D. $A + \overline{B}\,\overline{C}$

（3）二输入或非门，其输入为 A, B，输出为 Y，则其表达式 $Y=$（　　）。

　　A. AB　　　　　　B. $\overline{A}\,\overline{B}$　　　　　　C. $\overline{A + B}$　　　　　　D. $A+B$

（4）以下电路中可以实现"线与"功能的有（　　）。

A. 与非门　　　　　　　　　　　　B. 三态输出门

C. 集电极开路门　　　　　　　　　D. 漏极开路门

(5) 以下电路中常用于总线应用的有(　　)。

A. TS 门　　　　　B. OC 门　　　　　C. 漏极开路门　　　　D. CMOS 与非门

(6) TTL 与非门的输入端不属于逻辑"0"的接法是(　　)。

A. 输入端接地

B. 输入端接 1 V 的电源

C. 输入端接同类与非门的输出低电压 0.3 V

D. 输入端通过 200 Ω 的电阻器接地

(7) 以下 CMOS 电路输入接法中(　　)相当于输入逻辑"1"。

A. 悬空　　　　　　　　　　　　　B. 通过 2.7 kΩ 电阻器接电源

C. 通过 2.7 kΩ 电阻器　　　　　　D. 通过 510 Ω 电阻器接地

(8) 对于 TTL 与非门闲置输入端的处理,可以(　　)。

A. 接电源　　　　　　　　　　　　B. 通过 3 kΩ 电阻器接电源

C. 接地　　　　　　　　　　　　　D. 与有用输入端并联

(9) 要使 TTL 与非门在转折区,可使输入端对地外接电阻 R_1 (　　)。

A. $> R_{ON}$　　　　B. $< R_{OFF}$　　　　C. $R_{OFF} < R_1 < R_{ON}$　　　　D. $> R_{OFF}$

(10) CMOS 集成逻辑门电路与 TTL 集成逻辑门电路相比,突出的优点是(　　)。

A. 微功耗　　　　B. 高速度　　　　C. 高抗干扰能力　　　　D. 电源范围广

3. 填空题

(1) $(35.75)_{10} = (\quad)_2 = (\quad)_{8421BCD}$, $(30.25)_{10} = (\quad)_2 = (\quad)_{16}$ 。

(2) 一位十六进制数可以用＿＿＿＿＿＿＿位二进制数来组合。

(3) 当逻辑函数有 n 个变量时,共有＿＿＿＿＿＿＿个变量取值组合。

(4) 逻辑函数的常用表示方法有＿＿＿＿＿＿、＿＿＿＿＿＿、逻辑图等。

(5) 逻辑函数 $F = \bar{A} + B + \bar{C}D$ 的反函数是＿＿＿＿＿＿＿,对偶式是＿＿＿＿＿＿＿。

(6) 已知函数的对偶式为 $A\bar{B} + \bar{C}D + BC$,则它的原函数为＿＿＿＿＿＿＿。

(7) 逻辑函数的化简方法有＿＿＿＿＿＿和＿＿＿＿＿＿。

(8) 化简逻辑函数 $F = \overline{\bar{A}\bar{B}\bar{C}\bar{D}} + A + B + C + D = $＿＿＿＿＿＿＿。

4. 化简题

(1) 用公式法将下列逻辑函数化简为最简与或式:

① $F = \overline{AB + A\bar{B}} + \overline{AB}(\bar{A}\bar{B} + CD)$;

② $F = A\bar{B}\bar{C} + AC + \overline{AB}\bar{C} + \bar{A}C$;

③ $F = (AB + A\bar{B})(\bar{A} + B)\bar{A}B$;

④ $F = A\bar{B} + \overline{A}CD + B + \bar{C} + \bar{D}$ 。

(2) 用卡诺图法化简下列函数为最简与或式:

① $F = \sum m(3,5,6,7)$;

② $F = \sum m(1,3,4,5,8,9,13,15)$;

③ $F = \sum m(1,3,4,6,7,9,11,12,14,15)$;

④ $F = \sum m(0,2,5,7,8,10,13,15)$。

(3)用卡诺图法将下列逻辑函数化简为最简与或式,并分别用与非门及或非门实现。

① $F = \overline{A}B + AC + BC$;

② $F = (A + B + C)(\overline{A} + \overline{B} + \overline{C})$;

③ $F = B\overline{C} + \overline{A}\,\overline{B} + A\,\overline{B}\,\overline{C} + \overline{B}C$。

(4)化简下列具有约束项 $\sum d$ 的逻辑函数。

① $F = \sum m(0,1,3,5,8) + \sum d(10,11,12,13,14,15)$;

② $F = \sum m(0,1,2,3,4,7,8,9) + \sum d(10,11,12,13,14,15)$。

5. 计算题

(1)电路如图 8-41 所示,VD_A、VD_B 均为硅二极管,导通电压为 0.7 V。在下列几种情况下,用内阻为 20 kΩ/V 的万用表测量 B 端和 F 端的电压,试问各应为多少?

①A 端接 0.3 V,B 端悬空;

②A 端接 10 V,B 端悬空;

③A 端接 5 kΩ 电阻,B 端悬空;

④A 端接 5 V,B 端接 5 kΩ 电阻;

⑤A 端接 2 kΩ 电阻,B 端接 5 V。

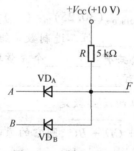

图 8-41 题 5-(1)图

(2)用 TTL 与非门驱动发光二极管的电路如图 8-42 所示。当输出低电平 $U_{OL} = 0.3$ V 时,流过发光二极管的电流 I 是多少?

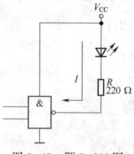

图 8-42 题 5-(2)图

（3）如图 8-43 所示电路中，M_1 是三态门，输入端悬空，M_2 是普通 TTL 与非门。试问控制端 EN 分别为高电平和低电平时，三态门输出端的电位各是多少？

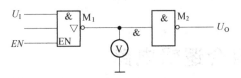

图 8-43　题 5-(3)图

（4）如图 8-44(a)所示门电路中，已知输入 A、B、C 的波形如图 8-44(b)所示，写出输出 F_1、F_2、F_3 的逻辑表达式，并对应于输入信号画出它们的输出波形图。

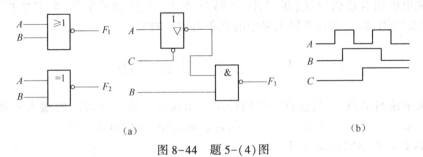

(a)　　　　　　　　　　　　　(b)

图 8-44　题 5-(4)图

第 9 章 | 组合逻辑电路

本章主要讲述组合逻辑电路的定义、特点,组合逻辑电路的分析方法和设计方法,常用中规模集成电路组合逻辑模块(编码器、译码器、比较器、数据分配器、数据选择器和加法器)的功能及应用,以及组合逻辑电路中的竞争与冒险现象。

9.1 组合逻辑电路概述

对于数字逻辑电路,当其任意时刻的稳定输出仅仅取决于该时刻的输入变量的取值,而与过去的输出状态无关,则称该电路为组合逻辑电路,简称组合电路。

1. 组合逻辑电路的框图及特点

组合逻辑电路框图如图 9-1 所示。

图 9-1 组合逻辑电路框图

组合逻辑电路基本构成单元为门电路,组合逻辑电路没有输出端到输入端的信号反馈网络。假设组合电路有 n 个输入变量为 $I_0, I_1, \cdots, I_{n-1}$, m 个输出变量为 $Y_0, Y_1, \cdots, Y_{m-1}$,根据图 9-1 可以列出 m 个输出函数表达式:

$$\begin{cases} Y_0 = F_0(I_0, I_1, \cdots, I_{n-1}) \\ Y_1 = F_1(I_0, I_1, \cdots, I_{n-1}) \\ \qquad \vdots \\ Y_{m-1} = F_{m-1}(I_0, I_1, \cdots, I_{n-1}) \end{cases} \tag{9-1}$$

从输出函数表达式可以看出,当前输出变量只与当前输入变量有关,也就是说,组合逻辑电路无记忆性。所以组合逻辑电路是无记忆性电路。

2. 组合逻辑电路逻辑功能表示方法

组合逻辑电路逻辑功能是指输出变量与输入变量之间的函数关系,表示方法有输出函数表达式、逻辑电路图、真值表、卡诺图等。

3. 组合逻辑电路分类

1)按电路逻辑功能分类

有加法器、数值比较器、编码器、译码器、数据选择器和数据分配器等。由于组合逻辑电路设计的功能可以是任意变化的,所以这里只给出基本功能分类。

2）按照使用门电路类型分类

有 TTL、CMOS 等类型。

3）按照门电路集成度分类

有小规模集成电路（SSI）、中规模集成电路（MSI）、大规模集成电路（LSI）、超大规模集成电路（VLSI）等。

9.2　组合逻辑电路的分析和设计

9.2.1　组合逻辑电路的分析

由给定的组合逻辑电路图通过一定的步骤推导出其功能的过程，称为组合逻辑电路的分析。

1. 组合逻辑电路的分析步骤

这里所讨论的是小规模集成组合逻辑电路的分析步骤。

（1）根据给定的逻辑电路图分析电路有几个输入变量、输出变量，写出输出变量与输入变量的逻辑表达式，有若干个输出变量就要写若干个逻辑表达式；

（2）对所写出的逻辑表达式进行化简，求出最简逻辑表达式；

（3）根据最简的逻辑表达式列出真值表；

（4）根据真值表说明组合逻辑电路的逻辑功能。

2. 组合逻辑电路分析举例

【例 9-1】　试分析图 9-2 所示组合逻辑电路的逻辑功能。

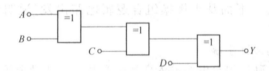

图 9-2　例 9-1 的组合逻辑电路图

解：根据组合逻辑电路分析步骤，即

（1）图 9-2 有四个输入变量 A、B、C、D，一个输出变量 Y；根据图 9-2 写出 Y 的逻辑表达式。

$$Y = A \oplus B \oplus C \oplus D$$

（2）由于 Y 的逻辑表达式不能再化简，所以直接进入第（3）步，列出 Y 与 A、B、C、D 关系的真值表，如表 9-1 所示。

表 9-1　例 9-1 真值表

A	B	C	D	Y
0	0	0	0	0
0	0	0	1	1
0	0	1	0	1
0	0	1	1	0

A	B	C	D	Y
0	1	0	0	1
0	1	0	1	0
0	1	1	0	0
0	1	1	1	1
1	0	0	0	1
1	0	0	1	0
1	0	1	0	0
1	0	1	1	1
1	1	0	0	0
1	1	0	1	1
1	1	1	0	1
1	1	1	1	0

（3）根据真值表说明组合逻辑电路功能。从表 9-1 中可以看出，当输入变量 A、B、C、D 中奇数个变量为逻辑 1 时，输出变量 Y 等于 1，否则 Y 输出为 0，所以图 9-1 所示电路是输入奇数个 1 校验器。

9.2.2　组合逻辑电路的设计

根据设计要求，设计出符合需要的组合逻辑电路，并画出组合逻辑电路图，这个过程称为组合逻辑电路的设计。下面从小规模组合逻辑电路出发，说明组合逻辑电路的设计步骤。

1. 组合逻辑电路的设计步骤

（1）根据设计要求，确定组合电路输入变量个数及输出变量个数。

（2）确定输入变量、输出变量，并将输入变量两种输入状态与逻辑 0 或逻辑 1 对应；将输出变量两种输出状态与逻辑 0 或逻辑 1 对应。

（3）根据设计要求，列真值表。

（4）根据真值表写出各输出变量的逻辑表达式。

（5）对逻辑表达式进行化简，写出符合要求的最简的逻辑表达式。

（6）根据最简逻辑表达式，画出逻辑电路图。

2. 组合逻辑电路的设计举例

【例 9-2】　某雷达站有三部雷达 A、B、C，其中 A 和 B 消耗功率相等，C 的消耗功率是 A 的两倍。这些雷达由两台发电机 X、Y 供电，发电机 X 的最大输出功率等于雷达 A 的消耗功率，发电机 Y 的最大输出功率是雷达 A 和雷达 C 消耗功率总和。要求设计一个组合逻辑电路，能够根据各雷达的启动、关闭信号，以最省电的方式开、关发电机。

解：根据组合逻辑电路的设计步骤，即

（1）确定输入变量个数为三个，输出变量个数为两个。

（2）输入变量为 A、B、C，设定雷达启动状态为逻辑 1，关闭状态为逻辑 0；输出变量为

X、Y,设定发电机开状态为逻辑 1,关状态为逻辑 0。

（3）根据输入与输出变量的逻辑关系,列真值表,如表 9-2 所示。

表 9-2　例 9-2 真值表

A	B	C	X	Y
0	0	0	0	0
0	0	1	0	1
0	1	0	1	0
0	1	1	0	1
1	0	0	1	0
1	0	1	0	1
1	1	0	0	1
1	1	1	1	1

（4）根据真值表,直接画卡诺图进行化简。卡诺图如图 9-3 所示。

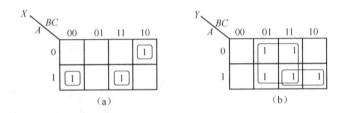

图 9-3　例 9-2 卡诺图

（5）写出最简表达式:

$$X = \overline{A}B\overline{C} + A\overline{B}\,\overline{C} + ABC$$
$$Y = C + AB$$

（6）根据最简表达式画出逻辑电路图如图 9-4 所示。

【例 9-3】　设计一个表决电路,该电路有三个输入信号,输入信号有同意及不同意两种状态。当多数同意时,输出信号处于通过状态;否则处于不通过状态,试用与非门设计该逻辑电路。

解:根据组合逻辑电路的设计步骤,即

（1）确定输入变量个数为三个,输出变量个数一个。

（2）输入变量为 A、B、C,设定输入同意状态为逻辑 1,不同意状态为逻辑 0;输出变量为 Y,设定通过状态为逻辑 1,不通过状态为逻辑 0。

（3）根据输入与输出变量的逻辑关系,列真值表,如表 9-3 所示。

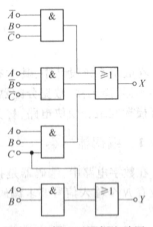

图 9-4　例 9-2 逻辑电路图

表 9-3 例 9-3 真值表

A	B	C	Y
0	0	0	0
0	0	1	0
0	1	0	0
0	1	1	1
1	0	0	0
1	0	1	1
1	1	0	1
1	1	1	1

（4）根据真值表，直接画卡诺图进行化简。卡诺图如图 9-5 所示。

（5）写出最简表达式：

$$Y = AC + AB + BC = \overline{\overline{AB}\ \overline{BC}\ \overline{AC}}$$

（6）根据最简表达式画出逻辑电路图如图 9-6 所示。

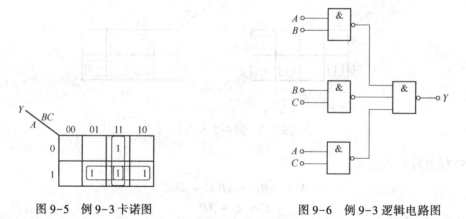

图 9-5　例 9-3 卡诺图 　　　　　　　图 9-6　例 9-3 逻辑电路图

9.3　常用组合逻辑电路

在数字系统设计中，其中有些逻辑电路经常出现在各种数字系统中，这些逻辑电路包含编码器、译码器、数据分配器、数据选择器、数值比较器、加法器等。将这些逻辑电路制成中规模标准组合模块电路，称为中规模标准组合模块电路。下面分别介绍这些逻辑电路。

9.3.1　编码器

在数字电路中，编码器是指将输入信号用二进制编码形式输出的器件，如图 9-7 所示。假设有 N 个输入信号要求编码，最少输出编码位数为 m，则应满足

$$2^{m-1} < N < 2^m \tag{9-2}$$

1. 二进制编码器

对输入 $N = 2^n$ 个信号用 n 位二进制编码输出的逻辑电路称为编码器。下面以两位输

出编码为例,说明二进制编码器的设计原理。

两位二进制编码器有四个要求编码的输入信号:I_0,I_1, I_2,I_3,两个输出信号:Y_1,Y_0;根据输入信号编码要求唯一性, 即当输入某个信号要求编码时,其他三个输入不能有编码要 求。并假设 I_0 为高电平时要求编码,其对应 Y_1,Y_0 为 00,同 理,I_1 为高电平时对应 Y_1,Y_0 为 01,I_2 为高电平时对应 Y_1,Y_0 为 10,I_3 为高电平时对应 Y_1,Y_0 为 11,列出真值表如表 9-4 所示。

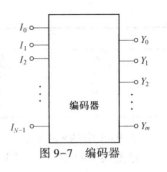

图 9-7　编码器

表 9-4　两位二进制编码器真值表

输　入				输　出	
I_0	I_1	I_2	I_3	Y_1	Y_0
1	0	0	0	0	0
0	1	0	0	0	1
0	0	1	0	1	0
0	0	0	1	1	1

根据真值表写出逻辑表达式:

$$Y_1 = I_2 + I_3 \tag{9-3}$$
$$Y_0 = I_1 + I_3 \tag{9-4}$$

根据式(9-3)、式(9-4)画出两位二进制编码器逻辑电路 图,如图 9-8 所示。

从表 9-4 所示二进制编码器真值表可以看出,当输入信号 同时出现两个或两个以上信号要求编码时,该二进制编码器逻 辑电路将出现编码错误,此时,应使用二进制优先编码器。下 面以三位二进制优先编码器为例说明优先编码器的设计原理。

2. 三位二进制优先编码器

优先编码器是指当输入信号同时出现几个编码要求时,编 码器选择优先级最高的输入信号输出其编码。假设三位二进制 优先编码器有八个输入信号端:$\overline{I_0}$,$\overline{I_1}$,$\overline{I_2}$,$\overline{I_3}$,$\overline{I_4}$,$\overline{I_5}$,$\overline{I_6}$,$\overline{I_7}$,其中 $\overline{I_i}$

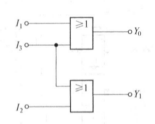

图 9-8　两位二进制编码器
逻辑电路图

($i = 0,1,2,\cdots,7$)的非号表示当 $\overline{I_i}$ 为低电平时该信号要求编码。三位编码输出:$\overline{Y_2}$,$\overline{Y_1}$, $\overline{Y_0}$,$\overline{Y_i}$($i = 0,1,2$)的非号表示对应二进制反码输出;假设 $\overline{I_7}$ 的编码优先级最高,$\overline{I_6}$ 次之, 依次类推,$\overline{I_0}$ 的编码优先级最低,则对应的三位二进制优先编码器真值表如表 9-5 所示。

表 9-5　三位二进制优先编码器真值表

输　入								输　出		
$\overline{I_0}$	$\overline{I_1}$	$\overline{I_2}$	$\overline{I_3}$	$\overline{I_4}$	$\overline{I_5}$	$\overline{I_6}$	$\overline{I_7}$	$\overline{Y_2}$	$\overline{Y_1}$	$\overline{Y_0}$
×	×	×	×	×	×	×	0	0	0	0
×	×	×	×	×	×	0	1	0	0	1
×	×	×	×	×	0	1	1	0	1	0
×	×	×	×	0	1	1	1	0	1	1
×	×	×	0	1	1	1	1	1	0	0

续表

输　入								输　出		
$\bar{I}_0$	$\bar{I}_1$	$\bar{I}_2$	$\bar{I}_3$	$\bar{I}_4$	$\bar{I}_5$	$\bar{I}_6$	$\bar{I}_7$	$\bar{Y}_2$	$\bar{Y}_1$	$\bar{Y}_0$
×	×	0	1	1	1	1	1	1	0	1
×	0	1	1	1	1	1	1	1	1	0
0	1	1	1	1	1	1	1	1	1	1

表 9-5 中的×表示取值可以为 0 或 1。

根据表 9-5 所示的逻辑功能,写出逻辑表达式:

$$\bar{Y}_2 = \bar{I}_0\bar{I}_1\bar{I}_2I_3I_4I_5I_6I_7 + \bar{I}_1\bar{I}_2\bar{I}_3I_4I_5I_6I_7 + \bar{I}_2\bar{I}_3\bar{I}_4I_5I_6I_7 + \bar{I}_3\bar{I}_4I_5I_6I_7 \tag{9-5}$$

$$\bar{Y}_1 = \bar{I}_0\bar{I}_1I_2I_3\bar{I}_4\bar{I}_5I_6I_7 + \bar{I}_1I_2\bar{I}_3I_4\bar{I}_5I_6I_7 + \bar{I}_4\bar{I}_5I_6I_7 + \bar{I}_5I_6\bar{I}_7 \tag{9-6}$$

$$\bar{Y}_0 = \bar{I}_0\bar{I}_1\bar{I}_2\bar{I}_3\bar{I}_4\bar{I}_5\bar{I}_6\bar{I}_7 + \bar{I}_2\bar{I}_3\bar{I}_4\bar{I}_5\bar{I}_6\bar{I}_7 + \bar{I}_4\bar{I}_5\bar{I}_6\bar{I}_7 + \bar{I}_6\bar{I}_7 \tag{9-7}$$

根据式(9-5)、式(9-6)、式(9-7)画出逻辑电路图,如图 9-9 所示。

3. 集成 8 线-3 线优先编码器

图 9-10 所示为 8 线-3 线优先编码器 74LS148、74148 的图形符号,表 9-6 为其真值表。

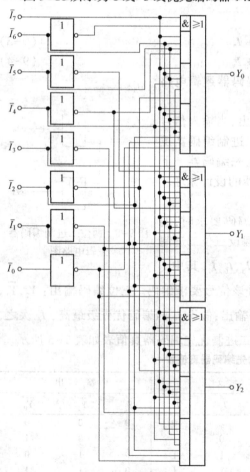

图 9-9　三位二进制优先编码器逻辑电路图

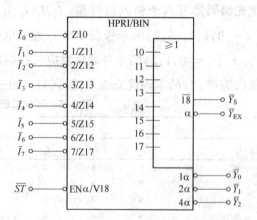

图 9-10　集成 8 线-3 线优先编码器
74LS148、74148 的图形符号

表 9-6 集成 8 线-3 线优先编码器的真值表

输			入					输			出	
$\overline{ST}$	$\overline{I}_7$	$\overline{I}_6$	$\overline{I}_5$	$\overline{I}_4$	$\overline{I}_3$	$\overline{I}_2$	$\overline{I}_1$	$\overline{I}_0$	$\overline{Y}_2$	$\overline{Y}_1$	$\overline{Y}_0$	$\overline{Y}_{EX}$	Y_S
1	×	×	×	×	×	×	×	×	1	1	1	1	1
0	1	1	1	1	1	1	1	1	1	1	1	1	0
0	0	×	×	×	×	×	×	×	0	0	0	0	1
0	1	0	×	×	×	×	×	×	0	0	1	0	1
0	1	1	0	×	×	×	×	×	0	1	0	0	1
0	1	1	1	0	×	×	×	×	0	1	1	0	1
0	1	1	1	1	0	×	×	×	1	0	0	0	1
0	1	1	1	1	1	0	×	×	1	0	1	0	1
0	1	1	1	1	1	1	0	×	1	1	0	0	1
0	1	1	1	1	1	1	1	0	1	1	1	0	1

学会看集成芯片真值表,是正确使用芯片的首要条件。$\overline{ST}$ 是优先编码器的选通输入端,$\overline{I}_7,\overline{I}_6,\overline{I}_5,\overline{I}_4,\overline{I}_3,\overline{I}_2,\overline{I}_1,\overline{I}_0$ 是八个输入信号端,输入低电平表示该信号有编码要求;$\overline{Y}_{EX}$ 为优先扩展输出端,Y_S 为选通输出端,$\overline{Y}_2,\overline{Y}_1,\overline{Y}_0$ 是三位二进制反码输出端。表 9-6 输入栏中第一行表示,当 $\overline{ST}=1$ 时,集成 8 线-3 线优先编码器禁止编码输出,此时 $\overline{Y}_{EX}Y_S=11$;第二行则说明当 $\overline{ST}=0$ 时,允许编码器编码,但由于输入信号 $\overline{I}_7\overline{I}_6\overline{I}_5\overline{I}_4\overline{I}_3\overline{I}_2\overline{I}_1\overline{I}_0=11111111$,八个输入信号无一个信号有编码要求,此时状态输出端 $\overline{Y}_{EX}\overline{Y}_S=10$,从第三行开始到最后一行表示 $\overline{ST}=0$ 有效时,且输入信号至少有一个有编码要求,则此时 $\overline{Y}_{EX}Y_S=01$,$\overline{Y}_2,\overline{Y}_1,\overline{Y}_0$ 输出要求编码的输入信号中最高优先级的编码,$\overline{ST}$、$\overline{Y}_{EX}$、Y_S 在芯片扩展时作为控制端使用。

如果构成 16 线-4 线优先编码器,可以用两片 74LS148 优先编码器加少量的门电路构成。具体步骤如下:

(1)确定 $\overline{I}_{15}$ 的编码优先级最高,$\overline{I}_{14}$ 次之,依次类推,$\overline{I}_0$ 最低。

(2)用一片 74LS148 作为高位片,$\overline{I}_{15},\overline{I}_{14},\overline{I}_{13},\overline{I}_{12},\overline{I}_{11},\overline{I}_{10},\overline{I}_9,\overline{I}_8$ 作为该片的信号输入;另一片 74LS148 作为低位片,$\overline{I}_7,\overline{I}_6,\overline{I}_5,\overline{I}_4,\overline{I}_3,\overline{I}_2,\overline{I}_1,\overline{I}_0$ 作为该片的信号输入。

(3)根据编码优先级顺序,高位片的选通输入端作为总的选通输入端,低位片的选通输入端接高位片的选通输出端,高位片的 $\overline{Y}_{EX}$ 端作为四位编码的最高位输出,低位片的 Y_S 作为总的选通输出端。两片的 $\overline{Y}_{EX}$ 信号相与作为总的优先扩展输出端。具体逻辑电路图如图 9-11 所示。

4. 集成 10 线-4 线优先编码器

根据 8 线-4 线优先编码器的设计方法,可以设计 10 线-4 线优先编码器,将它封装在一个芯片上,便构成集成 10 线-4 线优先编码器。图 9-12 所示为集成 10 线-4 线优先编码器 74LS147、74147 的图形符号,表 9-7 为其真值表。

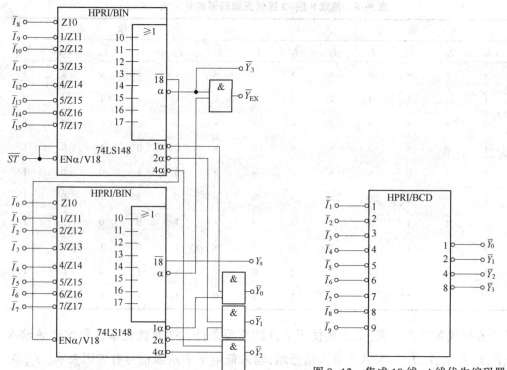

图 9-11　用两片 74LS148 构成 16 线-4 线优先编码器

图 9-12　集成 10 线-4 线优先编码器
74LS147、74147 的图形符号

表 9-7　10 线-4 线集成优先编码器真值表

输　　　　　入									输　　出			
$\bar{I}_9$	$\bar{I}_8$	$\bar{I}_7$	$\bar{I}_6$	$\bar{I}_5$	$\bar{I}_4$	$\bar{I}_3$	$\bar{I}_2$	$\bar{I}_1$	$\bar{Y}_3$	$\bar{Y}_2$	$\bar{Y}_1$	$\bar{Y}_0$
0	×	×	×	×	×	×	×	×	0	1	1	0
1	0	×	×	×	×	×	×	×	0	1	1	1
1	1	0	×	×	×	×	×	×	1	0	0	0
1	1	1	0	×	×	×	×	×	1	0	0	1
1	1	1	1	0	×	×	×	×	1	0	1	0
1	1	1	1	1	0	×	×	×	1	0	1	1
1	1	1	1	1	1	0	×	×	1	1	0	0
1	1	1	1	1	1	1	0	×	1	1	0	1
1	1	1	1	1	1	1	1	0	1	1	1	0
1	1	1	1	1	1	1	1	1	1	1	1	1

5. 码组变换器

码组变换器是将输入的一种编码转换为另一种编码输出的电路。输入编码及输出编码的种类不同,则码组变换器的电路构成也不同。下面以 8421BCD 码与余 3 码的转换电路为例,说明码组变换器的构成原理。

【**例 9-4**】　用集成四位加法器及少量门电路构成 8421BCD 码与余 3 码的转换电路。

解：根据题意，该电路要进行 8421BCD 码与余 3 码的双向转换，设 C 为转换控制信号，$C=0$ 时进行 8421BCD 码到余 3 码的转换，否则进行余 3 码到 8421BCD 码转换，列出 8421BCD 码与余 3 码的转换的真值表，如表 9-8 所示。

表 9-8　8421BCD 码与余 3 码的转换真值表

	输		入		输		出	
C	A_3	A_2	A_1	A_0	B_3	B_2	B_1	B_0
0	0	0	0	0	0	0	1	1
0	0	0	0	1	0	1	0	0
0	0	0	1	0	0	1	0	1
0	0	0	1	1	0	1	1	0
0	0	1	0	0	0	1	1	1
0	0	1	0	1	1	0	0	0
0	0	1	1	0	1	0	0	1
0	0	1	1	1	1	0	1	0
0	1	0	0	0	1	0	1	1
0	1	0	0	1	1	1	0	0
1	0	0	1	1	0	0	0	0
1	0	1	0	0	0	0	0	1
1	0	1	0	1	0	0	1	0
1	0	1	1	0	0	0	1	1
1	0	1	1	1	0	1	0	0
1	1	0	0	0	0	1	0	1
1	1	0	0	1	0	1	1	0
1	1	0	1	0	0	1	1	1
1	1	0	1	1	1	0	0	0
1	1	1	0	0	1	0	0	1

由真值表可得

$C = 0$ 时，$B_3B_2B_1B_0 = A_3A_2A_1A_0 + 0011$。

$C = 1$ 时，$B_3B_2B_1B_0 = A_3A_2A_1A_0 - 0011 = A_3A_2A_1A_0 + 1101$。

根据集成四位加法器的工作原理画出逻辑电路图，如图 9-13 所示。

9.3.2　译码器

译码是编码的逆过程，译码器是将输入的二进制代码转换成相应的控制信号输出的电路。下面以 3 线-8 线二进制译码器为例，说明二进制译码器的设计原理。

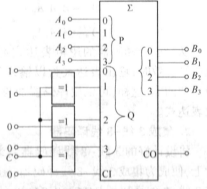

图 9-13　集成四位全加器构成 8421BCD 码与余 3 码转换电路

1. 3线-8线二进制译码器

假设输入信号为二进制原码,输出信号为低电平有效,3线-8线二进制译码器输入的三位二进制代码为 A_2, A_1, A_0;2^3 个输出信号为 $\overline{Y}_0, \overline{Y}_1, \overline{Y}_2, \overline{Y}_3, \overline{Y}_4, \overline{Y}_5, \overline{Y}_6, \overline{Y}_7$。任何时刻二进制译码器的输出信号只允许一个输出信号有效。根据设计要求,列出真值表如表9-9所示。

表9-9　3线-8线二进制译码器真值表

输　入			输　出							
A_2	A_1	A_0	$\overline{Y}_0$	$\overline{Y}_1$	$\overline{Y}_2$	$\overline{Y}_3$	$\overline{Y}_4$	$\overline{Y}_5$	$\overline{Y}_6$	$\overline{Y}_7$
0	0	0	0	1	1	1	1	1	1	1
0	0	1	1	0	1	1	1	1	1	1
0	1	0	1	1	0	1	1	1	1	1
0	1	1	1	1	1	0	1	1	1	1
1	0	0	1	1	1	1	0	1	1	1
1	0	1	1	1	1	1	1	0	1	1
1	1	0	1	1	1	1	1	1	0	1
1	1	1	1	1	1	1	1	1	1	0

根据真值表,直接写出输出信号的逻辑表达式:

$$\overline{Y}_0 = \overline{\overline{A}_2\overline{A}_1\overline{A}_0} \tag{9-8}$$

$$\overline{Y}_1 = \overline{\overline{A}_2\overline{A}_1A_0} \tag{9-9}$$

$$\overline{Y}_2 = \overline{\overline{A}_2A_1\overline{A}_0} \tag{9-10}$$

$$\overline{Y}_3 = \overline{\overline{A}_2A_1A_0} \tag{9-11}$$

$$\overline{Y}_4 = \overline{A_2\overline{A}_1\overline{A}_0} \tag{9-12}$$

$$\overline{Y}_5 = \overline{A_2\overline{A}_1A_0} \tag{9-13}$$

$$\overline{Y}_6 = \overline{A_2A_1\overline{A}_0} \tag{9-14}$$

$$\overline{Y}_7 = \overline{A_2A_1A_0} \tag{9-15}$$

从二进制译码器的逻辑表达式可以看到,输出为低电平有效时,输出表达式为以输入信号为自变量的最小项的非,这样,可以用译码器加与非门构成逻辑函数表达式。

2. 集成3线-8线译码器

将设计好的3线-8线译码器封装在一个集成芯片上,便成为集成3线-8线译码器,图9-14所示为集成3线-8线译码器74LS138、74138的图形符号,其真值表如表9-10所示。

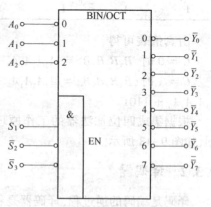

图9-14　集成3线-8线译码器
74LS138、74138的图形符号

表 9-10 集成 3 线-8 线译码器真值表

输 入					输 出							
S_1	$\overline{S_2} + \overline{S_3}$	A_2	A_1	A_0	$\overline{Y_0}$	$\overline{Y_1}$	$\overline{Y_2}$	$\overline{Y_3}$	$\overline{Y_4}$	$\overline{Y_5}$	$\overline{Y_6}$	$\overline{Y_7}$
1	0	0	0	0	0	1	1	1	1	1	1	1
1	0	0	0	1	1	0	1	1	1	1	1	1
1	0	0	1	0	1	1	0	1	1	1	1	1
1	0	0	1	1	1	1	1	0	1	1	1	1
1	0	1	0	0	1	1	1	1	0	1	1	1
1	0	1	0	1	1	1	1	1	1	0	1	1
1	0	1	1	0	1	1	1	1	1	1	0	1
1	0	1	1	1	1	1	1	1	1	1	1	0
0	×	×	×	×	1	1	1	1	1	1	1	1
×	1	×	×	×	1	1	1	1	1	1	1	1

S_1，$\overline{S_2}$，$\overline{S_3}$ 为三个输入选通控制端，当 $S_1 \overline{S_2} \overline{S_3} = 100$ 时，才允许集成 3 线-8 线译码器进行译码，这三个控制信号可以作为译码器的扩展使用。

下面以用集成 3 线-8 线译码器构成 4 线-16 线译码器为例，说明译码器的扩展方法。

(1)确定译码器的个数：由于输出有 16 个信号，故至少需要两个 3 线-8 线译码器；

(2)扩展后输入的二进制代码有四个，除了使用芯片原有的三个二进制代码输入端作为低三位代码输入外，还需要在三个选通控制端中选择一个作为最高位代码输入端。

具体的逻辑电路图如图 9-15 所示。

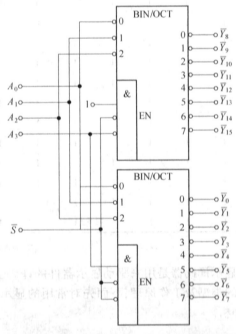

图 9-15 用两片 74LS138 构成的 4 线-16 线译码器逻辑电路图

3. 集成 8421BCD 输入 4 线-10 线译码器

以前面介绍的 3 线-8 线译码器的设计方法设计 8421BCD 输入 4 线-10 线译码器,并将它封装在一个集成芯片中便构成集成 8421BCD 输入 4 线-10 线译码器,型号为 74LS42、7442。其图形符号如图 9-16 所示,真值表如表 9-11 所示。

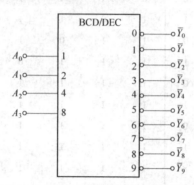

图 9-16　集成 8421BCD 输入 4 线-10 线译码器 74LS42、7442 图形符号

表 9-11　集成 8421BCD 输入 4 线-10 线译码器真值表

输　入				输　出									
A_3	A_2	A_1	A_0	$\overline{Y_0}$	$\overline{Y_1}$	$\overline{Y_2}$	$\overline{Y_3}$	$\overline{Y_4}$	$\overline{Y_5}$	$\overline{Y_6}$	$\overline{Y_7}$	$\overline{Y_8}$	$\overline{Y_9}$
0	0	0	0	0	1	1	1	1	1	1	1	1	1
0	0	0	1	1	0	1	1	1	1	1	1	1	1
0	0	1	0	1	1	0	1	1	1	1	1	1	1
0	0	1	1	1	1	1	0	1	1	1	1	1	1
0	1	0	0	1	1	1	1	0	1	1	1	1	1
0	1	0	1	1	1	1	1	1	0	1	1	1	1
0	1	1	0	1	1	1	1	1	1	0	1	1	1
0	1	1	1	1	1	1	1	1	1	1	0	1	1
1	0	0	0	1	1	1	1	1	1	1	1	0	1
1	0	0	1	1	1	1	1	1	1	1	1	1	0
1	0	1	0	1	1	1	1	1	1	1	1	1	1
1	0	1	1	1	1	1	1	1	1	1	1	1	1
1	1	0	0	1	1	1	1	1	1	1	1	1	1
1	1	0	1	1	1	1	1	1	1	1	1	1	1
1	1	1	0	1	1	1	1	1	1	1	1	1	1
1	1	1	1	1	1	1	1	1	1	1	1	1	1

4. 显示译码器

与二进制译码器不同,显示译码器是用来驱动显示器件的译码器。而要分析显示译码器的原理,应先了解显示器件的类型及工作原理,下面先对常用的显示器件进行介绍,然后对显示译码器的设计原理进行分析。

1) 半导体显示器件

某些特殊的半导体材料制成的 PN 结,在外加一定的电压时,能将电能转换成光能,利用这种 PN 结发光特性制成的显示器件,称为半导体显示器件。常用半导体显示器件有单个的发光二极管及由多个发光二极管组成的 LED 数码管显示器件,如图9-17 所示。

半导体显示器件工作时,发光二极管需要一定大小的工作电压及电流。一般地,发光二极管的工作电压为 1.5~3 V,工作电流为几到十几毫安,视型号不同而有所不同。驱动电路可以由门电路构成,也可以由三极管电路构成。如图 9-18 所示,调整电阻器 R 的大小,可以改变发光二极管 VD 的亮度,使发光二极管正常工作。

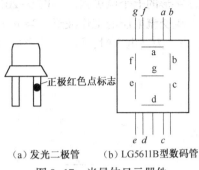

（a）发光二极管　　　（b）LG5611B型数码管

图 9-17　半导体显示器件

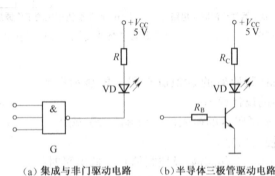

（a）集成与非门驱动电路　　（b）半导体三极管驱动电路

图 9-18　半导体显示器件驱动电路

LED 数码管有共阴极数码管与共阳极数码管两种接法。如图 9-19 所示,在构成显示译码器时,对于 LED 共阳极数码管,要使某段发亮,该段应接低电平;对于 LED 共阴极数码管,要使某段发亮,该段应接高电平。

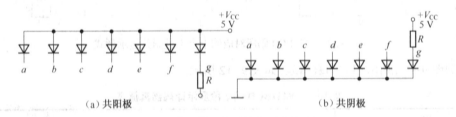

（a）共阳极　　　　　　　　　　　（b）共阴极

图 9-19　LED 数码管的两种接法

半导体显示器件的优点是体积小、工作可靠、使用寿命长、响应速度快、颜色丰富;缺点是功耗较大。

2）液晶显示器件

液晶显示器件（LCD）是一种平板薄型显示器件。由于它的驱动电压低,工作电流非常小,与 CMOS 电路结合可以构成微功耗系统,广泛应用在电子钟表、电子计算机、各种仪器和仪表中。

液晶是一种介于晶体和液体之间的化合物。常温下既具有液体的流动性和连续性,又具有晶体的某些光学特性。液晶显示器件本身不发光,但在外加电场作用下,产生光电效应,调制外界光线使不同的部位显现反差来达到显示的目的。液晶显示器件由一个公共极和构成七段字形的七个电极构成。图9-20(a)是字段 a 的液晶显示器件交流驱动电路,图9-20(b)是产生交流电压的工作波形。当 a 为低电平时,液晶两端不形成电场,无光电效应,该段不发光;当 a 为高电平时,液晶两端形成电场,有光电效应,该段发光。

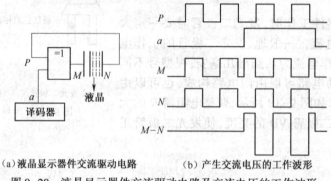

(a)液晶显示器件交流驱动电路　　　(b)产生交流电压的工作波形

图9-20　液晶显示器件交流驱动电路及交流电压的工作波形

3)七段显示译码器

现以驱动共阳极 LED 数码管的 8421BCD 码七段显示译码器为例,说明显示译码器的设计原理。

如图9-21所示,显示译码器的输入信号为8421码,输出为对应下标的数码管七段控制信号。

根据共阳极 LED 数码管特点,当某段控制信号为低电平时,该段发光,否则该段不发光。由于显示译码器是将 8421BCD 码转换成十进制数显示控制信号的,如图9-22所示,当输入不同的 8421BCD 码,输出应控制每段 LED 数码管按图9-22方式发光。

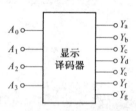

图9-21　显示译码器框图

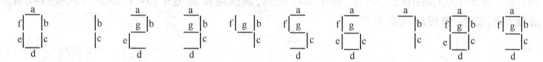

图9-22　8421BCD 码所对应的十个十进制数显示形式

根据图9-22,列出相应的真值表,如表9-12所示。

表9-12　8421BCD 码七段显示译码器真值表

输　入				输　出							字形
A_3	A_2	A_1	A_0	Y_a	Y_b	Y_c	Y_d	Y_e	Y_f	Y_g	
0	0	0	0	0	0	0	0	0	0	1	0
0	0	0	1	1	0	0	1	1	1	1	1
0	0	1	0	0	0	1	0	0	1	0	2
0	0	1	1	0	0	0	0	1	1	0	3
0	1	0	0	1	0	0	1	1	0	0	4
0	1	0	1	0	1	0	0	1	0	0	5
0	1	1	0	0	1	0	0	0	0	0	6
0	1	1	1	0	0	0	1	1	1	1	7
1	0	0	0	0	0	0	0	0	0	0	8
1	0	0	1	0	0	0	1	0	1	1	9

根据表 9-12,画出卡诺图并化简,卡诺图如图 9-23 所示。

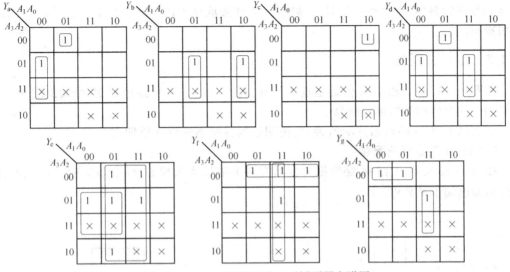

图 9-23　8421BCD 码七段显示译码器卡诺图

根据图 9-21,写出最简输出表达式:

$$Y_a = A_2\overline{A_1}\,\overline{A_0} + \overline{A_3}\,\overline{A_2}A_1A_0 \tag{9-16}$$

$$Y_b = A_2\overline{A_1}A_0 + A_2A_1\overline{A_0} \tag{9-17}$$

$$Y_c = \overline{A_2}A_1\overline{A_0} \tag{9-18}$$

$$Y_d = A_2\overline{A_1}\,\overline{A_0} + A_2A_1A_0 + \overline{A_3}\,\overline{A_2}\,\overline{A_1}A_0 \tag{9-19}$$

$$Y_e = A_0 + A_2\overline{A_1} \tag{9-20}$$

$$Y_f = A_1A_0 + \overline{A_3}\,\overline{A_2}A_0 + \overline{A_3}\,\overline{A_2}A_1 \tag{9-21}$$

$$Y_g = \overline{A_3}\,\overline{A_2}A_1 + A_2A_1A_0 \tag{9-22}$$

根据共阳极 LED 数码管发光原理,译码器输出信号为低电平时,才能使 LED 数码管发光。因此,LED 数码管的阳极接电源正极,阴极接译码器输出信号。由于 LED 数码管发光需要有一定的工作电流,显示译码器输出信号必须要有足够的带灌电流负载的能力,以驱动 LED 相应的段发光。在译码器的输出端需要串联一个限流电阻 R。具体电路如图 9-24 所示。

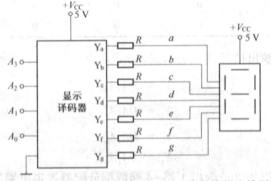

图 9-24　显示译码器与共阳极 LED 数码管的连接图

4）集成显示译码器

由于显示器件种类较多，因此集成显示译码器种类也有很多。在使用译码器时，应根据显示器件的类型，选择不同的显示译码器，具体集成显示译码器的介绍，请参照有关集成电路资料。

9.3.3　数据分配器

如图 9-25 所示，根据 m 位地址输入信号，将 1 个输入信号传送到 2^m 个输出端中某个输出端中的器件称为数据分配器。

下面以 1 路-4 路数据分配器为例，说明数据分配器的设计原理。

1.1 路-4 路数据分配器

如图 9-26 所示，1 路-4 路数据分配器有一个信号输入端 D，两个地址输入端 A_1A_0，四个信号输出端 $Y_3Y_2Y_1Y_0$。

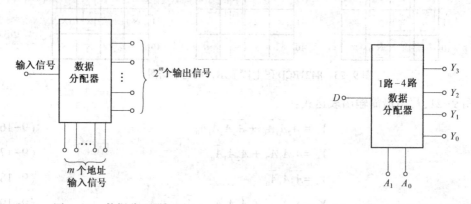

图 9-25　数据分配器框图　　　　　图 9-26　1 路-4 路数据分配器框图

根据数据分配器定义及图 9-27，列出 1 路-4 路数据分配器真值表，如表 9-13 所示。

表 9-13　1 路-4 路数据分配器真值表

输　入		输　出			
A_1	A_0	Y_3	Y_2	Y_1	Y_0
0	0	0	0	0	D
0	1	0	0	D	0
1	0	0	D	0	0
1	1	D	0	0	0

根据真值表，写出输出信号逻辑表达式：

$$Y_0 = D\overline{A_1}\,\overline{A_0} \tag{9-23}$$

$$Y_1 = D\overline{A_1}A_0 \tag{9-24}$$

$$Y_2 = DA_1\overline{A_0} \tag{9-25}$$

$$Y_3 = DA_1A_0 \tag{9-26}$$

根据式（9-23）~式（9-26）画出 1 路-4 路数据分配器逻辑电路图，如图 9-27 所示。

从图 9-27 可以看出,如果将地址输出 A_1A_0 作为二进制编码输入,D 作为选通控制信号,则数据分配器就成为二进制译码器,所以数据分配器完全可以用二进制译码器代替。

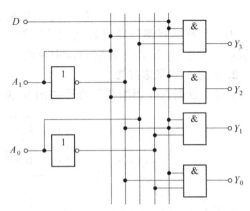

2. 集成数据分配器

由于数据分配器可以用二进制译码器代替,则集成二进制译码器也是集成数据分配器。如集成 2 线-4 线二进制译码器 74LS139 也是集成 1 路-4 路数据分配器;集成 3 线-8 线二进制译码器 74LS138 也是集成 1 路-8 路数据分配器。

图 9-27 1 路-4 路数据分配器逻辑电路图

9.3.4 数据选择器

如图 9-28 所示,数据选择器是指 2^m(m 为正整数)个输入信号,根据 m 个地址输入信号,选择一个输入信号传送到输出端的器件。数据选择器又称多路选择器或多路开关。

下面以 4 选 1 数据选择器为例,说明数据选择器的设计原理。

1. 4 选 1 数据选择器

如图 9-29 所示,4 选 1 数据选择器有四个输入信号、两个地址输入信号,一个输出信号,根据数据选择器定义及图 9-29,列出真值表,如表 9-14 所示。

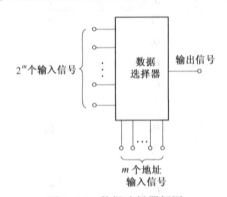

图 9-28 数据选择器框图

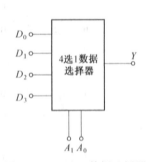

图 9-29 4 选 1 数据选择器

表 9-14 4 选 1 数据选择器真值表

输	入	输 出
A_1	A_0	Y
0	0	D_0
0	1	D_1
1	0	D_2
1	1	D_3

根据真值表,写出逻辑表达式:

$$Y = D_0\overline{A_1}\overline{A_0} + D_1\overline{A_1}A_0 + D_2A_1\overline{A_0} + D_3A_1A_0 \tag{9-27}$$

由于数据选择器的输出表达式是变量 A_1、A_0 的标准与或式,因此,数据选择器可以作为函数信号发生器,这将在后续内容中介绍。

2. 8 选 1 数据选择器

8 选 1 数据选择器的图形符号如图 9-30 所示。其真值表如表 9-15 所示。

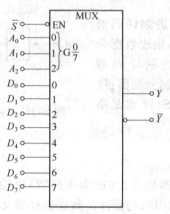

图 9-30　8 选 1 数据选择器的图形符号

表 9-15　8 选 1 数据选择器真值表

输　入				输　出	
$\overline{S}$	A_2	A_1	A_0	Y	$\overline{Y}$
1	×	×	×	0	1
0	0	0	0	D_0	$\overline{D_0}$
0	0	0	1	D_1	$\overline{D_1}$
0	0	1	0	D_2	$\overline{D_2}$
0	0	1	1	D_3	$\overline{D_3}$
0	1	0	0	D_4	$\overline{D_4}$
0	1	0	1	D_5	$\overline{D_5}$
0	1	1	0	D_6	$\overline{D_6}$
0	1	1	1	D_7	$\overline{D_7}$

当选通控制端 $\overline{S} = 1$ 时,互补输出端 $Y\overline{Y} = 01$,数据选择器被禁止;当选通控制端 $\overline{S} = 0$ 时,数据选择器被选通,此时互补输出端逻辑表达式为

$$Y = D_0\overline{A_2}\overline{A_1}\overline{A_0} + D_1\overline{A_2}\overline{A_1}A_0 + \cdots + D_7A_2A_1A_0 \tag{9-28}$$

$$\overline{Y} = \overline{D_0\overline{A_2}\overline{A_1}\overline{A_0}} + \overline{D_1\overline{A_2}\overline{A_1}A_0} + \cdots + \overline{D_7A_2A_1A_0} \tag{9-29}$$

3. 集成数据选择器的扩展

如果设计的数据选择器输入信号的个数多于所选数据选择器输入信号的个数,这时可以选择芯片的扩展。下面以两片 8 选 1 数据选择器扩展为 16 选 1 数据选择器为例说明数据选择器的扩展方法。

在芯片扩展时,选通控制端使用至关重要。由于 16 选 1 数据选择器有四个地址输入信号,因此,必须借助选通控制端来产生新的地址输入信号 A_3。

如图 9-31 所示,芯片 2 的 $A_3 = 1$,芯片 1 的 $A_3 = 0$,而两个芯片的选通控制端在低电平时才有效,由于扩展后电路需要一个选通控制端,该选通控制端也为低电平有效,所以 A_3 通过一个或门接芯片 1 的选通控制端,另外 A_3 通过非门,然后通过或门接芯片 2 的选通控制端。

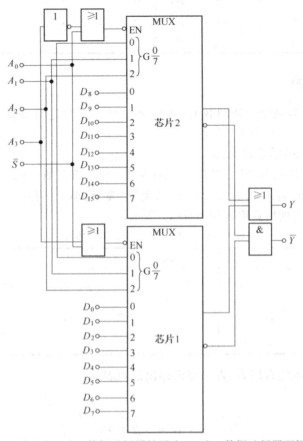

图 9-31 用两片 8 选 1 数据选择器扩展为 16 选 1 数据选择器逻辑电路图

由于两个芯片有两组输出信号,根据芯片被禁止时输出状态 $Y\overline{Y} = 01$,两芯片的 Y 通过或门产生一个新的状态输出端 Y,两芯片的 $\overline{Y}$ 通过与门产生一个新的状态输出端 $\overline{Y}$,具体电路如图 9-31 所示。表 9-16 为图 9-31 逻辑电路图的真值表。

表 9-16 16 选 1 数据选择器逻辑电路图的真值表

输 入					输 出		输 入					输 出	
$\overline{S}$	A_3	A_2	A_1	A_0	Y	$\overline{Y}$	$\overline{S}$	A_3	A_2	A_1	A_0	Y	$\overline{Y}$
1	×	×	×	×	0	1	0	0	1	0	0	D_4	$\overline{D_4}$
0	0	0	0	0	D_0	$\overline{D_0}$	0	0	1	0	1	D_5	$\overline{D_5}$
0	0	0	0	1	D_1	$\overline{D_1}$	0	0	1	1	0	D_6	$\overline{D_6}$
0	0	0	1	0	D_2	$\overline{D_2}$	0	0	1	1	1	D_7	$\overline{D_7}$
0	0	0	1	1	D_3	$\overline{D_3}$	0	1	0	0	0	D_8	$\overline{D_8}$

续表

输　入					输　出		输　入					输　出	
$\overline{S}$	A_3	A_2	A_1	A_0	Y	$\overline{Y}$	$\overline{S}$	A_3	A_2	A_1	A_0	Y	$\overline{Y}$
0	1	0	0	1	D_9	$\overline{D}_9$	0	1	1	0	1	D_{13}	$\overline{D}_{13}$
0	1	0	1	0	D_{10}	$\overline{D}_{10}$	0	1	1	1	0	D_{14}	$\overline{D}_{14}$
0	1	0	1	1	D_{11}	$\overline{D}_{11}$	0	1	1	1	1	D_{15}	$\overline{D}_{15}$
0	1	1	0	0	D_{12}	D_{12}							

9.3.5　数值比较器

数值比较器是比较两个二进制数大小的电路。输入信号是两个要比较的二进制数,输出为比较结果:大于、等于、小于。

1. 一位数值比较器的设计原理

由于是一位数值比较器,两个参加比较的数是一位二进制数。设 A_i、B_i 为输入的一位二进制数, L_i、G_i、M_i 为 A_i 与 B_i 比较产生的大于、等于、小于三种结果的输出信号。根据二进制数的大小比较,列出真值表如表 9-17 所示。

表 9-17　一位数值比较器的真值表

A_i	B_i	M_i	G_i	L_i
0	0	0	1	0
0	1	1	0	0
1	0	0	0	1
1	1	0	1	0

根据表 9-17 所示的真值表,直接写出输出逻辑表达式:

$$L_i = A\overline{B} \tag{9-30}$$

$$G_i = \overline{A\overline{B} + \overline{A}B} \tag{9-31}$$

$$M_i = \overline{A}B \tag{9-32}$$

根据式(9-30)~式(9-32)画出一位数值比较器的逻辑电路图,如图 9-32(a)所示。

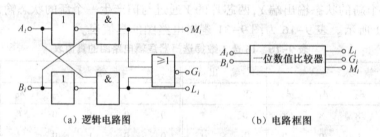

（a）逻辑电路图　　　　　　　　（b）电路框图

图 9-32　一位数值比较器

2. 四位数值比较器

如果是两个多位二进制数值比较器,其设计原理又如何? 下面以四位数值比较器为例进行说明。

设两个四位二进制数为 $A = A_3A_2A_1A_0$，$B = B_3B_2B_1B_0$，因此四位数值比较器有八个数值输入信号；同样 A 与 B 比较有三种结果：大于、等于、小于，对应三个输出信号，分别为 L，G，M。

1）$A>B$ 情况分析

如果要 $A>B$，必须 $A_3 > B_3$；或者 $A_3 = B_3$ 且 $A_2 > B_2$；或者 $A_3 = B_3$ 且 $A_2 = B_2$ 且 $A_1 > B_1$；或者 $A_3 = B_3$ 且 $A_2 = B_2$ 且 $A_1 = B_1$ 且 $A_0 > B_0$。

设定 A，B 的第 i 位（$i = 0,1,2,3$）二进制数比较结果大于、等于、小于用 L_i、G_i、M_i 表示，则 L_i、G_i、M_i 的表达式由式（9-30）、式（9-31）、式（9-32）可得 $L_i = A\overline{B}$，$G_i = \overline{\overline{A}\,B + A\,\overline{B}}$，$M_i = \overline{A}B$，则

$$L = L_3 + G_3L_2 + G_3G_2L_1 + G_3G_2G_1L_0 \tag{9-33}$$

2）$A=B$ 情况分析

如果要 $A=B$，必须 $A_3 = B_3$ 且 $A_2 = B_2$ 且 $A_1 = B_1$ 且 $A_0 = B_0$，所以

$$G = G_3G_2G_1G_0 \tag{9-34}$$

3）$A<B$ 情况分析

如果要 $A<B$，必须 $A_3 < B_3$；或者 $A_3 = B_3$ 且 $A_2 < B_2$；或者 $A_3 = B_3$ 且 $A_2 = B_2$ 且 $A_1 < B_1$；或者 $A_3 = B_3$ 且 $A_2 = B_2$ 且 $A_1 = B_1$ 且 $A_0 < B_0$，则

$$M = M_3 + G_3M_2 + G_3G_2M_1 + G_3G_2G_1M_0 \tag{9-35}$$

另外，也可以由排除法推导出：如果 A 不大于、不等于 B，则 $A<B$。由此得出 M 的表达式为

$$M = \overline{L}\,\overline{G} = \overline{L + G} \tag{9-36}$$

4）四位数值比较器逻辑框图

根据式（9-33）~式（9-36）画出四位数值比较器的逻辑框图，如图 9-33 所示。

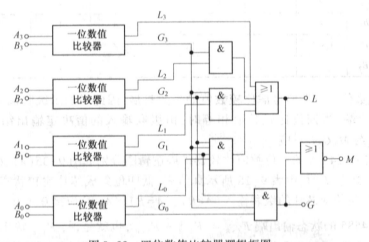

图 9-33　四位数值比较器逻辑框图

5）集成数值比较器

将四位数值比较器电路封装在集成芯片中，便构成集成四位数值比较器。图 9-34 为集成四位数值比较器 74LS85、7485 的图形符号。表 9-18 为其真值表。

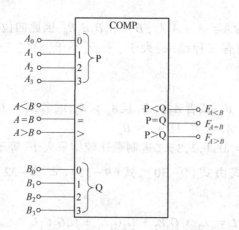

图 9-34   集成四位数值比较器 74LS85、7485 的图形符号

表 9-18   集成四位数值比较器真值表

数值比较器数值输入				级联输入			状态输出		
$A_3\ B_3$	$A_2\ B_2$	$A_1\ B_1$	$A_0\ B_0$	$A<B$	$A=B$	$A>B$	$F_{A<B}$	$F_{A=B}$	$F_{A>B}$
$A_3>B_3$	×	×	×	×	×	×	0	0	1
$A_3=B_3$	$A_2>B_2$	×	×	×	×	×	0	0	1
$A_3=B_3$	$A_2=B_2$	$A_1>B_1$	×	×	×	×	0	0	1
$A_3=B_3$	$A_2=B_2$	$A_1=B_1$	$A_0>B_0$	×	×	×	0	0	1
$A_3=B_3$	$A_2=B_2$	$A_1=B_1$	$A_0=B_0$	0	0	1	0	0	1
$A_3=B_3$	$A_2=B_2$	$A_1=B_1$	$A_0=B_0$	0	1	0	0	1	0
$A_3=B_3$	$A_2=B_2$	$A_1=B_1$	$A_0=B_0$	1	0	0	1	0	0
$A_3<B_3$	×	×	×	×	×	×	1	0	0
$A_3=B_3$	$A_2<B_2$	×	×	×	×	×	1	0	0
$A_3=B_3$	$A_2=B_2$	$A_1<B_1$	×	×	×	×	1	0	0
$A_3=B_3$	$A_2=B_2$	$A_1=B_1$	$A_0<B_0$	×	×	×	1	0	0

　　由于集成数值比较器要考虑比较数值的位数扩展,因此增加了级联输入($A<B$)、($A=B$)、($A>B$)三个端,当四位比较数值相等时,由级联输入的值决定输出结果。状态输出 $F_{A<B}$、$F_{A=B}$、$F_{A>B}$ 与 M、G、L 对应。

　　74LS85 与 CC14585 的八位数值比较器扩展逻辑图分别如图 9-35(a)、(b)所示。

　　在用 74LS85 扩展时,由表 9-18 所示真值表,低四位集成芯片比较状态输出接高四位级联输入,低四位集成芯片的级联输入($A<B$)、($A=B$)、($A>B$)应接 0、1、0。

　　由于 CC14585 的状态输出端 $F_{A>B} = \overline{F_{A=B} + F_{A<B}}$,也就是说,$F_{A>B}$ 输出端是由输出端 $F_{A=B}$ 与输出端 $F_{A<B}$ 通过或非门实现的。因此,在用 CC14585 扩展时,只需要将低位片的比较结果 $F_{A=B}$、$F_{A<B}$ 接入高位比较输入($A=B$)、($A<B$),而($A>B$)端仅仅是控制信号,当($A>B$)端输入为高电平时,允许 $F_{A>B}$ 状态输出;否则 $F_{A>B}$ 状态锁定为低电平。因此,两块集成芯片的($A>B$)端应接高电平。

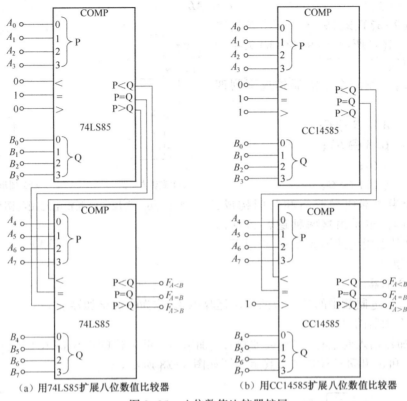

（a）用74LS85扩展八位数值比较器　　　（b）用CC14585扩展八位数值比较器

图 9-35 八位数值比较器扩展

9.3.6 加法器

1. 半加器

1）半加器定义

两个一位二进制数相加的加法电路称为半加器。

2）半加器的设计原理

半加器有两个输入变量 A_i，B_i，代表两个一位二进制数的输入；有两个输出变量 S_i，C_i，代表相加产生的和与进位输出。根据一位二进制加法原理，列出真值表如表 9-19 所示。

表 9-19 半加器真值表

A	B	S	C
0	0	0	0
0	1	1	0
1	0	1	0
1	1	0	1

根据真值表直接写出输出逻辑表达式：

$$S = \overline{A}B + A\overline{B} = A \oplus B \tag{9-37}$$

$$C = AB \qquad\qquad (9-38)$$

根据式(9-37)、式(9-38)画出逻辑电路图如图9-36(a)所示,图9-36(b)为半加器的图形符号。

【例9-5】 用三个半加器构成下列四个函数:

(1) $F_1 = A \oplus B \oplus C$;

(2) $F_2 = C(A \oplus B)$;

(3) $F_3 = ABC$;

(4) $F_4 = (AB) \oplus C$。

解: 由于半加器由异或门和与门构成,这四个逻辑函数也是由这两种逻辑运算构成的,所设计的逻辑电路图如图9-37所示。

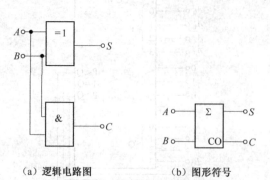

(a) 逻辑电路图　　　(b) 图形符号

图9-36　半加器的逻辑电路图与图形符号

2. 全加器

1) 一位全加器

两个多位二进制数中的某一位的加法运算电路,称为一位全加器。

2) 一位全加器的设计原理

一位全加器输入变量有三个:被加数 A_i、加数 B_i、低一位的进位输入 C_i;输出变量有两个:产生的和 S_i 和进位输出 C_i,其示意图如图9-38所示。

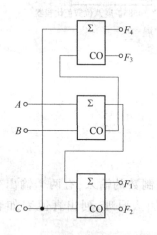

图9-37　例9-5逻辑电路图

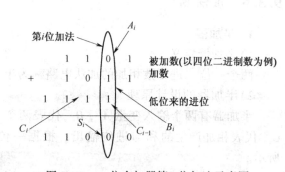

图9-38　一位全加器第 i 位加法示意图

根据图9-38列一位全加器真值表如表9-20所示。

表9-20　一位全加器真值表

A_i	B_i	C_{i-1}	S_i	C_i
0	0	0	0	0
0	0	1	1	0
0	1	0	1	0
0	1	1	0	1

续表

A_i	B_i	C_{i-1}	S_i	C_i
1	0	0	1	0
1	0	1	0	1
1	1	0	0	1
1	1	1	1	1

根据表 9-20 所示真值表，对输出变量用卡诺图化简，如图 9-39 所示。

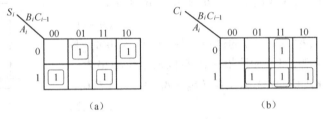

图 9-39　一位全加器卡诺图

由图 9-38，写出输出逻辑表达式

$$S_i = A_i \overline{B_i}\,\overline{C_{i-1}} + \overline{A_i}\,\overline{B_i} C_{i-1} + \overline{A_i} B_i \overline{C_{i-1}} + A_i B_i C_{i-1} = A_i \oplus B_i \oplus C_{i-1} \tag{9-39}$$

$$C_i = A_i B_i + B_i C_{i-1} + A_i C_{i-1} = A_i B_i + C_{i-1}(B_i \oplus A_i) \tag{9-40}$$

根据式（9-39）、式（9-40）画出一位全加器的逻辑电路图，如图 9-40（a）所示，图 9-40（b）为一位全加器的图形符号。

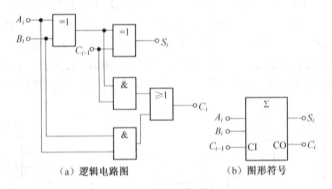

（a）逻辑电路图　　　　　（b）图形符号

图 9-40　一位全加器的逻辑电路图与图形符号

3. 加法器

实现多位二进制数相加的电路称为加法器。根据加法器进位方式不同，加法器可分为串行进位加法器和超前进位加法器。

1）串行进位加法器

串行进位加法器是指全加器进位输出端接到另一个全加器的进位输入端，其他以此类推所构成的多位加法器。四位串行进位加法器的逻辑电路图如图 9-41 所示。

串行进位加法器虽然接法简单，但是由于后一位的加法运算必须在前面几位的加法运算完成进位后才能进行，所以这种加法器只适用于位数少的加法运算，当加法的位数较多时,为了提高运算速度,可以采用超前进位加法器。

2)超前进位加法器

所谓的超前进位加法器,是指在进行多位加法时,各位的进位输入信号直接由输入二进制数通过超前进位电路产生。由于该电路与每位加法运算无关,所以可以加快加法运算速度。下面以四位二进制加法器为例,说明超前进位加法器的工作原理。

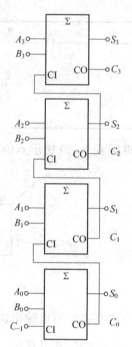

一位全加器的进位为

$$C_i = A_i B_i + B_i C_{i-1} + A_i C_{i-1} = A_i B_i + C_{i-1}(B_i + A_i) \tag{9-41}$$

令 $P_i = B_i + A_i$,称为第 i 位的进位传输项;$G_i = B_i A_i$,称为第 i 位的进位产生项,四位加法器中第零位的进位输出为

$$C_0 = A_0 B_0 + B_0 C_{-1} + A_0 C_{-1} = A_0 B_0 + C_{-1}(B_0 + A_0) = G_0 + P_0 C_{-1} \tag{9-42}$$

第一位的进位输出为

$$C_1 = A_1 B_1 + C_0(B_1 + A_1) = G_1 + P_1 C_0$$

将式(9-42)代入上式消去 C_0 得到式(9-43)。

$$C_1 = A_1 B_1 + C_0(B_1 + A_1) = G_1 + P_1(G_0 + P_0 C_{-1}) \tag{9-43}$$

图9-41 四位串行进位加法器的逻辑电路图

同理得到第二位、第三位的进位输出表达式,即式(9-44)、式(9-45)。

$$C_2 = A_2 B_2 + C_1(B_2 + A_2) = G_2 + P_2[G_1 + P_1(G_0 + P_0 C_{-1})] \tag{9-44}$$

$$C_3 = A_3 B_3 + C_2(B_3 + A_3) = G_3 + P_3\{G_2 + P_2[G_1 + P_1(G_0 + P_0 C_{-1})]\} \tag{9-45}$$

当两个四位二进制数 $A_3 A_2 A_1 A_0$,$B_3 B_2 B_1 B_0$ 及最低进位输入 C_{-1} 确定后,根据式(9-42)~式(9-45)确定超前进位电路,产生每位全加器的进位输入,所构成的四位二进制超前进位加法器逻辑电路图如图9-42所示,图9-43所示为集成四位加法器的图形符号。

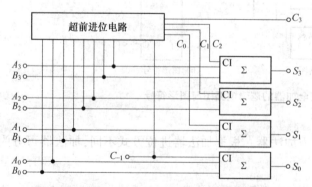

图9-42 四位二进制超前进位加法器逻辑电路图

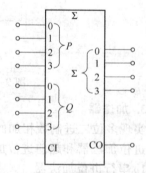

图9-43 集成四位加法器的图形符号

超前进位加法器由于采用了超前进位工作方式,故可以用在高速加法电路中。

9.4 用中规模集成电路实现组合逻辑函数

9.4.1 用集成数据选择器实现组合逻辑函数

用集成数据选择器加少量门电路可以实现任意组合逻辑函数,具体步骤如下:

(1)根据数据选择器的地址输入端的个数,确定逻辑函数变量与地址输入端的对应关系。

(2)写出对应地址输入变量逻辑函数的标准与或式。

(3)将逻辑函数标准与或式各最小项前的系数(该系数可能是一个逻辑表达式)与数据选择器数据输入一一对应,写出数据选择器数据输入端的逻辑表达式。

(4)将步骤(1)确定的变量作为数据选择器的地址输入,用少许门电路实现数据输入端的逻辑表达式,画出最终的逻辑电路图。

下面举例说明。

【例 9-6】 用数据选择器 74LS153 实现逻辑函数 $F = A\overline{B} + BC$。

解:74LS153 是一个双 4 选 1 数据选择器,其图形符号如图 9-44 所示,真值表如表 9-21 所示。

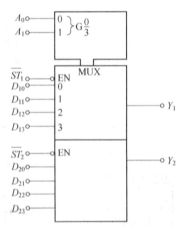

图 9-44 双 4 选 1 数据选择器 74LS153 的图形符号

表 9-21 双 4 选 1 数据选择器的真值表

输　入			输　出	
$\overline{ST_1}(\overline{ST_2})$	A_1	A_0	Y_1	(Y_2)
1	×	×	0	0
0	0	0	D_{10}	D_{20}
0	0	1	D_{11}	D_{21}
0	1	0	D_{12}	D_{22}
0	1	1	D_{13}	D_{23}

根据设计步骤,选定变量 B,C 与数据选择器的地址输入 A_1A_0 对应,将原表达式写为以

B,C 为自变量的标准与或式,即

$$F(B,C) = A\overline{B} + BC = A(\overline{B}C + \overline{B}\ \overline{C}) + BC$$
$$= Am_0 + Am_1 + 1 \cdot m_3 \qquad (9-46)$$

根据式(9-46),并选择一个 4 选 1 数据选择器,则 D_{10} $= A$,$D_{11} = A$,$D_{12} = 0$,$D_{13} = 1$。

设计完成的逻辑电路图如图 9-45 所示。

【例 9-7】 用数据选择器 74LS151 实现函数 $F(A, B,C,D) = \sum m(0,3,5,8,10,12,15)$。

解:74LS151 是 8 选 1 数据选择器,选取 B,C,D 与数据选择器的地址输入 $A_2A_1A_0$ 对应,画出卡诺图如图 9-46 所示。

写出以 B,C,D 为自变量的标准与或式,即

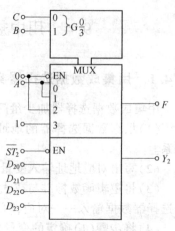

图 9-45　例 9-6 逻辑电路图

$$F(B,C,D) = 1 \cdot \overline{B}\ \overline{C}\ \overline{D} + \overline{A} \cdot \overline{B}CD + A \cdot \overline{B}C\overline{D} + \cdot A \cdot BCD + \overline{A} \cdot \overline{B}C\overline{D} + A \cdot B\ \overline{C}\ \overline{D}$$
$$= m_0 + A \cdot m_2 + \overline{A} \cdot m_3 + A \cdot m_4 + \overline{A} \cdot m_5 + A \cdot m_7$$

所以,$D_0 = 1$,$D_1 = 0$,$D_2 = A$,$D_3 = \overline{A}$,$D_4 = A$,$D_5 = \overline{A}$,$D_6 = 0$,$D_7 = A$。

最后画出 74LS151 构成的逻辑电路图如图 9-47 所示。

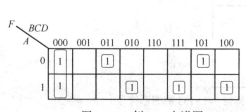

图 9-46　例 9-7 卡诺图

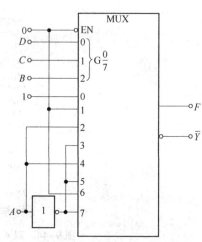

图 9-47　例 9-7 逻辑电路图

9.4.2　用集成译码器实现组合逻辑函数

用集成译码器加少量门电路可以构成任意组合逻辑函数。下面以输出低电平有效的二进制译码器为例说明译码器构成逻辑函数步骤:

(1)根据函数自变量个数确定译码器输入编码位数。

(2)将函数自变量与译码器输入编码一一对应。

(3)写出函数的标准与或式。

(4)函数的标准与或式转换成与非-与非式。

(5)然后用译码器加与非门构成逻辑函数。

下面以 3 线-8 线二进制译码器 74LS138 为例说明设计过程。

【例 9-8】 用 74LS138 及少量与非门构成一位全加器。

解: 一位全加器有三个输入变量 A_i,B_i,C_{i-1},而 74LS138 有三位编码输入,因此可以采用 74LS138 译码器。

一位全加器的表达式如下:

$$S_i = A_i\overline{B_i}\overline{C_{i-1}} + \overline{A_i}\overline{B_i}C_{i-1} + \overline{A_i}B_i\overline{C_{i-1}} + A_iB_iC_{i-1}$$

$$C_i = A_iB_i + B_iC_{i-1} + A_iC_{i-1}$$

取 A_i,B_i,C_{i-1} 分别与译码器输入 A_2,A_1,A_0 对应

将 S_i,C_i 标准与或式表示为

$$S_i(A_i,B_i,C_{i-1}) = m_1 + m_2 + m_4 + m_7$$

$$C_i(A_i,B_i,C_{i-1}) = \overline{A_i}B_iC_{i-1} + A_i\overline{B_i}C_{i-1} + A_iB_i\overline{C_{i-1}} + A_iB_iC_{i-1} = m_3 + m_5 + m_6 + m_7$$

然后用与非–与非式表示,即

$$S_i(A_i,B_i,C_{i-1}) = \overline{\overline{m_1} \cdot \overline{m_2} \cdot \overline{m_4} \cdot \overline{m_7}}$$

$$C_i(A_i,B_i,C_{i-1}) = \overline{\overline{m_3} \cdot \overline{m_5} \cdot \overline{m_6} \cdot \overline{m_7}}$$

由于 74LS138 译码器的输出信号表达式为

$$\overline{Y_0} = \overline{\overline{A_2}\overline{A_1}\overline{A_0}} = \overline{m_0}, \overline{Y_1} = \overline{\overline{A_2}\overline{A_1}A_0} = \overline{m_1}, \cdots, \overline{Y_7} = \overline{A_2A_1A_0} = \overline{m_7}$$

所以 S_i,C_i 表达式可以通过译码器加两个与非门实现,最终逻辑电路图如图 9-48 所示。

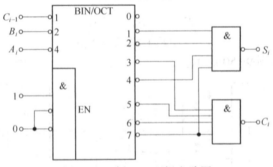

图 9-48 例 9-8 逻辑电路图

9.4.3 用加法器实现组合逻辑函数

用加法器实现组合逻辑函数只适用于某些特殊情况,如逻辑函数有加、减、乘等算术运算,或某些有加、减关系的码组变换等。否则用加法器实现逻辑函数,就失去了加法器的优势,将使电路复杂。下面举两例加以说明。

【例 9-9】 用集成四位加法器 74LS283 实现一位 8421BCD 码加法电路。

解: 一位 8421BCD 码加法电路有两组数据输入:$A_3A_2A_1A_0$,$B_3B_2B_1B_0$,产生的和及进位为 $S_3S_2S_1S_0$,C。由于集成四位加法器加法是逢 16 进 1,而 BCD 码加法是逢 10 进 1,因此当集成四位加法器的和大于 10 时,应加 6 进行校正,或者当集成四位加法器产生进位时,也应加 6 校正。因此,BCD 码加法电路由三部分构成:

（1）加法电路，由集成四位加法器完成；

（2）校正判别电路，由门电路完成；

（3）校正电路，由集成四位加法器完成。

第一部分：将 $A_3A_2A_1A_0$，$B_3B_2B_1B_0$ 输入集成四位加法器进行运算。

第二部分：根据第一部分运算结果进行校正判别。当和大于10或产生进位，校正判别函数为1，需要进行校正；否则不需要校正，此时，第一部分的结果是最终结果。

第三部分：如果校正判别函数 $F=1$，校正电路需要将第一部分产生的结果加6；否则，不加6。

根据题意，F 与输入集成四位加法器输出和及进位关系为

$$F = CO' + S_3'\bar{S_2}S_1'\bar{S_0} + S_3'\bar{S_2}S_1'S_0 + S_3'S_2'\bar{S_1}\bar{S_0} + S_3'S_2'\bar{S_1}S_0 + S_3'S_2'S_1'\bar{S_0} + S_3'S_2'S_1'S_0$$
$$= CO' + F_1$$

将函数 F 用卡诺图化简，如图9-49所示。

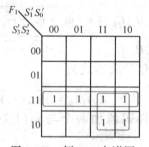

图9-49　例9-9卡诺图

$$F_1 = S_3'S_2' + S_3'S_1'$$
$$F = CO' + S_3'S_2' + S_3'S_1'$$

最终逻辑电路图如图9-50所示。

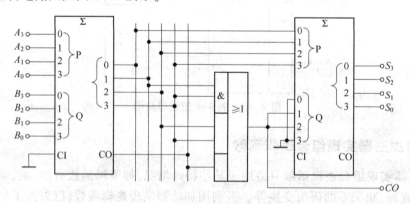

图9-50　例9-9逻辑电路图

【例9-10】　用集成四位加法器74LS283构成二进制四位减法器。

解： 四位减法电路有两组数据输入，被减数 $A = A_3A_2A_1A_0$，减数 $B = B_3B_2B_1B_0$，输出差 $D = D_3D_2D_1D_0$，差的符号位为 $\overline{CO}$。用四位加法器构成减法器时需将减法运算转换成加法运算。原理如下：

$$A - B = A + (-B) = A + \overline{B} + 1$$

计算的结果有两种情况：

（1）$A>B$，如 $A=0100$，$B=0011$：

$A - B = A + \overline{B} + 1 = 0100 + 1100 + 1 = 10001$，用集成四位加法器实现该运算，进位输出 $CO = 1$；去除进位后即为实际结果 $D = 0001$。

（2）$A<B$，如 $A=0100$，$B=0101$：

$A - B = A + \overline{B} + 1 = 0100 + 1010 + 1 = 01111$，用集成四位加法器实现该运算，进位输出 $CO = 0$；如果要恢复原码，必须要对结果低四位取补，处理后结果 $D = 0001$。结果的符号位由 CO 取反后 $\overline{CO}$ 标定。$\overline{CO} = 0$ 时，结果为正数，否则为负数，用两片 74LS283 及少量的门电路可以构成减法电路。具体逻辑电路图如图 9-51 所示。

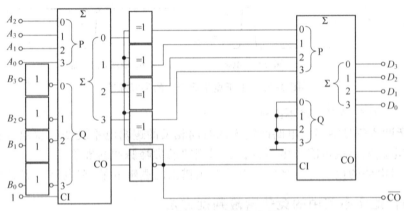

图 9-51　例 9-10 逻辑电路图

9.5　组合逻辑电路中的竞争冒险

9.5.1　组合逻辑电路中的竞争冒险现象

前面分析和设计组合逻辑电路时，是在输入、输出处于稳定的逻辑电平下进行的。实际上，如果输入到门电路的两个信号同时向相反方向跳变，则在输出端将可能出现不符合逻辑规律的尖峰脉冲，如图 9-52 所示。

图 9-52（a）中，A 及 B 同时由 1 变到 0、由 0 变到 1 时，如果通过与门不考虑延迟时间，则与门输出 $L=0$；如果通过与门考虑延迟时间，且 B 在 A 未下降到低于 $V_{IL(max)}$ 时就上升到高于 $V_{IL(max)}$，这时在输出端将出现不符合逻辑规律的正尖峰脉冲，如图 9-52（a）输出波形 L 所示，Δt 表示从一个稳态过渡到另一个稳态的过渡时间，图 9-52（a）中考虑了与门的延迟时间；如果 B 在 A 下降到低于 $V_{IL(max)}$ 后上升到高于 $V_{IL(max)}$，这时在输出端将不出现正尖峰脉冲。

图 9-52（b）中，A 及 B 同时由 1 变到 0、由 0 变到 1 时，如果通过或门不考虑延迟时间，则或门输出 $L=1$；如果通过或门考虑延迟时间，且 B 在 A 下降到低于 $V_{IH(min)}$ 后就上升到高于 $V_{IH(min)}$，这时在输出端将出现不符合逻辑规律的负尖峰脉冲，如图 9-52（b）输出波形 L 所示，图 9-52（b）中考虑了或门的延迟时间；如果 B 在 A 下降到低于 $V_{IL(max)}$ 之前上升到

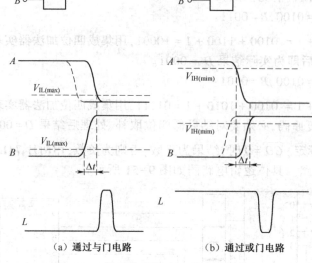

图 9-52   由于竞争而产生的尖峰脉冲

高于 $V_{\mathrm{IL(max)}}$，这时在输出端将不出现负尖峰脉冲。

因此，所谓竞争是指当门电路两输入同时向相反的逻辑电平跳变的现象。冒险是指由于竞争而在电路输出端可能产生不符合逻辑规律的尖峰脉冲的现象。

组合逻辑电路的竞争冒险将使门电路产生错误的逻辑电平，在电路中应尽量消除。

9.5.2   组合逻辑电路中的竞争冒险判别方法

在输入变量每次只有一个状态发生改变的简单情况下，可以通过输出逻辑表达式或卡诺图来判断逻辑电路是否存在竞争冒险现象。

如果输出逻辑表达式在一定条件下能化简成 $L = A\overline{A}$ 或 $L = A + \overline{A}$，由于 $A, \overline{A}$ 是通过不同途径到达或门、与门的输入端，A 从 0 跳变到 1 或从 1 跳变到 0 时，$\overline{A}$ 必然要从相反方向同时跳变，因此可能产生竞争冒险，如图 9-53 所示。

如逻辑表达式 $L = A\overline{B} + \overline{A}C$，当 $B = 0$ 且 $C = 1$ 时，$L = A + \overline{A}$，可能存在竞争冒险；又如逻辑表达式 $L = (A + B)(\overline{A} + \overline{C})$，当 $B = 0$ 且 $C = 1$ 时，$L = A\overline{A}$，可能存在竞争冒险；如果逻辑表达式较复杂，可采用卡诺图的方法来进行判别。如逻辑表达式 $L = A\overline{B} + \overline{A}C + A\overline{C}$，其卡诺图如图 9-54 所示。

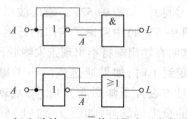

图 9-53   门电路输入 $A, \overline{A}$ 将可能出现竞争冒险

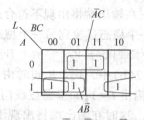

图 9-54 $L = A\overline{B} + \overline{A}C + A\overline{C}$ 的卡诺图

图 9-54 卡诺图存在两个相邻但不相交的合并项 $A\overline{B}$、$\overline{A}C$，这两个合并项相加为 $A\overline{B} + \overline{A}C$，当 $B=0$，$C=1$ 时，将可能产生竞争冒险。

因此，输入变量每次只有一个状态发生改变的简单情况下，判断逻辑表达式可能存在竞争冒险的方法如下：

（1）如果表达式在一定条件下能化简为 $L = A\overline{A}$ 或 $L = A + \overline{A}$，则可能存在竞争冒险；

（2）如果表达式用卡诺图表示，合并项存在相邻但不相交的情况，则可能存在竞争冒险。

9.5.3 组合逻辑电路中的竞争冒险消除方法

1. 封锁脉冲法

为了消除由于竞争冒险引起的尖峰脉冲，可以在可能引起竞争冒险的门电路输入端引入封锁脉冲，当输入信号在可能发生竞争冒险期间，封锁信号通过门电路，当输入信号稳定后，允许输入信号通过门电路。一般地，封锁脉冲宽度应大于输入信号从一个稳定状态过渡到新的稳定状态的时间，如图 9-55 所示。

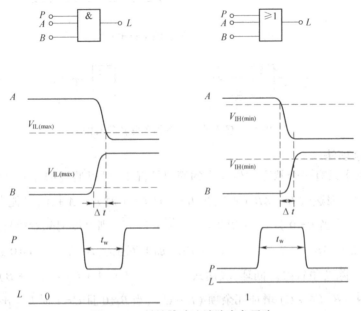

图 9-55　封锁脉冲法消除竞争冒险

2. 选通脉冲法

为了消除由于竞争冒险引起的尖峰脉冲，可以在可能引起竞争冒险的门电路输入端引入选通脉冲，选通脉冲作用在输出状态已经从一个状态过渡到一个新的状态后，如图 9-56 所示。此时输出信号 L 变为脉冲形式，在选通脉冲作用时，器件输出才有效。

3. 接入滤波电容法

由于竞争冒险所引起的是尖峰脉冲，宽度很小，因此，可以在门电路的输出端加一个滤波电容器，消除尖峰脉冲，如图 9-57 所示，一般，TTL 门电路，C_f 大小为几十皮法或几百皮法即可。

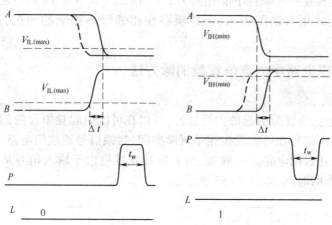

图 9-56 脉冲选通法消除竞争冒险

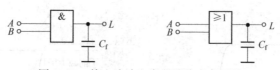

图 9-57 接入滤波电容器消除竞争冒险

4. 增加冗余项法

输入变量每次只有一个状态发生改变的简单情况下,可以通过增加冗余项的方法消除竞争冒险。如逻辑表达式 $L = A\overline{B} + \overline{A}C$,当 $B=0$ 且 $C=1$ 时 $L = A + \overline{A}$,可能存在竞争冒险;如果加上冗余项,使当 $B=0$ 且 $C=1$ 时 $L = A + \overline{A} + 1 = 1$,则可以消除竞争冒险。由逻辑代数的相关定理:$L = A\overline{B} + \overline{A}C = A\overline{B} + \overline{A}C + \overline{B}C$,加上冗余项 $\overline{B}C$ 后,当 $B=0$ 且 $C=1$ 时 $L = A + \overline{A} + 1 = 1$,消除竞争冒险。同理,表达式 $L = (A + B)(\overline{A} + \overline{C}) = (A + B)(\overline{A} + \overline{C})(B + \overline{C})$,如果 $L = (A + B)(\overline{A} + \overline{C})$ 增加冗余项 $(B + \overline{C})$,当 $B=0$ 且 $C=1$ 时 $L = A\overline{A} \cdot 0 = 0$,消除了冒险。

如果表达式复杂,可以利用卡诺图法判断及消除竞争冒险。如表达式 $L = A\overline{B} + \overline{A}C + \overline{A}\overline{C}$,卡诺图如图 9-58 所示。由于存在两个相邻且不相交的合并项,因此存在竞争冒险,同样,可以在卡诺图上增加一个冗余的合并项 $\overline{B}C$,使卡诺图上每个相邻的合并项均相交,表达式 $L = A\overline{B} + \overline{A}C + \overline{B}C + \overline{A}\overline{C}$,消除了竞争冒险。

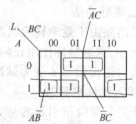

图 9-58 用卡诺图法消除竞争冒险

实验十一　组合逻辑电路的设计与测试

1. 实验目的

（1）掌握常用门电路的逻辑功能。

（2）掌握用小规模集成电路设计组合逻辑电路的方法。

（3）掌握组合逻辑电路的功能测试方法。

2. 实验设备

+5 V 直流电源，数字电路实验箱，逻辑电平显示器，直流数字电压表，74LS00×2、74LS20×3、74LS86、74LS08、74LS54×2、74LS02。

3. 实验原理

使用中、小规模集成电路来设计组合逻辑电路是最常见的方法。根据设计任务的要求建立输入、输出变量，并列出真值表。然后用公式法或卡诺图法求出简化的逻辑表达式。并按实际选用逻辑门的类型修改逻辑表达式。根据简化后的逻辑表达式，画出逻辑图，用标准器件构成逻辑电路。最后，用实验来验证设计的正确性。

例如：用与非门设计一个表决电路。当四个输入端中有三个或四个为"1"时，输出端才为"1"。

设计步骤：根据题意列出真值表如表 9-22 所示，再填入卡诺图中，如图 9-59 所示。

表 9-22　真 值 表

D	0	0	0	0	0	0	0	0	1	1	1	1	1	1	1	1
A	0	0	0	0	1	1	1	1	0	0	0	0	1	1	1	1
B	0	0	1	1	0	0	1	1	0	0	1	1	0	0	1	1
C	0	1	0	1	0	1	0	1	0	1	0	1	0	1	0	1
Z	0	0	0	0	0	0	0	1	0	0	0	1	0	1	1	1

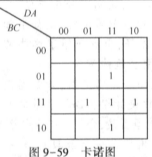

图 9-59　卡诺图

由卡诺图得出逻辑表达式，并化成"与非"的形式，即

$$Z = ABC + BCD + ACD + ABD = \overline{\overline{ABC} \cdot \overline{BCD} \cdot \overline{ACD} \cdot \overline{ABC}}$$

根据逻辑表达式画出用与非门构成的逻辑电路如图 9-60 所示。

用实验验证逻辑功能，在实验装置适当位置选定三个 14P 插座，按照集成块定位标记插好集成块 CC4012。

按图 9-60 接线，输入端 A、B、C、D 接至逻辑开关输出插口，输出端 Z 接逻辑电平显示输入插口，按真值表（自拟）要求，逐次改变输入变量，测量相应的输出值，验证逻辑功能，与表 9-22 进行比较,验证所设计的逻辑电路是否符合要求。

4. 实验内容

(1)设计用与非门及用异或门、与门组成的半加器电路。要求按本章所述的设计步骤进行,直到测试电路逻辑功能符合设计要求为止。

(2)设计一个一位全加器,要求用异或门、与门、或门组成。

(3)设计一个一位全加器,要求用与或非门实现。

(4)设计控制楼梯电灯的开关控制器。设楼上、楼下各装一个开关,要求两个开关均可以控制楼梯电灯。

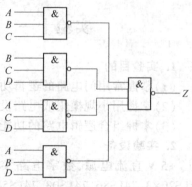

图 9-60　用与非门构成的逻辑电路

(5)某公司设计一个邮件优先级区分器。该公司收到有 A、B、C 三类邮件,A 类的优先级最高,B 类次之,C 类最低。邮件到达时,其对应的指示灯亮,提醒工作人员及时处理。当不同类的邮件同时到达时,对优先级最高的邮件先做处理,其对应的指示灯亮,优先级低的暂不理会。按组合逻辑电路的一般设计步骤设计电路完成此功能,输入、输出高低电平代表邮件到达。输出端用驱动发光二极管指示。

5. 实验报告

(1)列写实验任务的设计过程,画出设计的电路图。

(2)对所设计的电路进行实验测试,记录测试结果。

(3)写出组合逻辑电路设计体会。

小　结

本章首先介绍了以门电路和逻辑代数为基础的小规模组合逻辑电路分析方法和设计方法。强调了设计步骤,并通过举例,说明其分析与设计过程。

其次介绍了中规模常用集成组合逻辑电路,比如半加器、全加器、数值比较器、编码器、译码器、数据选择器和数据分配器等,重点介绍了这些芯片的电路设计原理、图形符号、真值表及扩展方法,强调了如何选用合适的芯片。

还介绍了用中规模常用集成组合逻辑电路,如数据选择器、译码器、加法器等实现组合逻辑函数,具体介绍了用每种芯片设计组合逻辑函数的步骤、注意事项等。

最后介绍了组合逻辑电路的竞争冒险,介绍了组合电路竞争冒险的判别方法及消除方法。

读者应重点掌握小规模组合电路的分析及设计方法,看懂中规模集成电路真值表,并能熟练运用中规模集成电路,如数据选择器、译码器、加法器实现组合逻辑函数,了解组合逻辑电路竞争冒险的判别方法,掌握每次只有一个输入变量发生改变的简单情况下,通过增加冗余项的方法消除竞争冒险。

思考与习题

1. 判断题

(1)组合逻辑电路的特点是:任何时刻电路的稳定输出,仅仅取决于该时刻各个输入变

量的取值,与电路原来的状态无关。 ( )

(2)编码和译码是互逆的过程。 ( )

(3)共阴极 LED 数码显示器需选用有效输出为高电平的七段显示译码器来驱动。

( )

(4)编码器在任何时刻只能对一个输入信号进行编码。 ( )

(5)竞争冒险是指组合电路中,当输入信号改变时,输出端可能出现的虚假信号。

( )

2. 选择题

(1)若在编码器中有 50 个编码对象,则输出二进制代码位数至少需要( )位。

  A. 5   B. 6   C. 10   D. 50

(2)四位输入的二进制译码器,其输出应有( )位。

  A. 16   B. 8   C. 4   D. 1

(3)能实现一位二进制带进位加法运算的是( )。

  A. 半加器   B. 全加器   C. 加法器   D. 运算器

(4)一个 8 选 1 的数据选择器,当选择控制端 $S_2 S_1 S_0$ 的值分别为 101 时,输出端输出

( )的值。

  A. 1   B. 0   C. 4   D. 5

(5)一个译码器若有 100 个译码输出端,则译码输入端至少有( )个。

  A. 5   B. 6   C. 7   D. 8

3. 填空题

(1)消除竞争冒险的方法有＿＿＿＿＿、＿＿＿＿＿、＿＿＿＿＿等。

(2)实现将公共数据上的数字信号按要求分配到不同电路中的电路称为＿＿＿＿＿。

(3)3 线-8 线译码器 74HC138 处于译码状态时,当输入 $A_2 A_1 A_0 = 001$ 时,输出 $\overline{Y_7} \sim \overline{Y_0}$

=＿＿＿＿＿。

(4)一位数值比较器,输入信号为两个要比较的一位二进制数,用 A、B 表示,输出信号

为比较结果:$Y_{A>B}$、$Y_{A=B}$ 和 $Y_{A<B}$,则 $Y_{A>B}$ 的逻辑表达式为＿＿＿＿＿。

(5)数据分配器和＿＿＿＿＿＿有着相同的基本电路结构形式。

4. 计算题

(1)分析图 9-61 所示组合逻辑电路的功能,要求写出与或逻辑表达式,列出其真值表,并说明电路的逻辑功能。

(2)请用最少器件设计一个健身房照明灯的控制电路,该健身房有东门、南门、西门,在各个门旁装有一个开关,每个开关都能独立控制灯的亮暗,控制电路具有以下功能:

①当某一门开关接通,灯亮,开关断,灯暗;

②当某一门开关接通,灯亮,接着接通另一门开关,则灯暗;

③当三个门开关都接通时,灯亮。

(3)设计一个能被 2 或 3 整除的逻辑电路,其中被除数 A、B、C、D 是 8421BCD 码。规定能整除时,输出 L 为高电平;否则,输出 L 为低电平。要求用最少的与非门实现。(设 0 能被任何数整除。)

(4)图 9-62 为一工业用水容器示意图,图中虚线表示水位,A、B、C 电极被水浸没时会有高电平信号输出,试用与非门构成的电路来实现下述控制作用:水面在 A、B 间,为正常状

态,点亮绿灯 G;水面在 B、C 间或在 A 以上为异常状态,点亮黄灯 Y;水面在 C 以下为危险状态,点亮红灯 R。要求写出设计过程。

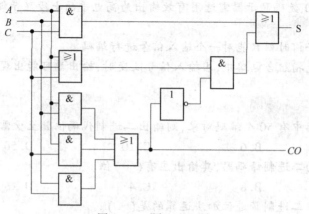

图 9-61 题 4-(1)图

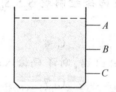

图 9-62 题 4-(4)图

（5）试用一片 3 线-8 线译码器 74HC138 和最少的门电路设计一个奇偶校验器,要求当输入变量 $ABCD$ 中有偶数个 1 时输出为 1,否则为 0。（$ABCD$ 为 0000 时视作偶数个 1）。

（6）由 4 选 1 数据选择器构成的组合逻辑电路如图 9-63 所示,请画出在图 9-63 所示输入信号作用下,L 的输出波形。

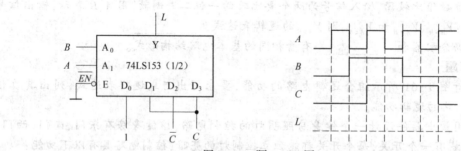

图 9-63 题 4-(6)图

第 10 章 触发器和时序逻辑电路

在数字系统中,不仅需要对数字信号进行逻辑运算,也需要将运算结果保存起来,这就需要有记忆功能的逻辑器件。我们把能够存储一位二进制数字信号的基本单元电路称为触发器。

触发器的输出具有两个互补的稳定状态——低电平(0)状态和高电平(1)状态。当在其输入端加入脉冲触发信号时,输出状态可以按一定的规律发生改变,故称为触发器。

根据电路结构的不同特点,触发器分为基本触发器、同步触发器、主从触发器、边沿触发器等类型;根据逻辑功能的不同,触发器又可分为 RS 触发器、JK 触发器、D 触发器、T 触发器和 T'触发器。触发器的逻辑功能的描述通常有四种表示方法:特性表、特性方程、状态转换图及工作时序图(时序波形图)。

时序逻辑电路又称时序电路,它主要由存储电路和组合逻辑电路两部分组成。电路在任一时刻的输出不仅取决于该时刻的输入,而且还和电路原来的状态有关。电路的工作是按照外加时钟信号的时间顺序进行的,电路在某个时钟脉冲作用时的输出与前一个脉冲作用时记住的状态有关。

10.1 触 发 器

10.1.1 基本 RS 触发器

1. 用与非门构成的基本 RS 触发器

1)电路结构与逻辑符号

用与非门构成的基本 RS 触发器的电路结构与逻辑符号如图 10-1 所示,它由两只与非

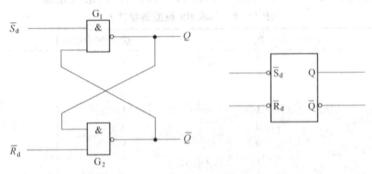

图 10-1 用与非门构成的基本 RS 触发器

门交叉耦合构成。$\bar{S}_d$ 和 $\bar{R}_d$ 为信号的输入端，低电平有效。Q 和 $\bar{Q}$ 为输出端，通常情况下，两者逻辑状态相反，并且约定，Q 端的状态为触发器的状态。

2）工作原理

RS 触发器电路有两个输入端，两个输出端，共有四种组合：

（1）置 1 功能。当 $\bar{S}_d = 0$，$\bar{R}_d = 1$ 时，根据与非门的逻辑功能，$Q = 1$，$\bar{Q} = 0$。由于 $\bar{Q}$ 端又反馈到 G_1 的另一输入端，这时即使 $\bar{S}_d$ 变为高电平，Q 端仍能保持高电平状态不变。由于 $\bar{S}_d$ 端加低电平能使触发器置 1，故称 $\bar{S}_d$ 端为置位端或置 1 端。

（2）置 0 功能。当 $\bar{S}_d = 1$，$\bar{R}_d = 0$ 时，$Q = 0$，$\bar{Q} = 1$，在 $\bar{R}_d = 0$ 的信号消失后，同样可以保持 Q 为 0 状态不变。由于 $\bar{R}_d$ 端加低电平能使触发器置 0，故称 $\bar{R}_d$ 端为复位端或置 0 端。

（3）保持功能。当 $\bar{R}_d = \bar{S}_d = 1$ 时，触发器的状态并不改变，即保持 $\bar{R}_d = \bar{S}_d = 1$ 信号确定之前触发器的状态。这是因为，如果之前的状态 $Q = 0$，由于 Q 反馈到 G_2 的输入端使 G_2 输出为高电平，保证 $\bar{Q} = 1$，而 $\bar{Q} = 1$ 又反馈到 G_1 的另一输入端和 $\bar{R}_d = 1$ 共同作用使 G_1 导通，维持 $Q = 0$；如果之前的状态 $Q = 1$，则 G_2 导通，维持 $\bar{Q} = 0$，而 $\bar{Q} = 0$ 又使 G_1 输出高电平，维持 $Q = 1$。

（4）禁用状态。当 $\bar{R}_d = \bar{S}_d = 0$ 时，根据电路结构，与非门 G_1、G_2 的输出 $Q = \bar{Q} = 1$，这种状态与"触发器具有两个互补的稳定状态"的定义相矛盾，因此实际应用时总是尽量避免出现这样的状态。如果出现了这样的状态，且出现由 $\bar{R}_d = \bar{S}_d = 0$ 同时变为 $\bar{R}_d = \bar{S}_d = 1$ 的情况时，触发器状态的变化完全取决于 G_1、G_2 门的传输延迟时间，而门的传输延迟时间是不确定的，故触发器输出的状态也不确定，这种情况称为不定状态。把 $\bar{R}_d$ 和 $\bar{S}_d$ 不能同时为 0 作为输入信号的约束条件，即 $\bar{R}_d + \bar{S}_d = 1$。

3）逻辑功能描述

（1）特性表。通过以上分析可知，触发器的输出状态与信号加入之前的状态有很大关系。规定：触发器在加入信号之前所记忆的状态，称为现态，以 Q^n 表示；触发器在加入信号之后建立的新的稳定状态，称为次态，用 Q^{n+1} 表示。显然，Q^{n+1} 和 Q^n、$\bar{R}_d$、$\bar{S}_d$ 之间的逻辑关系可用真值表来表示，如表 10-1 所示。为了与组合逻辑电路的真值表相区别，将这种表称为特性表。表中 $\bar{S}_d$、$\bar{R}_d$、Q^n 的 000、001 两种状态在正常工作时是不允许出现的，所以在对应的 Q^{n+1} 取值处标上"Φ"号，以示区别，在化简时可以当作约束项处理。

表 10-1　基本 RS 触发器特性表

$\bar{S}_d$	$\bar{R}_d$	Q^n	Q^{n+1}
0	0	0	Φ
0	0	1	Φ
0	1	0	1
0	1	1	1
1	0	0	0
1	0	1	0
1	1	0	0
1	1	1	1

（2）特性方程。反映触发器在输入信号的作用下，次态 Q^{n+1} 与输入信号初态 Q^n 之间逻辑关系的方程，称为触发器的特性方程，它可以由特性表推出。基本 RS 触发器的特性方程如下：

$$\begin{cases} Q^{n+1} = \overline{\overline{S}_d} + \overline{R}_d\, Q^n \\ \overline{S}_d + \overline{R}_d = 1 \end{cases} \tag{10-1}$$

（3）时序波形图。基本 RS 触发器的时序波形图如图 10-2 所示。

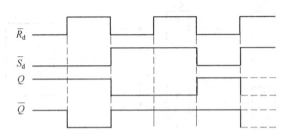

图 10-2　基本 RS 触发器的时序波形图

2. 集成基本 RS 触发器

CMOS 型集成 RS 触发器 CC4044 的电路结构及其引脚排列如图 10-3 所示。图 10-3 中的 TG 称为 CMOS 传输门，它是由使能端 EN（$\overline{EN}$）控制其开关、器件接通或断开：当 $EN=0$ 时，断开，TG 相当于高阻。因此，经过传输门 TG 后，输出端具有三态功能，故该集成电路又称三态 RS 锁存触发器。

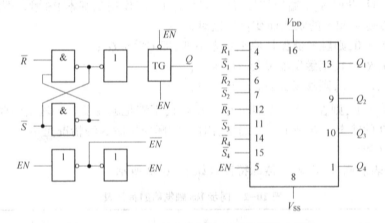

图 10-3　CC4044 的电路结构及其引脚端功能图

由图 10-3 可见，CC4044 芯片中包含四个基本 RS 触发器，它们共用同一个使能端 EN。

10.1.2　同步触发器

在一个较复杂的数字系统中，引入一个共用的同步信号，使这些触发器只有在同步信号到达时才同时翻转。通常称此同步信号为时钟脉冲信号，简称时钟，用 CP（clock pulse）表示。将具有时钟控制的触发器称为钟控触发器或同步触发器。

同步触发器包括同步 RS 触发器、同步 D 触发器，这里只介绍前者。

1. 电路结构与逻辑符号

由与非门构成的同步 RS 触发器的电路结构和逻辑符号如图 10-4 所示。门 G_1 和 G_2 组成基本 RS 触发器,门 G_3 和 G_4 组成输入控制电路。其中 CP 为时钟脉冲输入端。S、R 为驱动信号输入端,Q 和 $\overline{Q}$ 为输出端。$\overline{S}_d$、$\overline{R}_d$ 为直接置位端和复位端,不用时应设置为 $\overline{S}_d = \overline{R}_d = 1$。

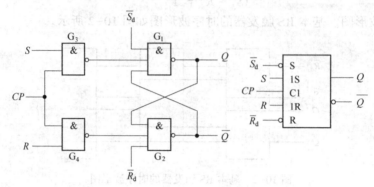

图 10-4　同步 RS 触发器的电路结构和逻辑符号

2. 工作原理

逻辑功能分析:

设 $\overline{S}_d = \overline{R}_d = 1$,

当 $CP = 0$ 时,门 G_3、G_4 输出高电平,触发器保持原状态不变。

当 $CP = 1$ 时,此时 S、R 端的信号可以通过 G_3、G_4 门作用到基本 RS 触发器的输入端,使触发器的状态随 R 和 S 的状态而变化。这时,

若 $S = R = 0$,则触发器保持原来状态不变,即 $Q^{n+1} = Q^n$;

若 $S = 0$,$R = 1$,则触发器复位,$Q^{n+1} = 0$;

若 $S = 1$,$R = 0$,则触发器置位,$Q^{n+1} = 1$;

若 $S = R = 1$,则在 $CP = 1$ 期间 $Q = \overline{Q} = 1$,不满足触发器互补输出的要求,在 CP 由 1 变 0 以后,Q 的状态是 0 是 1 不能确定,因此,实际应用时这种情况是不允许出现的。

3. 逻辑功能描述

(1)特性表。同步 RS 触发器的特性表如表 10-2 所示。

表 10-2　同步 RS 触发器的特性表

CP	S	R	Q^{n+1}
0	Φ	Φ	Q^n
1	0	0	Q^n
1	0	1	0
1	1	0	1
1	1	1	Φ

（2）特性方程。同步 RS 触发器的特征方程：

$$\begin{cases} Q^{n+1} = S + \overline{R}\,Q^n \\ RS = 0 \end{cases} \quad\quad (10\text{-}2)$$

式中，$RS=0$ 是约束条件，它指出输入信号 R 和 S 不能同时为 1。

还应特别指出，只有在 $CP=1$ 时特性方程才是有效的。

（3）时序波形图。同步 RS 触发器的时序波形图如图 10-5 所示。

4. 触发器初始状态设置

在实际应用中，有时需要在 CP 脉冲到来之前将触发器置成某一初始状态。为此，在触发器电路中都设置了专门的直接置位端 $\overline{S}_{\mathrm{d}}$ 和直接复位端 $\overline{R}_{\mathrm{d}}$。在 $CP=0$ 期间，通过在 $\overline{S}_{\mathrm{d}}$ 端或 $\overline{R}_{\mathrm{d}}$ 端加低电平，使其完成复位或置位功能，故又称 $\overline{S}_{\mathrm{d}}$ 为异步置位端，$\overline{R}_{\mathrm{d}}$ 为异步复位端。初始状态预置完毕后，$\overline{S}_{\mathrm{d}}$ 和 $\overline{R}_{\mathrm{d}}$ 端均应处于高电平，触发器即可进入同步工作状态。

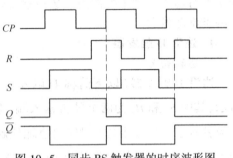

图 10-5　同步 RS 触发器的时序波形图

5. 触发方式

触发器输出状态的变化是受时钟脉冲信号控制的，这种控制作用称为触发，不同结构的触发器表现出不同的触发方式。同步 RS 触发器的状态转换发生在 CP 脉冲的高电平或低电平期间，故称为电平触发方式。与此相对应的还有边沿触发方式，即只在 CP 脉冲的下降沿或上升沿的瞬间触发器发生翻转，而在 $CP=0$ 或 $CP=1$ 期间驱动信号的变化对触发器次态输出并无影响。电平触发方式要求驱动信号在 CP 为高电平期间保持不变，边沿触发方式要求驱动信号在 CP 的边沿保持不变，因此，边沿触发器的抗干扰能力较强。

6. 同步触发器的空翻现象

如图 10-6 所示，在同一个时钟脉冲作用期间，触发器发生两次或以上的翻转现象称为触发器的空翻。空翻能造成系统的误动作。

10.1.3　主从触发器

为了便于控制，克服同步触发器的空翻现象，希望在每个时钟周期里输出端的状态只能改变一次，这样就在同步触发器的基础上发展了主从结构的触发器。主从触发器由两级触发器构成，其中一级直接接收输入信号，称为主触发器，另一级接收主触发器的输出信号，称为从触发器。两级触发器的时钟信号互补，从而有效地克服了空翻现象。

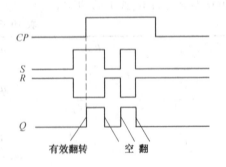

图 10-6　同步 RS 触发器的空翻现象

主从触发器包括主从 RS 触发器和主从 JK 触发器。该类触发虽然实现了边沿触发的功能，但仍然存在着容易因受到干扰而出现误动作的问题，实际使用中，较多地使用边沿触发器。

10.1.4 边沿触发器

边沿触发器不仅将触发器的触发翻转控制在 CP 触发沿到来的一瞬间,而且将输入的时间也控制在 CP 触发沿到来前的一瞬间,在其他时间,触发器的输出处于保持不变的状态。因此,边沿触发器既没有空翻现象,也没有一次变化的问题,从而极大地提高了触发器的工作可靠性和抗干扰能力。边沿触发器又分为上升沿(前沿)触发和下降沿(后沿)触发两种类型触发器。

1. 边沿 D 触发器

1)逻辑符号

边沿 D 触发器(以下简称 D 触发器)的逻辑符号如图 10-7
所示,其中 $\overline{S}_d$ 和 $\overline{R}_d$ 为两个异步输入端,低电平有效。无论 CP 处于何种状态,$\overline{S}_d$ 为低电平时能可靠地使触发器置 1($Q=1$),$\overline{R}_d$ 为低电平时能可靠地使触发器置 0($Q=0$),只有在 $\overline{S}_d$ 和 $\overline{R}_d$ 都为高电平时,触发器才按照同步输入端的状态变化,也就是说异步输入端的作用优先级高。注意,$\overline{S}_d$ 和 $\overline{R}_d$ 不允许同时为低电平。

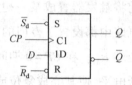

图 10-7 D 触发器
的逻辑符号

在逻辑符号中,CP 信号输入端如果标有圆圈,表示时钟脉冲的下降边沿触发有效,即在时钟的下降沿时,触发器完成动作;否则,触发器在时钟脉冲的上升边沿完成动作。其他输入端也有类似约定:标有圆圈的信号端,低电平时有效;否则,信号端高电平时有效。

2)特性表

D 触发器的逻辑功能,可用表 10-3 所示的特性表来表示。其中,前两行表示异步输入端起作用时触发器的功能;后四行表示其在同步输入端作用时的特性。可以看出,无论 Q^n 的状态如何,只要有 CP 脉冲的上升沿到来,Q^{n+1} 的状态就由 D 的状态决定,当 $D=1$ 时,$Q^{n+1}=1$;当 $D=0$ 时,$Q^{n+1}=0$。在 $CP=0$ 和 $CP=1$ 及 CP 下降沿时刻其状态均保持不变,因此该触发器具有置 0、置 1 的功能。

表 10-3 D 触发器的特性表

$\overline{S}_d$	$\overline{R}_d$	CP	D	Q^n	Q^{n+1}
0	1	Φ	Φ	Φ	1
1	0	Φ	Φ	Φ	0
1	1	↑	0	0	0
			0	1	0
			1	0	1
			1	1	1

3)特性方程

根据 D 触发器的特性表,以驱动信号 D 和触发器的现态 Q^n 作为逻辑变量,可画出其次态变量 Q^{n+1} 的卡诺图,如图 10-8 所示。由次态卡诺图可写出 D 触发器的特性方程为

$$Q^{n+1} = D \qquad (10-3)$$

4)时序波形图

如果不考虑触发器的传输延迟时间,D 触发器的时序波形图如图 10-9 所示。

图 10-8　D 型触发器次态卡诺图

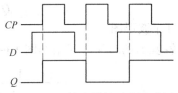

图 10-9　D 触发器的时序波形图

2. 边沿 JK 触发器

1）逻辑符号

边沿 JK 触发器（以下简称 JK 触发器）的逻辑符号如图10-10
所示，其中 $\overline{S}_d$ 和 $\overline{R}_d$ 为两个异步输入端，它们的功能与 D 触发器
相同。

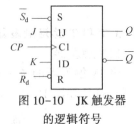

图 10-10　JK 触发器
的逻辑符号

2）特性表

JK 触发器的逻辑功能可用表 10-4 所示的特性表来表示，其
中前两行表示触发器具有异步置 1 和置 0 的功能，后八行表示了
其同步工作的情况。这里要特别强调的是，下降沿触发的边沿触
发器只在 CP 的下降沿时刻 J、K 端的信号才有效，也只有在这个时刻其状态才更新，在
$CP=0$ 和 $CP=1$ 及 CP 上升沿时刻触发器的状态均保持不变。

表 10-4　JK 触发器的特性表

$\overline{S}_d$	$\overline{R}_d$	CP	J	K	Q^n	Q^{n+1}
0	1	Φ	Φ	Φ	Φ	1
1	0	Φ	Φ	Φ	Φ	0
1	1	⌐	0	0	0	0
			0	0	1	1
			0	1	0	0
			0	1	1	0
			1	0	0	1
			1	0	1	1
			1	1	0	1
			1	1	1	0

当 $J=K=0$ 时，$Q^{n+1}=Q^n$，触发器保持原来的状态；当 $J=0$，$K=1$ 时，无论 Q^n 为什么状态，
触发器置 0，即 $Q^{n+1}=0$；当 $J=1$，$K=0$ 时，无论 Q^n 为什么状态，触发器置 1，即 $Q^{n+1}=1$；当 $J=
K=1$ 时，$Q^{n+1}=\overline{Q^n}$，触发器的状态和原来的状态相反，称此功能为翻转，可见 JK 触发器是功
能最完善的触发器。

3）特性方程

根据 JK 触发器的特性表，以驱动信号 J、K 和触发器
的现态作为逻辑变量，可画出次态卡诺图，如图 10-11
所示。

由次态卡诺图可写出 JK 触发器特性方程为

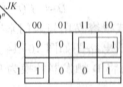

图 10-11　JK 触发器次态卡诺图

$$Q^{n+1} = J \overline{Q^n} + \overline{K} Q^n \qquad (10\text{-}4)$$

4）时序波形图

JK 触发器的时序波形图如图 10-12 所示，这里没有考虑触发器的传输延迟时间。

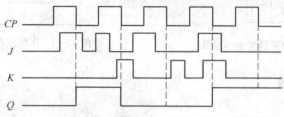

图 10-12　JK 触发器的时序波形图

3. T 和 T′边沿触发器

1）T 触发器

将 JK 触发器的 J、K 端连在一起所构成的触发器称为 T 触发器，如图 10-13(a) 所示，其逻辑符号如图 10-13(b) 所示。

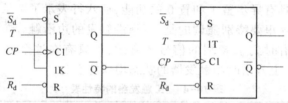

图 10-13　T 触发器

由 JK 触发器的特性方程很容易得到 T 触发器的特性方程为

$$Q^{n+1} = T \overline{Q^n} + \overline{T} Q^n = T \oplus Q^n \qquad (10\text{-}5)$$

2）T′触发器

若使 T 触发器的驱动输入端 $T = 1$，则 $Q^{n+1} = \overline{Q^n}$，即每来一个时钟脉冲触发器就翻转一次，这种只具有翻转功能的触发器称为 T′触发器。

10.1.5　触发器的相互转换

1. 将 D 触发器转换为其他逻辑功能的触发器

D 触发器的特性方程为

$$Q^{n+1} = D$$

（1）将 D 触发器转换为 JK 触发器。待求 JK 触发器的特性方程为 $Q^{n+1} = J \overline{Q^n} + \overline{K} Q^n$，比较两特性方程，得

$$D = J \overline{Q^n} + \overline{K} Q^n$$

此式很容易用与非门来实现，转换后的 JK 触发器的逻辑电路图如图 10-14 所示。

（2）将 D 触发器转换为 T、T′触发器。T 触发器的特性方程为 $Q^{n+1} = T \overline{Q^n} + \overline{T} Q^n$，与 D 触发器特性方程相比较，得

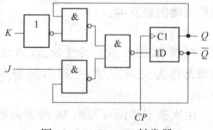

图 10-14　D→JK 触发器

$$D = TQ'' + TQ''$$

由上式可画出转换后的逻辑电路图,如图 10-15 所示。设 $T=1$,则 $D = \overline{Q^n}$,即为 T′触发器,如图 10-16 所示。

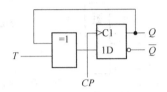

图 10-15　D→T 触发器

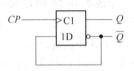

图 10-16　D→T′触发器

2. 将 JK 触发器转换为其他逻辑功能的触发器

JK 触发器的特性方程为

$$Q^{n+1} = J\,\overline{Q^n} + \overline{K}\,Q^n$$

(1)将 JK 触发器转换为 D 触发器。D 触发器的特性方程为 $Q^{n+1} = D = D\,\overline{Q^n} + \overline{D}\,Q^n$,比较两特性方程,得

$$J = D, K = \overline{D}$$

由上式可画出转换电路图,如图 10-17 所示。

(2)将 JK 触发器转换为 T、T′触发器。T 触发器的特性方程为 $Q^{n+1} = T\,\overline{Q^n} + \overline{T}\,Q^n$,比较两特性方程,得

$$J = K = T$$

由上式可画出转换电路图,如图 10-18 所示。如令 $T=1$,即 $J=K=1$,则为 T′触发器。

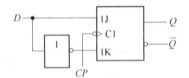

图 10-17　JK→D 触发器

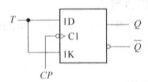

图 10-18　JK→T 触发器

10.2　时序逻辑电路概述

10.2.1　时序逻辑电路的结构及特点

时序逻辑电路简称时序电路,与组合逻辑电路并驾齐驱,是数字电路的两大重要分支之一。组合逻辑电路的输出只与当时的输入有关,而与电路以前的状态无关。时序逻辑电路是一种与时序有关的逻辑电路,任一时刻的稳定输出不仅取决于该时刻的输入,还和电路原来的输入和历史状态有关(具有记忆功能)。因此,时序逻辑电路中必须含有具有记忆能力的存储器件。存储器件的种类很多,如触发器、延迟线、磁性器件等,但最常用的是触发器。时序逻辑电路以组合逻辑电路为基础,又与组合逻辑电路不同。时序逻辑电路有

两个特点:第一,时序逻辑电路包含组合逻辑电路和存储电路两部分,存储电路具有记忆功能,通常由触发器组成;第二,存储电路的状态反馈到组合逻辑电路的输入端,与外部输入信号共同决定组合逻辑电路的输出。

时序逻辑电路结构示意图如图 10-19 所示,它由组合逻辑电路和存储电路两部分构成。其中,存储电路通常由触发器组成。图 10-19 中 $X(x_1,x_2,\cdots,x_i)$ 为时序逻辑电路的外部输入信号;$Y(y_1,y_2,\cdots,y_j)$ 为时序逻辑电路的输出信号;$Z(z_1,z_2,\cdots,z_k)$ 为存储电路(触发器)的输入信号（又称驱动信号或激励信号）,用来确定触发

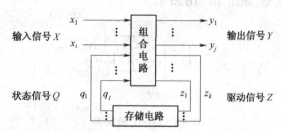

图 10-19　时序逻辑电路结构示意图

器的次态;$Q(q_1,q_2,\cdots,q_l)$ 为存储电路的状态信号。时序逻辑电路的组合逻辑部分用来产生电路的输出和驱动,存储电路部分是用其不同的状态来记忆电路过去的输入情况。时序逻辑电路就是通过存储电路的不同状态,来记忆以前的状态。设时间 t 时刻记忆元件的状态输出为 $Q(q_{1n},q_{2n},\cdots,q_{ln})$,称为时序逻辑电路的现态。那么,在该时刻的输入及现态 Q 的共同作用下,组合逻辑电路将产生输出 Y 及驱动 Z。而驱动用来建立存储电路的新的状态输出,通常可表示为 $q_{1n+1},q_{2n+1},\cdots,q_{ln+1}$,称为时序逻辑电路的次态。

10.2.2　时序逻辑电路功能的描述方法

1. 逻辑电路图

用触发器、门电路等逻辑符号来描述逻辑电路功能的图形即为逻辑电路图。逻辑电路图是重要的逻辑电路功能描述方法。

2. 逻辑方程式

图 10-19 中,X,Y,Z,Q 之间的逻辑关系可以用三个向量方程来描述:

输出方程:

$$Y = F[X,Q^n] \tag{10-6}$$

驱动方程:

$$Z = G[X,Q^n] \tag{10-7}$$

状态方程:

$$Q^{n+1} = [Z,Q^n] \tag{10-8}$$

式中,Q^n 表示触发器的现态;Q^{n+1} 表示触发器的次态。

上述方程表明,时序逻辑电路的输出和次态是现时刻的输入和状态的函数。需要指出的是,状态方程是建立电路次态所必需的,是构成时序逻辑电路最重要的方程。

按照存储单元状态变化的特点,时序逻辑电路可分为同步时序逻辑电路和异步时序逻辑电路两大类。在同步时序逻辑电路中,所有触发器的状态变化都是在同一时钟信号作用下同时发生的。而在异步时序逻辑电路中,各触发器状态的变化不是同时发生的,而是有先有后的。

3. 状态表

反映时序逻辑电路的输入、输出及状态之间关系的表格称为该电路的状态转换真值表,简称状态表。一般时序逻辑电路的状态表的形式如表 10-5 所示。

表 10-5　一般时序逻辑电路的状态表的形式

输入 X	现态 Q^n	次态 Q^{n+1}	输出 Y

4. 状态图

反映时序逻辑电路状态的转换规律及相应输入、输出取值情况的几何图形称为状态转换图,简称状态图,其构成如图 10-20 所示。图中的圆圈表示各种可能的状态;箭头线表示触发器状态改变的途径,即从现态(Q^n)转换到次态

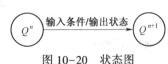

图 10-20　状态图

(Q^{n+1})的过程;箭头线上的旁注为导致状态改变的输入条件和改变后的输出状态。用状态图描述电路逻辑功能,不仅能反映输出状态与输入条件之间的关系,而且能将存储电路之间状态转换的过程反映清楚。

5. 时序图

时序图又称工作波形图。它形象地表达了输入信号、输出信号、电路状态等的取值在时间上的对应关系。用时序图描述时序电路,便于了解电路的工作过程,可以对电路的各种信号与状态之间发生转换的时间顺序有直观的认识。

10.3　时序逻辑电路的分析

时序逻辑电路的分析,就是对给定的时序逻辑电路的结构,确定该电路能够完成的功能。对于给定的时序逻辑电路,可以按照以下步骤分析其功能:

(1)写方程式。根据电路写出每个触发器的时钟方程、驱动方程及输出方程。

(2)列出状态方程。将驱动方程代入相应触发器的特性方程中,可得到每个触发器的状态方程。

(3)列出状态表。其方法是,首先依次假设各触发器的现态 Q^n,然后将其代入电路的状态方程和输出方程中,计算并列出次态及输出状态的值;最后将计算结果填入表格中,列出状态表。

(4)根据状态表画出反映电路状态转换规律的状态转换图;同时画出反映输入输出信号及各触发器状态在时间上对应关系的时序图。

(5)确定电路能否自启动及电路的逻辑功能。

上述各步骤不是必需的,可根据实际电路的繁简程度,省略某些步骤。

【例 10-1】　试分析图 10-21 所示时序逻辑电路的逻辑功能。

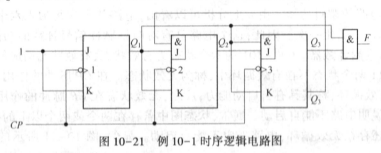

图 10-21　例 10-1 时序逻辑电路图

解:(1)写方程式。根据图 10-21 写出时序逻辑电路的时钟方程、驱动方程及输出方程。

时钟方程:$CP_1 = CP_2 = CP_3 = CP$(同步时序电路可忽略)

驱动方程:

$$J_1 = 1, J_2 = Q_1^n \overline{Q_3^n}, J_3 = Q_1^n Q_2^n$$
$$K_1 = 1, K_2 = Q_1^n, K_3 = Q_1^n$$

输出方程:

$$F = Q_1^n Q_3^n$$

(2)列出状态方程。根据 JK 触发器的特性方程 $Q^{n+1} = J\overline{Q^n} + \overline{K}Q^n$,将驱动方程代入其中,可得各触发器的状态方程为

$$Q_1^{n+1} = \overline{Q_1^n}, \quad Q_2^{n+1} = Q_1^n \overline{Q_3^n} \overline{Q_2^n} + \overline{Q_1^n} Q_2^n, \quad Q_3^{n+1} = Q_1^n Q_2^n \overline{Q_3^n} + \overline{Q_1^n} Q_3^n$$

(3)列出状态表。从电路的初始状态($Q_3^n Q_2^n Q_1^n = 000$)开始,把 $Q_3^n Q_2^n Q_1^n = 000$ 代入各触发器的状态方程和输出方程,得

$$Q_1^{n+1} = 1, Q_2^{n+1} = 0, Q_3^{n+1} = 0, F = 0$$

将 $Q_3^n Q_2^n Q_1^n = 001$ 这一结果作为新的现态再代入状态方程进行计算,得到又一组次态的输出值。如此循环下去,直到 $Q_3^n Q_2^n Q_1^n = 101$ 的次态为 000,返回到最初设置的初始状态。在计算过程中,$Q_3^n Q_2^n Q_1^n = 110$ 和 $Q_3^n Q_2^n Q_1^n = 111$ 未出现过,因此需要求出它们的次态。最后得到完整的状态表如表 10-6 所示。

表 10-6　例 10-1 的状态表

CP 顺序	Q_3^n	Q_2^n	Q_1^n	Q_3^{n+1}	Q_2^{n+1}	Q_1^{n+1}	F
1	0	0	0	0	0	1	0
2	0	0	1	0	1	0	0
3	0	1	0	0	1	1	0
4	0	1	1	1	0	0	0
5	1	0	0	1	0	1	0
6	1	0	1	0	0	0	1
1	1	1	0	1	1	1	0
2	1	1	1	0	0	0	1

(4)画状态图和时序图。根据表 10-6 中的计算结果画出的状态图和时序图如图 10-22所示。

(5)确定电路的逻辑功能。由以上分析可以看出,电路状态在每加入六个时钟脉冲信号时电路状态循环变化一次。因此,这个电路具有对时钟脉冲信号计数的功能,即该电路是一个同步六进制计数器。000~101 的六个状态为有效状态,有效状态构成的循环为有效循环。110,111 两个状态不在有效循环中,称为无效状态。在 CP 脉冲的作用下,如果无效状态能进入有效循环,称其具有自启动能力;反之,无效状态在 CP 脉冲的作用下不能进入有效循环,则说明电路不能自启动。通常,状态图中若存在两个或两个以上的循环,即除了有效循环外,还存在无效循环,电路一定不能自启动。显然,图 10-21 所示的电路能够自启动。

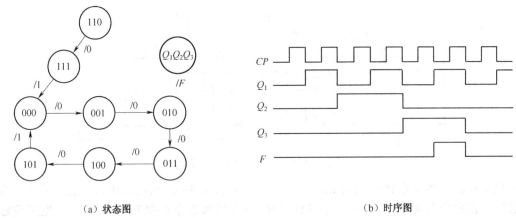

（a）状态图　　　　　　　　　　　　　　（b）时序图

图 10-22　例 10-1 的状态图和时序图

10.4　集成计数器的功能及应用

10.4.1　集成计数器的特点和分类

1. 特点

在数字电路中,计数器就是对输入脉冲个数进行计数的逻辑电路。在数字仪器和数字系统中,计数器的应用十分广泛,它不仅能用于对时钟脉冲个数进行计数,还可以用作分频、定时、产生节拍脉冲,用以实现数字测量、运算、程序控制、事件统计等。

2. 分类

计数器的种类繁多,通常对其进行如下分类:

（1）按计数器中各触发器计数脉冲作用方式分类,可分为同步、异步计数器。

（2）按计数器有效循环中状态数（称为模数或计数长度）的不同,可分为二进制计数器、十进制（模 10）计数器和 N 进制（模 N）计数器。

（3）按计数过程中有效状态数值的增、减分类,可分为加法、减法和可逆计数器。

10.4.2　二进制计数器

二进制计数器可分为同步加法计数器、同步减法计数器、异步加法计数器、异步减法计数器,下面以同步二进制加法计数器为例进行介绍。

图 10-23 所示是用四个下降沿触发的 JK 触发器构成的四位同步二进制加法计数器。图中四个触发器采用同一计数脉冲 CP。

该电路的驱动方程为

$$J_0 = K_0 = 1, J_1 = K_1 = Q_0^n, J_2 = K_2 = Q_1^n Q_0^n, J_3 = K_3 = Q_2^n Q_1^n Q_0^n$$

将驱动方程代入 JK 触发器特性方程 $Q^{n+1} = J\overline{Q^n} + \overline{K}Q^n$,推出电路的状态方程为

$$Q_0^{n+1} = \overline{Q_0^n}, Q_1^{n+1} = \overline{Q_1^n}Q_0^n + Q_1^n\overline{Q_0^n}, Q_2^{n+1} = \overline{Q_2^n}Q_1^nQ_0^n + Q_2^n\overline{Q_1^nQ_0^n}, Q_3^{n+1}$$
$$= \overline{Q_3^n}Q_2^nQ_1^nQ_0^n + Q_3^n\overline{Q_2^nQ_1^nQ_0^n}$$

根据驱动方程,可知最低位触发器是每来一个 CP 脉冲下降沿,状态翻转一次。其他触

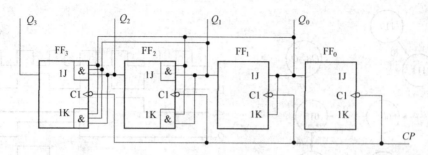

图 10-23　四位同步二进制加法计数器

发器只有在低位触发器状态均为 1 时,时钟 CP 脉冲再到来时,触发器状态才发生翻转。当所有触发器输出全为 1 时,再来一个时钟脉冲,触发器状态全部翻转为 0,同时产生进位输出。进位输出是对每个触发器输出端 Q 进行与运算的结果。根据状态方程可列出状态表,四位同步二进制加法计数器的状态表如表 10-7 所示。

表 10-7　四位同步二进制加法计数器的状态表

CP	Q_3	Q_2	Q_1	Q_0	等效的十进制数	CP	Q_3	Q_2	Q_1	Q_0	等效的十进制数
0	0	0	0	0	0	8	1	0	0	0	8
1	0	0	0	1	1	9	1	0	0	1	9
2	0	0	1	0	2	10	1	0	1	0	10
3	0	0	1	1	3	11	1	0	1	1	11
4	0	1	0	0	4	12	1	1	0	0	12
5	0	1	0	1	5	13	1	1	0	1	13
6	0	1	1	0	6	14	1	1	1	0	14
7	0	1	1	1	7	15	1	1	1	1	15

四位同步二进制加法计数器的状态转换图如图 10-24 所示。

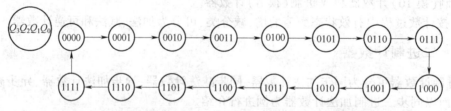

图 10-24　四位同步二进制加法计数器的状态转换图

四位同步二进制加法计数器的时序图如图 10-25 所示。如果 CP 脉冲的频率为 f,则 Q_0、Q_1、Q_2、Q_3 的频率分别为 $f/2$、$f/4$、$f/8$、$f/16$,因此,计数器又称分频器,具有分频作用。

10.4.3　十进制计数器

当电路的输出只有十个有效状态时,这时的计数器称为十进制计数器。十进制计数器至少需要由四位触发器构成,而四位触发器的输出状态编码总共有十六个状态,使用时必须去掉其中的六个状态,具体去掉哪六个状态,可以有不同的选择。常去掉 1010～1111 六个状态,即采用 8421BCD 码的编码方式来表示一位十进制数。

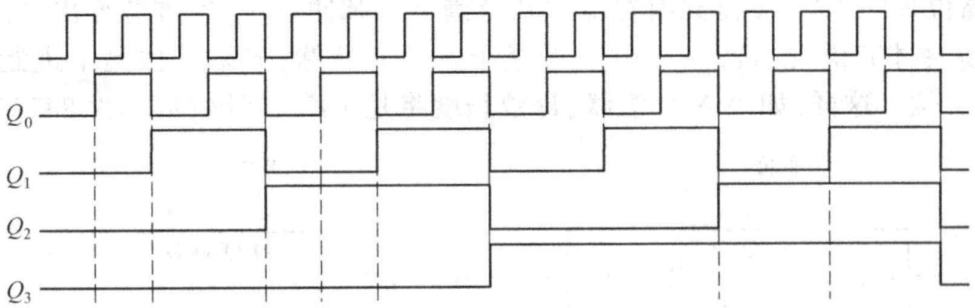

图 10-25　四位同步二进制加法计数器的时序图

10.4.4　N 进制计数器

当电路的输出有 N 个有效状态时,这时的计数器称为 N 进制计数器。N 进制计数器至少需要由 n 位($2^n \geq N$)触发器构成,在 2^n 个输出状态中选择 N 个状态,具体选择方法不固定,通常采用 8421 加权编码方式来表示一位 N 进制数。

日常设计中常用的计数器通常以中规模集成电路(MSI)存在,表 10-8 列出了几种常用集成计数器及其主要特点。

表 10-8　几种常用集成计数器及其主要特点

CP 脉冲引入方式	型　号	计 数 模 式	清 零 方 式	预置数方式
同步	74LS161	四位二进制加法	异步(低电平)	同步
	74HC161	四位二进制加法	异步(低电平)	同步
	74HCT161	四位二进制加法	异步(低电平)	同步
	74LS163	四位二进制加法	同步(低电平)	同步
	74LS191	单时钟四位二进制可逆	无	异步
	74LS193	双时钟四位二进制可逆	异步(高电平)	异步
	74LS160	十进制加法	异步(低电平)	同步
	74LS190	单时钟十进制可逆	无	异步
异步	74LS293	双时钟四位二进制加法	异步	无
	74LS290	二-五-十进制加法	异步	异步
	74LS90	二-五-十进制加法	异步	异步

10.4.5　MSI 计数器的应用

集成计数器的产品一般为四位二进制或十进制计数器。若需要其他进制的计数器,通常可通过适当的组合而得到。

1. MSI 计数器计数长度的扩展——级联

当计数长度较长时,需要将 MSI 计数器串联,即级联起来使用。通常考虑到级联的需要,集成计数器设置了专供级联使用的输入、输出端,所以级联非常方便。

1) MSI 十进制计数器的级联

图 10-26 所示为两片集成十进制加法计数器 74LS160 的级联,计数长度将增至 $10^2 =$

100。图 10-26 中,两片计数器的时钟脉冲都是 CP,称为同步级联。用低位片的进位输出 CO 去控制高位片的 CT_P,使得只有在低位片计满十个脉冲后,产生进位输出,即 $CO=1$ 时,高位片 CP 脉冲才有效,执行加一计数,即逢十进一。显然,如果低位是十进制的个位,则高位无疑是十位。这样,如果 N 片级联,计数长度将是 10^N,其计数数码为 8421BCD 码。

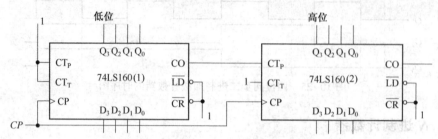

图 10-26 两片 74LS160 同步级联

2)MSI 二进制计数器的级联

图 10-27 所示为两片集成四位二进制加法计数器 74LS163 的级联,图 10-27(a)仍为同步接法,图 10-27(b)用低位片的进位输出 CO 去控制高位片的 CP,称为异步接法。所不同的是,在低位片计满 $2^4=16$ 时,才产生进位输出,使高位加一。因此,如果低位输出 $Q_3Q_2Q_1Q_0$ 的权值大小为 $2^3 2^2 2^1 2^0$,那么,高位输出 $Q_3Q_2Q_1Q_0$ 的权值大小为 $2^7 2^6 2^5 2^4$,这样,就实现了八位二进制加法计数,计数长度为 $2^{4\times2}=256$。如用 M 片级联,可实现的计数长度为 2^{4M},即为 $4M$ 位二进制加法计数器。

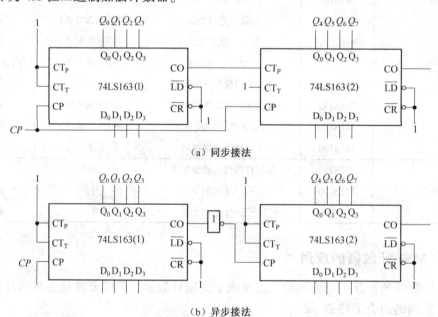

(a)同步接法

(b)异步接法

图 10-27 两片 74LS163 级联

2. 用 MSI 计数器构成 N 进制计数器

用集成计数器构成 N 进制计数器的方法有复位法和置数法。

利用计数器的复位控制端(清零端)构成任意进制计数器的方法称为复位法。当计数

器输入 N 个计数脉冲之后,通过从输出端引入到复位端的反馈线使复位端加上有效电平,从而使计数器输出回到全 0 状态。用复位法构成 N 进制计数器所选用的集成计数器的计数容量必须大于 N。

复位法(反馈归零法)的步骤如下:

(1)按照所使用的 MSI 计数器的类别(二进制或十进制)和清零端的工作模式(异步或同步)写出清零信号(N 或 $N-1$)的状态编码。使用四位二进制 MSI 计数器实现 N 进制计数时,其清零信号的状态编码为二进制码;采用十进制 MSI 计数器实现 N 进制计数时,其清零信号的状态编码为 8421BCD 码。

(2)求出反馈归零逻辑表达式:$R_d = Q_1 Q_2 Q_3 \cdots$,即计数器在归零状态(N 或 $N-1$ 的状态编码)时为 1 的 Q 输出端的连乘积。

(3)画出计数器芯片的外部电路接线图。清零信号低电平有效的用与非门实现;清零信号高电平有效的用与门实现。

MSI 计数器的复位控制端(清零端)分为异步清零和同步清零两种形式。异步清零不受时钟脉冲控制,只要其有效电平到来,就立即清零;同步清零则需要在清零端有效电平和计数脉冲有效沿的共同作用下才能实现清零。由于这个差异,因而在使用中也就有所不同。

异步复位法适用于具有异步清零控制端的集成计数器。它的清零信号是 N 的状态编码。

【例 10-2】　用复位法将 74LS161 设计成十二进制计数器。

解:(1)确定清零信号。74LS161 是一个四位二进制加法计数器,它具有异步清零端 $\overline{CR}$,其功能表如表 10-9 所示。由于异步清零端信号一旦出现就立即生效,使计数器状态变为 0000,因而,清零信号是非常短暂的,仅为过渡状态,不能成为计数中的一个有效状态。

表 10-9　74LS161 的功能表

输　　入									输　　出				工作模式
CP	$\overline{CR}$	$\overline{LD}$	CT_P	CT_T	D_3	D_2	D_1	D_0	Q_3^n	Q_2^n	Q_1^n	Q_0^n	
$\times$	L	$\times$	$\times$	$\times$	$\times$	$\times$	$\times$	$\times$	L	L	L	L	异步清零
$\uparrow$	H	L	$\times$	$\times$	d_3	d_2	d_1	d_0	d_3	d_2	d_1	d_0	同步预置
$\times$	H	H	$\times$	L					Q_3^{n-1}	Q_2^{n-1}	Q_1^{n-1}	Q_0^{n-1}	保　　持
$\times$	H	H	H	L					Q_3^{n-1}	Q_2^{n-1}	Q_1^{n-1}	Q_0^{n-1}	
$\downarrow$	H	H	H	H	$\times$	$\times$	$\times$	$\times$	加法计数后的值				加法计数

对于四位二进制加法计数器,输入十二个计数脉冲后,$Q_3 Q_2 Q_1 Q_0 = 1100$,而十二进制加法计数器输入十二个计数脉冲后,$Q_3 Q_2 Q_1 Q_0 = 0000$。因此,应将 $N = 12$ 的二进制码(1100)作为清零信号,即当计到 $Q_3 Q_2 Q_1 Q_0 = 1100$ 时,$\overline{CR} = 0$ 立即对计数器清零,使 $Q_3 Q_2 Q_1 Q_0 = 0000$,而 $Q_3 Q_2 Q_1 Q_0 = 1100$ 状态也就立即消失,仅为过渡状态,不能成为计数中的一个有效状态。

（2）求反馈归零逻辑。$\overline{CR} = \overline{Q_3 Q_2}$。

（3）画电路连接图。图 10-28 所示的电路是 74LS161 构成十二进制（$N = 12$）计数器的电路。

在该电路中,刚出现 $Q_3 Q_2 Q_1 Q_0 = 1100$ 时,就立即送到了异步清零端 $\overline{CR}$,随着计数器被置 0,复位信号就随之消失,所以复位信号持续时间很短,电路的归零可靠性不高。

当集成电路具同步清零端时（如 74LS163）,则可采用同步复位法,设计 N 进制计数器,它的清零信号是 $N-1$ 的编码状态,如图 10-29 所示。

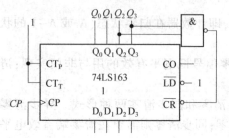
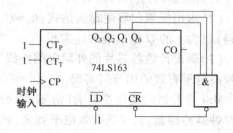

图 10-28　异步清零十二进制计数器电路　　　图 10-29　　同步清零十二进制计数器电路

10.5　集成寄存器的功能及应用

10.5.1　寄存器的功能和分类

1. 寄存器的功能

用来暂时存放二进制数据的逻辑电路称为寄存器。对寄存器的基本要求是:数码要放得进、存得住、取得出。寄存器的记忆单元是触发器。一个触发器可以存储一位二进制数据,存放 N 位二进制数据需用 N 个触发器。

2. 寄存器的分类

寄存器分为数据寄存器和移位寄存器两类。

数据寄存器只有存放二进制信息的功能,在电子计算机中常被用来存储原始数据、计算结果及地址数据等信息与指令。

移位寄存器同时具有寄存数据和将数据移位的功能。移位,是指在时钟脉冲的控制下,寄存器中所存的各位数据依次（低位向高位或高位向低位）移动。

10.5.2　数据（基本）寄存器分析

常用 D 触发器构成数据寄存器。下面以集成数据寄存器 74LS175 为例分析数据寄存器的结构与工作原理。

74LS175 的逻辑电路图和引脚排列图如图 10-30 所示,其功能表如表 10-10 所示。由功能表不难看出它具有清零、并行存入数据和保持三种功能。R_d 为清零端,低电平有效,并行存入数据的过程是在 CP 脉冲的上升沿进行的,根据 D 触发器的特性很容易理解其工作过程,这里不再赘述。

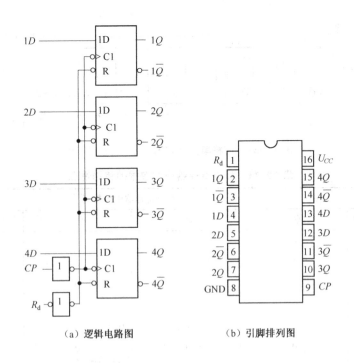

（a）逻辑电路图　　　　　　（b）引脚排列图

图 10-30　74LS175 的逻辑电路图和引脚排列图

表 10-10　74LS175 的功能表

输　　　　　入						输　　　出				工　作　模　式
R_d	CP	$1D$	$2D$	$3D$	$4D$	$1Q$	$2Q$	$3Q$	$4Q$	
L	×	×	×	×	×	L	L	L	L	清零
H	↑	$1D$	$2D$	$3D$	$4D$	$1D$	$2D$	$3D$	$4D$	并行存入数据
H	H	×	×	L	×	保持				保持
H	L	×	×	×	×	保持				保持

10.5.3　移位寄存器分析

移位寄存器分单向移位（左移、右移）和双向移位两大类。根据数据输入和输出格式的不同,移位寄存器可分为四种工作方式:串入/串出、串入/并出、并入/串出、并入/并出。

图 10-31 是用 D 触发器组成的左移单向移位寄存器逻辑电路图。其中,每个触发器的输出端 Q 依次接到下一个触发器的输入端 D,只有第一个触发器的输入端接收数据。每当 CP 上升沿到来时,串行数据输入端的输入数码移入 F_0,同时每个触发器的状态也移给下一个触发器。假设输入数据为 1101,从高位到低位逐位输入到 D_0 端,那么在移位脉冲作用下,电路中数据的移动情况如表 10-11 所示。可以看到,在经过四个 CP 脉冲以后,1101 这四位数码恰好全部移入寄存器中,这时可以从四个触发器的 Q 端输出并行数据。

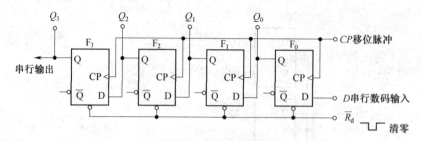

图 10-31 左移单向移位寄存器逻辑电路图

表 10-11 移位寄存器中的数据的移动情况

CP	移位寄存器中的数码			
顺序	Q_0	Q_1	Q_2	Q_3
0	0	0	0	0
1	1	0	0	0
2	1	1	0	0
3	0	1	1	0
4	1	0	1	1
5	0	1	0	1
6	0	0	1	0
7	0	0	0	1

　　触发器 F_3 的 Q 端还可以作为串行数据输出端。如果需要得到串行的输出数据,则只要再输入三个 CP 脉冲,四位数据便可依次从串行输出端送出去,这就是所谓的串行输出方式。因此,可以把图 10-31 所示的电路称为串行输入、串行输出、并行输出左向移位寄存器。图 10-32 为该寄存器输入数码 1101 时的时序图。

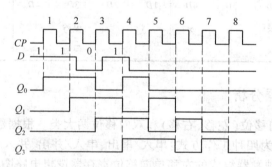

图 10-32 四位单向移位寄存器输入 1101 数据时的时序图

10.5.4 移位寄存器应用——构建模 M 计数器

　　利用移位寄存器可以构成许多常用功能电路。例如,使用 74LS194 构成 $M=4$,四环形计数器,如图 10-33 所示。

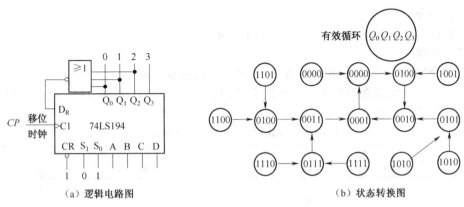

（a）逻辑电路图　　　　　　　　　　（b）状态转换图

图 10-33　74LS194 构成的自启动模四环形计数器

10.5.5　顺序脉冲发生器

顺序脉冲发生器又称节拍脉冲发生器,它能够产生一组在时间上有先后顺序的脉冲信号。利用这组脉冲信号,就可以按照事先规定的顺序进行一系列操作。

1. 顺序脉冲发生器的基本原理

顺序脉冲发生器通常由计数器与译码电路构成,如图 10-34 所示。

2. 由四进制计数器(JK 触发器)和译码器构成的顺序脉冲发生器

两个 JK 触发器构成四进制计数器;四个与门电路构成译码器,将寄存器的输出端(Q_0 $\overline{Q_0}$ Q_1 $\overline{Q_1}$)的四种输出状态,译码成按节拍输出高电平的四组脉冲信号,如图 10-35 所示。

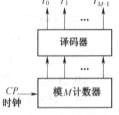

图 10-34　顺序脉冲发生器逻辑图

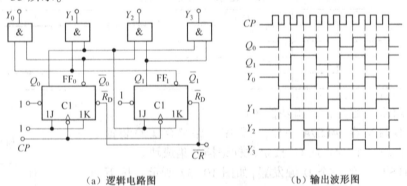

（a）逻辑电路图　　　　　　　　　　（b）输出波形图

图 10-35　四输出顺序脉冲发生器

实验十二　触发器逻辑功能测试

1. 实验目的

掌握基本 RS 触发器、D 触发器的逻辑功能及测试方法。

2. 实验设备

数字电路综合实验装置,74LS00 一片,74LS74 一片。

3. 实验原理

基本 RS 触发器是最基本的触发器,其功能是完成置 0 和置 1。

维持阻塞 D 触发器在时钟脉冲 CP 的上升沿(正跳变)发生翻转,Q 随 D 变。74LS74（D 触发器）功能表见表 10-12。

表 10-12　74LS74（D 触发器）功能表

输　入				输　出	
PR	CLR	CLK	D	Q	$\overline{Q}$
L	H	×	×	H	L
H	L	×	×	L	H
L	L	×	×	H	H
H	H	↑	H	H	L
H	H	↑	L	L	H
H	H	L	×	Q_0	$\overline{Q}_0$

4. 实验内容

1）TTL 与非门构成的基本 RS 触发器逻辑功能测试

选用 2 输入与非门 74LS00 一片,在数字电路综合实验装置合适的位置选取一个 14P 插座,按定位标记插好集成块。

使用 74LS00 中的两个与非门按图 10-36 接线构成基本 RS 触发器,两个输入端 $\overline{S}_d$ 和 $\overline{R}_d$ 分别接逻辑电平开关、两个输出端 Q、$\overline{Q}$ 分别接 LED 电平显示。

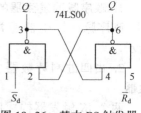

图 10-36　基本 RS 触发器逻辑功能测试电路

按表 10-13 要求改变输入逻辑电平开关的组合状态,由 LED 显示输出逻辑状态,将测试结果填入表 10-13 中。

表 10-13　基本 RS 触发器测试结果

$\overline{S}_d$	$\overline{R}_d$	Q	$\overline{Q}$	功　能
0	0			
0	1			
1	0			
1	1			

2）维持阻塞 D 触发器逻辑功能测试

选用双 D 触发器 74LS74 一片,在数字电路综合实验装置上合适的位置选取一个 14P 插座,按定位标记插好集成块。

选用 74LS74 中的一个 D 触发器,如图 10-37 所示。按下面要求接线:

两个异步复位端 $\overline{R}_d$ 和异步置位端 $\overline{S}_d$ 分别接逻辑电平开关,输入端 D 接逻辑电平开关,CP 时钟脉冲输入端接单脉冲信号,Q 状态输出端接 LED 电平显示。

（1）按表 10-14 要求改变和输入逻辑电平开关的组合状态,由 LED 显示输出逻辑状态,将测试结果填入表 10-14 中。

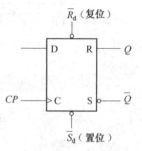

图 10-37　D 触发器

表 10-14　74LS74(D 触发器)置位功能测试结果

CP	D	$\overline{S}_d$	$\overline{R}_d$	Q	$\overline{Q}$	功能
×	×	0	1			
×	×	1	0			

(2) $\overline{R}_d$ 和 $\overline{S}_d$ 输入逻辑电平固定为 1、1,再按表 10-15 要求改变输入逻辑电平开关的组合状态及输入单脉冲信号,由 LED 显示输出逻辑状态,将测试结果填入表 10-15 中。

表 10-15　74LS74(D 触发器)逻辑功能测试结果

CP	0	↑	↓	0	↑	↓	0
D	0	0	0	1	1	1	1
Q							
$\overline{Q}$							

5. 实验报告

(1)列出各触发器功能测试表。

(2)通过实验整理、分析实验结果,总结各类触发器的逻辑功能及触发方式。

实验十三　计数器及其应用

1. 实验目的

(1)学习用集成触发器构成计数器的方法。

(2)掌握中规模集成计数器的使用及功能测试方法。

2. 实验设备

数字电路综合实验装置、双踪示波器、译码显示器、74LS192×3、74LS00(CC4011)、74LS20(CC4012)。

3. 实验原理

计数器是一个用以实现计数功能的时序部件,它不仅可用来计脉冲数,还常用作数字系统的定时、分频和执行数字运算及其他特定的逻辑功能。

计数器种类很多,按构成计数器中的各触发器是否使用一个时钟脉冲源来分,有同步计数器和异步计数器;根据计数制的不同,分为二进制计数器、十进制计数器和任意进制计数器;根据计数的增减趋势,又分为加法计数器、减法计数器和可逆计数器。还有可预置数计数器和可编程序功能计数器等等。

1)中规模十进制计数器

CC40192(与 74LS192 引脚兼容,CC×××× 系列为 COMS 器件,74LS×× 为 TTL 器件,两者的输入/输出电平不同,即 COMS 或 TTL,下同)是同步十进制可逆计数器,具有双时钟输入,并具有清除和置数等功能,其引脚排列图及逻辑符号如图 10-38 所示。

图 10-38 中 $\overline{LD}$ 为置数端,CP_U 为加计数端,CP_D 为减计数端,$\overline{CO}$ 为非同步进位输出端,$\overline{BO}$ 为非同步借位输出端,D_0、D_1、D_2、D_3 为计数器输入端,Q_0、Q_1、Q_2、Q_3 为数据输出端,CR 为清除端。

CC40192 的功能表如表 10-16 所示。

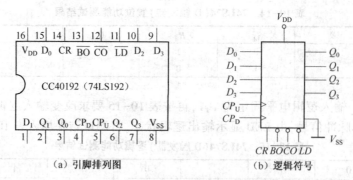

（a）引脚排列图　　　　　（b）逻辑符号

图 10-38　CC40192 引脚排列图及逻辑符号

表 10-16　CC40192 的功能表

输　　　入								输　　　出			
CR	$\overline{LD}$	CP_U	CP_D	D_3	D_2	D_1	D_0	Q_3	Q_2	Q_1	Q_0
1	×	×	×	×	×	×	×	0	0	0	0
0	0	×	×	d	c	b	a	d	c	b	a
0	1	↑	1	×	×	×	×	加　法　计　数			
0	1	1	↑	×	×	×	×	减　法　计　数			

具体说明如下：

当清除端 CR 为高电平"1"时，计数器直接清零；CR 置低电平则执行其他功能。

当 CR 为低电平，置数端 $\overline{LD}$ 也为低电平时，数据直接从置数端 D_0、D_1、D_2、D_3 置入计数器。

当 CR 为低电平，$\overline{LD}$ 为高电平时，执行计数功能。执行加计数时，减计数端 CP_D 接高电平，计数脉冲由 CP_U 输入；在计数脉冲上升沿进行 8421 码十进制加法计数。执行减计数时，加计数端 CP_U 接高电平，计数脉冲由减计数端 CP_D 输入，表 10-17 为 CC40192 十进制加、减计数器的状态转换表。

表 10-17　CC40192 十进制加、减计数器的状态转换表

加法计数 →

输入脉冲数		0	1	2	3	4	5	6	7	8	9
输出	Q_3	0	0	0	0	0	0	0	0	1	1
	Q_2	0	0	0	0	1	1	1	1	0	0
	Q_1	0	0	1	1	0	0	1	1	0	0
	Q_0	0	1	0	1	0	1	0	1	0	1

← 减法计数

2）计数器的级联使用

一个十进制计数器只能表示 0~9 十个数，为了扩大计数器范围，常将多个十进制计数器级联使用。

同步计数器往往设有进位（或借位）输出端，故可选用其进位（或借位）输出信号驱动

下一级计数器。图 10-39 是由 CC40192 利用进位输出 $\overline{CO}$ 控制高一位的 CP_U 端构成的加计数级联电路。

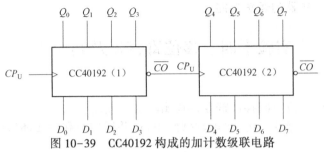

图 10-39 CC40192 构成的加计数级联电路

3）实现任意进制计数

用复位法获得任意进制计数器。假定已有 N 进制计数器,而需要得到一个 M 进制计数器时,只要 $M<N$,用复位法使计数器计数到 M 时置"0",即获得 M 进制计数器。图 10-40 所示为一个由 CC40192 十进制计数器接成的六进制计数器。

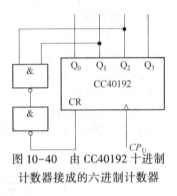

图 10-40 由 CC40192 十进制计数器接成的六进制计数器

4. 实验内容

1）测试 CC40192 同步十进制可逆计数器的逻辑功能

计数脉冲由单次脉冲源提供,清除端 CR,置数端 $\overline{LD}$,数据输入端 D_3、D_2、D_1、D_0 分别接逻辑开关;输出端 Q_3、Q_2、Q_1、Q_0 接实验设备的一个译码显示输入相应插口 A、B、C、D;$\overline{CO}$ 和 $\overline{BO}$ 接逻辑电平显示插口。按表 10-16 逐项测试并判断该集成块的功能是否正常。

（1）清除。令 $CR=1$,其他输入为任意态,这时 $Q_3Q_2Q_1Q_0=0000$,译码数字显示为 0。清除功能完成后,置 $CR=0$

（2）置数。$CR=0$,CP_U,CP_D 任意,数据输入端输入任意一组二进制数,令 $\overline{LD}=0$,观察计数译码显示输出,预置功能是否完成,此后置 $\overline{LD}=1$。

（3）加计数。$CR=0$,$\overline{LD}=CP_D=1$,CP_U 接单次脉冲源。清零后送入十个单次脉冲,观察译码数字显示是否按 8421 码十进制状态转换表进行;输出状态变化是否发生在 CP_U 的上升沿。

（4）减计数。$CR=0$,$\overline{LD}=CP_U=1$,CP_D 接单次脉冲源。参照"加计数"进行实验。

2）用两片 CC40192 组成两位十进制减法计数器

输入 1 Hz 连续计数脉冲,进行由 00 开始减到 99,然后再从 99 减到 00 递减计数,并记录。

按图 10-39 连接电缆,其中(1)片 CP_D 接连续脉冲源,$CR_1=0$,$\overline{LD_1}=1$,$CP_{U1}=1$,$\overline{BO_1}$ 接(2)片 CP_{D2},$CR_2=0$,$\overline{LD_2}=1$,$CP_{U2}=1$,$\overline{BO_2}$ 为借位端。两片 Q_3、Q_2、Q_1、Q_0 分别接译码显示器,显示器数值由 00 开始递减。

3）将两位十进制减法计数器改为两位十进制加法计数器

实现由 00~99 累加计数,并记录。

5. 实验报告

（1）记录、整理实验所得的有关数据，并对实验结果进行分析。

（2）总结各类计数器的逻辑功能。

实验十四　移位寄存器及其应用

1. 实验目的

（1）掌握中规模四位双向移位寄存器逻辑功能及使用方法。

（2）熟悉移位寄存器的应用，实现数据的串行、并行转换和构成环形计数器。

2. 实验设备

数字电路综合实验装置、双踪示波器、数字万用表、74LS194 一片。

3. 实验原理

（1）移位寄存器是指寄存器中所存的数据能够在移位脉冲的作用下依次左移或右移。既能左移又能右移的称为双向移位寄存器。这时，只需要改变左、右移的控制信号便可实现双向移位要求。根据移位寄存器存取信息的方式不同分为：串入串出、串入并出、并入串出、并入并出四种形式。

本实验选用的四位双向移位寄存器，型号为 74LS194 或 CC40194，两者功能相同，可互换使用，其逻辑符号及引脚排列图如图 10-41 所示。

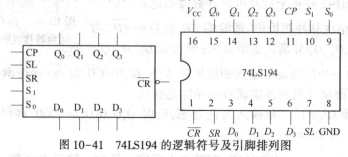

图 10-41　74LS194 的逻辑符号及引脚排列图

其中 D_0、D_1、D_2、D_3 为并行输入端；Q_0、Q_1、Q_2、Q_3 为并行输出端；SR 为右移串行输入端；SL 为左移串行输入端；S_0、S_1 为操作模式控制端；CR 为直接无条件清零端；CP 为时钟脉冲输入端。

74LS194 有五种不同操作模式，即并行置数寄存，右移（方向由 $Q_0 \rightarrow Q_3$），左移（方向由 $Q_3 \rightarrow Q_0$），保持及清零。

S_1、S_0 和 $\overline{CR}$ 端的控制作用如表 10-18 所示。

表 10-18　74LS194 逻辑功能表

功能	输				入						输		出	
	CP	$\overline{CR}$	S_1	S_0	S_R	S_L	D_0	D_1	D_2	D_3	Q_0	Q_1	Q_2	Q_3
清零	×	0	×	×	×	×	×	×	×	×	0	0	0	0
送数	↑	1	1	1	×	×	a	b	c	d	a	b	c	d
右移	↑	1	0	1	D_{SR}	×	×	×	×	×	D_{SR}	Q_0	Q_1	Q_2
左移	↑	1	1	0	×	D_{SL}	×	×	×	×	Q_1	Q_2	Q_3	D_{SL}
保持	↑	1	0	0	×	×	×	×	×	×	Q_0^n	Q_1^n	Q_2^n	Q_3^n
保持	↓	1	×	×	×	×	×	×	×	×	Q_0^n	Q_1^n	Q_2^n	Q_3^n

（2）移位寄存器应用很广,可构成移位寄存器型计数器、顺序脉冲发生器、串行累加器,可用于数据转换,即把串行数据转换为并行数据,或把并行数据转换为串行数据等。本实验研究移位寄存器用作环形计数器和数据的串、并行转换。

①环形计数器。把移位寄存器的输出反馈到它的串行输入端,就可以进行循环移位。

如图 10-42 所示,把输出端 Q_3 和右移串行输入端 SR 相连接,设初始状态 $Q_0Q_1Q_2Q_3 = 1000$,则在时钟脉冲作用下 $Q_0Q_1Q_2Q_3$ 将依次变为 $0100 \rightarrow 0010 \rightarrow 0001 \rightarrow 1000 \rightarrow \cdots$,如表 10-19 所示,可见它是一个具有四个有效状态的计数器,这种类型的计数器通常称为环形计数器。图 10-42 所示电路可以由各个输出端输出在时间上有先后顺序的脉冲,因此也可作为顺序脉冲发生器。

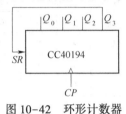

图 10-42　环形计数器

表 10-19　环形计数器功能表

CP	Q_0	Q_1	Q_2	Q_3
0	1	0	0	0
1	0	1	0	0
2	0	0	1	0
3	0	0	0	1

如果将输出 Q_0 与左移串行输入端 SL 相连接,即可达左移循环移位。

②数据的串、并行转换器:

a. 串行/并行转换器。串行/并行转换器是指串行输入的数码,经转换电路之后变换成并行输出。

b. 并行/串行转换器。并行/串行转换器是指并行输入的数码,经转换电路之后变换成串行输出。

4. 实验内容

1）测试 74LS194 的逻辑功能

按图 10-41 接线,$\overline{CR}$、S_1、S_0、SL、SR、D_0、D_1、D_2、D_3 分别接至逻辑开关;Q_0、Q_1、Q_2、Q_3 接至发光二极管;CP 接单次脉冲源。按表 10-18 所规定的输入状态,逐项进行测试,并完成表 10-20。

74LS194 逻辑功能测试:

（1）清除:令 $\overline{CR} = 0$,其他输入均为任意态,这时寄存器输出 Q_0、Q_1、Q_2、Q_3 应均为 0。清除后,置 $\overline{CR} = 1$。

（2）置数:令 $\overline{CR} = S_1 = S_0 = 1$,送入任意四位二进制数,如 $D_0D_1D_2D_3 = abcd$,加 CP 脉冲,观察 $CP = 0$、CP 由 $1 \rightarrow 0$、$0 \rightarrow 1$ 三种情况下寄存器输出状态的变化,观察寄存输出状态变化是否发生在 CP 脉冲的上升沿。

（3）右移:清零后,令 $\overline{CR} = 1$,$S_1 = 0$,$S_0 = 1$,由右移输入端 SR 送入二进制数码如 0100,由 CP 端连续加四个脉冲,观察输出情况,并记录。

（4）左移:先清零或预置,再令 $\overline{CR} = 1$,$S_1 = 1$,$S_0 = 0$,由左移输入端 SL 送入二进制数码如 1111,由 CP 端连续加四个脉冲,观察输出情况,并记录。

（5）保持：寄存器预置任意四位二进制数码 $abcd$，令 $\overline{CR}=1$，$S_1=S_0=0$，加 CP 脉冲，观察寄存器输出状态，并记录。

表 10-20　74LS194 的逻辑功能

清除	模式		时钟	串行		输　入				输　出				功能总结
$\overline{CR}$	S_1	S_0	CP	SR	SL	D_0	D_1	D_2	D_3	Q_0	Q_1	Q_2	Q_3	
0	×	×	×	×	×	×	×	×	×					
1	1	1	↑	×	×	a	b	c	d					
1	0	1	↑	0	×	×	×	×	×					
1	0	1	↑	1	×	×	×	×	×					
1	0	1	↑	0	×	×	×	×	×					
1	0	1	↑	0	×	×	×	×	×					
1	1	0	↑	×	1	×	×	×	×					
1	1	0	↑	×	0	×	×	×	×					
1	1	0	↑	×	1	×	×	×	×					
1	1	0	↑	×	×	×	×	×	×					
1	0	0	↑	×	×	×	×	×	×					

2）环形计数器

自拟实验内容，用并行送数法预置寄存器为某二进制数码（如 0100），然后进行右移循环，观察寄存器输出端状态的变化，并记入表 10-21 中。

表 10-21　环形计数器测量结果记录表

CP	Q_0	Q_1	Q_2	Q_3
0	0	1	0	0
1				
2				
3				
4				

5. 实验报告

（1）记录、整理实验所得的有关数据，并对实验结果进行分析。

（2）根据环形计数器实验内容的结果，画出四位环形计数器的状态转换图及波形图。

（3）分析串-并、并-串转换器所得结果的正确性。

小　结

（1）触发器根据逻辑功能的不同，可分为 RS 触发器、JK 触发器、D 触发器、T 触发器和 T′触发器。它们的逻辑功能的描述通常有四种方法：特性表、特性方程、状态转换图及工作时序图（时序波形图）。时序电路在任一时刻的输出不仅取决于该时刻的输入，而且还和电路原来的状态有关。电路的工作是按照外加时钟信号的时间顺序进行的，电路在某个时钟脉冲作用时的输出与前一个脉冲作用时记住的状态有关。

（2）触发器能用于电路状态的记录，可用于存储数据。触发器的状态变化通常是在时钟脉冲的作用下才得以实现的。通过特定的组合，触发器可构成时序电路。在组合逻辑的帮助下，时序电路可以构成计数器、寄存器、顺序脉冲发生器等电路，是数字电路不可或缺的基本功能，应用较广泛。

思考与习题

1. 判断题

（1）构成计数电路的器件必须有记忆能力。 （ ）

（2）移位寄存器只能串行输出。 （ ）

（3）移位寄存器就是数码寄存器，它们没有区别。 （ ）

（4）同步时序电路的工作速度高于异步时序电路。 （ ）

（5）移位寄存器有接收、暂存、清除和数码移位等作用。 （ ）

2. 选择题

（1）时序逻辑电路特点中，下列叙述正确的是（ ）。

    A. 电路任一时刻的输出只与当时输入信号有关

    B. 电路任一时刻的输出只与电路原来状态有关

    C. 电路任一时刻的输出与输入信号和电路原来状态均有关

    D. 电路任一时刻的输出与输入信号和电路原来状态均无关

（2）具有记忆功能的逻辑电路是（ ）。

    A. 加法器   B. 显示器   C. 译码器   D. 计数器

（3）下列逻辑电路不具有记忆功能的是（ ）。

    A. 译码器   B. RS 触发器   C. 寄存器   D. 计数器

（4）下列电路不属于时序逻辑电路的是（ ）。

    A. 数码寄存器   B. 编码器   C. 触发器   D. 可逆计数器

（5）数码寄存器采用的输入/输出方式为（ ）。

    A. 并行输入、并行输出   B. 串行输入、串行输出

    C. 并行输入、串行输出   D. 串行输出、并行输入

3. 填空题

（1）时序逻辑电路按状态转换情况可分为_____时序电路和_____时序电路两大类。

（2）按计数进制的不同，可将计数器分为_____、_____和 N 进制计数器等类型。

（3）用来累计和寄存输入脉冲个数的电路称为_____。

（4）时序逻辑电路在结构方面的特点是：由具有控制作用的_____电路和具记忆作用_____电路组成。

（5）寄存器的作用是用于_____、_____、_____数码指令等信息。

4. 综合题

（1）时序逻辑电路的特点是什么？

（2）时序逻辑电路与组合逻辑电路有何区别？

（3）试用 74LS90 构成二十八进制计数器（要求用 8421BCD 码）。

（4）由或非门组成的基本 RS 触发器如图 10-43 所示，试分析其逻辑功能。

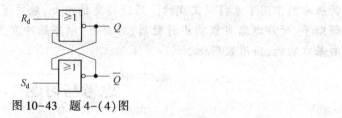

图 10-43　题 4-(4)图

（5）在图 10-43 所示的基本 RS 触发器中，当其输入信号波形如图 10-44 所示时，设 Q 初始状态为 0，试画出 Q 和 $\overline{Q}$ 端的波形。

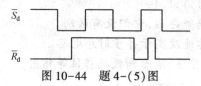

图 10-44　题 4-(5)图

第 11 章 | 脉冲信号的产生与整形

数字电路常常需要用到各种幅度、宽度及具有陡峭边沿的脉冲信号,如触发器就需要时钟脉冲(CP)。获取这些脉冲信号的方法通常有两种:第一,直接产生;第二,利用已有信号整形或变换得到。脉冲信号的产生要用多谐振荡器,脉冲信号的整形则要用单稳态触发器和施密特触发器。本章将介绍一种多用途的定时电路——555 定时器及其构成的施密特触发器、单稳态触发器和多谐振荡器电路。

11.1 555 定时器的组成及功能

555 定时器电路是一种中规模集成定时器,目前应用十分广泛。通常只需要外接几个阻容元件,就可以构成各种不同用途的脉冲电路,如多谐振荡器、单稳态触发器及施密特触发器等。555 定时器电路有 TTL 集成定时电路和 CMOS 集成定时电路,它们的逻辑功能与外引线排列都完全相同。双极型产品型号最后数码为 555,CMOS 型产品型号最后数码为 7555。

1. 555 定时器的组成

图 11-1 是 555 定时器内部组成框图。它主要由两个高精度电压比较器 A_1、A_2,一个 RS 触发器,一个放电三极管和三个 5 kΩ 电阻器的分压器而构成。

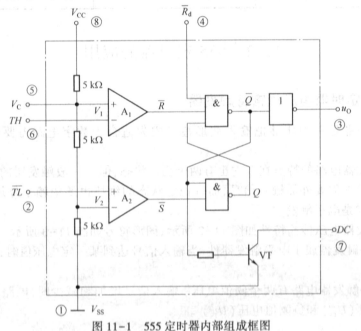

图 11-1 555 定时器内部组成框图

2. 555 定时器的功能

555 定时器各个引脚功能如下：

1 引脚：外接电源负端 V_{SS} 或接地，一般情况下接地。

8 引脚：外接电源 V_{CC}，双极型时基电路 V_{CC} 的范围是 4.5 ~ 16 V，CMOS 型时基电路 V_{CC} 的范围为 3 ~ 18 V。一般用 5 V。

3 引脚：输出端 u_o。

2 引脚：$\overline{TL}$ 低触发端。

6 引脚：TH 高触发端。

4 引脚：$\overline{R_d}$ 是直接清零端。当 $\overline{R_d}$ 端接低电平时，则时基电路不工作，此时不论 $\overline{TL}$、TH 处于何电平，时基电路输出为"0"，该端不用时应接高电平。

5 引脚：V_C 为控制电压端。若此端外接电压，则可改变内部两个比较器的基准电压，当该端不用时，应将该端串入一只 0.01 μF 电容接地，以防引入干扰。

7 引脚：DC 放电端。该端与放电三极管集电极相连，用作定时器时电容的放电。

在 1 引脚接地，5 引脚未外接电压，两个比较器 A_1、A_2 基准电压分别为 $\frac{2}{3}V_{CC}$，$\frac{1}{3}V_{CC}$ 的情况下，555 定时器的功能表如表 11-1 所示。

表 11-1 555 定时器的功能表

清零端 $\overline{R_d}$	高触发端 TH	低触发端 $\overline{TL}$	Q^{n+1}	放电三极管 T	功　能
0	×	×	0	导通	直接清零
1	$> \frac{2}{3}V_{CC}$	$> \frac{1}{3}V_{CC}$	0	导通	置0
1	$< \frac{2}{3}V_{CC}$	$< \frac{1}{3}V_{CC}$	1	截止	置1
1	$< \frac{2}{3}V_{CC}$	$> \frac{1}{3}V_{CC}$	Q^n	不变	保持

11.2　555 定时器的应用

11.2.1　555 定时器组成施密特触发器

施密特触发器是一种能够把输入波形整形成为适合于数字电路需要的矩形脉冲的电路。

施密特触发器电路的特点在于它也有两个稳定状态，但与一般触发器的区别在于这两个稳定状态的转换需要外加触发信号，而且稳定状态的维持也要依赖于外加触发信号，因此它的触发方式是电平触发。

施密特触发器电压传输特性如图 11-2 所示，图形符号如图 11-3 所示。

（1）施密特触发器属于电平触发器件，当输入信号达到某一定电压值时，输出电压会发生突变。

（2）施密特触发器电路有两个阈值电压。输入信号增加和减少时，电路的阈值电压分别是正阈值电压（U_{T+}）和负阈值电压（U_{T-}）。

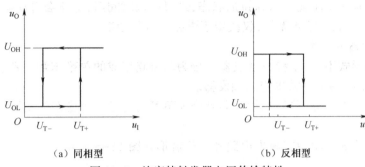

（a）同相型　　　　　　　　　（b）反相型

图 11-2　施密特触发器电压传输特性

图 11-3　施密特触发器图形符号

用 555 定时器构成的施密特触发器电路和工作波形如图 11-4 所示。

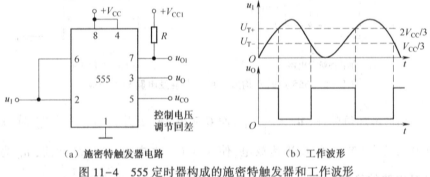

（a）施密特触发器电路　　　　　（b）工作波形

图 11-4　555 定时器构成的施密特触发器和工作波形

（1）当 $u_I = 0$ 时，由于比较器 $A_1 = 1$、$A_2 = 0$，触发器置 1，即 $Q = 1$、$\overline{Q} = 0$，$u_{O1} = u_O = 1$。u_I 升高时，在未到达 $2V_{CC}/3$ 以前，$u_{O1} = u_O = 1$ 的状态不会改变。

（2）u_I 升高到 $2V_{CC}/3$ 时，比较器 A_1 输出为 0、A_2 输出为 1，触发器置 0，即 $Q = 0$、$\overline{Q} = 1$，$u_{O1} = u_O = 0$。此后，u_I 上升到 V_{CC}，然后再降低，但在未到达 $V_{CC}/3$ 以前，$u_{O1} = u_O = 0$ 的状态不会改变。

（3）u_I 下降到 $V_{CC}/3$ 时，比较器 A_1 输出为 1、A_2 输出为 0，触发器置 1，即 $Q = 1$、$\overline{Q} = 0$，$u_{O1} = u_O = 1$。此后，u_I 继续下降到 0，但 $u_{O1} = u_O = 1$ 的状态不会改变。

11.2.2　555 定时器组成单稳态触发器

单稳态触发器在数字电路中一般用于定时（产生一定宽度的矩形波）、整形（把不规则的波形转换成宽度、幅度都相等的波形）及延时（把输入信号延迟一定时间后输出）等。

单稳态触发器具有下列特点：

（1）电路有一个稳态和一个暂稳态。

（2）在外来触发脉冲作用下，电路由稳态翻转到暂稳态。

（3）暂稳态是一个不能长久保持的状态，经过一段时间后，电路会自动返回到稳态。暂稳态的持续时间与触发脉冲无关，仅决定于电路本身的参数。

单稳态触发器的分类：

（1）按电路形式不同，单稳态触发器可分为门电路组成的单稳态触发器、MSI 集成单稳态触发器，555 定时器组成的单稳态触发器。

（2）按工作特点划分，单稳态触发器可分为不可重复触发单稳态触发器、可重复触发单稳态触发器。

555 定时器构成的单稳态触发电路和工作波形如图 11-5 所示。

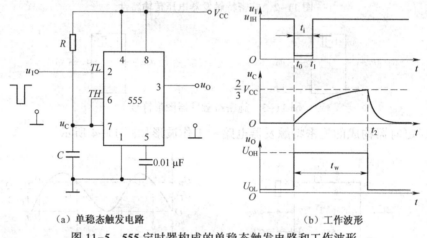

（a）单稳态触发电路　　　　　　　　　（b）工作波形

图 11-5　555 定时器构成的单稳态触发电路和工作波形

接通电源后，未加负脉冲，$u_1 > \dfrac{1}{3}V_{CC}$，而 C 充电，u_C 上升，当 $u_C > \dfrac{2}{3}V_{CC}$ 时，u_o 输出为低电平，放电三极管 VT 导通，C 快速放电，使 $u_C = 0$。这样，在加负脉冲前，u_o 为低电平，$u_C = 0$，这是电路的稳态。在 $t = t_0$ 时刻，u_1 负跳变（$\overline{TL}$ 端电平小于 $\dfrac{1}{3}V_{CC}$），而 $u_C = 0$（TH 端电平小于 $\dfrac{2}{3}V_{CC}$），所以输出 u_o 翻转为高电平，VT 截止，C 充电。u_C 按指数规律上升。在 $t = t_1$ 时刻，u_1 负脉冲消失。在 $t = t_2$ 时刻，u_C 上升到 $\dfrac{2}{3}V_{CC}$（此时 TH 端电平大于 $\dfrac{2}{3}V_{CC}$，$\overline{TL}$ 端电平大于 $\dfrac{1}{3}V_{CC}$），u_o 又自动翻转为低电平。在 $t_0 \sim t_2$ 这段时间电路处于暂稳态。$t > t_2$，VT 导通，C 快速放电，电路又恢复到稳态。由分析可得：

输出正脉冲宽度 $t_w = 1.1RC$。

通过改变 R、C 的大小，可使延时时间在几微秒和几十分钟之间变化。

这里要注意，R 的取值不能太小，若 R 太小、当放电三极管导通时，灌入放电三极管的电流太大，会损坏放电三极管。当这种单稳态电路作为计时器时，可直接驱动小型继电器，并可采用复位端接地的方法来终止暂态，重新计时。此外，需用一个续流二极管与继电器线圈并联，以防继电器线圈反电动势损坏内部功率管。

单稳态触发器可作为失落脉冲检出电路，对机器的转速或人体的心律（呼吸）进行监视，当机器的转速降到一定限度或人体的心律不齐时就发出报警信号。

注意：图 11-5(a)所示电路只能用窄负脉冲触发，即触发脉冲宽度 t_i 必须小于 t_w。

11.2.3　555 定时器组成自激多谐振荡器

多谐振荡器又称无稳态触发器，它没有稳定的输出状态，只有两个暂稳态。在电路处于某一暂稳态后，经过一段时间可以自行触发翻转到另一暂稳态。两个暂稳态自行相互转换而输出一系列矩形波。多谐振荡器可用作方波发生器。

多谐振荡器的基本组成：

(1)开关器件：产生高、低电平。

(2)反馈延迟环节(RC 电路)：利用 RC 电路的充放电特性实现延时，输出电压经延时后，反馈到开关器件输入端，改变电路的输出状态，以获得脉冲波形输出。

多谐振荡器的工作特点：

(1)不需要外加输入触发信号。

(2)无稳态，只有两个暂稳态。

(3)接通电源便能自动输出矩形脉冲。

多谐振荡器的电路形式较多，下面主要介绍由 555 定时器构成的多谐振荡器。

用 555 定时器构成的多谐振荡器的电路和工作波形如图 11-6 所示。

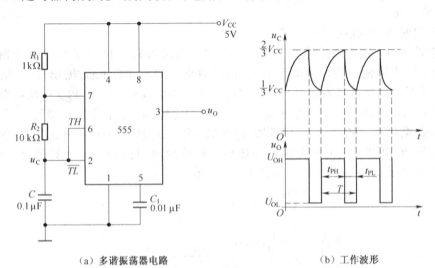

(a) 多谐振荡器电路　　　　　(b) 工作波形

图 11-6　555 定时器构成的多谐振荡器电路和工作波形

接通电源后，假定 u_O 是高电平，则 VT 截止，电容 C 充电。充电回路为 $V_{CC} \rightarrow R_1 \rightarrow R_2 \rightarrow C \rightarrow$ 地，u_C 按指数规律上升，当 u_C 上升到 $\dfrac{2}{3}V_{CC}$ 时(TH、$\overline{TL}$ 端电平大于 $\dfrac{2}{3}V_{CC}$)，输出 u_O 翻转为低电平。若 u_O 是低电平，VT 导通，C 放电，放电回路为 $C \rightarrow R_2 \rightarrow VT \rightarrow$ 地，u_C 按指数规律下降，当 u_C 下降到 $\dfrac{1}{3}V_{CC}$ 时(TH、$\overline{TL}$ 端电平小于 $\dfrac{1}{3}V_{CC}$)，输出 u_O 翻转为高电平，VT 截止，电容再次充电，如此周而复始，产生振荡，经分析可得

输出高电平时间

$$t_{PH} = 0.7(R_1 + R_2)C$$

输出低电平时间

$$t_{PL} = 0.7R_2C$$

振荡周期

$$T = t_{PH} + t_{PL} = 0.7(R_1 + 2R_2)C$$

输出方波的占空比

$$D = \frac{t_{PH}}{T} = \frac{R_1 + R_2}{R_1 + 2R_2}$$

实验十五 555 定时器及其应用

1. 实验目的

(1)熟悉 555 集成时基电路的电路结构、工作原理及其特点。

(2)掌握 555 集成时基电路的基本应用。

2. 实验设备

双踪示波器、信号发生器、可调稳压电源;555 集成时基电路、电位器、电阻器、二极管、电容器若干。

3. 实验原理

1)555 定时器构成单稳态触发器

555 定时器和外接定时元件 R、C 构成的单稳态触发器如图 11-7 所示。D 为钳位二极管,稳态时 555 电路输入端处于电源电平,内部放电三极管 VT 导通,输出端 u_0 输出低电平,当有一个外部负脉冲触发信号加到 u_1 端,并使 2 端电位瞬时低于 $V_{CC}/3$,低电平比较器动作,单稳态电路即开始一个稳态过程,电容 C 开始充电,u_C 按指数规律增长。当 u_C 充电到 $2V_{CC}/3$ 时,高电平比较器动作,比较器 A_1 翻转,输出 u_0 从高电平返回低电平,放电三极管 VT 重新导通,电容 C 上的电荷很快经放电三极管放电,暂态结束,恢复稳定,为下一个触发脉冲的来到做好准备。波形图如图 11-8 所示。

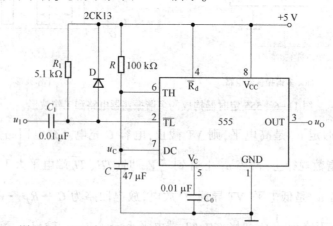

图 11-7 555 定时器和外接定时元件构成的单稳态触发器

暂稳态的持续时间 t_W(即延时时间)决定于外接元件 R、C 的大小,即

$$t_W = 1.1RC$$

通过改变 R、C 的大小,可使延时时间在几微秒至几十分钟之间变化。当这种单稳态电路作为计时器时,可直接驱动小型继电器,并可采用复位端接地的方法来终止暂态,重新计时。此外,需用一个续流二极管与继电器线圈并联,以防继电器线圈反电势损坏内部功率管。

2) 555 定时器构成多谐振荡器

如图 11-9 所示,由 555 定时器和外接元件 R_1、R_2、C 构成多谐振荡器,2 引脚与 6 引脚直接相连。电路没有稳态,仅存在两个暂稳态,电路亦不需要外接触发信号。利用电源通过 R_1、R_2 向 C 充电,以及 C 通过 R_2 向放电端放电,使电路产生振荡。C 在 $2V_{cc}/3$ 和 $V_{cc}/3$ 之间充电和放

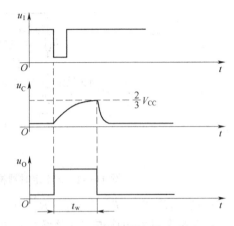

图 11-8　单稳态触发器波形图

电,从而在输出端得到一系列的矩形波,对应的波形图如图 11-10 所示。

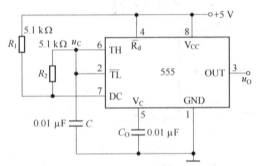

图 11-9　555 定时器和外接元件构成多谐振荡器

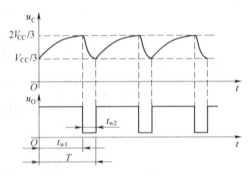

图 11-10　多谐振荡器的波形图

输出信号的时间参数:

$$T = t_{w1} + t_{w2}$$
$$t_{w1} = 0.7(R_1 + R_2)C$$
$$t_{w2} = 0.7R_2C$$

式中,t_{w1} 为 V_c 由 $V_{cc}/3$ 上升到 $2V_{cc}/3$ 所需的时间;t_{w2} 为电容 C 放电所需的时间。

555 电路要求 R_1 与 R_2 均应不小于 1 kΩ,但两者之和应不大于 3.3 MΩ。

外部元件的稳定性决定了多谐振荡器的稳定性,555 定时器配以少量的元件即可获得较高精度的振荡频率和具有较强的功率输出能力。因此,这种形式的多谐振荡器应用很广。

3) 555 定时器构成占空比可调的多谐振荡器

由 555 定时器构成占空比可调的多谐振荡器电路如图 11-11 所示,它比图 11-9 电路增加了一个电位器和两个引导二极管。D_1、D_2 用来决定电容充、放电电流流经电阻的途径(充电时:D_1 导通,D_2 截止;放电时,D_2 导通,D_1 截止)。

占空比

$$q = \frac{t_{w1}}{t_{w1} + t_{w2}} \approx \frac{0.7(R_1 + R_{W1})C}{0.7(R_1 + R_{W1} + R_2 + R_{W2})C}$$

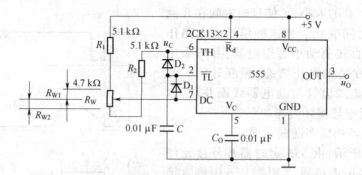

图 11-11　555 定时器构成占空比可调的多谐振荡器电路

可见,若取 $R_1 + R_{W1} = R_2 + R_{W2}$,电路即可输出占空比为 50% 的方波信号。

4)555 定时器构成占空比连续可调并能调节振荡频率的多谐振荡器

由 555 定时器构成占空比连续可调并能调节振荡频率的多谐振荡器电路如图 11-12 所示:

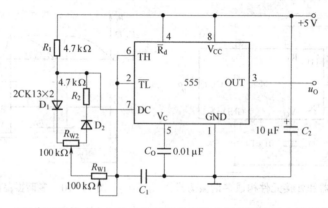

图 11-12　555 定时器构成占空比连续可调并能调节振荡频率的多谐振荡器电路

对 C_1 充电时,充电电流通过 R_1、D_1、R_{W2} 和 R_{W1};C_1 放电时,电流通过 R_{W1}、R_{W2}、D_2、R_2。当 $R_1 = R_2$,R_{W2} 调至中心点时,因为充放电时间基本相等,其占空比约为 50%,此时调节 R_{W1} 仅改变频率,占空比不变。如 R_{W2} 调至偏离中心点,再调节 R_{W1},不仅振荡频率改变,而且对占空比也有影响。R_{W1} 不变,调节 R_{W2},仅改变占空比,对振荡频率无影响。因此,当接通电源后,应首先调节 R_{W1},使频率至规定值,再调节 R_{W2},以获得需要的占空比。若频率调节的范围比较大,还可以用波段开关改变 C_1 的值。

5)555 定时器构成施密特触发器

由 555 定时器构成施密特触发器电路如图 11-13 所示,只要将脚 2 和 6 连在一起作为信号输入端,即得到施密特触发器。图 11-14 画出了 u_s、u_I 和 u_O 的波形图。

设被整形变换的电压为正弦波 u_s,其正半波通过二极管 D 同时加到 555 定时器的 2 引脚和 6 引脚,得到的 u_I 为半波整流波形。当 u_I 上升到 $2V_{CC}/3$ 时,u_O 从高电平转换为低电平;当 u_I 下降到

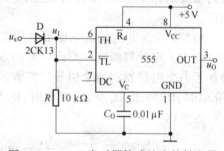

图 11-13　555 定时器构成施密特触发器

$V_{CC}/3$ 时，u_0 又从低电平转换为高电平。

回差电压：

$$\Delta V = \frac{2}{3}V_{CC} - \frac{1}{3}V_{CC} = \frac{1}{3}V_{CC}$$

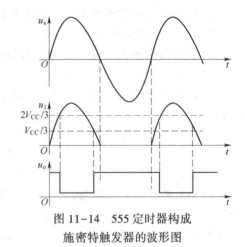

图 11-14　555 定时器构成
施密特触发器的波形图

4. 实验内容

1）单稳态触发器

（1）按图 11-7 连线，取 $R = 100$ kΩ，$C = 47$ μF，输出接 LED 电平指示器。输入信号 u_I 由单次脉冲源提供，用双踪示波器观测 u_I, u_C, u_0 波形。测定幅度与暂稳态时间。

（2）将 R 改为 1 kΩ，C 改为 0.1 μF，输入端加 1 kHz 的连续脉冲，观测 u_I, u_C, u_0 波形。测定幅度与暂稳态时间。

2）多谐振荡器

（1）按图 11-9 接线，用双踪示波器观测 u_C 与 u_0 的波形并测定频率。

（2）按图 11-11 接线，组成占空比为 50% 的方波信号发生器。观测 u_C、u_0 波形。测定波形参数。

（3）按图 11-12 接线，通过调节 R_{w1} 和 R_{w2} 来观测输出波形。

3）施密特触发器

按图 11-13 接线，输入信号由音频信号源提供（也可以由实验箱中信号源部分的正弦信号模拟），预先调好 u_I 的频率为 1 kHz，接通电源，逐渐加大 u_s 的幅度，观测输出波形，测绘电压传输特性，并计算回差电压 ΔU。

4）利用 555 定时器设计制作一触摸式开关定时控制器

每当用手触摸该定时控制器一次，电路即输出一个正脉冲宽度为 10 s 的信号。试画出电路并测试电路功能。

5）多频振荡器实例——双音报警电路

分析电路如图 11-15 所示。

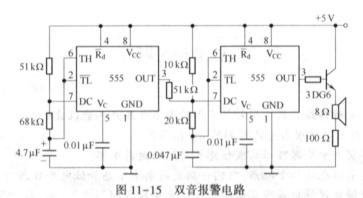

图 11-15　双音报警电路

（1）观察并记录输出波形，同时试听报警声。

（2）若将前一级的低频信号输出加到后一级的控制电压端 5，报警声将会如何变化？

试分析工作原理。

5. 实验报告

(1)绘出详细的实验电路图,定量绘出观测到的波形。

(2)分析、总结实验结果。

(3)绘出每个谐振电路充放电的等效电路图。

(4)按实验要求选定各电路参数,并进行理论计算,算出输出脉冲的宽度和频率。

(5)在双音报警电路中,若将 0.047 μF 的电容分别改为 1 μF、10 μF,对报警声有何影响?

小　结

(1)555 定时器是一种应用广泛、使用灵活的集成器件,多用于脉冲产生、整形及定时等。

(2)施密特触发器是一种能够把输入波形整形成为适合于数字电路需要的矩形脉冲的电路,而且由于具有滞回特性,所以抗干扰能力也很强。施密特触发器可以由分立元件构成,也可以由门电路及 555 定时器构成,它在脉冲的产生和整形电路中应用很广。

(3)单稳态触发器可以由门电路构成,也可以由 555 定时器构成。在单稳态触发器中,由一个暂稳态过渡到稳态,其"触发"信号也是由电路内部电容充(放)电提供的,暂稳态的持续时间即脉冲宽度也由电路的阻容元件决定。

(4)单稳态触发器不能自动地产生矩形脉冲,但却可以把其他形状的信号变换成为矩形波,用途很广。

(5)多谐振荡器是一种自激振荡电路,不需要外加输入信号,就可以自动地产生矩形脉冲。

(6)多谐振荡器可以由门电路构成,也可以由 555 定时器构成。由门电路构成的多谐振荡器和基本 RS 触发器在结构上极为相似,只是用于反馈的耦合网络不同。基本 RS 触发器具有两个稳态,多谐振荡器没有稳态,所以又称无稳电路。

(7)在多谐振荡器中,由一个暂稳态过渡到另一个暂稳态,其"触发"信号是由电路内部电容充(放)电提供的,因此无须外加触发脉冲。多谐振荡器的振荡周期与电路的阻容元件有关。

思考与习题

1. 判断题

(1)由 555 定时器组成的施密特触发器的阈值电压是不能改变的。　　　　　(　　)

(2)555 定时器可实现占空比可调的 RC 振荡器。　　　　　(　　)

(3)集成单稳态触发器可以构成任意长时间的延时电路。　　　　　(　　)

(4)单稳态电路也有两个稳态,它们分别是高电平 1 态和低电平 0 态。　　　　　(　　)

(5)施密特触发器能把缓慢变化的输入信号转换成矩形波。　　　　　(　　)

(6)适当提高施密特触发器的回差电压,可以提高它的抗干扰能力。　　　　　(　　)

(7)适当选择电路参数,施密特触发器的最小回差电压就可以达到 0 V。　　　　　(　　)

(8) 用施密特触发器可以构成多谐振荡器。　　　　　　　　　　　　(　　)

2. 选择题

(1) 用 555 定时器构成的施密特触发器,若电源电压为 6 V,控制端不外接固定电压,则其上限阈值电压、下限阈值电压和回差电压分别为(　　)。

　　A. 2 V,4 V,2 V　　　B. 4 V,2 V,2 V　　　C. 4 V,2 V,4 V　　　D. 6 V,4 V,2 V

(2) 图 11-16 所示由 555 定时器组成的电路是(　　)。

　　A. 多谐振荡器　　　B. 施密特触发器　　　C. 单稳态电路　　　D. 双稳态电路

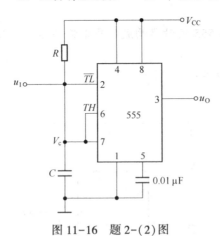

图 11-16　题 2-(2)图

(3) 要把不规则的矩形波变换为幅度与宽度都相同的矩形波,应选择(　　)电路。

　　A. 多谐振荡器　　　B. 基本 RS 触发器　　　C. 单稳态触发器　　　D. 施密特触发器

(4) 单稳态触发器可用来(　　)。

　　A. 产生矩形波　　　　　　　　　　　　B. 产生延迟作用

　　C. 存储器信号　　　　　　　　　　　　D. 把缓慢信号变成矩形波

(5) 一个用 555 定时器构成的单稳态触发器输出的脉冲宽度为(　　)。

　　A. $0.7RC$　　　　　B. $1.4RC$　　　　　C. $1.1RC$　　　　　D. $1.0RC$

(6) 要得到频率稳定度较高的矩形波,应选择(　　)电路。

　　A. RC 振荡器　　　B. 石英振荡器　　　C. 单稳态触发器　　　D. 施密特触发器

(7) 把正弦波变换为同频率的矩形波,应选择(　　)电路。

　　A. 多谐振荡器　　　B. 基本 RS 触发器　　　C. 单稳态触发器　　　D. 施密特触发器

(8) 回差是(　　)电路的特性参数。

　　A. 时序逻辑　　　　B. 施密特触发器　　　C. 单稳态触发器　　　D. 多谐振荡器

(9) 能把缓慢变化的输入信号转换成矩形波的电路是(　　)。

　　A. 单稳态触发器　　　B. 多谐振荡器　　　C. 施密特触发器　　　D. 边沿触发器

3. 填空题

(1) 将 NE555 集成定时器的 u_{I1}(TH) 端和 u_{I2}(TR) 端连接起来即可构成_____。

(2) 施密特触发器有_____个稳定状态,多谐振荡器有_____个稳定状态。

(3) 单稳态触发器的状态具有一个_____和一个_____。

(4) 要将缓慢变化的三角波信号转换成矩形波,则采用_____触发器。

(5) 施密特触发器的回差电压的主要作用是_____。

（6）多谐振荡器用于_____；施密特触发器用于_____；单稳态触发器用于_____。

（7）利用施密特触发器的特性,可实现_____、波形整形、_____等功能。

（8）单稳态触发器只有一个_____状态,在外加脉冲的作用下,单稳态触发器翻转到一个_____状态,该状态维持一段时间后即又回到原来的状态。

（9）多谐振荡器又称_____发生器,与其他触发器不同的是_____,多谐振荡器没有稳态,但有两个_____态。

4. 综合题

（1）图 11-17 所示为由 555 定时器构成的多谐振荡器。已知 $V_{CC} = 10$ V, $C = 0.1$ μF, $R_1 = 15$ kΩ, $R_2 = 24$ kΩ。试求:

①多谐振荡器的振荡频率;

②画出 u_C 和 u_O 的波形。

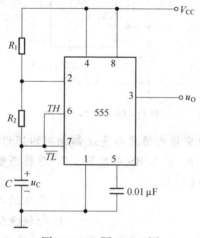

图 11-17　题 4-（1）图

（2）图 11-18 所示为由 555 定时器构成的单稳态触发器。已知 $V_{CC} = 12$ V, $R = 100$ kΩ, $C = 0.01$ μF。试求:

①输出脉冲的宽度;

②输入脉冲的下限幅度。

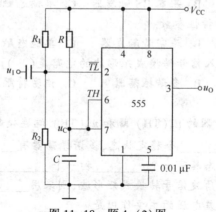

图 11-18　题 4-（2）图

（3）图 11-19 所示为由 555 定时器构成的单稳态触发器。已知 $V_{CC}=10$ V，$R_L=33$ kΩ，$R=10$ kΩ，$C=0.01$ μF，试求输出脉冲宽度 t_w，并画出 u_I、u_C 和 u_O 的波形。

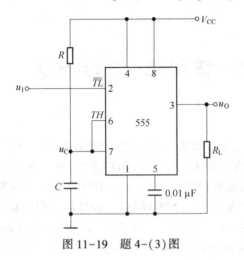

图 11-19 题 4-(3)图

第 12 章　数－模和模－数转换器

在数字系统的应用中，通常要将一些被测量的物理量通过传感器送到数字系统进行加工处理；经过处理获得的输出数据又要送回物理系统，对系统物理量进行调节和控制。传感器输出的模拟电信号首先要转换成数字信号，数字系统才能对模拟信号进行处理。这种模拟量到数字量的转换称为模－数（A/D）转换。处理后获得的数字量有时又需要转换成模拟量，这种转换称为数－模（D/A）转换。A/D 转换器简称 ADC（analog digital converter），D/A 转换器简称 DAC（digital analog converter），是数字系统和模拟系统的接口电路。

12.1　数－模和模－数转换器概述

为了能用数字技术来处理模拟信号，必须把模拟信号转换成数字信号，才能送入数字系统进行处理。同时，往往还需要把处理后的数字信号转换成模拟信号，作为最后的输出。把前一种从模拟信号到数字信号的转换称为模－数转换，或简称 A/D 转换；把后一种从数字信号到模拟信号的转换称为数－模转换，或简称 D/A 转换。同时，把实现模－数转换的电路称为 A/D 转换器（ADC）；把实现数－模转换的电路称为 D/A 转换器（DAC）。

在目前常见的 DAC 中，主要有权电阻网络 DAC，倒 T 形电阻网络 DAC 等。ADC 的类型也有多种，可以分为直接 ADC 和间接 ADC 两大类。在直接 ADC 中，输入的模拟信号直接被转换成相应的数字信号；而在间接 ADC 中，输入的模拟信号先被转换成某种中间变量（如时间、频率等），然后再将中间变量转换为最后的数字信号。

12.2　数－模转换器（DAC）

12.2.1　DAC 的基本概念

DAC 中的 D 代表数字量，A 代表模拟量，C 代表转换器。

1. DAC 的转换特性

DAC 电路的作用是将输入的数字量转换成与输入数字量成正比的输出模拟量。DAC 是将输入的二进制数字信号转换成模拟信号，以电压或电流的形式输出。因此 DAC 可以看作是一个译码器。一般常用的线性 DAC，其输出模拟电压 U 和输入数字量 D 之间成正比关系，即 $U=KD$，其中 K 为常数。

DAC 的一般结构图如图 12-1 所示。图 12-1 中数据锁存器用来暂时存放输入的数字信号。n 位锁存器的并行输出分别控制 n 个模拟开关的工作状态。通过模拟开关，将参考

电压按权关系加到电阻解码网络。

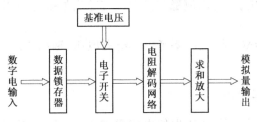

图 12-1　DAC 的一般结构图

对于有权码,先将每位代码按其权的大小转换成相应的模拟量,然后相加,即可得到与数字量成正比的总模拟量,从而实现数–模转换。

当输入的数字量是由 n 位 8421BCD 码表示的数字信号,即

$$X = x_{n-1} \cdot 2^{n-1} + x_{n-2} \cdot 2^{n-2} + \cdots + x_1 \cdot 2^1 + x_0 \cdot 2^0 = \sum_{i=0}^{n-1} x_i 2^i \tag{12-1}$$

DAC 电路的输出模拟电压 u_o(或模拟电流 i_o)为

$$u_o(\text{或 } i_o) = R_u(\text{或 } R_i) X = R_u(\text{或 } R_i) \sum_{i=0}^{n-1} x_i 2^i \tag{12-2}$$

式中,R_u 为电压转换系数;R_i 为电流转换系数。

当 R_u(或 R_i)为 1,$n = 3$ 时,根据式(12-2)可得 DAC 的转换特性曲线如图 12-2 所示。

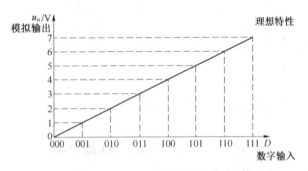

图 12-2　DAC 的转换特性曲线

2. DAC 的主要参数

1)分辨率

分辨率指最小输出电压(对应输入的数字量最低位为 1,其他位均为 0)与最大输出电压(对应输入的数字量各位全为 1)之比,即

$$\text{分辨率} = \frac{u_{\text{LSB}}}{u_m} = \frac{1}{2^n - 1} \tag{12-3}$$

由式(12-3)可以看出,当 u_m 一定时,输入数字量的位数 n 越多,分辨能力也就越强。

2)绝对精度(或绝对误差)和非线性度

绝对精度是指输入端加对应满刻度数字量时,DAC 输出的实际值与理论值之差。一般绝对误差应低于 $u_{\text{LSB}}/2$。

在满刻度范围内,偏离理想转换特性的最大值称为非线性误差。非线性误差与满刻度值之比称为非线性度,常用百分比表示。

3）建立时间

建立时间指输入变化后，输出值稳定到距最终输出量$\pm u_{LSB}$所需的时间。建立时间反映了 DAC 电路转换的速度。

除此之外，在选用 DAC 时，还需要考虑其电源电压、输出方式、输出范围及输入逻辑电平等参数。

12.2.2　DAC 的工作原理

DAC 按照译码网络的不同可分为权电阻网络 DAC、倒 T 形电阻网络 DAC、权电流型 DAC、权电容网络 DAC 等。下面仅介绍权电阻网络 DAC 和目前集成 DAC 中常用的倒 T 形电阻网络 DAC。

1. 权电阻网络 DAC

1）权电阻网络 DAC 的电路结构图

权电阻网络 DAC 的电路结构图如图 12-3 所示。

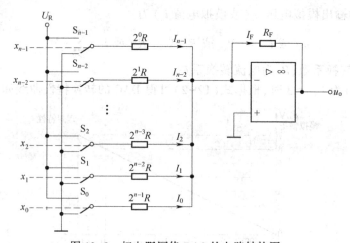

图 12-3　权电阻网络 DAC 的电路结构图

2）权电阻网络 DAC 的工作原理

电阻 2R 和集成运放构成一个加法电路，图 12-3 中 $S_0 \sim S_{n-1}$ 为模拟电子开关，其位置状态由输入数字量 x_i 控制。当 $x_i = 1$ 时，模拟电子开关向上闭合，与基准电压 U_R 接通；当 $x_i = 0$ 时，模拟电子开关向下闭合，与"地"相接。

当 $x_i = 1$ 时，S_i 接通，通过权电阻上的电流 I_i 流向集成运放的反相输入端，即流入求和电路。

由于集成运放的反相输入端为"虚地"，因此相当于权电阻 2R 与"地"相接。

当 $x_i = 0$ 时，S_i 将权电阻 2R 直接与"地"相连，所以，无论 S_i 处于何种位置，与 S_i 相连的权电阻 2R 总是与"地"相通。

当 $x_0 = 1$ 时，基准电流 $I_0 = U_R / (2^{n-1} \cdot R)$。

各开关支路的电流为 $I_i = U_R / (2^i \cdot R)$。

权电阻网络流入集成运放的总电流为各开关支路电流之和，即

$$i_\Sigma = \frac{U_R}{2^{n-1}R}x_0 + \frac{U_R}{2^{n-2}R}x_1 + \cdots + \frac{U_R}{2^1 R}x_{n-2} + \frac{U_R}{2^0 R}x_{n-1}$$

$$= \frac{U_R}{2^{n-1}R} \sum_{i=0}^{n-1} (x_i \cdot 2^i) = \frac{U_R}{2^{n-1}R}X \qquad (12-4)$$

式中，$\dfrac{U_R}{2^{n-1}R}$ 为电流转换系数。

式(12-4)反映了权电阻网络的电流转换特性，根据运算放大器求和运算公式，可得出电路输出电压 u_o 为

$$u_o = -i_F R_F = -\frac{U_R R_F}{2^{n-1}R}X \qquad (12-5)$$

若令 $R_F = \dfrac{R}{2}$，则

$$u_o = -\frac{U_R}{2^n}X \qquad (12-6)$$

此时，电压转换系数为 $-\dfrac{U_R}{2^n}$。

权电阻网络 DAC 特点：结构比较简单，所用的电阻元件数很少。

缺点：各个电阻的阻值相差较大，尤其在输入信号的位数较多时，这个问题就更加突出。

【例】　在权电阻网络 DAC 电路中，设基准电源 $U_R = -10$ V，反馈电阻 $R_F = R/2$，输入二进制数 X 的位数 $n = 6$，试求：

(1) 当最低位输入码由 0 变为 1 时，输出电压 u_o 的变化量为何值？

(2) 当 $X = 110101$ 时，输出电压 u_o 为何值？

(3) 当 $X = 111111$ 时，输出电压（最大满刻度电压）u_o 为何值？

解：(1) 当最低位输入码由 0 变为 1 时，输出电压 u_o 的变化量就是输入 $X = 000001$ 所对应的输出电压，其数值为

$$u_o = -\frac{U_R R_F}{2^{n-1}R} \cdot (2^0 \times 1) = -\frac{(-10) \cdot R/2}{2^{6-1} \cdot R} \text{ V} \approx 0.156 \text{ V}$$

(2) 当 $X = 110101$ 时，

$$u_o = -\frac{U_R}{2^n}X = -\frac{(-10)}{2^6}(1 \cdot 2^5 + 1 \cdot 2^4 + 1 \cdot 2^2 + 1 \cdot 2^0) \text{ V} \approx 8.28 \text{ V}$$

(3) 当 $X = 111111$ 时，

$$u_o = -\frac{U_R}{2^6}(2^6 - 1) = -\frac{(-10)}{64} \times 63 \text{ V} \approx 9.84 \text{ V}$$

2. 倒 T 形电阻网络 DAC

1) 倒 T 形电阻网络 DAC 的电路结构图

倒 T 形电阻网络 DAC 的电路结构图如图 12-4 所示。

2) 倒 T 形电阻网络 DAC 的工作原理

倒 T 形电阻网络中有 n 个节点，由电阻构成倒 T 形结构，从每个节点向左和向下看，每条支路的等效电阻均为 $2R$。从基准电压源 U_R 中流出的电流由节点 A→节点 B→……→节点 E→地的过程中，每经过一个节点，就产生 1/2 的分流流入模拟电子开关，所以流

入各模拟电子开关的电流比例关系和二进制数各位的权所对应的相同,流入运算放大器的电流和输入数码的值成线性关系,实现数-模的转换。另外,无论输入数字信号是"0"还是"1",模拟电子开关的右边均为"0"电位,所以电路在工作的过程中,流过电阻网络的电流大小始终不变。

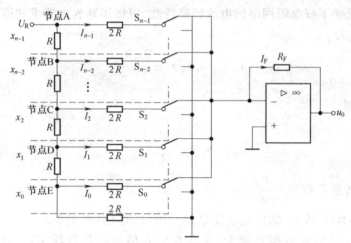

图 12-4　倒 T 形电阻网络 DAC 的电路结构图

R-$2R$ 倒 T 形电阻网络 DAC 的输出电压

$$u_o = -i_F R_F = -\frac{U_R R_F}{2^n R}X \qquad (12-7)$$

当 $R_F = R$ 时,输出电压

$$u_o = -\frac{U_R}{2^n}X \qquad (12-8)$$

倒 T 形电阻网络 DAC 的特点如下:

(1)电阻种类少,只有 R 和 $2R$ 两种,有利于提高制作精度;

(2)模拟开关在地和虚地之间转换,不论开关状态如何,各支路的电流始终不变,因此不需要电流建立时间;

(3)各支路电流直接流入运算放大器的反相输入端,不存在传输时间差,因而提高了转换速度,并减小了动态过程中输出端可能出现的尖峰脉冲。

12.2.3　集成 DAC 及其主要技术参数

随着集成电路技术的发展,DAC 在电路结构、性能等方面都有很大变化。从只能实现数字量到模拟电流转换的 DAC,发展到能与微处理器完全兼容、具有输入数据锁存功能的 DAC,进一步又出现了带有参考电压源和输出放大器的 DAC,大大提高了 DAC 的综合性能。

常用的 DAC 有 8 位、10 位、12 位、16 位等种类,每种又有不同的型号。常用的集成 DAC 有 AD7520、DAC0832、DAC0808、DAC1230、MC1408、AD7524 等,这里仅对 AD7520 进行简要介绍。

1. AD7520 集成 DAC 简介

AD7520 是 10 位的 D/A 转换集成芯片,与微处理器完全兼容。该芯片以接口简单、转换控制容易、通用性好、性能价格比高等特点得到广泛的应用。AD7520 内部逻辑结构图如图 12-5 所示。

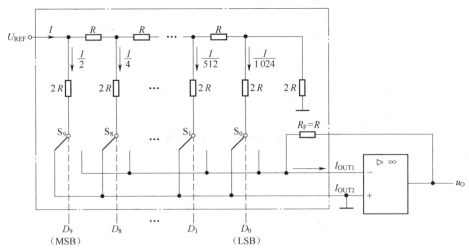

图 12-5　AD7520 内部逻辑结构图

该芯片只含倒 T 形电阻网络、电流开关和反馈电阻,不含运算放大器,输出端为电流输出。

具体使用时需要外接集成运放和基准电压源。AD7520 外引脚图如图 12-6 所示。

AD7520 引脚功能如下:

$D_0 \sim D_9$:数据输入端。

I_{OUT1}:电流输出端 1。

I_{OUT2}:电流输出端 2。

R_F:10 kΩ 反馈电阻引出端。

V_{CC}:电源输入端。

U_{REF}:基准电压输入端。

GND:地。

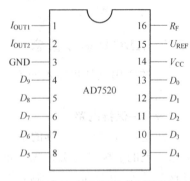

图 12-6　AD7520 外引脚图

2. AD7520 的主要性能参数

(1)分辨率:10 位。

(2)线性误差:±(1/2)LSB(LSB 表示输入数字量的最低位),若用输出电压满刻度范围 FSR 的百分数表示则为 0.05% FSR。

(3)转换时间:500 ns。

(4)温度系数:0.001%/℃。

3. 应用举例

AD7520 组成的锯齿波发生器如图 12-7 所示。

十位二进制加法计数器从全"0"加到全"1",电路的模拟输出电压 u_0 由 0 V 增加到最大值。

如果计数脉冲不断,则可在电路的输出端得到周期性的锯齿波如图 12-8 所示。

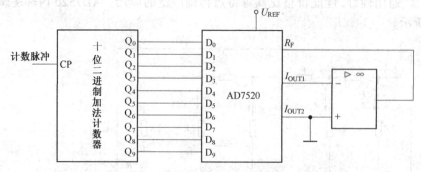

图 12-7　AD7520 组成的锯齿波发生器

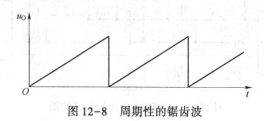

图 12-8　周期性的锯齿波

12.3　模-数转换器(ADC)

12.3.1　ADC 的基本概念

ADC 的作用就是将输入的模拟电压数字化。转换过程通过采样、保持、量化和编码四个步骤完成。

1. 采样-保持电路

采样就是将时间上连续的信号变成时间上不连续的离散信号。这个过程是通过模拟开关来实现的。模拟开关每隔一定的时间间隔 T(称为采样周期)闭合一次,一个连续信号通过这个开关,转换成一系列脉冲信号,称为采样信号。

2. 量化编码电路

输入的模拟电压经过采样-保持后,得到的是一个一个的阶梯波。由于阶梯的幅度是任意的,将会有无限个数值,因此该阶梯形采样信号仍可看作是一个可以连续取值的模拟量。另一方面,由于数字量的位数有限,只能表示有限个数值(n 位数字量只能表示 2^n 个数值)。因此,用数字量来表示连续变化的模拟量时就有一个类似于四舍五入的近似问题。必须将采样后的样值电压归化到与之接近的离散电平上,这个过程称为量化。指定的离散电平称为量化电压。用二进制数码来表示各个量化电压的过程称为编码。两个量化电压之间的差值称为量化间隔 S,位数越多,量化等级越细,S 就越小。采样-保持后未量化的 u_o 与量化电压 u_q 通常是不相等的,其差值称为量化误差 ε,即 $\varepsilon = u_o - u_q$。量化的方法一般有两种:舍尾取整法和四舍五入法,通常采用四舍五入法。当最小量化间隔(又称"量化当量")为 S 时,若采样电压的尾数不足 $S/2$,则舍尾取整得其量化值;若采样电压的尾数等于或大于 $S/2$,则舍尾取整,在原整数上加 1。

例如:已知 $S = 1$ V,若采样电压等于 2.1 V 时,量化电压等于 2 V;若采样电压等于 2.5 V时,量化电压等于 3 V。

不论何种量化方式,量化过程中必然存在被测输入量与量化值之间的误差。若要减小 ε,就应在测量范围内减小量化间隔 S,即增加数字量 X 的位数和模拟电压的最大值 u_m。

四舍五入法的量化间隔 S 应按式(12-9)选取,即

$$S = \frac{2U_{Im}}{2^{n+1} - 1} \tag{12-9}$$

式中,U_{Im} 为输入模拟电压的最大值。

3. ADC 的主要参数

1)分辨率

分辨率通常用 ADC 输出的二进制位数来表示。位数越多,误差越小,转换精度越高。

2)转换时间

转换时间是指 ADC 完成一次对模拟量的测量到数字量的转换完成所需的时间。它反映了 ADC 转换的速度。

3)绝对精度

绝对精度是指 ADC 转换所得数字量所代表的模拟量与实际模拟输入值之差,通常以数字量最低位所代表的模拟输入值 U_{LSB} 来衡量。

12.3.2 ADC 的工作原理

ADC 按工作原理不同可分为直接 ADC 和间接 ADC 两类。

直接 ADC 包括:并行比较型 ADC 和逐次比较型 ADC。

间接 ADC 包括:双积分型 ADC、电压频率转换型 ADC。

1. 逐次比较型 ADC

1)逐次比较型 ADC 的电路结构图

逐次比较型 ADC 的电路结构图如图 12-9 所示。

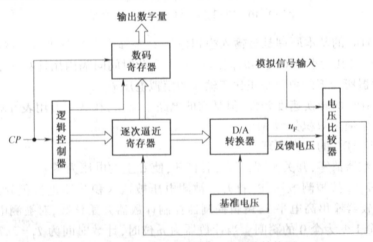

图 12-9 逐次比较型 ADC 的电路结构图

2)逐次比较型 ADC 的工作原理

转换开始前,寄存器清零。转换后,在 CP 作用下,逻辑控制器首先使寄存器中最高有

效位置"1",输出数字量经 DAC 转换后产生相应的模拟电压 u_F,送到比较器中与输入信号 u_i 进行比较,当 u_F 比 u_i 大时比较器输出"1",否则为"0"。

当 $u_i \geqslant u_F$ 时,比较器输出"0",控制器控制寄存器保留最高位的"1",次高位置"1";当 $u_i \leqslant u_F$ 时,比较器输出"1",控制器控制寄存器最高位置"0",次高位置"1"。寄存器内数据经 DAC 电路后输出反馈信号到比较器,进行第二次比较,并将比较结果送入逻辑控制器,送入"0"时保留寄存器中高两位的值,并将第三位置"1",若送入"1"保留最高位,次高位置"0",第三位置"1",寄存器内数据经 DAC 电路后输出反馈信号到比较器,……,经过逐次比较,直至得到寄存器中最低位的比较结果。比较完毕,寄存器中的状态(即产生的数码)就是所要求的 ADC 输出的数字量。

2. 双积分型 ADC

1) 双积分型 ADC 的电路结构图

双积分型 ADC 的电路结构图如图 12-10 所示。

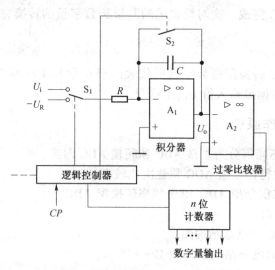

图 12-10　双积分型 ADC 的电路结构图

双积分型 ADC 的基本原理是对输入模拟电压 U_i 和参考电压各进行一次积分,先将模拟电压 U_i 转换成与其大小相对应的时间间隔 T,再在此时间间隔内用计数率不变的计数器进行计数,计数器所计下的数字量正比于输入的模拟电压 U_i。

双积分型 ADC 的转换速度较慢,但是它的电路不复杂,在数字万用表等对转换速度要求不高的场合,常使用双积分型 ADC。

2) 双积分型 ADC 的工作原理

积分前,计数器清零,开关 S_2 先闭合,后打开,使 C 上的电压为零。

在采样阶段,S_1 接被测电压,S_2 打开。被测电压被送入积分器进行积分,积分器输出电压小于 0,比较器输出高电平 1,逻辑控制器控制计数器开始计数,对被测电压的积分持续到计数器由全 1 变为全 0 的瞬间。当计数器为 n 位时,计数时间为 $T_1 = 2nT_C$,T_C 是时钟脉冲的周期。这时积分器的输出电压为

$$u_{o1} = -\frac{1}{C} \int_0^{T_i} \frac{u_i}{R} \mathrm{d}t = -\frac{T_1}{RC} u_i \qquad (12\text{-}10)$$

当计数器由全 1 变为全 0 时,进入比较阶段,控制器使 S_1 接参考电压 $-U_R$,这时积分器对 $-U_R$ 反向积分,电压 U_o 逐渐上升,计数器又从 0 开始计数。当积分器积分至 $U_o = 0$ 时,比较器输出低电平 0,控制器封锁 CP 脉冲,使计数器停止计数,若计数器的输出数码为 D,此时积分器的输出电压与计数器的输出数码之间的关系为

$$- \frac{T_1}{RC} u_i + \frac{1}{C} \int_0^{T_2} \frac{U_R}{R} dt = \frac{1}{RC} (T_2 U_R - T_1 u_i) = 0 \qquad (12-11)$$

而 $T_2 = DT_C$,所以

$$D = \frac{T_1 u_i}{T_C U_R} = \frac{2^n}{U_R} u_i \qquad (12-12)$$

即计数器输出的数码与被测电压成正比,可以用来表示模拟量的采样值。

12.3.3 集成 ADC 及其主要技术参数

这里仅对 CC14433 进行简要介绍。

1. CC14433 集成 ADC

CC14433 为双积分型集成 ADC,它采用 CMOS 工艺制造,将模拟电路与数字电路集成在一个芯片上,只需要外接少量元件就可以构成一个具有自动调零和自动极性切换功能的 $3\frac{1}{2}$ 位的 A/D 转换系统。CC14433 内部逻辑结构图如图 12-11 所示。

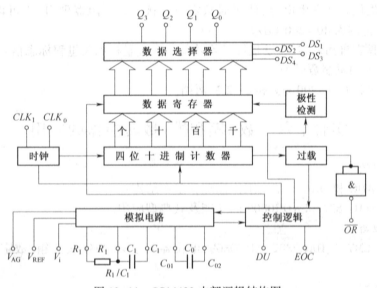

图 12-11 CC14433 内部逻辑结构图

CC14433 外引脚图如图 12-12 所示。

CC14433 引脚功能如下:

V_{DD}:正电源端,一般为 +5 V。

V_{EE}:负电源端,一般为 -5 V。

V_{SS}:接地端,正负电源的公共端。

V_{AG}:模拟地,作为输入电压和基准电压的公共地端。

V_{REF}:基准电压输入端。

V_1:被测模拟电压输入端。

R_1、R_1/C_1、C_1:积分电阻、电容连接端。

C_{01}、C_{02}:外接补偿电容端,电容器典型值为 0.1 μF。

CLK_0、CLK_1:时钟脉冲输入、输出端。

DU:控制转换结果的输出端。DU 端输入正脉冲时,数据送入锁存器;反之,锁存器保持原来的数据。

EOC:转换结束信号输出端,ADC 转换周期结束时,此端输出正脉冲信号。

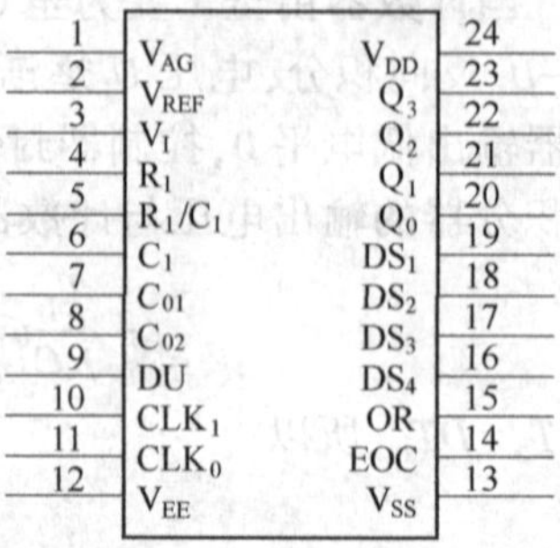

$\overline{OR}$:溢出信号输出端,当 $|V_x| > V_{REF}$ 时,$\overline{OR}$ 输出低电平,正常量程内 $\overline{OR}$ 为高电平。

DS_1、DS_2、DS_3、DS_4:输出位选通端,分别为千位、百位、十位和个位的选通信号。

Q_0、Q_1、Q_2、Q_3:转换结果 BCD 码输出端,接显示译码器的 BCD 数据输入端。

2. CC14433 的主要性能参数

(1)转换精度较高(读数的±0.05% ±1 字,$3\frac{1}{2}$ 位十进制相当于 11 位二进制)。

(2)转换速率为 8~10 次/s,在实际使用中可以做到 25 次/s。

(3)输入阻抗较高(100 MΩ)。

(4)片内提供时钟发生电路,使用时只需要外接一只电阻器即可,亦可以使用外接时钟。时钟频率范围为 40~200 kHz。

(5)片内具有自动调零、自动极性转换功能。有过量程和欠量程标志信号输出,配上控制电路可以实现自动量程转换。

(6)电压量程有 0~200 mV 和 0~2 V 两挡。

实验十六 数−模和模−数转换器的应用

1. 实验目的

(1)了解 ADC 和 DAC 的基本工作原理和基本结构。

(2)掌握 DAC0832 和 ADC0809 的功能及其典型应用。

2. 实验设备

集成芯片 LM741、DAC0832、ADC0809,电位器若干只,数字实验箱,数字电压表,双踪示波器。

3. 实验原理

1)ADC、DAC 的构成与特点

目前 ADC、DAC 较多,本实验选用大规模集成电路 DAC0832 和 ADC0809 来分别实现 D/A 转换和 A/D 转换。

2)D/A 转换器 DAC0832

DAC0832 是一个八位的 DAC,由八位输入寄存器,八位 DAC 寄存器,八位 D/A 转换器及逻辑控制单元等功能电路构成。其引脚排列图如图 12−13 所示。

$D_0 \sim D_7$:数字信号输入端。

图 12-12　CC14433 外引脚图

ILE：输入寄存器允许，高电平有效。

$\overline{CS}$：片选信号，低电平有效。

$\overline{WR_1}$：写信号 1，低电平有效。

$\overline{XFER}$：传送控制信号，低电平有效。

$\overline{WR_2}$：写信号 2，低电平有效。

I_{out1}，I_{out2}：DAC 电流输出端。

R_{FB} 反馈电阻，是集成在片内的外接集成运放的反馈电阻。

V_{REF}：基准电压 −10～+10 V。

V_{CC}：电源电压 5～15 V。

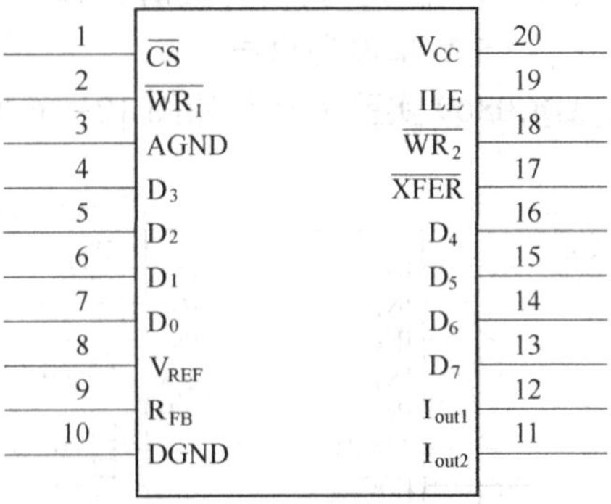

AGND 是模拟地，DGND 是数字地，两者可接在一起使用。

DAC0832 输出的是电流，要转换成电压，还必须外接集成运放。DAC0832 实验电路图如图 12-14 所示。

图 12-13　DAC0832 引脚排列图

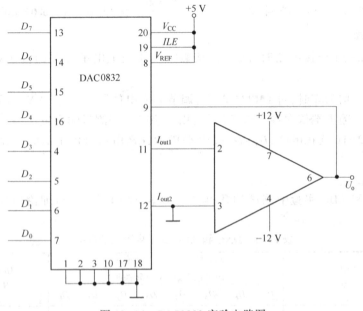

图 12-14　DAC0832 实验电路图

3）A/D 转换器 ADC0809

ADC0809 是采用 CMOS 工艺制成的八位八通道逐次比较型 A/D 转换器。其引脚排列图如图 12-15 所示。

IN_0～IN_7：八路模拟信号输入端。

A、B、C：地址输入端。

ALE：地址锁存允许输入信号。

$START$：启动信号输入端。

EOC：转换结束标志，高电平有效。

OE：输入允许信号，高电平有效。

$CLOCK(CP)$：时钟，外接时钟频率一般为 640 kHz。

V_{CC}：+5 V 单电源供电。

ADC0809 实验电路图如图 12-16 所示。

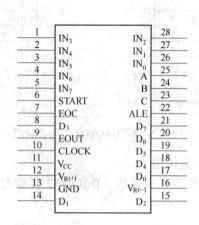

图 12-15　ADC0809 引脚排列图

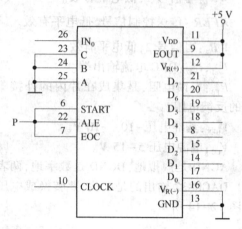

图 12-16　ADC0809 实验电路图

4. 实验内容

（1）按图 12-14 连接电路时，$D_0 \sim D_7$ 接数字实验箱上电平开关的输出端。输出端 U_o 接数字电压表。

①在 $D_0 \sim D_7$ 均为零时，对 LM741 调零，调节调零电位器，使 $U_o = 0$ V。（可省去）

②在 $D_0 \sim D_7$ 输入端依次输入数字信号，用数字电压表测量输出电压 U_o，并列表记录。

（2）按图 12-16 连接电路，$D_7 \sim D_0$ 接电平指示，CP 由信号供 1 kHz 的脉冲信号。P 接单次脉冲。

5. 实验报告

记录 DAC 和 ADC 实验中测试的数据并填入表 12-1 中，并与理论值比较，分析实验结果。

表 12-1　DAC 和 ADC 实验中测试的数据

A/D 转换输入 模拟量 u_i/V	输入数字量（D/A 转换时） 输出数字量（A/D 转换时）								D/A 转换输出 模拟量 u_o/V
	D_7	D_6	D_5	D_4	D_3	D_2	D_1	D_0	
	0	0	0	0	0	0	0	0	
	0	0	0	0	0	0	0	1	
	0	0	0	0	0	0	1	0	
	0	0	0	0	0	1	0	0	
	0	0	0	0	1	0	0	0	
	0	0	0	1	0	0	0	0	
	0	0	1	0	0	0	0	0	
	0	1	0	0	0	0	0	0	
	1	0	0	0	0	0	0	0	
	1	1	1	1	1	1	1	1	

小　结

（1）ADC 和 DAC 是现代数字系统的重要部件，应用日益广泛。

（2）倒 T 形电阻网络 DAC 中电阻网络阻值仅有 R 和 $2R$ 两种，各 $2R$ 支路电流 I_i 与 D_i 数码状态无关，是一定值。由于支路电流流向集成运放反相输入端时不存在传输时间，因而具有较高的转换速度。

（3）不同的 ADC 转换方式具有各自的特点，并行 ADC 转换速度高；双积分 ADC 转换精度高；逐次比较型 ADC 在一定程度上兼有以上两种转换器的优点，因此得到普遍应用。

（4）ADC 和 DAC 的主要技术参数是转换精度和转换速度，在与系统连接后，转换器的这两项指标决定了系统的转换精度与转换速度。目前，ADC 与 DAC 的发展趋势是高速度、高分辨率及易于与微型计算机接口，以满足各个应用领域对信号处理的要求。

思考与习题

1. 判断题

（1）权电阻网络 D/A 转换器的电路简单且便于集成工艺制造，因此被广泛使用。
（　　）

（2）D/A 转换器的最大输出电压的绝对值可达到基准电压 V_{REF}。（　　）

（3）D/A 转换器的位数越多，能够分辨的最小输出电压变化量就越小。（　　）

（4）D/A 转换器的位数越多，转换精度越高。（　　）

（5）A/D 转换器的二进制数的位数越多，量化单位 Δ 越小。（　　）

（6）A/D 转换过程中，必然会出现量化误差。（　　）

（7）A/D 转换器的二进制数的位数越多，量化级分得越多，量化误差就可以减小到 0。
（　　）

（8）一个 N 位逐次比较型 A/D 转换器完成一次转换要进行 N 次比较，需要 $N+2$ 个时钟脉冲。（　　）

（9）双积分型 A/D 转换器的转换精度高、抗干扰能力强，因此常用于数字式仪表中。
（　　）

（10）双积分型 A/D 转换器转换前要将电容器充电。（　　）

2. 选择题

（1）一个无符号 8 位数字量输入的 DAC，其分辨率为（　　）位。
　A. 1　　　　　　B. 3　　　　　　C. 4　　　　　　D. 8

（2）一个无符号 10 位数字量输入的 DAC，其输出电平的级数为（　　）。
　A. 4　　　　　　B. 10　　　　　　C. 1 024　　　　D. 2^9

（3）一个无符号 4 位权电阻网络 DAC，最低位处的电阻为 40 kΩ，则最高位处电阻为（　　）。
　A. 4 kΩ　　　　B. 5 kΩ　　　　C. 10 kΩ　　　　D. 20 kΩ

（4）4 位倒 T 形电阻网络 DAC 的电阻网络的电阻取值有（　　）种。
　A. 1　　　　　　B. 2　　　　　　C. 4　　　　　　D. 8

(5)为使采样输出信号不失真地代表输入模拟信号,采样频率 f_s 和输入模拟信号的最高频率 f_{Imax} 的关系是（　　）。

A. $f_s \geqslant f_{Imax}$　　　　B. $f_s \leqslant f_{Imax}$　　　　C. $f_s \geqslant 2f_{Imax}$　　　　D. $f_s \leqslant 2f_{Imax}$

(6)将一个时间上连续变化的模拟量转换为时间上断续（离散）的模拟量的过程称为（　　）。

A. 采样　　　　　　B. 量化　　　　　　C. 保持　　　　　　D. 编码

(7)用二进制码表示指定离散电平的过程称为（　　）。

A. 采样　　　　　　B. 量化　　　　　　C. 保持　　　　　　D. 编码

(8)将幅值上、时间上离散的阶梯电平统一归并到最邻近的指定电平的过程称为（　　）。

A. 采样　　　　　　B. 量化　　　　　　C. 保持　　　　　　D. 编码

(9)若某 ADC 取量化单位 $\Delta = \dfrac{1}{8}V_{REF}$，并规定对于输入电压 u_1，在 $0 \leqslant u_1 < \dfrac{1}{8}V_{REF}$ 时，认为输入的模拟电压为 0 V,输出的二进制数为 000,则 $\dfrac{5}{8}V_{REF} \leqslant u_1 < \dfrac{6}{8}V_{REF}$ 时,输出的二进制数为（　　）。

A. 001　　　　　　B. 101　　　　　　C. 110　　　　　　D. 111

(10)以下四种转换器,（　　）是 ADC 且转换速度最高。

A. 并联比较型　　　　　　　　　　B. 逐次逼近型

C. 双积分型　　　　　　　　　　　D. 施密特触发器

3. 填空题

(1)将模拟信号转换为数字信号,需要经过＿＿＿＿、＿＿＿＿、＿＿＿＿、＿＿＿＿四个过程。

(2)ADC 电路可分为＿＿＿＿、＿＿＿＿两类。

(3)ADC 有＿＿＿＿、＿＿＿＿两种量化方式。它们的量化间隔 S 各按＿＿＿＿、＿＿＿＿选取。它们的量化误差各在＿＿＿＿、＿＿＿＿范围内。

(4)$R-2R$ 倒 T 形电阻网络 DAC,其电阻网络中各节点对地的等效电阻为＿＿＿＿。

(5)八位数据输入的倒 T 形 $R-2R$ 电阻网络组成的 DAC 电路,已知基准电压为 V_{REF},则其单极性输出的电压与输入数码关系式为＿＿＿＿。

4. 计算题

(1)在计数式 ADC 中,若输出的数字量为 10 位二进制数,时钟信号频率为 1 MHz,则完成一次转换的最长时间是多少? 如果要求转换时间不得大于 100 μs,那么时钟信号频率应为多少?

(2)若将逐次逼近型 ADC 的输出扩展到 10 位,时钟信号的频率为 1 MHz,试计算完成一次转换操作需要的时间。

(3)在双积分型 ADC 中,若计数器为 10 位二进制,时钟信号的频率为 1 MHz,试计算转换器的最大转换时间。

第3部分　综　合　实　训

综合实训 1　常用电子元件的识别、检测和焊接技能的训练

1. 实训目的

(1)掌握常用电子元件的识别、检测。

(2)掌握手工焊接的方法。

2. 实训原理

1)电阻器

电阻器是电子、电气设备中最常用的基本元件之一。主要用于控制和调节电路中的电流和电压,或用作消耗电能的负载。

电阻器的阻值是反映其性能的基本参数,可以用万用表电阻挡测量其大小。

标称阻值是电阻器的设计制造值,通常用直标法或色标法标注在电阻体上。

(1)直标法。直标法是将电阻值和误差等级直接用数字和字母印在电阻体上。识别方法简单,但安装在电路板上的电阻器,其标称值可能被电阻体遮挡,造成无法在线识别。

(2)色标法。将不同颜色的色环印在电阻器上,以标明电阻器的标称阻值和允许误差。色环并排绕在电阻体上,由左向右读取。普通电阻器用两位有效数字、一位倍率和一位误差范围标注,共需要四道色环;精密电阻器用三位有效数字表示,共需要五道色环。图实训 1-1 是精密电阻器的色标举例,前两道色环表示有效数字,第三道色环表示倍率,第四道色环表示允许误差,表实训 1-1 列出了各种色环所表示的数字和允许误差的等级。

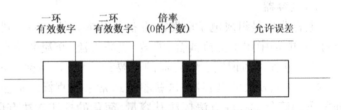

图实训 1-1　精密电阻器的色标举例

表实训 1-1　色环的意义

颜色	有 效 数 字			倍　率	允 许 误 差
	第一位数	第二位数	第三位数		
银				$\times 10^{-2}$	$\pm 10\%$

颜色	有 效 数 字			倍 率	允 许 误 差
	第一位数	第二位数	第三位数		
金	—	—	—	$\times 10^{-1}$	±5%
黑	—	0	0	$\times 10^{0}$	—
棕	1	1	1	$\times 10^{4}$	±1%
红	2	2	2	$\times 10^{2}$	±2%
橙	3	3	3	$\times 10^{3}$	—
黄	4	4	4	$\times 10^{4}$	—
绿	5	5	5	$\times 10^{5}$	±0.5%
蓝	6	6	6	$\times 10^{6}$	±0.2%
紫	7	7	7	$\times 10^{7}$	±0.1%
灰	8	8	8	$\times 10^{8}$	
白	9	9	9	$\times 10^{9}$	
无色	—	—	普通电阻器	—	±20%

例如:四道色环　　红　　紫　　橙　　金

　　　　　　　　2　　7　$\times 10^{3}$　±5% ,即 $27\times(1\pm5\%)\,k\Omega$

五道色环　　　棕　　红　　黑　　金　　棕

　　　　　　　　1　　2　　0　$\times$　10^{-1}　±1% ,即 $12\times(1\pm1\%)\,\Omega$

用色环标志的电阻器,颜色醒目,标志清晰,从各个方向都能看清阻值和允许误差,在安装、调试和检修电子、电气设备时十分方便,因此被广泛使用。

2)电容器

电容器也是组成电子电路和设备的基本元件之一。利用电容器的充、放电和隔直通交特性,在电路中用于交流耦合、滤波、隔断直流、交流旁路和组成振荡电路等。

(1)电容器的识别。电容器的主要参数包括:标称容量、允许误差、额定直流工作电压等,对于体积较大的电容器,这些参数通常采用直标法标注在其外壳上,体积较小的电容器通常采用简化的标注方法标注其容量,简化的标注方法有以下三种:

①用数字直接表示电容量,不标单位。标注为 1~4 位整数时,其单位为 pF;标注为小数时,其单位为 μF($1F = 10^{6}\,\mu F = 10^{9}\,nF = 10^{12}\,pF$)。如 330 表示 330 pF、2 200 表示 2 200 pF;0.1 表示 0.1 μF,0.33 表示 0.33 μF。

②用三位数字表示容量的大小,默认单位为 pF,前两位是有效数字,第三位是倍率(10^n),当第三位数字是 9 时,则对有效数字乘以 0.1(10^{-1})。如 103 表示 10×10^{3} pF($0.01\ \mu F$),474 表示 47×10^{4} pF($0.47\ \mu F$),339 表示 33×0.1 pF(3.3 pF)。

③色标法。标注方法和意义与电阻器的色标法相似,用色标法标注的电容器比较少见。

(2)电容器的检测。电容器质量检测的一般方法是用万用表电阻挡测试电容器的充放电现象,两只表笔触及被测电容器的两条引线时,电容器将被充电,指针偏转后返回,再将两表笔调换一次测量,指针将再次偏转并返回。用相同的量程测不同的电容器时,指针偏转幅度越大,说明容量越大。测试过程中,万用表指针偏转表示充放电正常,指针能够回到∞,说明电容器没有短路,可视为电容器完好。

①普通电容器的检测。普通电容器主要是指以纸、陶瓷、云母、金属膜等为介质的不可调电容器。这些种类的电容器的容量一般都比较小,需要使用万用表的高电阻挡观察被测电容器的充放电现象。

②电解电容器的检测。电解电容器一般容量比较大,用万用表电阻挡检测,可以清楚地看到指针在充放电过程中的偏转。需要指出的是被测电容器在几十微法以上时,如用较高电阻挡 R×100 Ω、R×1 kΩ 测试,指针摆动幅度能达到满刻度,无法比较电容大小,这时可降低电阻挡位,用 R×10 Ω 挡。1 000 μF 以上的电容器甚至可用 R×1 Ω 挡来测试,根据电解电容器正接时漏电电流小,反接时漏电电流大的特点,可以判别其极性。当某电容器标注不明时,一般用 R×100 Ω 或 R×1 kΩ 挡,先测一下该电容器的漏电阻值,再将两表笔对调一下,测出漏电阻值,两次测量中,漏电阻值大的那次黑表笔所接的一端即为电容器的正极。

③可调电容器的检测。可调电容器有单联、双联、四联等多种结构,容量从几皮法到几百皮法变化,用万用表测量常常看不出指针偏转,只能判别是否有短路(特别是空气介质可调电容器易碰片)。将两只表笔分别接在可调电容器的动片和静片引出线上,万用表置 R×100 Ω 或 R×1 kΩ 挡,旋转电容器动片,观察万用表指针,如发现指针有偏转至零的现象,则说明动片与定片之间有碰片处。旋转电容器动片时速度要慢,以免漏过短路点。

3)晶体二极管

晶体二极管是电子电路中经常使用的元件,除常用的整流、检波二极管外,还有稳压、发光、光电、变容、开关二极管等。

晶体二极管由一个 PN 结组成,它具有单向导电的特性,其正向电阻小,反向电阻大。用万用表 R×100 Ω 或 R×1 kΩ 挡测量二极管的正、反向电阻,可以检测二极管的好坏,判断二极管的极性。

(1)检测二极管质量的好坏。测得的反向电阻和正向电阻之比在 100 以上,表明二极管性能良好;反向电阻和正向电阻之比为几十,甚至仅几倍,表明二极管单向导电性不佳,不宜使用;正、反向电阻均无限大,表明二极管断路;正、反向电阻均接近零值,表明二极管短路。

(2)引脚极性的判别。将万用表拨到 R×100 Ω 或 R×1 kΩ 挡,把二极管的两只引脚分别接到万用表的两只表笔上,如图实训 1-2 所示。当测出的阻值较小时(几百欧),二极管正向导通,则与万用表黑表笔(表内电源的正极)相接的一端是二极管的 P 极,另一端就是 N 极。相反,如果测出的阻值较大(几千欧),则应调换表笔,重测阻值,再判断二极管的极性。

(3)用数字万用表检测二极管。利用数字万用表的二极管挡也可判定二极管的极性。

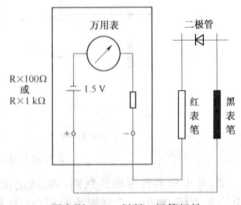

图实训 1-2　判断二极管极性

与指针式万用表不同,数字万用表的红表笔(插在"V·Ω"插孔)为表内电源的正极,黑表笔(插在 COM 插孔)为负极。用两支表笔分别接触二极管两个电极,若显示值在 1 V 以下,说明二极管处于正向导通状态,红表笔接的是 P 极,黑表笔接的是 N 极。若显示溢出符号"1",表明二极管处于反向截止状态,黑表笔接的是 P 极,红表笔接的是 N 极。

为进一步确定二极管质量,应当交换表笔再测量一次。若两次测量均显示"000",说明二极管已击穿或短路。两次测量均显示溢出符号"1",说明二极管内部开路。

(4)硅管和锗管的鉴别。用不同材料制成的二极管正向导通时压降不同,硅管为0.7 V左右,锗管为 0.3 V 左右,可使用数字万用表的二极管挡直接进行测试判断。数字万用表的二极管挡工作原理是:用+2.8 V 基准电压源向被测二极管提供大约 1 mA 的正向电流,二极管的正向压降就是仪表的显示值。若被测管是硅管,数字万用表应显示 0.550~0.700 V;若被测管是锗管,数字万用表应显示 0.150~0.300 V。根据正向压降的差异,即可区分出硅管、锗管。

4)晶体三极管

晶体三极管具有电流放大能力,是放大电路的基本元件。三极管的型号命名和分类见附录 A。三极管一般也用万用表的 R×100 Ω 或 R×1 kΩ 挡进行检测。

(1)三极管的管型和基极的判别。三极管内部有两个 PN 结:集电结和发射结;三个电极:集电极、基极和发射极。对于基极的判别,可利用 PN 结的单向导电性,用万用表电阻挡进行判别。例如,测 NPN 型三极管,当黑表笔接基极(B),红表笔分别搭接其他两个电极时,如图实训 1-3(a)所示,测得阻值均较小,为几百欧至几千欧(对 PNP 型三极管,则测得阻值均较大);若将黑、红表笔位置对调,测得阻值均较大,为几百千欧以上(对 PNP 型三极管,则测得阻值均较小),即可确定黑表笔所接引脚为基极。

在判别未知管型和电极的三极管时,先任意假设基极进行测试,当其符合上述测试结果时,则可判定假设的基极是正确的;若不符合,则需要换一个引脚假设为基极,重复以上测试,直到判别出管型和基极为止。

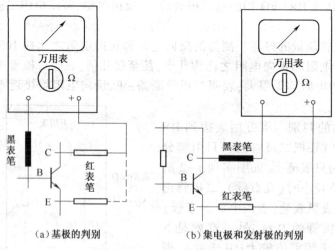

(a)基极的判别　　　　　(b)集电极和发射极的判别

图实训 1-3　三极管引脚判别

(2)集电极和发射极的判别。在判定管型和基极的基础上,对另外两个电极,任意假设一个为集电极,则另一个就视为发射极,用手指搭接在集电极(C)和基极(B)之间,手指相

当与基极偏置电阻 R_B，万用表两表笔分别与 C、E 连接，如图实训 1-3(b)所示，连接极性需视管型而定。图实训 1-3 中为 NPN 型三极管，黑表笔与假设的 C 极相接，红表笔与 E 极相接，然后观察指针偏转角度，再假设另一引脚为 C 极，重复测一次，比较两次指针偏转的程度，大的一次，表明 I_C 大，三极管处于放大工作状态，则这次假设的 C、E 极是正确的。

当判别出 C、E 极后，将搭接在 C、B 极之间的手指松开，使基极开路，此时万用表上的指示可以反映三极管穿透电流的大小，测得 C、E 间电阻越大，表明三极管穿透电流越小。

（3）三极管质量的判断。在测试过程中，若测得发射结或集电结正反向电阻均很小或均趋向无穷大，则说明此结短路或断路；若测得集-射极间电阻不能达到几百千欧，则说明此管穿透电流较大，性能不良。

5）焊接技术简介

电子电路装接的主要工作是在电路板上焊接电子元器件，焊接质量的好坏直接影响着电路的性能。焊接质量主要取决于以下四个条件：焊接工具、助焊剂、焊料、焊接技术。

（1）焊接工具。电烙铁是焊接的主要工具，其结构的主要部分是烙铁头和烙铁芯。烙铁头使用导热性良好的紫铜制成；烙铁芯是将电阻丝绕制在云母或瓷管绝缘材料上；电烙铁有外热式和内热式两种结构。当电烙铁通电以后，电阻丝产生热量对烙铁芯加热。

按照焊接任务的不同，应选用不同功率的电烙铁。一般半导体电路的元件焊接，选用 20 W 电烙铁即可；如果焊接面积较大，可选用 35 W 电烙铁；焊接金属底板、粗地线等大器件时需用更大功率的电烙铁。有些特殊的器件，如 CMOS 电路，最好用 20 W 内热式电烙铁，而且电烙铁外壳要求接地良好。新的电烙铁使用前应将烙铁头"上锡"，在通电加热过程中，先上一层松香，再挂一层焊锡，可防止烙铁头因长时间加热而氧化。长期使用后的电烙铁，烙铁头因高温氧化，不再沾锡，可将烙铁头锉干净，重新"上锡"。

（2）助焊剂。焊接过程中需要使用助焊剂。助焊剂的种类很多，如焊油、焊锡膏等属酸性助焊剂，在焊点有氧化物时，可以除去锈层保证焊牢元器件，但它对金属有腐蚀作用，残存的酸性助焊剂会损害覆铜板和元器件引线，当它粘在电路板上时，还可能破坏电路板的绝缘性能。松香或松香酒精溶液是中性助焊剂，不会腐蚀电路元件和破坏电路板的绝缘，是焊接电路时最常使用的助焊剂。有时为了去除焊接处的锈渍，确保焊点质量，也可使用少量酸性助焊剂，但焊接后一定要用酒精擦净，以防对电路起腐蚀作用。

（3）焊料。常用的焊料是焊锡，焊锡大多是"铅锡合金"制成的焊条、焊锡丝等。焊条在使用前应先熔化加工成小块。常用的焊料是焊锡丝，而且多数焊锡丝的中心已加入松香助焊剂，使用很方便。

（4）焊接技术。为了保证焊接质量，要求焊点光亮、圆滑、无虚焊。

①焊接元件引线要刮干净，最好先挂锡再焊接。因为引线表面经常有氧化物或油渍，不易沾锡，焊接起来困难。即使勉强焊上也容易形成虚焊。

②焊接温度和时间要掌握好。温度不够，焊锡流动性差，很容易凝固；温度过高，焊锡流淌，焊点又不宜存锡。烙铁头与焊点接触时间以使焊点光亮、圆滑为宜。如果焊点不亮或形成"豆腐渣"状，说明温度不够，焊接时间太短，很容易形成虚焊，此时需要增加焊接温度或延长焊接时间，并加入少量助焊剂。

③焊接时，被焊物必须固定不动，特别在焊锡凝固过程中不能晃动被焊接元件，否则很容易造成虚焊。电烙铁沾锡多少要根据焊点大小来决定，最好所沾锡量能包住被焊物体。如果一次上锡不够，可以下次填补，但要注意再次填补焊锡时，一定要等上一次的锡一同熔

化后方可将烙铁头移开,使焊点熔结为一体。

④电子电路常由一些基本单元组成,电路重复性和规律性较强。焊接时一般先将电阻器、电容器、二极管等元件引线弯曲成所需形状,依次插入焊孔,并设法使元件排列整齐,然后统一焊接。检查焊点后剪去过长引线,最后焊接三极管、集成电路。器件的焊接时间一般要短一些,防止焊接时烫坏器件,引脚也不宜剪得过短。初学者可用镊子夹住引脚进行焊接。

⑤焊接结束,首先检查电路有无漏焊、错焊、虚焊等问题。检查时可用尖嘴钳或镊子将每个元件拉一拉,看有无松动,特别是要查看三极管引脚是否焊牢,如果发现有松动现象,则要重新焊接。

6)焊接技能训练

(1)实训器材:

①可焊接印制电路板。

②电阻器、电容器、集成电路插座、单芯导线、屏蔽线、铸塑元件、铝板。

③焊接工具一套:电烙铁、剪刀、镊子等。

④焊锡丝:39号锡铅焊料。

⑤松香水。

(2)实训步骤:新电烙铁头需要进行整修和上锡,然后才能使用。久置不用的电烙铁启用时,也需要整修烙铁头(采用多层合金新工艺制造的长寿命电烙铁头,不需要且不允许对其进行整修)。先用锉刀将烙铁头的两边锉成小于45°角,前面沿锉成15°角,尖端锉圆。再插上电源插头,待电烙铁加热到适当温度时,边用锉刀锉烙铁头边给电烙铁上锡,这样才能将烙铁头挂上焊锡。然后按照下列步骤进行操作:

①电阻、电容元件在电路板上的焊接;

②集成电路插座的焊接;

③单芯导线之间的焊接;

④单芯导线和铸塑元件引脚之间的焊接;

⑤屏蔽线的挂锡;

⑥屏蔽线与电路板之间的焊接;

⑦屏蔽线与铸塑元件之间的焊接;

⑧导线与铝板之间的焊接。

综合实训 2 集成电路功率放大器的安装与调试

1. 实训目的

(1)掌握 TDA2030 组成的集成电路功率放大器的工作原理。

(2)掌握集成电路功率放大器安装与调试方法。

2. 实训原理

自 1967 年第一块音频功率放大器集成电路研制成功以来,在短短的几十年的时间内,其发展速度和应用很是惊人。目前约 95% 以上的音响设备上的音频功率放大器都采用了集成电路。据统计,音频功率放大器集成电路的产品品种已超过 300 种。从输出功率容量来看,已从不到 1 W 的小功率放大器,发展到 10 W 以上的中功率放大器,直到 25 W 的厚膜集成功率放大器;从电路的结构来看,已从单声道的单路输出集成功率放大器发展到双声道立体声的二重双路输出集成功率放大器;从电路的功能来看,已从一般的 OTL 功率放大器集成电路发展到具有过电压保护电路、过热保护电路、负载短路保护电路、电源浪涌过冲电压保护电路、静噪声抑制电路、电子滤波电路等功能更强的集成功率放大器。

TDA2030 是许多音频功放产品所采用的 Hi-Fi 功放集成块。它接法简单、价格实惠、使用方便,在现有的各种功率集成电路中,它的引脚属于最少的一类,总共才五个引脚,外形如同塑封大功率管,给使用带来不少方便。

TDA2030 在电源电压为 ±14 V,负载电阻为 4 Ω 时,输出 14 W 功率(失真度 ≤0.5%);在电源电压为 ±16 V,负载电阻为 4 Ω 时,输出 18 W 功率(失真度 ≤0.5%)。电源电压为 ±6~±18 V 时,输出电流大,谐波失真和交越失真小(±14 V/4 Ω,失真度 =0.5%)。具有优良的短路和过热保护电路。

1)电路组成与工作原理

电路原理图如图实训 2-1 所示,该电路由左右两个声道组成,其中 W101 为音量调节电位器,W102 低音调节电位器,W103 为高音调节电位器。输入的音频信号经音量和音调调节后由 C106、C206 送到 TDA2030 集成音频功率放大器进行功率放大。该电路工作于双电源(OCL)状态,音频信号由 TDA2030 的 1 引脚(同向输入端)输入,经功率放大后的信号从 4 引脚输出,其中 R108、C107、R109 组成负反馈电路,它可以让电路工作稳定,R108 和 R109 的比值决定了 TDA2030 的交流放大倍数,R110、C108 和 R210、C208 组成高频移相消振电路,以抑制可能出现的高频自激振荡。电源电路原理图如图实训 2-2 所示,为功放电路提供 12~18 V 的正负对称电源。

2)元器件选择

TDA2030 为功率元件,使用过程中将会产生大量热量,要求安装到足够大的散热片上。信号输入插座采用双孔莲花插座,功放输出插座和电源连接采用便于接线的接线端子。其余元器件的选择可以参见表实训 2-1。

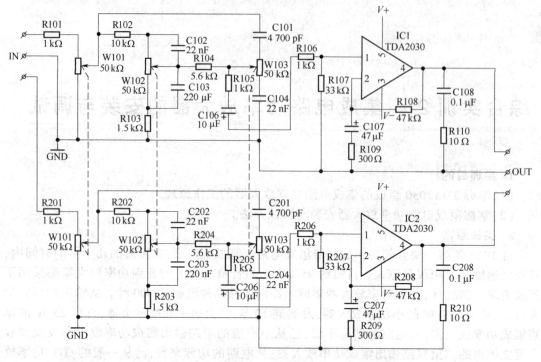

图实训 2-1　TDA2030 集成音频功放电路原理图

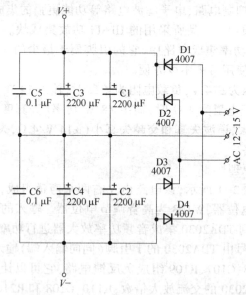

图实训 2-2　TDA2030 集成音频功放电源电路原理图

表实训 2-1　集成音频功放电路元器件清单

元器件代号	元器件名称	规格及型号	数量
D1~D4	二极管	1N4007	4

续表

元器件代号	元器件名称	规格及型号	数量
R101、R201	电阻器	1 kΩ	2
R102、R202	电阻器	10 kΩ	2
R103、R203	电阻器	1.5 kΩ	2
R104、R204	电阻器	5.6 kΩ	2
R105、R205	电阻器	1 kΩ	2
R106、R206	电阻器	1 kΩ	2
R107、R207	电阻器	33 kΩ	2
R108、R208	电阻器	47 kΩ	2
R109、R209	电阻器	300 Ω	2
R110、R210	电阻器	10 Ω	2
W101、W102、W103	双联电位器	50 kΩ	3
C1~C4	电解电容器	2 200 μF/25 V	4
C5、C6	涤纶电容器	0.1 μF	2
C101、C201	瓷片电容器	4 700 pF	2
C102、C202	瓷片电容器	22 nF	2
C103、C203	瓷片电容器	220 nF	2
C104、C204	瓷片电容器	22 nF	2
C106、C206	电解电容器	10 μF	2
C107、C207	电解电容器	47 μF	2
C108、C208	涤纶电容器	0.1 μF	2
AC 12~15 V	7.62 mm 接线端子	3 位	1
IN2	立式 AV 座	2 位	1
OUT	7.62 mm 接线端子	3 位	1
IN	2.54 mm 插件座	3 位	1
散热片	铝散热片	23.5 mm×15 mm×25 mm	2
IC1、IC2	功放集成电路	TDA2030A	2
螺钉	IC 固定螺钉	3 mm	2
PCB	电路板	98 mm×85 mm	1

3)电路安装与调试

印制电路板图如图实训 2-3 所示,元件分布图如图实训 2-4 所示,装配图如图实训 2-5 所示。由于集成音频功放电路结构简单,元件数量较分立元件功放少了很多,本电路按图安装一般可以一次成功。

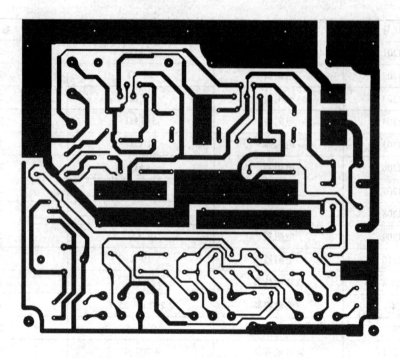

图实训 2-3　TDA2030 集成音频功放印制电路板图

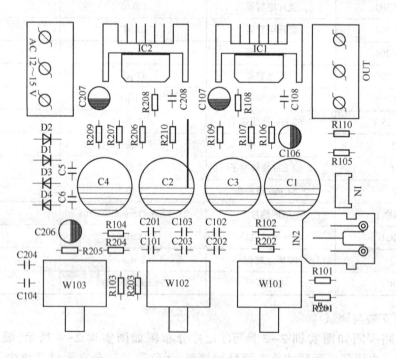

图实训 2-4　TDA2030 集成音频功放元件分布图

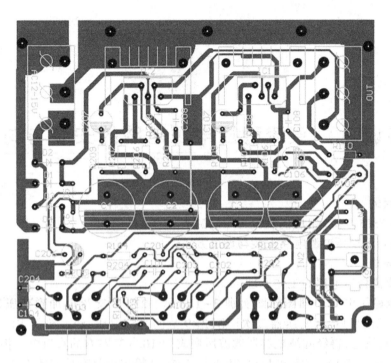

图实训 2-5　TDA2030 集成音频功放装配图

综合实训 3 直流稳压电源电路的安装与调试

1. 实训目的

（1）掌握 7805、7905 组成的直流稳压电源电路的工作原理。

（2）掌握直流稳压电源电路安装与调试方法。

2. 实训原理

1）集成直流稳压电源的工作原理

集成直流稳压电源原理图如图实训 3-1 所示。220 V 交流电加到变压器 T 的一次［侧］，经变压器降压后，从变压器二次［侧］2×9 V 的交流电压，经二极管 VD1～VD4 整流后，得到脉动直流电，再经滤波电容器滤波后变成 2×10.5 V 左右的直流电。将此直流电压加到三端集成稳压器 LM7805 和 LM7905 的输入端，从输出端就有稳定的直流电压输出。

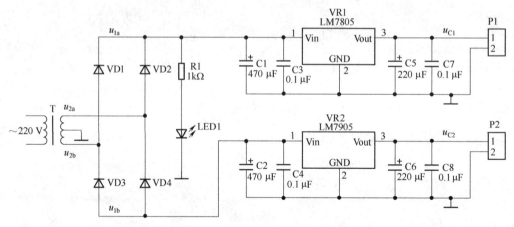

图实训 3-1　集成直流稳压电源原理图

2）集成直流稳压电源电路的元器件识别

集成直流稳压电源电路所包含的元器件见表实训 3-1 元器件清单，对照电路原理图对各元器件进行识别，并了解它们在电路中的作用。

表实训 3-1 元器件清单

元器件代号	元器件名称	规格及型号	数量	元器件作用
VD1～VD4	整流二极管	1N4001	4	将交流电转换成直流电
C1、C2	电解电容器	470 μF/25 V	2	滤波
C5、C6		220 μF/25 V	2	

元器件代号	元器件名称	规格及型号	数量	元器件作用
C3、C4、C7、C8	瓷片电容器	0.1 μF	4	抗高频干扰
VR1	三端集成稳压器	LM7805	1	正输出稳压
VR2		LM7905	1	负输出稳压
R1	电阻器	1 kΩ	1	限流
LED1	发光二极管	红色	1	指示灯
P1、P2	接线端子	两端	2	—

3）集成直流稳压电源电路的元器件的检测

在集成直流稳压电源电路中,主要的元器件有变压器、整流二极管、三端集成稳压器、电解电容器、瓷片电容器、电阻器、发光二极管。在安装之前必须对它们进行检测,以确保元器件是好的。

4）集成直流稳压电源电路的电路安装

按步骤对照电路原理图进行元器件的焊接与测试

（1）整流电路的焊接与测试。将四只整流二极管（VD1～VD4）焊接后,用示波器分别观测变压器二次电压 u_{2a} 和经二极管整流后的电压 u_{1a} 波形并记录在图实训 3-2 和图实训3-3 中。

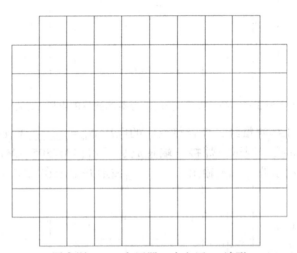

图实训 3-2   变压器二次电压 u_{2a} 波形

观察变压器二次电压 u_{2a} 波形的峰-峰值为＿＿＿＿ V；

观察经二极管整流后的电压 U_{1a} 波形的峰-峰值为＿＿＿＿ V；

用万用表交流电压挡测量变压器二次电压 u_{2a} ＝＿＿＿＿ V, u_{2b} ＝＿＿＿＿ V；

用万用表直流电压挡测量经二极管整流后的电压 U_{1a} ＝＿＿＿＿ V, U_{1b} ＝＿＿＿＿ V。

（2）滤波电路的焊接与测试。焊接滤波电容器（C1、C2、C3、C4）、发光二极管 LED1、限流电阻器 R1 后,用示波器观测经二极管整流、电容器滤波后的电压 U_{1a} 波形并记录在图实训 3-4 中。

观察经电容器滤波后的电压波形的峰-峰值为＿＿＿＿ V；

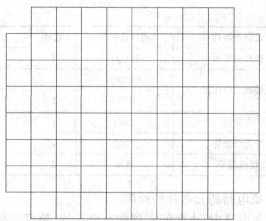

图实训 3-3　经二极管整流后的电压 u_{1a} 波形

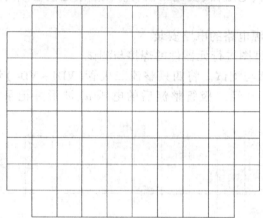

图实训 3-4　经二极管整流、电容器滤波后的电压 U_{1a} 波形

用万用表直流电压挡测量经二极管整流后的电压 U_{1a} = _____ V，U_{1b} = _____ V。

（3）稳压电路的焊接与测试。焊接三端集成稳压器（LM7805、LM7905）及滤波电容器（C5、C6、C7、C8）后，用示波器观测输出端电压 U_{o1} 波形并记录在图实训 3-5 中。

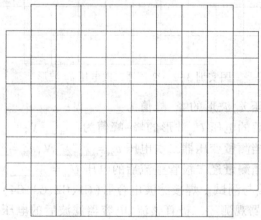

图实训 3-5　输出端电压 U_{o1} 波形

用万用表直流电压挡测量输出端电压 U_{o1} = _____ V，U_{o2} = _____ V。

综合实训 4 台灯调光电路的制作与调试

1. 实训目的

(1)掌握台灯调光电路的工作原理。

(2)掌握台灯调光电路的制作与调试方法。

2. 实训原理

1)电路工作原理

图实训 4-1 所示为台灯调光电路,该电路可使灯泡两端交流电压在几十伏至 200 V 范围内变化,调光作用显著。

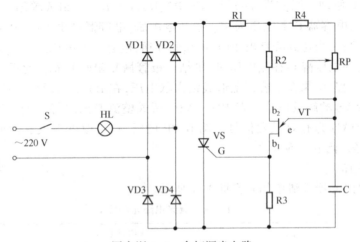

图实训 4-1 台灯调光电路

(1)单结三极管和单向晶闸管:

①单结三极管。单结三极管有两个基极,仅有一个 PN 结,故称双基极二极管或单结三极管。图实训 4-2 所示是单结三极管的图形符号,发射极箭头倾斜指向 b_1,表示经 PN 结的电流只流向 b_1 极。国产单结三极管有 BT31、BT32、BT33、BT35 等型号。

单结三极管在一定条件下具有负阻特性,即当发射极电流 I 增加时,发射极电压 U_e 反而减小。利用单结三极管的负阻特性和 RC 充放电电路,可制作脉冲振荡器。

图实训 4-2 单结三极管的图形符号

单结三极管的主要参数有基极直流电阻 R_{bb} 和分压比。R_{bb} 是射极开路时 b_1、b_2 间的直流电阻,为 $2 \sim 10 \text{ k}\Omega$,$R_{bb}$ 阻值过大或过小均不宜使用。另外一个是 b_1、b_2 间的分压比,其大小由管内工艺结构决定,一般为 0.3~0.8。

②单向晶闸管。晶体闸流管俗称可控硅,简称晶闸管。广泛应用于无触点开关电路及可控整流设备。晶闸管有三个电极:阳极(A)、阴极(K)和控制极(G)。图实训 4-3(a)、(b)所示分别是其图形符号和内部结构。由图实训 4-3 可见,晶闸管等效为 PNP 型三极管与 NPN 型三极管正反馈连接的三端器件。

单向晶闸管有以下三个工作特点:

①晶闸管导通必须具备两个条件:一是晶闸管阳极(A)与阴极(K)间必须接正向电压;二是控制极(G)与阴极(K)之间也要接正向电压。

②晶闸管一旦导通,降低或去掉控制极电压,晶闸管仍然导通。

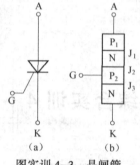

图实训 4-3 晶闸管
图形符号和内部结构

③晶闸管导通后要关断时,必须减小其阳极电流使其小于晶闸管的导通维持电流。

晶闸管的控制电压 U_c 和电流 I_c 都较小,电压仅几伏,电流只有几十至几百毫安,但被控制的电压或电流却可以很大,可达数千伏、几百安。可见晶闸管是一种可控单向导电开关,常用于弱电控制强电的各类电路中。

(2)电路调光原理。图实训 4-1 中,VT、R2、R3、R4、RP、C 组成单结三极管张弛振荡器。接通电源前,电容器 C 上电压为零。接通电源后,电容器经由 R4、RP 充电,电容器的两端电压逐渐升高。当达到峰点电压时,$e-b_1$ 间导通,电容器上电压经 $e-b_1$ 向电阻器 R3 放电。当电容器上的电压降到谷点电压时,单结三极管恢复阻断状态。此后,电容器又重新充电,重复上述过程,结果在电容器上形成锯齿状电压,在 R3 上则形成脉冲电压。此脉冲电压作为晶闸管 VS 的触发信号。在 VD1~VD4 桥式整流输出的每一个半波时间内,振荡器产生的第一个脉冲为有效触发信号。调节 RP 的阻值,可改变触发脉冲的相位,控制晶闸管 VS 的导通角,调节灯泡亮度。

2)元器件选择

台灯调光电路元器件清单如表实训 4-1 所示。

表实训 4-1　台灯调光电路元器件清单

元器件代号	元器件名称	规格及型号	数量
VD1~VD4	二极管	1N4007	4
VS	晶闸管	3CT	1
VT	单结三极管	BT33	1
R1	电阻器	51 kΩ	1
R2	电阻器	300 kΩ	1
R3	电阻器	100 Ω	1
R4	电阻器	18 kΩ	1
RP	带开关电位器	470 kΩ	1
C	涤纶电容器	CL11 型 63 V,0.022×(1±10%) μF	1
HL	灯泡	220 V,25 W	1
—	灯座	—	1
	电源线	—	若干

3）电路板的焊接

要求电子产品的焊点大小适中，无漏焊、假焊、虚焊、连焊，焊点光滑、圆润、干净、无毛刺；引脚加工尺寸及成形符合工艺要求；导线长度、剥头长度符合工艺要求，芯线完好，捻头镀锡。

4）电子电路的调试

（1）由于电路直接与市电相连，调试时应注意安全，防止触电。调试前认真、仔细核查各元器件安装是否正确可靠，最后插上灯泡，进行调试。

（2）插上电源插头，人体各部分远离印制电路板，打开开关，右旋电位器把柄，灯泡应逐渐变亮，右旋到底灯泡最亮；反之，左旋电位器把柄，灯泡应逐渐变暗，左旋到底灯泡熄灭。

5）常见故障检修

（1）灯泡不亮，不可调光。由 BT33 组成的单结三极管张弛振荡器停振，可造成灯泡不亮，不可调光。可检测 BT33 是否损坏，C 是否漏电或损坏等。

（2）电位器顺时针旋转时，灯泡逐渐变暗。这是电位器中心抽头接错位置所致。

（3）调节电位器至最小位置时，灯泡突然熄灭。可检测 R4 的阻值，若 R4 的实际阻值太小或短路，则应更换 R4。

（4）将制作、调试和维修结果填入表实训 4-2 中。

表实训 4-2　制作、调试和维修结果

状态	元器件各级电压						断开交流电源，电位器 RP 的电阻值
	VS			VT			
	V_A	V_K	V_G	V_{b1}	V_{b2}	V_e	
灯泡微亮时							
灯泡最亮时							

综合实训 5　触摸式延时照明灯的制作与调试

1. 实训目的

（1）掌握触摸式延时照明灯的工作原理。

（2）掌握触摸式延时照明灯的制作与调试方法。

2. 实训原理

触摸式延时照明灯广泛用于楼梯间、卫生间、走廊、仓库、地下通道、车库等场所的自控照明，尤其适合常忘记关灯，关排气扇场所，可避免长明灯费电现象。本照明灯为无触点电子开关，不产生火花，可燃气体场所使用更为安全。使用时，只要用手指摸一下触摸电极，灯就点亮，延时一段时间后会自动熄灭，可以直接取代普通开关，不必更改原有布线。

1）电路组成与工作原理

电路原理图如图实训 5-1 所示，点画线左边是普通照明线路，右边是电子开关部分。VD1～VD4、VS1 组成开关的主回路，VT1、VT2 组成开关控制回路。平时，VT2 基极无人体触摸电流注入，处于截止状态，VD1～VD4 整流输出 220 V 脉动直流电经 R3 使 VT1 导通，VS1 处于关断状态，灯不亮。当人手触摸一下电极 M 时，人体泄漏电流经 R6、R5、R4 分压，其正半周使 VT2 导通，C1 存储的电荷很快通过 VT2 泄放，VT1 因无基极电流而关闭，VD1～VD4 整流输出 220 V 脉动直流电经 R2 使 VS1 导通，电灯 HL 被点亮。当人手离开触摸电极 M 后，VT2 因无基极电流而截止，R3 的电流开始对 C1 充电，此时灯仍然处于被点亮状态，当 C1 两端的电压被充到一定值时（约 0.6 V），VT1 重新导通，VS1 失去触发电压，交流电过零时即关断，电灯熄灭。改变 C1 的容量可以改变电灯关闭的延时时间，根据使用的场合可以对其容量进行调整。R1 和 LED1 组成待机发光指示电路，当电灯关闭时 LED1 发光，指示开关位置，便于夜间寻找开关。为了增加电路的安全性，采用 R5、R6 串联后接到人体触摸电极。

2）触摸延时照明灯的制作过程

（1）印制电路板的制作。印制电路板的制作方法很多，业余条件下可采用油漆描板、刀刻、不干胶粘贴、热转印制板等方法。下面以不干胶制板为例进行说明。

①将覆铜板裁成电路图所需尺寸并进行清洁处理。

②将印制电路板图绘于不干胶纸上（可以进行复印或扫描后打印）。

③将绘好图案的不干胶紧贴到覆铜板上，充分压实。

④用刻刀刻透贴面层，形成所需电路，揭去非电路部分，清理掉留下的残胶。

⑤用三氯化铁腐蚀电路板，可在 60 ℃左右进行，此时腐蚀速度较快。温度低，则腐蚀时间较长。

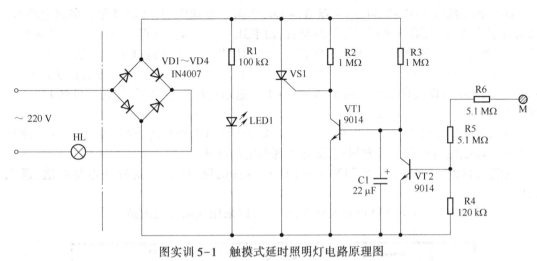

图实训 5-1　触摸式延时照明灯电路原理图

⑥腐蚀好的电路板用清水冲洗干净,按图案上的钻孔位置打好孔,揭去电路板上的不干胶。

⑦用细砂纸将电路板打磨光亮后涂上松香酒精溶液以备使用。

(2)元器件选择。根据图实训 5-1 所示的触摸式延时照明灯电路原理图,需要准备表实训 5-1 所示元器件。VS1 用 MCR100-6 等小型塑封单向晶闸管,可控制 100 W 以下任何照明电路;VD1~VD4 为 1N4007 型整流二极管;LED1 用白色发光二极管,以增加发光亮度,同时可以充当小夜明灯使用;电阻器均为 RTX 型 1/8W 碳膜电阻器;C1 用 CD11 型16 V电解电容器;三极管型号为 9014。

表实训 5-1　触摸式延时照明灯元器件清单

元器件代号	元器件名称	规格及型号	数　量
VD1~VD4	二极管	1N4007	4
LED1	发光二极管	白色	1
VS1	晶闸管	MCR100-6	1
VT1、VT2	三极管	9014	2
R1	电阻器	100 kΩ	1
R2、R3	电阻器	1 MΩ	2
R4	电阻器	120 kΩ	1
R5、R6	电阻器	5.1 MΩ	2
C1	电解电容器	22 μF/16 V	1
M	触摸电极	10 mm 金属片	1
HL	灯泡	220 V,40 W	1

(3)制作与使用。按照图实训 5-2 所示的元件布局和图实训 5-3 所示的装配图仔细插件、焊接。装配工艺可参照如下步骤进行:

①安装二极管 VD1~VD4、电阻器 R1~R6,均采用卧式安装,元器件紧贴印制电路板,二极管字应朝上,电阻器色环顺序从左至右,由下到上。引脚直立焊接,焊接时注意焊料适量,确保焊点光亮,无虚焊、漏焊等不良焊点。剪脚位与焊点平齐或高出焊点 0.5 mm。

②安装三极管 VT1、VT2、晶闸管 VS1、发光二极管 LED1、电容器 C1,采用直立式安装,VT1、VT2、VS1 底面离印制电路板 5~8 mm,C1 尽量贴近印制电路板,发光二极管 LED1 根据外壳尺寸留取适当的长度。

③安装触摸电极 M。触摸电极 M 用软导线与印制电路板相连,焊接要可靠,注意该导线不能与印刷电路板其他地方相连,防止出现触电的可能。

④连接灯泡。对照原理图和装配图,认真检查电路,确认无误后可连接灯泡,通电试机。

⑤试机成功后,可将电路板装入外壳,外壳可以采用成品开关改造。

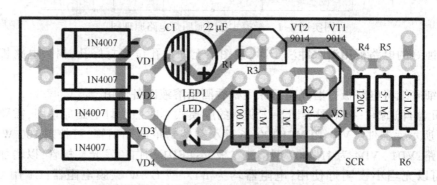

图实训 5-2　触摸式延时照明灯元件布局图

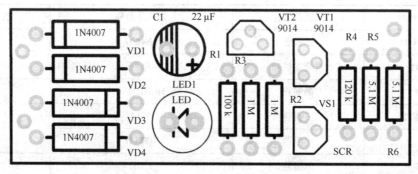

图实训 5-3　触摸式延时照明灯装配图

(4)安装注意事项:

①本电路设计是采用国际标准的二线制接线方式,安装时相线进开关。

②可一个开关并联负载多个灯泡,也可多个开关并联负载一个灯泡。

③如灯泡点亮时间很短,是中性线接入开关所致,拆下中性线,把相线正确接入开关即可。

④本开关严禁短路及超载使用(单个开关负载总功率不能大于 100 W)。

⑤本开关底板带电,通电后不能用手触摸电路板的任何部位,以防触电。检修时可以使用 1:1 的隔离变压器,以确保安全。

3）常见故障检修

本电路的作用是充当一个开关,它所产生的故障有灯长亮、不亮、灯亮度异常等几种。其检修方法很多。以下列出常用检修方法,供学习时参考。

（1）灯长亮。灯长亮说明开关的主回路处于导通状态,可以短路 VT1 的 c-e 引脚,若还长亮,则故障是 VS1 击穿和二极管 VD1~VD4 有一只短路;反之,则为控制电路发生故障,可能的原因有 VT2 的 c-e 极击穿,电容器 C1 短路或漏电,电阻器 R3 开路,使 VT1 不能形成基极电流,可以通过测量 VT1 的基极电位很快确认,若基极电位正常,则为 VT1 损坏。

（2）灯不亮。根据原理图,可以用短路法逐级进行查找。首先短路开关输入端,灯不亮说明故障在开关以外的电路,如灯泡损坏,连线不良等;反之,则为本电路有故障,可参见图实训 5-4 所示的故障检修流程进行检修。

（3）灯亮度异常。灯长亮,但亮度不够,能够受触摸片控制,说明 VD1~VD4 有一只击穿。如果灯没有长亮,能够受触摸片控制,但亮度不够,则说明有一只二极管开路,可以通过直接测量在线电阻的方法很快确定具体是哪一只二极管损坏。

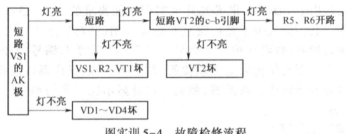

图实训 5-4　故障检修流程

综合实训 6 | 八路抢答器的安装与调试

1. 实训目的

（1）掌握八路抢答器的工作原理。

（2）掌握八路抢答器安装与调试方法。

2. 实训原理

八路抢答器是采用了 CD4511 集成芯片来实现功能要求的，在抢答过程中，每个选手都有一个抢答按钮。在主持人按下复位键宣布抢答开始的时候，选手就开始进行抢答，在指定时间内选手进行抢答，数码显示屏上会显示最先抢答选手的编号，同时扬声器发声提醒。如果主持人没有按下复位键而选手就抢答，则视为犯规，扬声器持续报警。如果主持人按下复位键没宣布开始而选手就抢答，数码显示屏显示犯规者的编号，主持人可按复位键，开始新一轮抢答。

1）八路抢答器的工作原理

八路抢答器的工作原理电路图如图实训 6-1 所示。

抢答器讯响电路由 555 定时器接成多谐振荡器构成，其中 R16、R17 阻值为 10 kΩ，扬声器通过 100 μF 的电容器接在 555 定时器的 3 引脚与地（GND）之间。C1 的电容值为 0.01 μF，R16 没有直接和电源相接，而是通过四只 1N4148 组成二极管或门电路，四只二极管的阳极分别接 CD4511 的 1 引脚、2 引脚、6 引脚、7 引脚，任何抢答按键按下，讯响电路都能振荡发出讯响声。

S1~S8 组成 1~8 路抢答键，VD1~VD12 组成数字编码器，任一抢答键按下，都须通过编码二极管编成 BCD 码，将高电平加到 CD4511 所对应的输入端，从 CD4511 的引脚可以看出，引脚 6、2、1、7 分别为 BCD 码的 D、C、B、A 位（D 为最高位，A 为最低位，即 D、C、B、A 分别代表 BCD 码 8、4、2、1 位）。设 S8 键按下，高电平加到 CD4511 的 6 引脚，而引脚 2、1、7 保持低电平，此时 CD4511 输入 BCD 码是 1000。又如，设 S5 键按下，此时高电平通过两只二极管 VD6、VD7 加到 CD4511 的引脚 2、7，而引脚 6、1 保持低电平。此时 CD4511 输入的 BCD 码是 0101，依此类推，按下第几号抢答键，输入的 BCD 码就是键的号码并自动地由 CD4511 内部电路译码成十进制数在数码管上显示。

由于抢答器都是多路的，即须满足多位抢答者抢答要求。这就有一个先后判定的锁存优先电路，确保第一个抢答信号锁存住，同时数码显示并拒绝后面抢答信号的干扰。CD4511 内部电路与 VT1、R7、R8、VD13、VD14 组成的控制电路可完成这一功能。当抢答键都未按下时，因为 CD4511 的 BCD 码输入端都有接地电阻（10 kΩ），所以 BCD 码的输入端是 0000，则 CD4511 的输出端 a、b、c、d、e、f 均为高电平，g 为低电平。通过对 0~9 这十个数字的分析可以看到，只当数字为 0 时，才出现 d 为高电平而 g 为低电平，这时 VT1 导

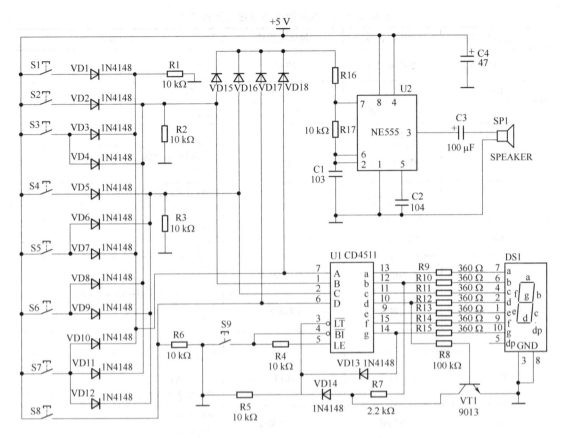

图实训 6-1　八路抢答器的工作原理电路图

通,VD13、VD14 的阳极均为低电平,使 CD4511 的第 5 引脚,即 *LE* 端为低电平"0"。这种状态下,CD4511 没有锁存而允许 BCD 码输入,在抢答准备阶段,主持人会按复位键数显为"0"态。正是这种情况下,抢答开始。当 S1~S8 任一键按下时,CD4511 的输出端 *d* 为低电平或输出端 *g* 为高电平,这两种状态必有一个存在或都存在,迫使 CD4511 的 *LE* 端(5 引脚)由 0 到 1,反映抢答键信号的 BCD 码允许输入,并使 CD4511 的 *a*、*b*、*c*、*d*、*e*、*f*、*g* 七个输出锁存保持在 *LE* 为 0 时输入的 BCD 码的显示状态。例如 S1 按下,数码管应显示 1,此时仅 *e*、*f* 为高电平,而 *d* 为低电平。此时三极管 VT1 的基极亦为低电平,集电极为高电平。经 VD13 加至 CD4511 的 5 引脚,即 *LE* 呈 0→1 状态。则在 *LE* 为 0 时输入给 CD4511 的第一个 BCD 码数据,被判定优先而锁存。所以数码管显示对应 S1 送来的信号是 1,S1 之后的任一按键信号都不显示。为了进行下一题的抢答,主持人首先按下复位键 S9,清除锁存器内的数值,数显先是熄灭一下,再复"0"态,此后若 S5 键第一个按下,这时应立即显示"5"。与此同时 CD4511 的输出端 14 引脚 *g* 为高电平(10 引脚 *d* 为低电平,12 引脚 *b* 为低电平,VT1 截止),并通过 VD14 使 CD4511 的 4 引脚为高电平。此时 *LE* 呈 0→1 状态,于是电路判定优先而锁存。后边来的其他按键信号被封住,可见电路"优先锁存"后,任何抢答键均失去作用。

2)元器件的识别与检测

(1)元器件的识别。制作前请对照表实训 6-1 进行元器件的识别。

表实训 6-1　八路抢答器电路元器件清单

元器件代号	元器件名称	规格与型号	检测结果
R1~R6、R16~R17	色环电阻器	10 kΩ	实测值：
R7	色环电阻器	2.2 kΩ	实测值：
R8	色环电阻器	100 kΩ	实测值：
R9~R15	色环电阻器	360 Ω	实测值：
C1	瓷片电容器	103	标称容量的识读： 质量：
C2	瓷片电容器	104	标称容量的识读： 质量：
C3	电解电容器	100 μF/25 V	极性： 质量：
C4	电解电容器	47 μF/25 V	极性： 质量：
VD1~VD18	二极管	1N4148	正、反向电阻： 质量
S1~S9	按键	开关	质量：
VT1	三极管	9013	类型： 引脚排列： 质量及放大倍数：
DS1	数码管	七段共阴极	引脚排列： 字形显示：
SP1	蜂鸣器		质量：
U1	集成电路	CD4511	引脚排列： 引脚功能：
U2	集成电路	NE555	引脚排列： 引脚功能：
—	插座	16 引脚	
—	插座	8 引脚	

（2）元器件的检测：

①电阻器、电容器、按键开关、二极管、三极管及蜂鸣器的检测：

色环电阻器：主要识读其标称阻值，并用万用表检测其实际阻值。

瓷片电容器：主要识读其标称容量值，并用万用表检测其质量的好坏。

电解电容器：识读其标称容量值，识别其正负极性，并用万用表检测其质量的好坏。

二极管：识别其正负极性，并用万用表测量正、反向电阻，判断其质量的好坏。

按键开关：用万用表 R×1 挡检测各触点的导通，判断其质量的好坏。

三极管：判断其类型与三个电极的排列，并用万用表测量其放大倍数。

蜂鸣器：识别其正负极性和质量的好坏。

②数码管的检测。在数字电路中广泛采用的数码管是七段 LED 数码管，其引脚排列如图实训 6-2 所示。单个数码管共有十个引脚，包含八个笔段引脚和两个公共端（引脚 3、8）。

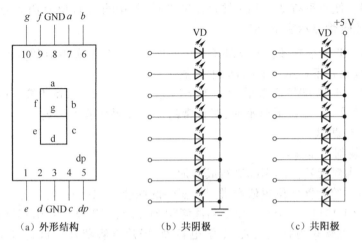

图实训 6-2　七段 LED 数码管引脚排列

当七段 LED 数码管不同笔段的发光二极管组合发光时，就能显示出不同的数字，如图实训 6-3 所示。如要显示数字 0 时，只要 g 段和 dp 段不亮，而 a、b、c、d、e、f 六段发光即可。

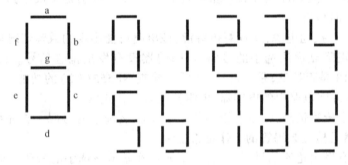

图实训 6-3　七段 LED 数码管的显示字形

③CD4511 集成电路引脚识别及引脚功能介绍。显示译码器 CD4511 的主要作用是将输入的 BCD 码转换为共阴极 LED 数码管所需的相应七段码，其引脚排列和逻辑符号如图实训 6-4 所示。

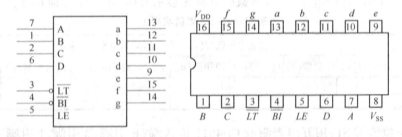

图实训 6-4　CD4511 显示译码器引脚排列和逻辑符号

CD4511 各引脚的功能如下：
A、B、C、D：显示数据输入端。
$a \sim g$：数码管段码输出端。

$\overline{LT}$：测试端。低电平有效，当 $\overline{LT}$ 端接低电平时，不论输入端 BCD 码为何值，输出端 $a\sim g$ 全为高电平，数码管显示字形"8"。

$\overline{BI}$：消隐端。低电平有效，当 $\overline{BI}$ 端接低电平时，不论输入端 BCD 码为何值，输出端 $a\sim g$ 全为低电平，数码管不显示，用来暂时熄灭数码管。

LE：锁存端。当 LE 端接高电平时，CD4511 输出端（$a\sim g$）保持不变，便于瞬间观测快速变化的数值；而在 LE 端接低电平时，对正常的七段译码功能无影响。

3）电路制作与调试

（1）电路安装制作步骤：

①按工艺要求对元器件的引脚进行成形加工。

②对应电路板的元器件位置依次进行元器件的插装。二极管、电解电容器及蜂鸣器应注意正、负极性；CD4511、NE555 集成电路注意引脚方向；三极管注意引脚排列。

③电阻器、二极管采用卧式安装，电解电容器、瓷片电容器及三极管采用立式安装；蜂鸣器紧贴电路板安装；集成电路 CD4511、NE555 采用底座安装。

④按焊接工艺要求对元器件进行焊接。

（2）焊接注意事项。将所有元件按要求焊接在印制电路板上，注意焊接顺序及焊接的时间，防止损坏元件，只要焊接无误一般都能正常工作。特别是集成电路 CD4511、NE555 的焊接，不能将方向焊反。

（3）电路调试。接通电源，按任意抢答键，该电路可能出现的故障情况如下：

①数码管能正确显示该选手的号码，但蜂鸣器没有发出抢答信号。首先检查 VD15、VD16、VD17、VD18 是否接反，是否击穿；然后再检查 NE555（U2）的功能是否正常；最后检查 NE555（U2）的外围电路中的电容器、电阻器是否工作正常。

②蜂鸣器发出抢答信号，但数码管不能正确显示该选手的号码。首先检查 CD4511 的功能是否正常；然后检查数码管的工作是否正常。

③蜂鸣器没有发出抢答信号，数码管也不能正确显示该选手的号码。首先检查电源是否接好；然后检查按键受否正常；最后检查 VD1～VD12 是否有接反或开路现象。

④电路不能锁定。检查 VD13、VD14、VT1 的工作情况。

4）电路测试与分析

（1）先按下裁判复位键 S9，用万用表分别测量 CD4511（13 引脚、12 引脚、11 引脚、10 引脚、9 引脚、14 引脚）的电压，并观察数码管有无显示号码，填写表实训 6-2。

表实训 6-2　测量结果 1

条件	测量电压值（高电平用 1 表示，低电平用 0 表示）							数码管的显示号码
	13 引脚（a）	12 引脚（b）	11 引脚（c）	10 引脚（d）	9 引脚（e）	15 引脚（f）	14 引脚（g）	
按下复位按键 S9								

（2）按下抢答键 S1，用万用表测量 CD4511 输入端（6 引脚、2 引脚、1 引脚、7 引脚）和输出端（13 引脚、12 引脚、11 引脚、10 引脚、9 引脚、14 引脚）的电压，并观察数码管的显示号码；然后按复位键复位；再按下抢答键 S2，用万用表分别测量 CD4511 输入端（6 引脚、2 引脚、1 引脚、7 引脚）和输出端（13 引脚、12 引脚、11 引脚、10 引脚、9 引脚、14 引脚）的电压，并观察数码管的显示号码。依次类推，完成表实训 6-3。

表实训 6-3   测量结果 2

条件	输入端电压值(高电平用1表示,低电平用0表示)				输出端电压值(高电平用1表示,低电平用0表示)							数码管的显示号码
	6引脚(D)	2引脚(C)	1引脚(B)	7引脚(A)	13引脚(a)	12引脚(b)	11引脚(c)	10引脚(d)	9引脚(e)	15引脚(f)	14引脚(g)	
S1												
S2												
S3												
S4												
S5												
S6												
S7												
S8												

(3)按下任意抢答键,用示波器观察 NE555 集成电路 2 引脚(或 6 引脚)、3 引脚的电位,并在表实训 6-4 中画出波形。

表实训 6-4   引脚波形

测 试 项 目	2引脚(或6引脚)	3引脚
观察并画出波形		

综合实训 7　简易十字路口交通信号灯控制电路的制作与调试

1. 实训目的

（1）掌握简易十字路口交通信号灯控制电路的工作原理。

（2）掌握简易十字路口交通信号灯控制电路制作与调试方法。

2. 实训原理

1）十字路口交通信号灯简介

一般来说，十字路口处的两条交叉的道路，有主次之分，其中一条车流量大，称为主干道；另一条车流量小，称为次干道。

如图实训 7-1 所示，主干道和次干道的交叉路口，每一边（共四边）都设置了红、绿、黄灯。红灯表示禁止通行；在绿灯转为红灯前，要求黄灯亮几秒，让交叉路口停车线以外的车辆禁止通行，而交叉路口停车线以内的车辆快速通过交叉路口。每一边的红、绿、黄灯亮的顺序是红→绿→黄→红→绿→……。主干道红灯亮时，对应于次干道的绿、黄灯亮，即主干道红灯亮的时间等于次干道绿、黄灯亮的时间；同理，次干道红灯亮的时间应等于主干道绿、黄灯亮的时间。

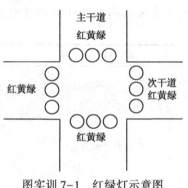

图实训 7-1　红绿灯示意图

本电路的技术指标：

（1）主干道通车时间为 50 s。

（2）次干道通车时间为 30 s。

（3）黄灯亮的时间为 5 s。

（4）用发光二极管来显示红、黄、绿灯。

2）控制电路框图

为了实现以上几个功能，本控制电路应包含：主控制器、计数部分、译码部分、显示部分和信号源发生器，其控制电路框图如图实训 7-2 所示。

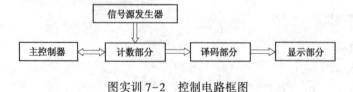

图实训 7-2　控制电路框图

（1）主控制器。主控制器产生四种状态信号。主要利用集成块 74LS290 构成四进制计数器，如图实训 7-3 所示。

在时钟 CP_0 下降沿的作用下，$Q_D Q_C Q_B Q_A$ 工作状态分别为 0000 → 0001 → 0010 → 0011。当 $Q_D Q_C Q_B Q_A$ =0100 时，使 $R_{0A} = R_{0B} = 1$，进行异步清零。

（2）计数部分。计数部分的计数值有三个：主干道绿灯亮 50 s，次干道绿灯亮 30 s；黄灯亮（主、次干道相同）5 s，可以使用两块 74LS290 构成两位十进制计数器。

①计数电路的控制电路逻辑关系：

主干道绿灯亮控制：$X_1 \overline{X_0}$（ $X_1 X_0 = 10$ 时，$X_1 \overline{X_0} = 1$）

次干道绿灯亮控制：$\overline{X_1}\ \overline{X_0}$（ $X_1 X_0 = 00$ 时，$\overline{X_1}\ \overline{X_0} = 1$）

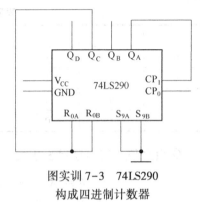

图实训 7-3 74LS290 构成四进制计数器

黄灯亮（包括主干道和次干道）：$X_1 X_0 + \overline{X_1} X_0 = X_0$（ $X_1 X_0 = 01$ 和 11 时，$X_0 = 1$）

②计数部分的逻辑电路如图实训 7-4 所示。

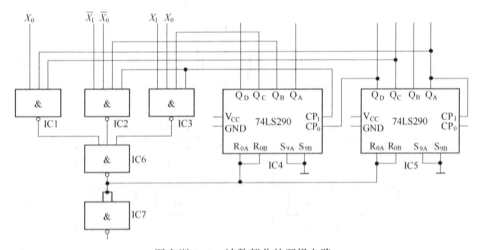

图实训 7-4 计数部分的逻辑电路

③计数电路的工作原理：当 $X_1 X_0 = 00$ 时，IC2 门打开，接收计数信号，且当 IC4，IC5 计数状态为 0011，0000 即 30 s 时，IC2 输出为 0，IC6 输出为 1，使 IC4，IC5 清零。

同时，IC7 输出端又送一个下降沿信号到主控制器，$X_1 X_0$ 状态发生变化为 01，又使 IC1 门打开，且当 IC4，IC5 计数状态为 0000，0101，即 5 s 时，IC1 又输出为 0，IC6 输出为 1，使 IC4，IC5 清零。

同时，IC7 输出端又送一个下降沿信号到主控制器，$X_1 X_0$ 状态发生变化为 10，又使 IC3 门打开，接收计数信号，且当 IC4，IC5 计数状态为 0101，0000 即 50 s 时，IC3 输出为 0。IC6 输出为 1，使 IC4，IC5 清零。

同时使 IC7 又送一个下降沿信号到主控制器，使 $X_1 X_0 = 11$，使 IC1 又打开。计数 5 s ……如此反复。

（3）译码部分：

①译码电路有两个输入码，六个输出码。这里用 X_1、X_0 表示输入控制信号，用 R、Y、G

分别表示主干道的红、黄、绿、灯,r、y、g 分别表示次干道的红、黄、绿灯。其逻辑关系如表实训7-1所示。

表实训 7-1　交通灯逻辑关系

X_1	X_0	R	Y	G	r	y	g
0	0	1	0	0	0	0	1
0	1	1	0	0	0	1	0
1	0	0	0	1	1	0	0
1	1	0	1	0	1	0	0

②由真值表写出逻辑表达式:

$$主干道\begin{cases} R = \overline{X_1}\,\overline{X_0} + \overline{X_1}X_0 = \overline{X_1} \\ Y = X_1 X_0 \\ G = X_1 \overline{X_0} \end{cases} \qquad 次干道\begin{cases} r = X_1 X_0 + X_1\overline{X_0} = X_1 \\ y = \overline{X_1}X_0 \\ g = \overline{X_1}\,\overline{X_0} \end{cases}$$

③译码电路的逻辑电路如图实训 7-5 所示。

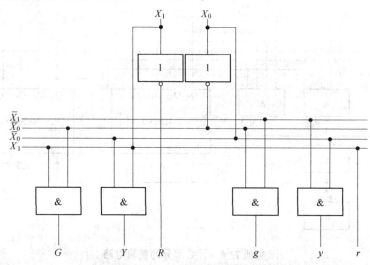

图实训 7-5　译码电路的逻辑电路图

（4）信号源部分。为计数器提供 CP 脉冲的信号源应为周期是 1 s 的矩形波。本控制电路中周期为 1 s 的矩形波由集成 555 定时器接成矩形波振荡电路产生,电路如图实训 7-6 所示。周期与电路中的参数关系是 $T = 0.7(R_1 + 2R_2)C_1$。

（5）总电路如图实训 7-7 所示。

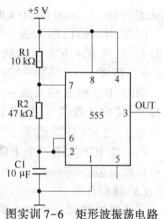

图实训 7-6　矩形波振荡电路

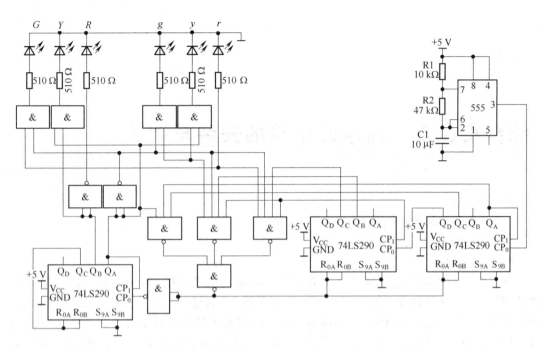

图实训 7-7　总电路

综合实训 8 | 流水灯电路的安装与调试

1. 实训目的

（1）掌握流水灯电路的工作原理。

（2）掌握流水灯电路的安装与调试方法。

2. 实训原理

随着电子技术的快速发展尤其是数字技术的突飞猛进发展，多功能流水灯凭着简易、高效、稳定等特点得到普遍的应用。在各种娱乐场所、店铺门面装饰、家居装潢、城市墙壁更是随处可见，与此同时，还有一些城市采用不同的流水灯打造属于自己的城市文明，塑造自己的城市魅力。目前，多功能流水灯的种类已有数十种，如家居装饰灯、店铺招牌灯等。所以，多功能流水灯的设计具有相当的代表性。

1）电路工作原理

图实训 8-1 所示为 555 和 CD4017 构成的流水灯电路原理图。

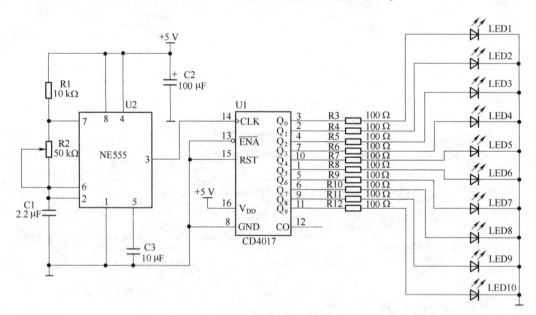

图实训 8-1 CD4017 构成的流水灯电路原理图

十进制计数/分频器 CD4017，其内部由计数器及译码器两部分组成，由译码输出实现对脉冲信号的分配，整个输出时序就是 00、01、02、…、09 依次出现与时钟同步的高电平，宽度等于时钟周期。

CD4017 有十个输出端($Q_0 \sim Q_9$)和一个进位输出端 CO。每输入十个计数脉冲，CO 就可得到一个进位正脉冲，该进位输出信号可作为下一级的时钟信号。CD4017 有三个控制端，RST 为清零端，当在 RST 端上加高电平或正脉冲时其输出 Q_0 为高电平，其余输出端($Q_1 \sim Q_9$)均为低电平。CLK、$\overline{ENA}$ 是时钟输入端，要用上升沿来计数，则信号由 CLK 端输入；若用下降沿来计数，则信号由 $\overline{ENA}$ 端输入。设置两个时钟输入端，级联时比较方便，可驱动更多二极管发光。

由此可见，当 CD4017 有连续脉冲输入时，其对应的输出端依次变为高电平状态，故可直接用作顺序脉冲发生器。

CLK 端：作为信号触发，上升沿有效。

RST 端：清零端，高电平清零。

$\overline{ENA}$ 端：接低电平时，CLK 端上升沿计数，输出高电平；接高电平时，保持。

CO 端：进位输出端，没有进位时输出高电平($Q_0 \sim Q_4$)，有进位时输出低电平($Q_5 \sim Q_9$)。

2）元器件的识别与检测

（1）元器件的识别。在电路的制作过程中，元器件的识别与检测是不可缺少的一个环节，在制作前请对照表实训 8-1 逐一进行识别。

表实训 8-1 流水灯电路元器件识别与检测

元器件代号	元器件名称	规格与型号	检测结果
R1	色环电阻器	10 kΩ	实测值：
R2	可调电阻器	50 kΩ	实测值：
R3~R12	色环电阻器	100 Ω	实测值：
C1	电解电容器	2.2 μF	标称容量的识读： 质量：
C2	电解电容器	100 μF	标称容量的识读： 质量：
C3	瓷片电容器	10 nF	标称容量的识读： 质量：
U1	集成电路	CD4017	质量：
LED1~LED10	发光二极管	红色方形	引脚识别： 质量：
U2	集成电路	NE555	引脚排序： 引脚识别：
—	集成电路插座	16 引脚双列直插	—
—	集成电路插座	8 引脚双列直插	—
J1	电源插座	2P	—

（2）元器件的检测。读者可按表实训 8-1 逐一进行检测，同时把检测结果填入表实训 8-1 中。

①色环电阻器、瓷片电容器、电解电容器、发光二极管等的检测可参考前面实训的相关内容。

②NE555 集成电路引脚的识别。NE555 集成电路表面缺口朝左，逆时针方向依次为 1~8 引脚。

3)电路制作与调试

(1)电路制作步骤:

①按电路原理图的结构绘制电路元器件排列的布局图。

②按工艺要求对元器件的引脚进行成形加工。

③按布局图在实验电路板上依次进行元器件的排列、插装。

④按焊接工艺要求对元器件进行焊接,直到所有元器件连接并焊完为止。

⑤外接电源输入线或输入端子。

图实训 8-2 所示为流水灯电路元器件装接图。其中,电阻器、二极管采用卧式安装;电阻器的色环方向一致;电解电容器、磁片电容器采用立式安装;按钮开关紧贴电路板安装;NE555、CD4017 集成电路采用底座安装。

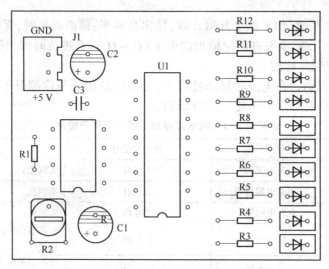

图实训 8-2　流水灯电路元器件装接图

安装与焊接按电子工艺要求进行,但在插装与焊接过程中,应注意电解电容器、二极管及扬声器的正负极性,同时要会正确识别 NE555 集成电路的 8 个引脚的排列。

(2)电路调试:

①通电检查电路的工作情况,判断其功能是否正常。

②如果发现电路有故障,尝试排除。

(3)完成相关的测试与调试任务:

①用万用表判断各引脚电位,并画出波形。

②调节可调电阻器 R2,观察灯的流动速度。

综合实训 9 | 数字钟的设计与组装

1. 实训目的

（1）掌握数字钟的工作原理。

（2）掌握数字钟的设计与组装方法。

2. 实训原理

数字钟的组成框图如图实训9-1所示，由石英晶体振荡器（晶振）、分频器、计数器、译码器、显示器和校时电路组成。晶振产生的信号经过分频器作为秒脉冲，秒脉冲送入计数器计数，计数结果通过"时""分""秒"译码器显示时间。

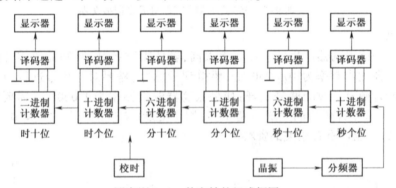

图实训9-1　数字钟的组成框图

1）振荡器

数字钟应具有标准的时间源，用它产生频率稳定的 1 Hz 脉冲信号，称为秒脉冲，因此振荡器是计时器的核心，振荡器的稳定度和频率的精准度决定了计时器的准确度，所以通常选用石英晶体来构成振荡器电路。电路如图实训9-2所示，把石英晶体串联于由非门1、2组成的振荡电路中，非门3是振荡器整形缓冲级，该电路输出频率为 100 kHz。

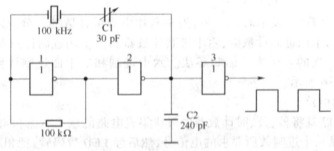

图实训9-2　石英晶体振荡电路

　　一般来说,振荡器的频率越高,计时的精度就越高,但耗电量将增大。如果精度要求不高,采用集成电路 555 定时器与 RC 组成多谐振荡器,如图实训 9-3 所示,设振荡频率 $f=$ 1 000 Hz,R3 为可调电位器,微调 R3,输出频率为 1 000 Hz。

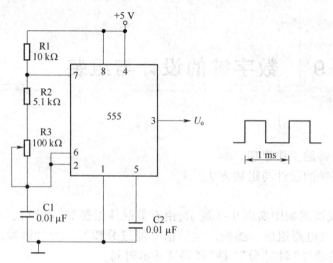

图实训 9-3　555 定时器与 RC 组成多谐振荡器

　　2)分频器

　　由于石英晶体振荡器产生的脉冲频率很高,若要得到秒脉冲,则需要用分频器进行分频。如果振荡器输出频率为 100 000 Hz,要得到秒脉冲,需要对此信号进行 10^5 分频,可选用五个十进制计数器通过级联来实现;如果振荡器输出频率为 1 000 Hz,需要对此信号进行 10^3 分频。十进制计数器的集成电路很多,用 74LS90 实现的分频电路如图实训 9-4 所示。74LS90 的功能可查看相关的资料。

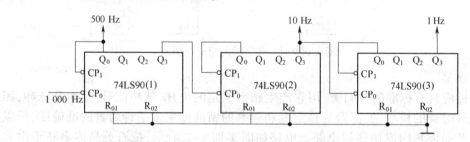

图实训 9-4　用 74LS90 实现的分频电路

　　3)计数器

　　由组成框图可以看出,显示时、分、秒,需要六片中规模计数器。分、秒位,各为六十进制计数器,时位为二十四进制计数器,六十进制计数器和二十四进制计数器都选用 74LS90 集成电路来实现,实现的方法为反馈归零法。六十进制和二十四进制计数器电路如图实训 9-5 和图实训 9-6 所示。

　　4)译码和显示电路

　　译码和显示电路是将秒、分、时计数器中每块集成电路的输出状态(8421 码)翻译成七段 LED 数码管能显示十进制数所要求的电信号,然后经 LED 数码管,把相应的数字显示出来。译码器可采取 74LS48（可驱动共阴极 LED 数码管）或 74LS247（可驱动共阳极 LED 数码管），74LS48 的输入端和计数器对应的输出端相连，74LS48 的输出端和七段显示器的对应段相连。

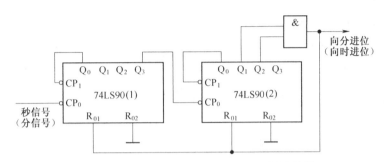

图实训 9-5　用 74LS90 构成的六十进制计数器

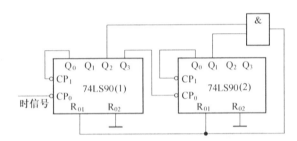

图实训 9-6　用 74LS90 构成的二十四进制计数器

5）校时电路

当刚接通电源或计时出现误差时，都需要对时间进行校正。校时电路如图实训9-7所示。其中，S1、S2 分别是时校正开关、分校正开关。不校正时，S1、S2 开关是闭合的。当校正时，需把 S1 开关打开，然后用手拨动 S3 开关，来回拨动一次，就能使时位增加1，根据需要去拨动开关的次数，校正完毕后把 S1 开关合上。校分位和校时位方法一样，故不再叙述。

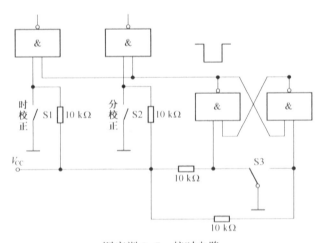

图实训 9-7　校时电路

6) 原理总图

原理总图如图实训 9-8 所示。

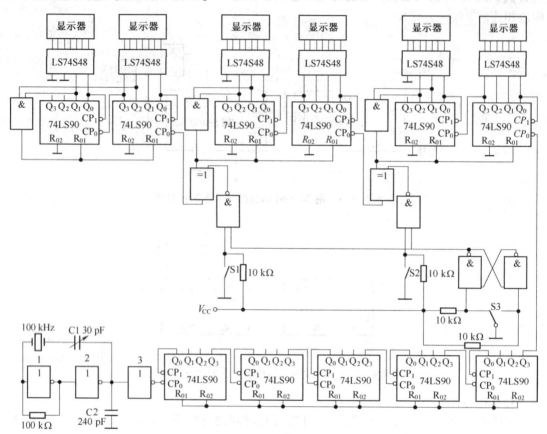

图实训 9-8　数字钟原理总图

综合实训 10 | 数字电压表的安装与调试

1. 实训目的

(1)掌握数字电压表的工作原理。

(2)掌握数字电压表的安装与调试方法。

2. 实训原理

要求设计一个 $3\frac{1}{2}$ 位的数字电压表，$3\frac{1}{2}$ 位是指个位、十位、百位的范围为 0~9，而千

位只有 0 和 1 两个状态，称为半位。所以，$3\frac{1}{2}$ 数字电压表测量范围为 0001~1999。数字

电压表主要部分是 A/D 转换器，若选用集成芯片 MC14433 作为 A/D 转换器，其显示方法通常采用动态扫描(工作时四个数码管轮流点亮，利用人眼的视觉暂留特性能够得到整体效果，当扫描频率过低时显示的数码会有闪烁感)方式，采用这种方式较为省电，但需要字形译码驱动电路和字位驱动电路。若选用集成芯片 ICL7107，则外围电路更为简单。它包含 2^{13} 位数字 A/D 转换器，可直接驱动 LED 数码管，而不需要字形译码驱动电路和字位驱动电路。其内部设有参考电压、独立模拟开关、逻辑控制、显示驱动、自动调零功能等。制作时，数字显示用的数码管为共阳型。无论采用哪种 A/D 转换器，其可调电阻器最好选用多圈电阻器，分压电阻器选用误差较小的金属膜电阻器，其他器件没有特殊要求。

1)系统组成

数字电压表系统组成框图如图实训 10-1 所示。

图实训 10-1　数字电压表系统组成框图

2)主要元器件介绍

ICL7107 芯片的引脚图如图实训 10-2 所示，它与外围元器件构成的数字电压表原理图如图实训 10-3 所示。

ICL7107 引脚功能：

(1)V+ 和 V- 分别为电源的正极和负极。

(2)A1~G1，A2~G2，A3~G3：分别为个位、十位、百位笔画的驱动信号，依次接个位、十位、百位 LED 显示器的相应笔画电极。

(3)AB4、POL：千位笔画驱动信号。接千位 LED 显示器的相应的笔画电极。

（4）OSCl～OSC3：时钟振荡器的引出端，外接阻容或石英晶体组成的振荡器。38 引脚至 40 引脚电容量的选择是根据 $f_{osl} = 0.45/RC$ 来决定的。

（5）COMMON：模拟信号公共端，简称"模拟地"，使用时一般与输入信号的负端以及基准电压的负极相连。

（6）TEST：测试端，该端经过 500 Ω 电阻器接至逻辑电路的公共地，故又称"逻辑地"或"数字地"。

（7）REF HI 和 REF LO：基准电压正负端。

（8）CREF+和 CREF-：外接基准电容端。

（9）INT：积分器输出端，接一个积分电容器，必须选择温度系数小，不致使积分器的输入电压产生漂移现象的电容元件。

（10）IN HI 和 IN LO：模拟量输入端，分别接输入信号的正端和负端。

（11）AZ：积分器和比较器的反向输入端，接自动调零电容 C_{Az}。如果应用在 200 mV 满刻度的场合时，使用 0.47 μF，而 2 V 满刻度时使用 0.047 μF。

图实训 10-2　ICL7107 芯片的引脚图

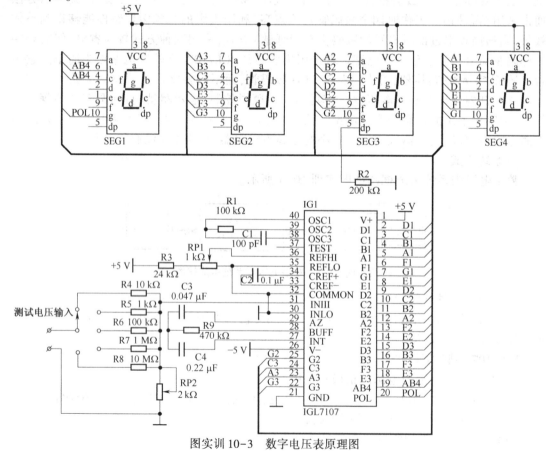

图实训 10-3　数字电压表原理图

（12）BUFF：缓冲放大器输出端，接积分电阻 R_{int}。其输出级的无功电流（idling current）是 100 μA，而缓冲器与积分器能够供给 20 μA 的驱动电流，从此引脚接一个 R_{int} 至积分电容器，其值在满刻度 200 mV 时选用 47 kΩ，而 2 V 满刻度则选用 470 kΩ。

3）调试内容及步骤

（1）接+5 V 供电电源，将 37 引脚（TEST）接+5 V，数码管各段及百位小数点均点亮，说明显示正常。

（2）调节电位器使 36 引脚（REF HI）为 100 mV，再将两测试输入端外接应显示 00.0。（注：调基准电压 100 mV 时，最好接 TL432 稳压电源来调试，这样可防止直流稳压源电压波动影响调试结果）

（3）将 4 位半数字电压表拨至 20 V 挡作为标准表并与本电压表两输入端并联，用不同直流电压记录两电压表显示值，如表实训 10-1 所示。

表实训 10-1　两电压表显示值

测试电压/V	0.1	0.5	1	5	10	15	18	20	−5
4 位半值数字电压表/V									
本设计数字电压表/V									

（4）误差原因分析及改进建议：

①在调基准电压 100 mV 时，由于 50 Hz 纹波影响，无法调到精确值而对最终显示电压产生影响，对于后两位数值跳动问题，通过在输入电源处并联一个 0.1 μF 和一个 470 μF 电容器，可抑制跳动，同时应增大接地线的截面积。

②在扩程电路中，应严格采用比例电阻，使用高度精确的电阻器来减少误差。

附录 A 常用电子元器件的型号命名方法

1. 电阻器型号命名方法（见表 A-1）

表 A-1 电阻器型号命名方法

第一部分:主称		第二部分:材料		第三部分:特征分类			第四部分:序号
符号	意义	符号	意义	符号	意义		
					电阻器	电位器	
R	电阻器	T	碳膜	1	普通	普通	对主称、材料相同,仅性能指标、尺寸大小有差别,但基本不影响互换使用的产品,给予同一序号;若性能指标、尺寸大小明显,影响互换时,则在序号后面用大写字母作为区别代号
W	电位器	H	合成膜	2	普通	普通	
		S	有机实芯	3	超高频	—	
		N	无机实芯	4	高阻	—	
		J	金属膜	5	高温	—	
		Y	氧化膜	6	—	—	
		C	沉积膜	7	精密	精密	
		I	玻璃釉膜	8	高压	特殊函数	
		P	硼碳膜	9	特殊	特殊	
		U	硅碳膜	G	高功率	—	
		X	线绕	T	可调	—	
		M	压敏	W	—	微调	
		G	光敏	D	—	多圈	
		R	热敏	B	温度补偿用	—	
				C	温度测量用	—	
				P	旁热式	—	
				W	稳压式	—	
				Z	正温度系数	—	

示例:

【例 A-1】 精密金属膜电阻器。

【例 A-2】 多圈线绕电位器。

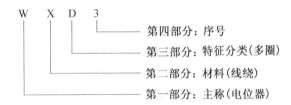

2. 电容器型号命名方法（见表 A-2）

表 A-2 电容器型号命名方法

第一部分:主称		第二部分:材料		第三部分:特征分类						第四部分:序号
符号	意义	符号	意义	符号	意义					
					瓷介	云母	玻璃	电解	其他	
C	电容器	C	瓷介	1	圆片	非密封	—	箔式	非密封	若主称、材料相同,仅尺寸、性能指标略有不同,但基本不影响互使用的产品,给予同一序号;若尺寸性能指标的差别明显,影响互换使用时,则在序号后面用大写字母作为区别代号
		Y	云母	2	管形	非密封	—	箔式	非密封	
		I	玻璃釉	3	叠片	密封	—	烧结粉固体	密封	
		O	玻璃膜	4	独石	密封	—	烧结粉固体	密封	
		Z	纸介	5	穿心	—	—	—	穿心	
		J	金属化纸	6	支柱	—	—	—	—	
		B	聚苯乙烯	7	—	—	—	无极性	—	
		L	涤纶	8	高压	高压	—	—	高压	
		Q	漆膜	9	—	—	—	特殊	特殊	
		S	聚碳酸酯	J	金属膜						
		H	复合介质	W	微调						
		D	铝							
		A	钽							
		N	铌							
		G	合金							
		T	钛							
		E	其他							

示例：

【例 A-3】　铝电解电容器。

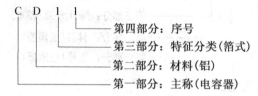

【例 A-4】　圆片形瓷介电容器。

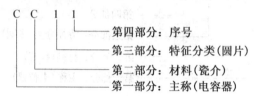

【例 A-5】　纸介金属膜电容器。

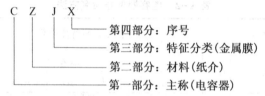

3. 国产半导体分立器件的命名方法(见表 A-3)

表 A-3　国产半导体分立器件的命名方法

第一部分		第二部分		第三部分				第四部分	第五部分
用数字表示器件电极的数目		用汉语拼音字母表示器件的材料和极性		用汉语拼音字母表示器件的类型					
符号	意义	符号	意义	符号	意义	符号	意义		
2	二极管	A	N 型,锗材料	P	普通管	D	低频大功率管 $(f_\alpha < 3 \text{ MHz}, P_C \geqslant 1 \text{ W})$	用数字表示器件序号	用汉语拼音表示规格的区别代号
		B	P 型,锗材料	V	微波管				
		C	N 型,硅材料	W	稳压管				
		D	P 型,硅材料	C	参量管	A	高频大功率管 $(f_\alpha \geqslant 3 \text{ MHz}, P_C \geqslant 1 \text{ W})$		
				Z	整流管				
3	三极管	A	PNP 型,锗材料	L	整流堆				
		B	NPN 型,锗材料	S	隧道管	T	半导体闸流管(晶闸管整流器)		
		C	PNP 型,硅材料	N	阻尼管				
		D	NPN 型,硅材料	U	光电器件	Y	体效应器件		
		E	化合物材料	K	开关管	B	雪崩管		
				X	低频小功率管 $(f_\alpha < 3 \text{ MHz}, P_C < 1 \text{ W})$	J	阶跃恢复管		
						CS	场效应器件		
						BT	半导体特殊器件		
				G	高频小功率管 $(f_\alpha \geqslant 3 \text{ MHz}, P_C < 1 \text{W})$	FH	复合管		
						PIN	PIN 型管		
						JG	激光器件		

示例：

【例 A-6】　锗材料 PNP 型低频大功率三极管。

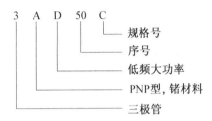

【例 A-7】　硅材料 NPN 型高频小功率三极管。

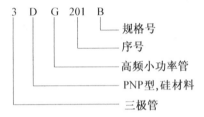

【例 A-8】　N 型硅材料稳压二极管。

附录 B | 常见半导体性能参数

1. 常用二极管性能参数

1) 塑封整流二极管性能参数 (见表 B-1)

表 B-1 塑封整流二极管性能参数

序号	型 号	I_F/A	U_{RRM}/V	U_F/V	外形
1	1A1~1A7	1	50~1 000	1.1	R-1
2	1N4001~1N4007	1	50~1 000	1.1	DO-41
3	1N5391~1N5399	1.5	50~1 000	1.1	DO-15
4	2A01~2A07	2	50~1 000	1.0	DO-15
5	1N5400~1N5408	3	50~1 000	0.95	DO-201AD
6	6A05~6A10	6	50~1 000	0.95	R-6
7	TS750~TS758	6	50~800	1.25	R-6
8	RL10~RL60	1~6	50~1 000	1.0	
9	2CZ81~2CZ87	0.05~3	50~1 000	1.0	DO-41
10	2CP21~2CP29	0.3	100~1 000	1.0	DO-41
11	2DZ14~2DZ15	0.5~1	200~1 000	1.0	DO-41
12	2DP3~2DP5	0.3~1	200~1 000	1.0	DO-41
13	BYW27	1	200~1 300	1.0	DO-41
14	DR202~DR210	2	200~1 000	1.0	DO-15
15	BY251~BY254	3	200~800	1.1	DO-201AD
16	BY550-200~BY500-1000	5	200~1 000	1.1	R-5
17	PX10A02~PX10A13	10	200~1 300	1.1	PX
18	PX12A02~PX12A13	12	200~1 300	1.1	PX
19	PX15A02~PX15A13	15	200~1 300	1.1	PX
20	ERA15-02~ERA15-13	1	200~1 300	1.0	R-1
21	ERB12-02~ERB12-13	1	200~1 300	1.0	DO-15
22	ERC05-02~ERC05-13	1.2	200~1 300	1.0	DO-15
23	ERC04-02~ERC04-13	1.5	200~1 300	1.0	DO-15
24	ERD03-02~ERD03-13	3	200~1 300	1.0	DO-201AD
25	EM1~EM2	1~1.2	200~1 000	0.97	DO-15

序号	型　号	I_F/A	U_{RRM}/V	U_F/V	外形
26	RM1Z~RM1C	1	200~1 000	0.95	DO-15
27	RM2Z~RM2C	1.2	200~1 000	0.95	DO-15
28	RM11Z~RM11C	1.5	200~1 000	0.95	DO-15
29	RM3Z~RM3C	2.5	200~1 000	0.97	DO-201AD
30	RM4Z~RM4C	3	200~1 000	0.97	DO-201AD

2) 快恢复塑封整流二极管性能参数(见表 B-2)

表 B-2　快恢复塑封整流二极管性能参数

类别	序号	型　号	I_F/A	U_{RRM}/V	U_F/V	$T_{rr}/\mu s$	外形
快恢复塑封整流二极管	1	1F1~1F7	1	50~1 000	1.3	0.15~0.5	R-1
	2	FR10~FR60	1~6	50~1 000	1.3	0.15~0.5	
	3	1N4933~1N4937	1	50~600	1.2	0.2	DO-41
	4	1N4942~1N4948	1	200~1 000	1.3	0.15~0.5	DO-41
	5	BA157~BA159	1	400~1 000	1.3	0.15~0.25	DO-41
	6	MR850~MR858	3	100~800	1.3	0.2	DO-201AD
	7	EU1~EU2	0.25~1	100~1 000	1.3	0.4	DO-41
	8	20DF1~20DF10	2	100~1 000	1.3	0.2	DO-15
	9	30DF1~30DF10	3	100~1 000	1.3	0.2	DO-201AD
	10	RU1~RU4	0.25~3	100~1 000	1.3	0.4	
	11	ERA22-02~ERA22-10	0.5	200~1 000	1.3	0.4	R-1
	12	ERA18-02~ERA18-10	0.8	200~1 000	1.3	0.4	R-1
	13	ERB43-02~ERB43-10	0.5	200~1 000	1.3	0.4	DO-41
	14	ERB44-02~ERB44-10	1	200~1 000	1.3	0.4	DO-15
	15	ERC18-02~ERC18-10	1.2	200~1 000	1.3	0.4	DO-15
	16	ERD28-02~ERD28-10	1.5	200~1 000	1.3	0.4	DO-201AD
	17	ERD29-02~ERD29-10	2.5	200~1 000	1.3	0.4	DO-201AD
	18	ERD32-02~ERD32-10	3	200~1 000	1.3	0.4	DO-201AD
	19	ERD09-13~ERD09-15	3	1 300~1 500	1.5	0.6	R-5
SK、2CG系列快恢复整流二极管	1	SK1-02~SK1-30	1.5	200~3 000	1.3~4	0.5~1	DO-15
	2	SK2-02~SK2-30	1	200~3 000	1.3~4	0.5~1	DO-41
	3	SK3-02~SK3-30	2	200~3 000	1.3~4	0.5~1	DO-15
	4	SK4-02~SK4-30	0.5	300~3 000	1.3~4	0.5~1	DO-41
	5	2CG04~2CG30	0.2	300~3 000	1.3~4	0.5~1	DO-41
快恢复塑封阻尼二极管	1	2CN1~2CN1C	1	200~1 200	1.3	2	DO-41
	2	2CN2D~2CN2M	0.5	200~1 000	1.3	2	DO-41

类别	序号	型　号	I_F/A	U_{RRM}/V	U_F/V	T_{rr}/μs	外形
快恢复塑封阻尼二极管	3	2CN3D~2CN3M	1	200~1 000	1.3	6	DO-41
	4	2CN4D~2CN4M	1.5	200~1 000	1.3	0.8	DO-15
	5	2CN5D~2CN5M	1.5	200~1 000	1.0	1	DO-15
	6	2CN6D~2CN6M	1	200~1 000	1.3	6	DO-41
	7	2CN12D~2CN12M	3	200~1 000	1.3	1	DO-201AD
	8	RH1Z~RH1C	0.6	200~1 000	1.3	4	DO-41
	9	TVR4J~TVR4N	1.2	600~1 000	1.2	20	DO-15

3）超高频塑封二极管性能参数（见表 B-3）

表 B-3　超高频塑封二极管性能参数

序号	型　号	I_F/A	U_{RRM}/V	U_F/V	T_{rr}/ns	外形
1	ERA34-10	0.1	1 000	3	0.15	R-1
2	ERA32-02~ERA32-10	1	200~1 000	1.3	0.1	DO-41
3	ERB32-02~ERB32-10	1.2	200~1 000	1.3	0.1	DO-15
4	ERC30-02~ERC30-10	1.5	200~1 000	1.3	0.1	DO-15
5	ERC32-02~ERC32-10	3	200~1 000	1.3	0.1	DO-201AD
6	EG01E~EG01C	0.5	200~1 000	2	0.1	DO-41
7	EG1E~EG1C	1	200~1 000	1.8	0.1	DO-41
8	RG10Z~RG10C	1.2	200~1 000	2	0.1	DO-15
9	RG2Z~RG2C	1.5	200~1 000	1.8	0.1	DO-15
10	RG4Z~RG4C	3	200~1 000	2	0.1	DO-201AD

4）超快恢复塑封二极管性能参数（见表 B-4）

表 B-4　超快恢复塑封二极管性能参数

类别	序号	型　号	I_F/A	U_{RRM}/V	U_F/V	T_{rr}/ns	外形
超快恢复塑封二极管	1	SF10~SF50	1~5	50~1 000	0.95~1.7	35	
	2	SF80~SF160	8~16	50~600	0.95~1.4	35	TO-220
	3	EGP10~EGP50	1~5	50~200	1.1	35	
	4	ERC38-04~ERC38-10	1	400~1 000	1.7	50	DO-41
	5	RL2~RL2C	2	400~1 000	1.7	50	DO-15
	6	RL3~RL3C	3	400~1 000	1.7	50	DO-201AD
	7	1H1~1H8	1	50~1 000	1.1~1.7	50~75	R-1
	8	HER10~HER60	1~6	50~1 000	1.1~1.7	50~75	
	9	HER80~HER160	8~6	50~1 000	1.1~1.7	50~75	TO-220
	10	UF102UF60	1~6	50~1 000	1.1~1.7	50~75	
	11	EL1Z~EL1	1.5	200~350	1.3	50	DO-15

续表

类别	序号	型　号	I_F/A	U_{RRM}/V	U_F/V	T_{rr}/ns	外形
MUR 超快恢复整流二极管	1	MUR120~MUR1120	1	200~1 200	0.95~1.5	35~50	DO-41
	2	MUR420~MUR4120	4	200~1 200	0.95~1.6	35~75	DO-201AD
	3	MUR820~MUR8120	8	200~1 200	1.3~2.1	35~75	TO-220AC
	4	MUR1020~MUR10120	10	200~1 200	1.3~2.1	35~75	TO-220AC
	5	MUR1520~MUR15120	15	200~1 200	1.3~2.1	35~75	TO-220AC
	6	MUR2020~MUR20120	20	200~1 200	1.3~2.1	35~75	TO-220AB
	7	MUR3020~MUR30120	30	200~1 200	1.3~2.1	35~75	TO-247AD
	8	MUR6020~MUR60120	60	200~1 200	1.3~2.1	35~75	TO-247AD
RHRP、RHRG 超快恢复二极管	1	RHRP820~RHRP8120	8	200~1 200	2.1~3.2	35~70	TO-220AC
	2	RHRP1520~RHRP15120	15	200~1 200	2.1~3.2	40~75	TO-220AC
	3	RHRP3020~RHRP30120	30	200~1 200	2.1~3.2	45~75	TO-220AC
	4	RHRG3020~RHRG30120	30	200~1 200	2.1~3.2	45~75	TO-247AC
	5	RHRG5020~RHRG50120	50	200~1 200	2.1~3.2	50~100	TO-247AC
	6	RHRG6020~RHRG60120	60	200~1 200	2.1~3.2	45~75	TO-247AD
BYV29~79、BYT28~79 超快恢复二极管	1	BYW29-100~BYW29-200	8	100~200	1.1	25	TO-220AC
	2	BYV29-300~BYW29-500	9	300~500	1.25	60	TO-220AC
	3	BYQ28-100~BYQ28-200	10	100~200	1.1	20	TO-220AB
	4	BYT28-300~BYQ28-500	10	300~500	1.4	60	TO-220AB
	5	BYV79-100~BYV79-200	14	100~200	1.3	30	TO-220AC
	6	BYT79-300~BYV79-500	14	300~500	1.4	60	TO-220AC
	7	BYV32-100~BYV32-200	20	100~200	1.1	25	TO-220AB
	8	BYV34-300~BYV34-500	20	300~500	1.1	60	TO-220AB
	9	BYV42-100~BYV42-200	30	100~200	1.1	28	TO-220AB
	10	BYV44-300~BYV44-500	30	300~500	1.25	60	TO-220AB

5) 肖特基整流二极管性能参数(见表 B-5)

表 B-5　肖特基整流二极管性能参数

类别	序号	型　号	I_F/A	U_{RRM}/V	U_F/V	外形
肖特基塑封整流二极管	1	1N5817~1N5819	1	20~40	0.45~0.6	DO-41
	2	1N5820~1N5822	3	20~40	0.45~0.6	DO-201AD
	3	SRT12~SRT100	1	20~100	0.55~0.85	R-1
	4	SR10~SR50	1~5	20~100	0.55~0.85	
	5	SB120~SB1B0	1	20~100	0.55~0.85	DO-41
	6	SB220~SB2B0	2	20~100	0.55~0.85	DO-15
	7	SB320~SB3B0	3	20~100	0.55~0.85	DO-201AD
	8	SB520~SB5B0	5	20~100	0.55~0.85	DO-201AD

类别	序号	型　　号	I_F/A	U_{RRM}/V	U_F/V	外形
肖特基塑封整流二极管	9	ERA81-002~ERA81-009	1	20~90	0.55~0.9	DO-41
	10	ERB81-002~ERA81-009	2	20~90	0.55~0.9	DO-15
	11	ERC81-002~ERC81-009	3	20~90	0.55~0.9	DO201AD
	12	EK03~EK09	1	20~90	0.55~0.81	DO-41
	13	EK13~EK19	1.5	20~90	0.55~0.81	DO-15
	14	EK33~EK39	2	20~90	0.55~0.81	DO-15
	15	EK43~EK49	3	20~90	0.55~0.81	DO-201AD
MBR、PBYR 系列大电流肖特基整流二极管	1	MBR1020~MBR1060	10	20~60	0.57~0.8	TO-220AC
	2	MBR1620~MBR1660	16	20~60	0.57~0.8	TO-220AC
	3	MBR2020CT~MBR2060CT	20	20~60	0.57~0.8	TO-220AB
	4	MBR2520CT~MBR2560CT	25	20~60	0.57~0.8	TO-220AB
	5	MBR3020PT~MBR3060PT	30	20~60	0.57~0.8	TO-247AD
	6	MBR4020PT~MBR4060PT	40	20~60	0.57~0.8	TO-247AD
	7	MBR6020PT~MBR6060PT	60	20~60	0.57~0.8	TO-247AD
	8	PBYR735~PBYR745	7	20~45	0.56~0.66	TO-220AC
	9	PBYR1020~PBYR1060	10	20~60	0.56~0.77	TO-220AC
	10	PBYR1635~PBYR1660	16	20~60	0.56~0.77	TO-220AC
	11	PBYR2020CT~PBYR2045CT	20	20~45	0.56~0.65	TO-220AB
	12	PBYR3035PT~PBYR3060PT	30	20~60	0.56~0.77	TO-247AD

6）玻球快恢复二极管、玻钝芯片塑封二极管性能参数（见表 B-6）

表 B-6　玻球快恢复二极管、玻钝芯片塑封二极管性能参数

类别	序号	型　　号	I_F/A	U_{RRM}/V	U_F/V	T_{rr}/μs	外形
BYV、BYT、BYM、BYW 玻球快恢复二极管	1	BYV26A~BYV26E	1	200~1 000	1.5	0.03	DO-204AP
	2	BYV12~BYV16	1.5	100~1 000	1.5	0.3	DO-204AP
	3	BYV96A~BYV96E	1.5	100~1 000	1.5	0.3	DO-204AP
	4	BYV27-50~BYV27-200	2	50~200	1.1	0.025	DO-204AP
	5	BYV28-50~BYV28-200	3.5	50~200	1.1	0.03	G3
	6	BYT52A~BYT52M	1	50~1 000	1.3	0.2	DO-204AP
	7	BYT54A~BYT54M	1.25	50~1 000	1.5	0.1	DO-204AP
	8	BYT53A~BYT53M	1.5	50~1 000	1.1	0.05	DO-204AP
	9	BYT56A~BYT56M	3	200~1 000	1.4	0.1	G3
	10	BYM26A~BYM26M	2.3	200~1 000	1.5	0.03	G3
	11	BYM36A~BYM36M	3	200~1 000	1.1	0.15	G3
	12	BYW32~BYW38	2	200~1 000	1.1	0.2	DO-204AP

续表

类别	序号	型　号	I_F/A	U_{RRM}/V	U_F/V	$T_{rr}/\mu s$	外形
BYV、BYT、BYM、BYW 玻球快恢复二极管	13	BYW52～BYW56	2	200～1 000	1.1	4	DO-204AP
	14	BYW72～BYW76	3	200～600	1.1	0.2	G3
	15	BYW96A～BYW96E	3	200～1 000	1.5	0.2	G3
	16	BY228	3	1 500	1.5	20	G3
GP、RGP 系列玻钝芯片塑封二极管	1	GP10-GP30	1～3	50～1 000	1.1		
	2	RGP01-10～RGP01-20	0.1	1 000～2 000	2	0.2～0.5	DO-41
	3	RGP05-10～RGP05-20	0.5	1 000～2 000	2	0.2～0.5	DO-41
	4	RGP10～RGP60	1～6	50～2 000	1.3	0.15～0.5	

7）PD、TR、PR 系列高压塑封二极管性能参数（见表 B-7）

表 B-7　PD、TR、PR 系列高压塑封二极管性能参数

序号	型　号	I_F/A	U_{RRM}/V	U_F/V	T_{rr}/ns	外形
1	PD0112～PD0160	0.1	1 200～6 000	1.2～5		DO-41
2	PD0312～PD0360	0.3	1 200～6 000	1.2～5		DO-15
3	PD0512～PD0560	0.5	1 200～6 000	1.2～5		DO-15
4	PD112～PD130	1	1 200～3 000	1.2～4		DO-15
5	PD1512～PD1530	1.5	1 300～3 000	1.2～4		DO-15
6	PD212～PD220	2	1 200～2 000	1.2～2.5		DO-201AD
7	PD312～PD320	3	1 200～2 000	1.2～2.5		DO-201AD
8	PD612～PD620	6	1 200～2 000	1.2～2.5		R-6
9	TR0112～TR0160	0.1	1 200～6 000	1.5～8	0.5～0.8	DO-41
10	TR0312～TR0360	0.3	1 200～6 000	1.5～8	0.5～0.8	DO-15
11	TR0512～TR0560	0.5	1 200～6 000	1.5～8	0.5～0.8	DO-15
12	TR112～TR130	1	1 200～3 000	1.5～6	0.5～0.8	DO-15
13	TR1512～TR1530	1.5	1 200～3 000	1.5～6	0.5～0.8	DO-15
14	TR212～TR220	2	1 200～2 000	1.5～2.7	0.5～0.8	DO-201AD
15	TR312～TR320	3	1 200～2 000	1.5～2.7	0.5～0.7	DO-201AD
16	TR612～TR620	6	1 200～2 000	1.5～2.7	0.5～0.8	R-6
17	PR01～PR1	0.1～1	1 200～3 000	1.5～4	0.1～0.5	DO-15
18	RC2	0.3	2 000	3	0.5	DO-41
19	RU4D～RP3F	1.5～2	1 300～1 500	1.5	0.3	DO-201AD

8) 稳压二极管性能参数(见表 B-8)

表 B-8 稳压二极管性能参数

类 别	序 号	型 号	P_{ZM}/W	U_Z/V
稳压二极管	1	BZX55	0.5	2.4~47
	2	1N5985B~1N6031B	0.5	2.4~200
	3	1N4728~1N4764	1	3.3~100
	4	1N5911B~1N5956B	1.5	2.7~200
	5	2CW37-2.4~2CW37-36	0.5	2.4~36
	6	2CW51~2CW68	0.25	3~28.5
	7	2CW101~2CW121	1	3~37.5
	8	2DW50~2DW64	1	41~190
	9	2DW80~2DW190	3	41~190
	10	2DW110~2DW151	10	4.3~470
	11	2DW170~2DW202	50	4.3~200
温度补偿稳压二极管	1	2DW230~2DW236	0.2	5.8~6.6

9) 高速开关二极管性能参数(见表 B-9)

表 B-9 高速开关二极管性能参数

序 号	型 号	I_C/mA	U_{RRM}/V	T_{rr}/ns	外形
1	1N4148	150	100	4	DO-35
2	1N4149~1N4154	150	35~100	2~4	DO-35
3	1N4446~1N4454	150	40~100	1~4	DO-35
4	1N914	75	100	4	DO-35
5	BAV17~BAV21	250	25~250	50	DO-35
6	BAW75~BAW76	300	35~75	4	DO-35
7	2CK70~2CK79	10~280	20~60	3~10	DO-35
8	2CK80~2CK85	10~300	20~60	5~10	DO-35
9	1S1553~1S1555	100	70~35	3	DO-35
10	1S2471~1S2473	130~110	90~40	3	DO-35

2. 常用三极管性能参数(见表 B-10)

表 B-10 常用三极管性能参数

型 号	类 别	U_{CBO}/V	U_{CEO}/V	I_{CM}/mA	P_{CM}/mW	f_T/MHz
3DG201	NPN	30	25	20	100	100
3DG12	NPN	60	50	300	700	200
3DG56	NPN	20	20	15	100	500
3DG80	NPN	20	20	30	200	600

续表

型　号	类　别	U_{CBO}/V	U_{CEO}/V	I_{CM}/mA	P_{CM}/mW	f_T/MHz
9011	NPN	50	30	30	400	350
9012	PNP	40	30	500	620	—
9013	NPN	40	30	500	620	—
9014	NPN	50	45	100	450	250
9015	PNP	50	45	100	450	150
9016	NPN	30	20	25	400	600
9018	NPN	30	15	50	400	1 100
8050	NPN	40	25	1 500	1 000	200
8550	PNP	40	25	1 500	1 000	200
3903	NPN	60	40	200	625	300
3904	NPN	60	40	200	625	300
3905	PNP	40	40	200	625	250
3906	PNP	40	40	200	625	250
4400	NPN	60	40	600	625	300
4401	NPN	60	40	600	625	300
4402	PNP	60	40	600	625	300
4123	NPN	40	30	200	625	300
4124	NPN	30	25	200	625	300
4125	PNP	30	30	200	625	300
4126	PNP	25	25	200	625	200
5401	PNP	160	150	600	625	200
5551	NPN	180	160	600	350	200
2500	NPN	30	10	2 000	900	150

附录 C

半导体集成电路型号命名方法（GB 3430—1989）

1. 主题内容与适用范围

本标准规定了半导体集成电路型号的命名方法。

本标准适用于按半导体集成电路系列和品种的国家标准所生产的半导体集成电路（以下简称"器件"）。

2. 型号的组成

器件的型号由五个部分组成，其五个组成部分的符号及意义如表 C-1 所示。

表 C-1　国产半导体集成电路型号组成

第 0 部分		第一部分		第二部分	第三部分		第四部分	
用字母表示器件符合国家标准		用字母表示器件的类型		用阿拉伯数字和字符表示器件的系列和品种代号	用字母表示器件的工作温度范围		用字母表示器件的封装	
符号	意　义	符号	意　义		符号	意　义	符号	意　义
C	符合国家标准	T	TTL 电路		C	0~70 ℃	F	多层陶瓷扁平
		H	HTL 电路		G	−25~70 ℃	B	塑料扁平
		E	ECL 电路		L	−25~85 ℃	H	黑瓷扁平
		C	CMOS 电路		E	−40~85 ℃	D	多层陶瓷双列直插
		M	存储器		R	−55~85 ℃	J	黑瓷双列直插
		μ	微型机电路		M	−55~125 ℃	P	塑料双列直插
		F	线性放大器				S	塑料单列直插
		W	稳压器				K	金属菱形
		B	非线性电路				T	金属圆形
		J	接口电路				C	陶瓷片状载体
		AD	A/D 转换器				E	塑料片状载体
		DA	D/A 转换器				G	网格阵列
		D	音响、电视电路					
		SC	通信专用电路					
		SS	敏感电路					
		SW	钟表电路					

3. 示例

【例 C-1】　肖特基 TTL 双 4 输入与非门。

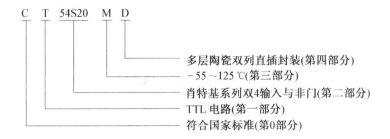

【例 C-2】　4000 系列 CMOS 四双向开关。

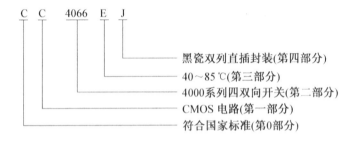

【例 C-3】　通用型运算放大器。

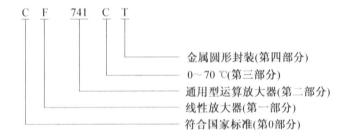

1. 74 系列数字集成电路功能（见表 D-1）

表 D-1 74 系列数字集成电路功能

类　别	功　　能
74LS00	2 输入端四与非门
74LS01	集电极开路 2 输入端四与非门
74LS02	2 输入端四或非门
74LS03	集电极开路 2 输入端四与非门
74LS04	六反相器
74LS05	集电极开路六反相器
74LS06	集电极开路六反相高压驱动器
74LS07	集电极开路六正相高压驱动器
74LS08	2 输入端四与门
74LS09	集电极开路 2 输入端四与门
74LS10	3 输入端三与非门
74LS107	带清除主从双 JK 触发器
74LS109	带预置清除正触发双 JK 触发器
74LS11	3 输入端三与门
74LS112	带预置清除负触发双 JK 触发器
74LS12	开路输出 3 输入端三与非门
74LS121	单稳态多谐振荡器
74LS122	可再触发单稳态多谐振荡器
74LS123	双可再触发单稳态多谐振荡器
74LS125	三态输出高有效四总线缓冲门
74LS126	三态输出低有效四总线缓冲门
74LS13	4 输入端双与非施密特触发器
74LS132	2 输入端四与非施密特触发器
74LS133	13 输入端与非门
74LS136	四异或门
74LS138	3 线-8 线译码器

续表

类　别	功　　能
74LS139	双 2 线-4 线译码器/复工器
74LS14	六反相施密特触发器
74LS145	BCD-十进制译码器/驱动器
74LS15	开路输出 3 输入端三与门
74LS150	16 选 1 数据选择/多路开关
74LS151	8 选 1 数据选择器
74LS153	双 4 选 1 数据选择器
74LS154	4 线-16 线译码器
74LS155	图腾柱输出译码器/分配器
74LS156	开路输出译码器/分配器
74LS157	同相输出四 2 选 1 数据选择器
74LS158	反相输出四 2 选 1 数据选择器
74LS16	开路输出六反相缓冲器/驱动器
74LS160	可预置 BCD 异步清除计数器
74LS161	可预置四位二进制异步清除计数器
74LS162	可预置 BCD 同步清除计数器
74LS163	可预置四位二进制同步清除计数器
74LS164	八位串行入/并行输出移位寄存器
74LS165	八位并行入/串行输出移位寄存器
74LS166	八位并入/串出移位寄存器
74LS169	二进制四位加/减同步计数器
74LS17	开路输出六同相缓冲/驱动器
74LS170	开路输出 4×4 寄存器堆
74LS173	三态输出四位 D 型寄存器
74LS174	带公共时钟和复位六 D 触发器
74LS175	带公共时钟和复位四 D 触发器
74LS180	九位奇数/偶数发生器/校验器
74LS181	算术逻辑单元/函数发生器
74LS185	二进制-BCD 代码转换器
74LS190	BCD 同步加/减计数器
74LS191	二进制同步可逆计数器
74LS192	可预置 BCD 双时钟可逆计数器
74LS193	可预置四位二进制双时钟可逆计数器
74LS194	四位双向通用移位寄存器
74LS195	四位并行通用移位寄存器
74LS196	十进制/二-十进制可预置计数锁存器

续表

类　别	功　能
74LS197	二进制可预置锁存器/计数器
74LS20	4 输入端双与非门
74LS21	4 输入端双与门
74LS22	开路输出 4 输入端双与非门
74LS221	双/单稳态多谐振荡器
74LS240	八反相三态缓冲器/线驱动器
74LS241	八同相三态缓冲器/线驱动器
74LS243	四同相三态总线收发器
74LS244	八同相三态缓冲器/线驱动器
74LS245	八同相三态总线收发器
74LS247	BCD-七段 15 V 输出译码/驱动器
74LS248	BCD-七段译码/升压输出驱动器
74LS249	BCD-七段译码/开路输出驱动器
74LS251	三态输出 8 选 1 数据选择器/复工器
74LS253	三态输出双 4 选 1 数据选择器/复工器
74LS256	双四位可寻址锁存器
74LS257	三态原码四 2 选 1 数据选择器/复工器
74LS258	三态反码四 2 选 1 数据选择器/复工器
74LS259	八位可寻址锁存器/3 线-8 线译码器
74LS26	2 输入端高压接口四与非门
74LS260	5 输入端双或非门
74LS266	2 输入端四异或非门
74LS27	3 输入端三或非门
74LS273	带公共时钟复位八 D 触发器
74LS279	四图腾柱输出 SR 锁存器
74LS28	2 输入端四或非门缓冲器
74LS283	4 位二进制全加器
74LS290	二-五分频十进制计数器
74LS293	二-八分频四位二进制计数器
74LS295	四位双向通用移位寄存器
74LS298	四 2 输入多路带存储开关
74LS299	三态输出八位通用移位寄存器
74LS30	8 输入端与非门
74LS32	2 输入端四或门
74LS322	带符号扩展端八位移位寄存器
74LS323	三态输出八位双向移位/存储寄存器

续表

类　别	功　能
74LS33	开路输出 2 输入端四或非缓冲器
74LS347	BCD-7 段译码器/驱动器
74LS352	双 4 选 1 数据选择器/复工器
74LS353	三态输出双 4 选 1 数据选择器/复工器
74LS365	门使能输入三态输出六同相线驱动器
74LS366	门使能输入三态输出六反相线驱动器
74LS367	4 线-2 线使能输入三态六同相线驱动器
74LS368	4 线-2 使能输入三态六反相线驱动器
74LS37	开路输出 2 输入端四与非缓冲器
74LS373	三态同相八 D 锁存器
74LS374	三态反相八 D 锁存器
74LS375	四位双稳态锁存器
74LS377	单边输出公共使能八 D 锁存器
74LS378	单边输出公共使能六 D 锁存器
74LS379	双边输出公共使能四 D 锁存器
74LS38	开路输出 2 输入端四与非缓冲器
74LS380	多功能八进制寄存器
74LS39	开路输出 2 输入端四与非缓冲器
74LS390	双十进制计数器
74LS393	双四位二进制计数器
74LS40	4 输入端双与非缓冲器
74LS42	BCD-十进制代码转换器
74LS447	BCD-七段译码器/驱动器
74LS45	BCD-十进制代码转换器/驱动器
74LS450	16∶1 多路转接复用器多工器
74LS451	双 8∶1 多路转接复用器多工器
74LS453	四 4∶1 多路转接复用器多工器
74LS46	BCD-七段低有效译码器/驱动器
74LS460	十位比较器
74LS461	八进制计数器
74LS465	三态同相 2 与使能八总线缓冲器
74LS466	三态反相 2 与使能八总线缓冲器
74LS467	三态同相 2 使能端八总线缓冲器
74LS468	三态反相 2 使能端八总线缓冲器
74LS469	八位双向计数器
74LS47	BCD-七段高有效译码器/驱动器

类　别	功　能
74LS48	七段译码器/驱动器
74LS490	双十进制计数器
74LS491	十位计数器
74LS498	八进制移位寄存器
74LS50	2-3/2-2 输入端双与或非门
74LS502	八位逐次逼近寄存器
74LS503	八位逐次逼近寄存器
74LS51	2-3/2-2 输入端双与或非门
74LS533	三态反相八 D 锁存器
74LS534	三态反相八 D 锁存器
74LS54	四路输入与或非门
74LS540	八位三态反相输出总线缓冲器
74LS55	4 输入端二路输入与或非门
74LS563	八位三态反相输出 D 触发器
74LS564	八位三态反相输出 D 触发器
74LS573	八位三态输出 D 触发器
74LS574	八位三态输出 D 触发器
74LS645	三态输出八同相总线传送接收器
74LS670	三态输出 4×4 寄存器堆
74LS73	带清除负触发双 JK 触发器
74LS74	带置位复位正触发双上升沿 D 触发器
74LS76	带预置清除双 JK 触发器
74LS83	四位二进制快速进位全加器
74LS85	四位数字比较器
74LS86	2 输入端四异或门
74LS90	可二-五分频十进制计数器
74LS93	可二-八分频二进制计数器
74LS95	四位并行输入/输出移位寄存器
74LS97	六位同步二进制乘法器

2. CMOS CD4000 系列数字集成电路功能(见表 D-2)

表 D-2　CMOS CD4000 系列数字集成电路功能

类　别	功　能
CD4000	双 3 输入端或非门+单非门
CD4001	四 2 输入端或非门
CD4002	双 4 输入端或非门
CD4006	十八位串入/串出移位寄存器

续表

类　别	功　能
CD4007	双互补对加反相器
CD4008	四位超前进位全加器
CD4009	六反相缓冲/变换器
CD4010	六同相缓冲/变换器
CD4011	四 2 输入端与非门
CD4012	双 4 输入端与非门
CD4013	双主从 D 触发器
CD4014	八位串入/并入–串出移位寄存器
CD4015	双四位串入/并出移位寄存器
CD4016	四传输门
CD4017	十进制计数器/分配器
CD4018	可预制 $1/N$ 计数器
CD4019	四与或选择器
CD4020	14 级串行二进制计数器/分频器
CD4021	八位串入/并入–串出移位寄存器
CD4022	八进制计数器/分配器
CD4023	三 3 输入端与非门
CD4024	7 级串行二进制计数器/分频器
CD4025	三 3 输入端或非门
CD4026	十进制计数/七段译码器
CD4027	双 JK 触发器
CD4028	BCD 码十进制译码器
CD4029	可预置可逆计数器
CD4030	四异或门
CD4031	六十四位串入/串出移位存储器
CD4032	三串行加法器
CD4033	十进制计数/七段译码器
CD4034	八位通用总线寄存器
CD4035	四位并入/串入–并出/串出移位寄存器
CD4038	三串行加法器(负逻辑)
CD4040	12 级二进制串行计数器/分频器
CD4041	四同相/反相缓冲器
CD4042	四锁存 D 触发器
CD4043	四三态 RS 锁存触发器(1 触发)
CD4044	四三态 RS 锁存触发器(0 触发)
CD4046	锁相环

续表

类　别	功　能
CD4047	无稳态/单稳态多谐振荡器
CD4048	四输入可扩展多功能门
CD4049	六反相缓冲/变换器
CD4050	六同相缓冲/变换器
CD4051	8 选 1 模拟开关
CD4052	双 4 选 1 模拟开关
CD4053	三组二路模拟开关
CD4054	液晶显示驱动器
CD4055	BCD-七段译码器/液晶驱动器
CD4056	液晶显示驱动器
CD4059	N 分频计数器
CD4060	14 级二进制串行计数器/分频器
CD4063	四位数字比较器
CD4066	四传输门
CD4067	16 选 1 模拟开关
CD4068	八输入端与非门/与门
CD4069	六反相器
CD4070	四异或门
CD4071	四 2 输入端或门
CD4072	双 4 输入端或门
CD4073	三 3 输入端与门
CD4075	三 3 输入端或门
CD4076	四 D 寄存器
CD4077	四 2 输入异或非门
CD4078	8 输入端或非门/或门
CD4081	四 2 输入端与门
CD4082	双 4 输入端与门
CD4085	双 2 路 2 输入端与或非门
CD4086	四 2 输入端可扩展与或非门
CD4089	二进制比例乘法器
CD4093	四 2 输入端施密特触发器
CD4094	八位移位存储总线寄存器
CD4095	3 输入端 JK 触发器
CD4096	3 输入端 JK 触发器
CD4097	双路 8 选 1 模拟开关
CD4098	双单稳态触发器

类　别	功　能
CD4099	八位可寻址锁存器
CD40100	三十二位左/右移位寄存器
CD40101	九位奇偶校验器
CD40102	八位可预置同步 BCD 减法计数器
CD40103	八位可预置同步二进制减法计数器
CD40104	四位双向移位寄存器
CD40105	先入先出(FI-FO)寄存器
CD40106	六施密特触发器
CD40107	双 2 输入端与非缓冲器/驱动器
CD40108	4×4 多通道寄存器
CD40109	四低-高电平位移器
CD40110	十进制加/减,计数,锁存,译码驱动
CD40147	10 线-4 线编码器
CD40160	可预置 BCD 加计数器
CD40161	可预置四位二进制加计数器
CD40162	BCD 加法计数器
CD40163	四位二进制同步计数器
CD40174	六锁存 D 触发器
CD40175	四 D 触发器
CD40181	四位算术逻辑单元/函数发生器
CD40182	超前位发生器
CD40192	可预置 BCD 加/减计数器(双时钟)
CD40193	可预置四位二进制加/减计数器
CD40194	四位并入/串入-并出/串出移位寄存
CD40195	四位并入/串入-并出/串出移位寄存
CD40208	4×4 多端口寄存器

3. CMOS CD4500 系列数字集成电路功能(见表 D-3)

表 D-3　CMOS CD4500 系列数字集成电路功能

类　别	功　能
CD4501	4 输入端双与门及 2 输入端或非门
CD4502	可选通三态输出六反相/缓冲器
CD4503	六同相三态缓冲器
CD4504	六电压转换器
CD4506	双二组 2 输入可扩展或非门
CD4508	双四位锁存 D 型触发器
CD4510	可预置 BCD 码加/减计数器
CD4511	BCD 锁存,七段译码,驱动器
CD4512	八路数据选择器

类　别	功　　能
CD4513	BCD 锁存,七段译码,驱动器(消隐)
CD4514	四位锁存,4 线-16 线译码器
CD4515	四位锁存,4 线-16 线译码器
CD4516	可预置四位二进制加/减计数器
CD4517	双六十四位静态移位寄存器
CD4518	双 BCD 同步加计数器
CD4519	四位与或选择器
CD4520	双四位二进制同步加计数器
CD4521	24 级分频器
CD4522	可预置 BCD 同步 $1/N$ 计数器
CD4526	可预置四位二进制同步 $1/N$ 计数器
CD4527	BCD 比例乘法器
CD4528	双单稳态触发器
CD4529	双四路/单八路模拟开关
CD4530	双 5 输入端优势逻辑门
CD4531	十二位奇偶校验器
CD4532	八位优先编码器
CD4536	可编程定时器
CD4538	双精密单稳态触发器
CD4539	双四路数据选择器
CD4541	可编程序振荡/计时器
CD4543	BCD 七段锁存译码,驱动器
CD4544	BCD 七段锁存译码,驱动器
CD4547	BCD 七段译码/大电流驱动器
CD4549	函数近似寄存器
CD4551	四 2 通道模拟开关
CD4553	三位 BCD 计数器
CD4555	双二进制四选一译码器/分离器
CD4556	双二进制四选一译码器/分离器
CD4558	BCD 八段译码器
CD4560	N 位 BCD(8421 码)加法器
CD4561	9 求补器
CD4573	四可编程运算放大器
CD4574	四可编程电压比较器
CD4575	双可编程运放/比较器
CD4583	双施密特触发器
CD4584	六施密特触发器
CD4585	四位数值比较器
CD4599	八位可寻址锁存器

附录 E | 常用数字集成电路引脚功能图

1. TTL 数字集成电路引脚图(见图 E-1)

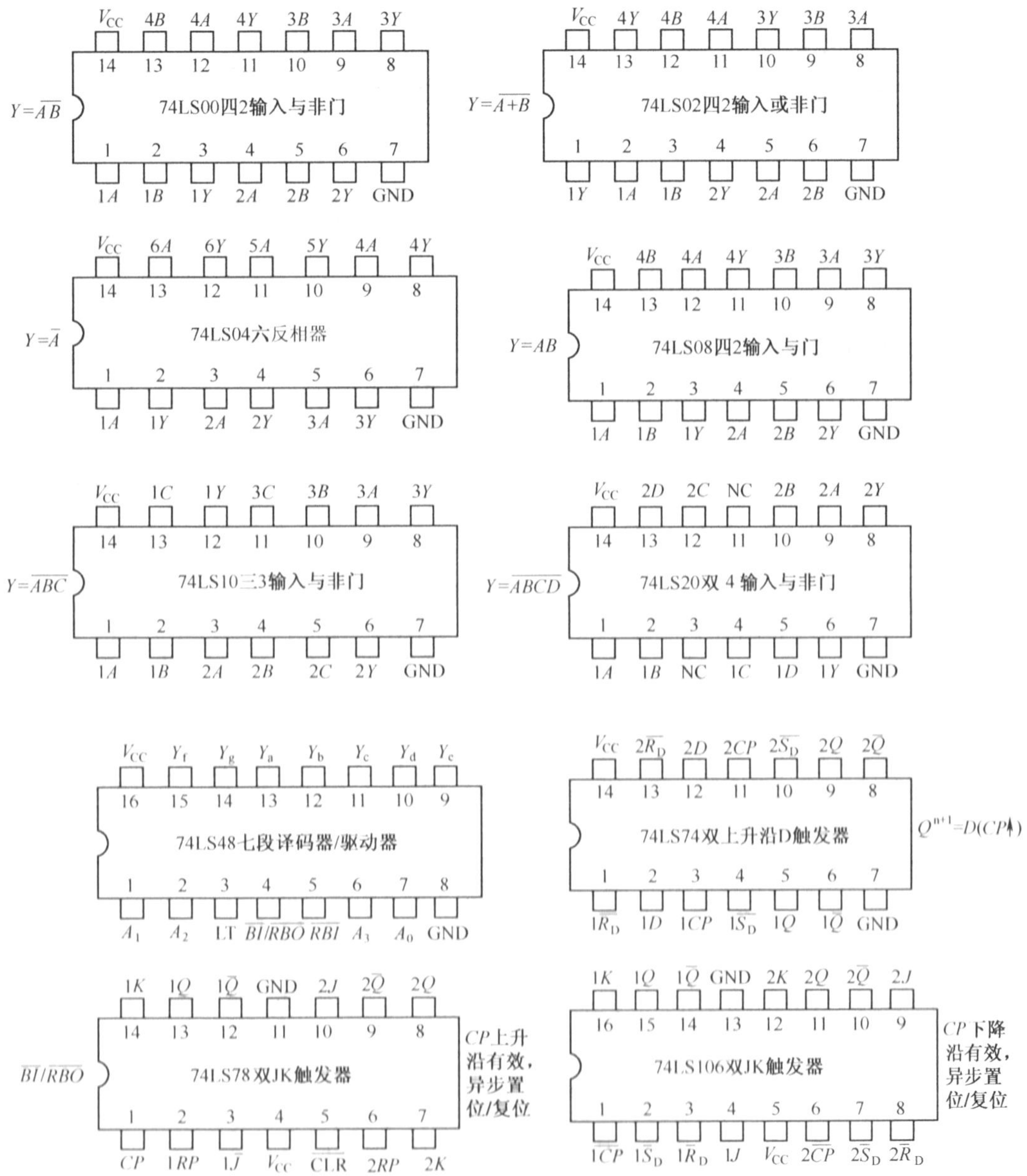

图 E-1 TTL 数字集成电路引脚图

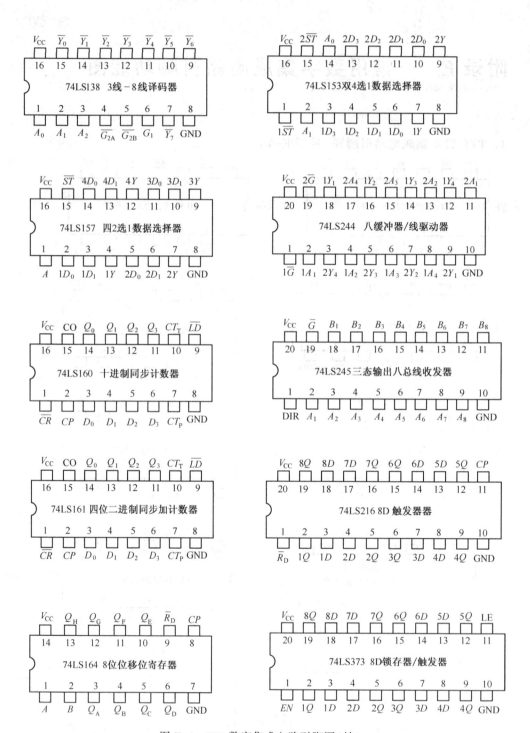

图 E-1 TTL 数字集成电路引脚图(续)

2. CMOS 集成电路引脚图(见图 E-2)

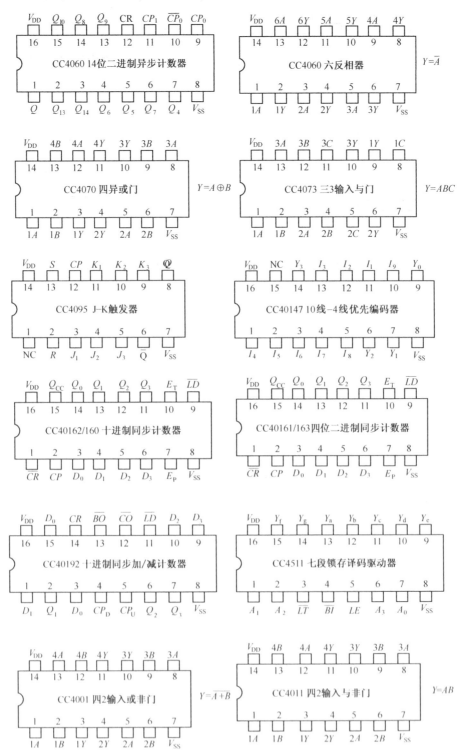

图 E-2 CMOS 集成电路引脚图

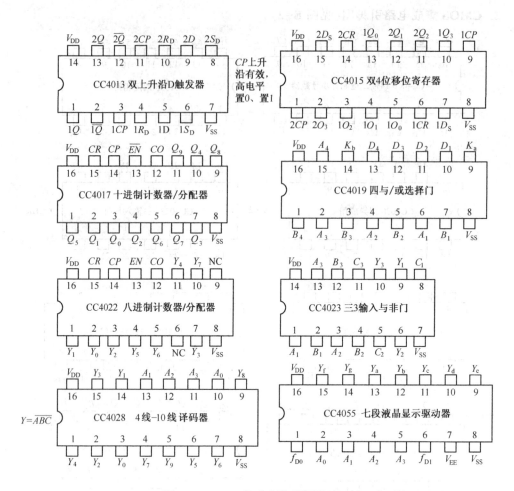

图 E-2　CMOS 集成电路引脚图(续)

3. 常用集成运算放大电路引脚图(见图 E-3)

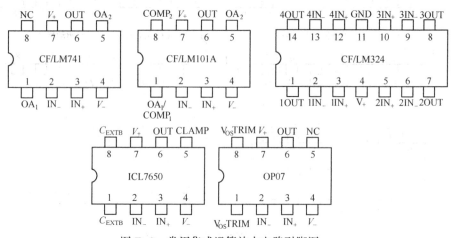

图 E-3　常用集成运算放大电路引脚图

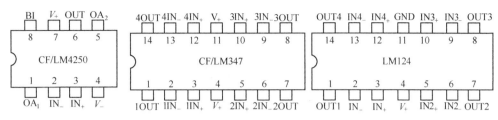

图 E-3　常用集成运算放大电路引脚图(续)

4. 常用 A/D 和 D/A 集成电路引脚图(见图 E-4)

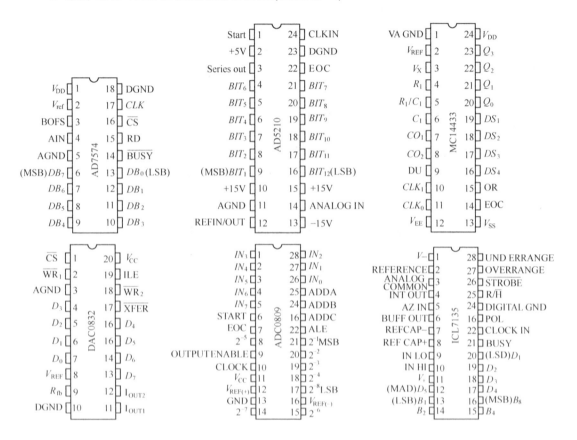

图 E-4　常用 A/D 和 D/A 集成电路引脚图

参 考 文 献

[1]李源生,李艳新.电路与模拟电子技术[M].3 版.北京:电子工业出版社,2013.

[2]徐国华.模拟及数字电子技术实验教程[M].北京:北京航空航天大学出版社,2015.

[3]徐丽香.模拟电子技术[M].2 版.北京:电子工业出版社,2012.

[4]吴宇.电工电子技术基础[M].北京:电子工业出版社,2014.

[5]刘鹏,刘旭.电子技术基础[M].北京:北京理工大学出版社,2013.

[6]曹光跃.模拟电子技术及应用[M].北京:机械工业出版社,2014.

[7]张先永,尼喜.电子技术基础[M].武汉:华中科技大学出版社,2009.

[8]王文华.电子技术应用[M].北京:清华大学出版社,2014.

[9]程珍珍.电工电子技术[M].北京:电子工业出版社,2014.

[10]贺力克,邱丽芳.数字电子技术项目教程[M].北京:机械工业出版社,2012.

[11]郭宗莲.模拟电子技术基础[M].北京:中国铁道出版社,2015.

[12]董传岱.电工学:电子技术[M].2 版:北京:机械工业出版社,2014.

[13]李丽敏,张玲玉.数字电子技术[M].北京:清华大学出版社,2015.

[14]程周.电工与电子技术[M].2 版.北京:中国铁道出版社,2013.